"十二五"普通高等教育本科国家级规划教材

海洋技术教程

（第2版）

陈鹰　黄豪彩　瞿逢重　宋宏　毛志华　/ 编著

ZHEJIANG UNIVERSITY PRESS
浙江大学出版社

图书在版编目（CIP）数据

海洋技术教程 / 陈鹰等编著. —2 版. —杭州：
浙江大学出版社，2018.9（2024.8 重印）
ISBN 978-7-308-17748-1

Ⅰ.①海… Ⅱ.①陈… Ⅲ.①海洋学—高等学校—教
材 Ⅳ.①P7

中国版本图书馆 CIP 数据核字（2018）第 000684 号

海洋技术教程（第 2 版）

陈 鹰 黄豪彩 瞿逢重 宋 宏 毛志华 编著

责任编辑	陈静毅
责任校对	刘 郡
封面设计	春天书装
出版发行	浙江大学出版社
	（杭州市天目山路 148 号 邮政编码 310007）
	（网址：http://www.zjupress.com）
排 版	杭州青翔图文设计有限公司
印 刷	浙江新华数码印务有限公司
开 本	787mm×1092mm 1/16
印 张	22
字 数	563 千
版 印 次	2018 年 9 月第 2 版 2024 年 8 月第 3 次印刷
书 号	ISBN 978-7-308-17748-1
定 价	49.00 元

前 言

在《海洋技术教程》列入国家"十二五"规划教材之后,我们进行了本教程的修订工作。修订工作是从"海洋技术"的定义与范畴的讨论开展的。我们认为,海洋技术的定义可分为狭义和广义两种。面向海洋观测的海洋技术是海洋科学领域通常理解的海洋技术范畴,是一种狭义的海洋技术定义。本教程从基础性、支撑性和使能性三个方面来讲授海洋技术,介绍的是广义的海洋技术。因此,本教程主要强调海洋技术的应用性,重点放在支撑性海洋技术和使能性海洋技术,以期读者能够掌握解决海洋技术领域实际问题的相关能力,能够将所学到的相关知识应用到海洋技术装备的设计制造的实际工作中去。

陈鹰负责全书的内容设计安排及统稿,撰写了前言和第1、8、13章;黄豪彩撰写了第7、9、12章;瞿逢重撰写了第2、3、5、6、11章;宋宏撰写了第4、10章;毛志华撰写了第14章。修订的工作则由陈鹰、黄豪彩负责完成,黄豪彩进行全书的格式规范化工作。

本教程分为准备性内容、基础性海洋技术、支撑性海洋技术和使能性海洋技术四部分。准备性内容包含"绪论""海洋基础知识"两章;基础性海洋技术包含"水下声学技术""水下光学技术""水下运动物体动力学"三章;支撑性海洋技术包括"海洋工程材料技术""海洋通用技术""海洋试验技术""海洋装备设计与集成技术"四章;使能性海洋技术包括"水下探测技术""水下通信与导航技术""潜水器技术""海底观测网络""海洋遥感技术"五章。

每章重点介绍各种海洋技术的概念、定义、内涵、意义、关键技术、发展趋势、应用举例等,章末给出了一些思考题和参考文献,希望学生在思考中进一步拓展知识,能够在课外花时间加强海洋技术知识的学习。我们也尽可能多地把浙江大学在海洋技术领域的研究工作和成果糅合在本教程里面,让读者能够了解到更多的海洋技术领域的最新研究进展。

要特别强调的是,修订版在"海洋装备设计与集成技术"一章中,重点安排了"海洋化设计"知识内容的讲授。海洋化设计是面向海洋技术装备设计制造的专门知识,分海洋化机械设计和海洋化电子设计两个部分。这方面的内容是浙江大学这几年为了本教程的撰写,专门组织安排相关人员开展的一项研究工作所取得的成果,是结合本单位所开展的相关科研工作,不断地进行总结和完善得到的。相信这方面的内容教学，能够帮助学生较为系统地掌握海洋技术装备的设计与实现技术。

由于海洋技术范畴较广，本教程不可能涉及各种使能性海洋技术，主要选择一些常用的、具有代表性的海洋技术单元进行介绍。同时，本教程主要聚焦在海洋工程技术方面，而像海洋生物技术、海洋生物制药技术、海洋油气工程技术、海底矿产资源勘探与开发技术、海洋能技术、海水淡化技术、海洋养殖技术等这些局限在某一产业领域的相关内容，本教程限于篇幅，不进行介绍。

本教程的出版工作得到海洋科学与技术领域许多同仁的指导和帮助，他们提出了许多修改完善的宝贵意见，在此表示感谢。特别感谢徐文教授、连琏教授、吴立新院士、刘保华研究员、潘德炉院士、韩军教授、白勇教授、冷建兴教授等人对本教程的批评与指导。感谢王林翔教授对第5章的贡献，同时感谢浙江大学海洋学院的研究生王杭州、林杉、郝帅、叶延英、兰瑞洪、徐乐天、冷金英、谢捷、杨景、俞宙、刘勋、张斌、陈雷、谢晓玲、徐磊、张超、高雪燕等在资料收集与素材组织等方面的帮助，感谢浙江大学海洋学院办公室姜书博士的支撑工作。本教程在出版之前，曾以讲义形式在浙江大学海洋工程与技术专业的本科生教学中进行使用，许多同学都为教程的修改和完善提供了宝贵的意见，在此一并致谢！

本教程除了可供海洋工程与技术类的本科生、研究生教学使用，也可供从事海洋技术应用研究和海洋工程系统开发的工程技术人员作为技术参考书籍使用。由于作者知识有限以及写作时间不够充分，书中难免出现错误。希望读者不吝指正，以便于我们进一步修改与完善。

2017 年 12 月于浙江大学舟山校区

目 录

第一部分 准备性内容

第二部分 基础性海洋技术

第三部分 支撑性海洋技术

第四部分　使能性海洋技术

第一部分 ···· 准备性内容

第 1 章

绪 论

当人类进入 21 世纪之后,有一个词越来越响亮,那就是"海洋"!

"海洋"成为在国际上出现频度极高的词之一。特别对于当前我们中国,"海洋"更具有特殊的含义。在中国历史上,除了明代永乐年间郑和下西洋的壮举之外,人们通常把海洋视为"洪水猛兽"。今天,南海海洋油气田开发、大洋海底资源勘探、"蛟龙号"载人深潜、中国航母下水、各国联合海上军演、中国大力改善南沙岛屿的生存条件、气候变化等,一次又一次把公众的视线拉到海洋上。人们开始深切地意识到,中国的强盛,离不开海洋技术的发展。

100 多年前,孙中山先生就开始实践他的海洋抱负。孙先生曾亲自航海 20 万 km,相当于绕赤道 5 周,并提出"自世界大势变迁,国力之盛衰强弱,常在海而不在陆,其海上权力优胜者,其国力常占优胜"。海洋承载着几代人振兴中华的强烈希望,已经深深融入百姓的日常生活之中。

海洋意味着资源与能源,意味着生存环境,意味着发展空间,意味着国家安全。中国的海洋事业,必将对中国人民的今天与将来产生重要的影响。因此,对海洋的科学探索,对海洋资源的探寻与开发,对海洋工程与技术的发展与应用,将成为科技领域的一项长期而艰难的工作。美国的一位科学家曾说过,"今天人类对太空的认识,已经远远超过人类对自身居住的星球的认识",指出了人类对海洋还有很多不了解的地方。毛泽东诗词中有一句写得好,"敢上九天揽月,敢下五洋捉鳖"。我国现在到了应该多多考虑如何"下洋捉鳖"问题的时候了。

如何了解占有地球约 70.8% 的辽阔海洋,如何探测平均深度达数千米的海洋,如何开发从海面到水体甚至海底的丰富海洋资源?目前,人类对海洋,特别是海底的认知还不完全,全球变暖过程中海洋的作用还在不断揭示之中,海底海洋的命题逐渐摆在了科学家们的面前。显而易见,在这些工作中,海洋技术扮演着越来越重要的角色。

1.1 海洋技术的定义与特点

1.1.1 海洋技术的不同解释

有的研究人员把"海洋技术"定义为一种用于海洋安全、探索海洋、保护海洋和开发海洋的技术,涉及船舶与海洋结构、海洋工程、船舶设计与制造、油气勘探与开发、水动力学、航海、海面与水下支持、水下技术与工程、海洋资源(包括再生和不可再生)、交通物流与经济、港航、海岸与近远海船运、海洋环境保护、海洋旅游、海洋安全等领域。这个定义没有说清楚海洋技术的内涵,而且对"技术"与"工程"之间的区分也模糊不清。

还有的研究人员对"海洋技术"的定义是:研究海洋自然现象及其变化规律、开发利用海洋资源和保护海洋环境所使用的各种方法、技能和设备的总称。这个定义指出了内涵,但混淆了"海洋技术"与"海洋工程",把"海洋工程"的内容包含在"海洋技术"范畴里面。

如何厘清"海洋技术"与"海洋工程"的关系? 2011 年 5 月,作者曾与美国蒙特雷湾海洋研究所(Monterey Bay Aquarium Research Institute,MBARI)的首席技术官 J. G. Bellingham 博士、高级研究员张燕武博士讨论过这个问题。曾为麻省理工学院(MIT)教授的 J. G. Bellingham 博士提出"'技术'是科学认识的应用,而'工程'是制造东西时的技术应用"这一清晰的表述。也就是说,"技术"直接来源于对科学认识的理解,十分基础;"工程"一定是针对某个物理的系统而言的,是设计和建造一个系统。工程实现往往是由多项"技术"的综合应用来完成的。

1.1.2 海洋技术的定义

"海洋技术"是研究海洋自然现象及其变化规律、开发利用海洋资源、保护海洋环境以及维护国家海洋安全所使用的各种技术的总称。而"海洋工程"是为了实现海洋自然现象及其变化规律、开发利用海洋资源和保护海洋环境使用各种技术所形成的设备、系统、工程的总称。

海洋材料技术、水下声学技术、水下光学技术、水下电磁技术、水下通信技术、水下导航技术、水动力技术、水下作业技术、海洋试验技术、海底观测技术、海洋遥感技术、航海技术、海洋装备设计与集成技术等,都属于"海洋技术"范畴。海洋仪器、水下作业工具、船舶、载人潜水器、环境监测浮标、海底原位观测站、海底观测网络、海洋石油平台、海洋能装置、海上建筑等,都是应用多种技术来实现的,则属于"海洋工程"范畴。譬如对于"蛟龙号"载人潜水器来说,来自全国许多单位的科学技术人员应用了海洋材料技术、水下声学技术、水下导航技术、海洋装备设计与集成技术、水下光学技术、潜水器技术、水下作业技术等诸多海洋技术来实现这一项工程。这项工程还在应用海洋试验技术,不断地开展着对"蛟龙号"进行性能的考核与系统的完善工作。

事实上,这里给出的海洋技术定义,是一个广义的定义,涉及的面非常广。为了更好地开展海洋技术研究,人们常用一些狭义的定义,譬如重点面向海洋观测的"海洋技术"。它涉及的内容就要少一些,主要涉及水下声学技术、水下光学技术、水下电磁技术、水下探测技术、海洋观测技术和海洋遥感技术等。从某种意义上来说,这个狭义的"海洋技术",是广义的海洋技术在"海洋观测"领域的一个子集。由于海洋科学是一门实验性科学,海洋观测意义重大。因此,面向海洋观测的海洋技术子集十分重要。在某些场合,例如在海洋科学界,人们通常认为面向海洋观测的海洋技术子集是海洋技术的全部。明确"海洋技术"的定义与范畴,对学习海洋技术知识十分重要。

长期以来,我国把海洋技术或海洋工程的学科专业,不是放在船舶工程领域(船舶与海洋工程),就是放在水利工程领域(港口海岸与近海工程),或者在海洋科学这一理学学科里办海洋技术专业(通常授予理学学位)。自 2012 年开始,教育部颁布新的"普通高等学校本科专业目录"时,正式把"海洋工程与技术"单独列入专业目录。这充分体现了国家对海洋工程技术的重视。这里,我们给出"海洋工程与技术"的定义:海洋工程与技术,是研究海洋自然现象及其变化规律、开发利用海洋资源、保护海洋环境和维护国家海洋安全所使用的各种技术,以及为了实现研究海洋、开发利用海洋和保护海洋所形成的一切设备、系统、工程的总和,是一门专门面向海洋领域,建立在海洋科学及相关基础科学之上的综合工程技术学科。

这里的海洋技术或海洋工程范畴,显然不包括船舶工程。船舶作为水面运载工具,对海洋技术以及海洋工程具有重要的支撑作用。船舶工程在交通领域十分重要,并且学科发展历史悠久,一直作为独立学科存在,学科体系十分健全。本教程所涉及的海洋技术装备或海洋装备,同样也不包括船舶装备等内容。

这里还需要说明的是,有些关于海洋技术的称谓不是十分科学。有一些名称用得很多,但在技术内涵上是模糊的,或者是不确定的。譬如经常会听到"海洋调查技术""海洋开发技术""海洋利用技术"等说法。事实上,这些词是某类工作的统称,是"非科学"的一些俗称,不应成为一个专业术语。在本教程中,我们一般不使用这样的词。

1.1.3　海洋技术的特点

海洋技术是人类研究海洋、开发海洋、利用海洋、保护海洋等一系列活动的技术基础。它基础性和综合性强,涉及面广,是实现各种海洋工程的基本保障,与各相关学科领域联系密切。

举水下声学技术的例子来说明。声学技术是一门十分基础的技术门类,在人类科学发展史上发挥了重要作用。而水下声学,是在水下,特别是在深水之下,进行信号传输与通信的主要形式,因而得到广泛的应用。水下声学技术也是人类探测海洋、实现水下通信、完成水下导航以及发现水下移动目标的一项重要的基础性海洋技术。这项技术深刻地体现了海洋的特征。水体对电磁波、光波是有隔离作用的,但可以传导声波,这就是水下声学技术如此重要的原因。

什么是海洋的特征呢? 海洋最大的特征是庞大的海水水体。海洋技术的基本特点就是要与这一水体打交道。这种水体不是一般的水体,它是一种特殊的、富含盐度的海水。海洋技术不光与腐蚀性很强的海水水体相关,还与很高的水压相关,因为研究海洋技术的相关工作通常要在海洋的深处进行。深海海洋技术需要把耐腐蚀、高压密封、液固耦合、离岸作业(供电、维护困难)等特殊的因素统一考虑。对于各类潜水器来说,一般潜得越深、走得越远,难度就越大,技术含量就越高。

1.2　海洋技术的分类

根据海洋技术的定义,海洋技术可以分为基础性海洋技术、支撑性海洋技术和使能性海洋技术三种类型,如图 1-1 所示。

1.2.1　基础性海洋技术

基础性海洋技术是基于各种相关的基本原理,为了满足海洋领域的不同应用需要而衍生出来的技术。如图 1-1 所示,这类技术许多直接来自于基本的物理概念,基础性相当强。基础性海洋技术的组成如表 1-1 所示。

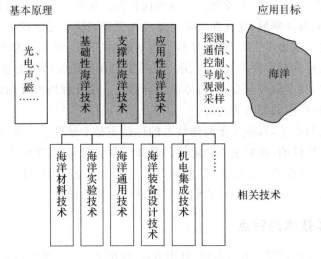

图 1-1　海洋技术分类

表 1-1　基础性海洋技术的组成

基础理论	相应的海洋技术
声学	水下声学技术
光学	水下光学技术
磁学	水下地磁技术
电学/光学	海洋遥感技术
力学	水下运动物体动力学技术
……	……

这类技术是其他类技术不可或缺的基础。譬如说,支撑性海洋技术中的海洋试验技术需要以水下声学技术为基础,海洋装备设计技术需要以水下运动物体动力学技术为基础等。再譬如说,使能性海洋技术中的水下探测技术,就需要以水下声学技术、水下光学技术等基础性海洋技术为基础来开展海洋资源或海洋生物的探测。

1.2.2　支撑性海洋技术

支撑性海洋技术是基于基础性海洋技术,支撑实现海洋技术装备和海洋工程系统的辅助技术。如图 1-1 所示,这类技术具有很强的支撑性,其组成如表 1-2 所示。

表 1-2　支撑性海洋技术的组成

需求领域	相应的海洋技术
材料	海洋材料技术
设计	海洋装备设计技术
制造	海洋装备制造技术
集成	机电集成技术
试验	海洋试验技术
通用件、基础件	海洋通用技术
……	……

1.2.3　使能性海洋技术

使能性海洋技术是面向海洋领域中各种具体应用要求,为了完成任务而实现目标的技术。如图 1-1 所示,这类技术直接面向应用目标,解决海洋科学研究、海洋开发与利用、海洋保护等问题,应用性强。使能性海洋技术十分广泛,有些是明确立足于相应的基础技术,比如水下通信技术可以立足于水下声学技术,或者立足于水下光学技术,而水下探测技术可以立足于水下地磁技术等。使能性海洋技术的组成如表 1-3 所示。

表 1-3 使能性海洋技术的组成

应用领域	相应的海洋技术
海洋探测、资源勘探	水下探测技术、水下采样技术
海洋运载	船舶技术、潜水器技术、水下通信与导航技术
海洋观测/监测	海洋传感器技术、海洋观测网络技术
海洋油气开发	海洋油气工程技术
海洋生物	海洋生物技术、海洋养殖技术
海洋结构物	海洋建筑工程技术
海洋能开发	海洋能技术
……	……

根据海洋技术的分类,我们可以从三个方面罗列各种海洋技术。三种不同类型的技术在实现海洋工程时分别扮演不同角色,三者互相依赖又互相补充。

对于使能性海洋技术,有时还可根据它所依据的不同基础技术做进一步的分类。譬如水下探测技术还可分为水下声学探测技术、水下光学探测技术、水下电磁波探测技术和水下化学探测技术等。同时,随着海洋事业的蓬勃发展、学科交叉的深入,很多新的海洋技术会产生。

上述分类能够帮助我们更好地认识各种海洋技术,方便我们在本教程中阐述海洋技术知识。当然还有其他方式的分类。

1.3 发展海洋技术的意义

海洋技术是人类研究海洋、开发海洋、利用海洋、保护海洋等一系列活动的技术基础。发展海洋技术的重要性不言自明。从某种角度来说,海洋技术既代表一个国家在海洋研究与开发方面的实力与水平,又代表一个国家、一个民族的综合实力。对于发展海洋技术的重要性,下面就以下几个方面进行阐述。

从科学与技术自身发展的角度来说,发展海洋科学与技术可顺应世界趋势。人类需要深入地了解海洋、认识海洋,需要对海洋进行深入的探索与研究。海洋科学有许多新的突破,等待着人们去创造。然而没有海洋技术的支撑,海洋科学研究犹如空中楼阁,无从谈起。我国的海洋科学研究一直受制于海洋技术的落后。譬如,海洋科学是一门观测科学,如果海洋观测技术跟不上,必将制约海洋科学研究水平的提高。因此,发展海洋技术是中国发展海洋科学研究事业的迫切需要。海洋科学的突破将极大地推动海洋技术的全面发展。海洋技术本身也有许多待突破的地方,如潜入深海、海洋的透明化、海底海洋的探测、全海域水下导航、大面积海域的精细遥感等,都需要海洋技术研究人员利用智慧攻克一个个难关。

从国家发展海洋经济角度来说,海洋经济已成为世界上许多国家的重要支柱产业,海洋技术产业已经成为 21 世纪的重要产业。在西方发达国家和地区已形成一批具有市场前景的海洋高技术产业群,海洋经济科技进步贡献率已达 80% 左右。譬如,美国西南部的圣地亚哥市就有一个海洋技术装备的产业群。发展海洋技术产业,是顺应世界海洋经济发展趋势的需要。我国自"九五"后期以来,就组织实施了"科技兴海"计划,建设海洋强国是中国发展的必由之路。同时,发展海洋技术是我国保护海洋生态、促进海洋经济可持续发展的需要。传统的海洋开发方式忽视了资源的永续利用,海洋污染面的扩大和渔业资源的衰竭已经一次次地敲响了警钟。以发展海洋技术为契机,转变传统粗放型海洋经济生产方式,可以减轻海洋经济发展对海洋生态的压力,还可以利用先进技术加强海洋环境监测、开展海洋生态恢复,最终实现海洋经济与海洋生态环境的良性互动,实现海洋经济的可持续发展。

从国家安全层面上来说,海洋技术是一个临海国保家卫国的重要保障。我国为争取自身权利,保障蓝色国土安全,特别是维护我国南海权益,必须要通过先进的海洋技术来支撑我国海上军事力量的发展。

发展海洋技术对于今天的中国尤为重要。它支撑着我国对海洋的开发,既给中国人民带来实质性的福祉,又可推动人类科学研究的进步,提升人民生活水平。同时,海洋技术的发展可带动其他技术领域的进步,具有很强的先导性。海洋技术与海洋科学的协同发展,是海洋界对海洋科学与海洋技术两者关系的最重要的认识,没有先进的海洋技术,便谈不上高水平的海洋研究。同样,没有高水平的海洋研究,产生不了先进的海洋技术。

1.4 海洋技术的发展趋势与研究前沿

1.4.1 海洋技术的发展趋势

纵观国内外的海洋科技研究情况,海洋技术的发展趋势主要体现在以下几个方面。

1. 向深海发展

这是海洋技术一直以来的发展方向。把观测设备送入深海、把无人或载人的装备送入深海,这在技术上是有相当的挑战性的。技术设备的耐压能力要更强,电池的供电能力要更持久,水下声学通信的距离要更远,浮力材料的弹性模量要更大,装备的控制能力要更高,等等,都是走向深海的技术要求。

2. 深海技术装备的发展

先进的深海技术装备为人类对海洋的新发现提供必要的支撑手段。

(1)各种深海潜水器,特别是载人深潜技术得到全面的发展。自美国、俄罗斯、法国突破6000 m的载人深潜,日本突破6500 m的载人深潜之后,中国的"蛟龙号"载人潜水器向7000 m深海进发。全海深的遥控潜水器(remote-operated vehicle,ROV)、自治式潜水器(autonomous underwater vehicle,AUV)已经出现并成功应用于各种实际工作之中。美国人研发的自治式水下滑翔机(autonomous underwater glider,AUG),早就可以做到横穿大西洋和太平洋,MBARI的科学家努力要使他们研制的Tethys AUV一次续航作业可从加州海岸直接游到夏威夷。

(2)在美国、日本和欧盟三大海底钻探平台的支撑下,自论证"板块漂移理论"的大洋钻探计划(Ocean Drilling Project,ODP)之后,人们又启动了综合大洋钻探计划(Integrated Ocean Drilling Project,IODP),重点对海底以下的地球(海洋)进行全面的发现。这些海底钻探计划将人类的深钻技术推向新的高峰。

（3）海底观测网络是地面（海面）观测平台、太空观测平台之外的第三个观测平台，海底观测网络的建立是一次海洋技术领域的革命。它综合了海底布缆、高压直流电能传输、水下接驳、水下综合观测、数据获取与解释等多种技术，将使海底"透明化"成为可能。同时，基于海底观测网络的移动观测技术研究刚刚兴起，可以大大提高海底观测网络的覆盖面。

（4）各种观测计划，如 Argo 计划等，使海洋的观测更加精细、更加实时，支撑海洋环境监测与海洋气候预报等。同时，基于自浮沉多参数剖面浮标的观测正在向 4000 m 深海突破，可使得目前 Argo 计划的观测覆盖到 4000 m 的深海。

3.海洋技术与信息技术的结合

海洋技术与信息技术可以实现如下几种结合。

（1）先进的卫星技术支持对海面的遥感观测，使得大范围海洋的可信观测成为现实。大面积的海色、海面温度、海流甚至赤潮监测，为海洋预报和海洋科学研究提供先进的手段。

（2）现代通信技术对海洋技术的发展具有深远的影响，通过海面的各类无线通信或卫星通信手段，实现大范围海域的信息分布式获取与全海域融合。

（3）数据解释和三维反演等技术，帮助海洋学家从大量海洋数据的分析与显示中获得新的知识。

（4）越来越强的微处理器技术，使得海洋装备具有越来越强的"自主"能力，潜水器等系统的控制、导航性能得到大幅度提高。"智慧海洋"眼下已然成为海洋领域的一个热词，它的基本特征是海洋感知、观测网络、大数据和海洋透明化等，基本要点就是海洋技术与信息技术的紧密结合。

4.海洋通用技术推动海洋技术进步

海洋通用技术是海洋支撑技术中的重要组成部分。海洋通用件的质量水平上升，提高了海洋技术装备的质量和运行可靠性。海洋通用件市场在国际上已经形成，从而保障优质价廉的海洋通用件的开发与上市。像海缆、水密接插件、水下照明灯具、深海摄像机、浮力材料、水下电源，甚至多自由度的深海机械手，都可以方便地从市场上购得，大大地推动了海洋技术的进步。在海洋通用件方面，中国工业界正在奋起直追，逐步占据这个通常由外国品牌主导的市场。先进的科学考察船支撑着海洋技术装备的研发工作，国内外都在大力发展高水平的科考船。眼下国内各单位兴起了建造高水平科考船的热潮。这一现象对海洋技术的发展无疑起到了促进作用。同时，各国十分重视海洋试验技术，兴建各种室内高水平试验设施或海上试验场，加速海洋技术进步。

5.海洋技术的发展与海洋资源开发的需求紧密联系

海洋技术的发展使得海洋资源的开发内容与应用方式越来越多。海洋资源开发的成果推动社会经济发展，海洋资源开发支撑人类可持续发展。世界许多国家在海洋资源特别是海底油气开发上尝到甜头，中国也在南海开展海底油气资源的开发。中国南海的天然气水合物的试采甚至正式开采，将对海洋技术提出了更高更多的要求。同时，海洋资源开发的经济效益，又能反哺到海洋科学研究与海洋技术研发的工作中去，推动海洋科技事业的更进一步发展。

6.海洋技术发展与海洋科学进步的联系日益密切

海洋科学的发展对海洋技术提出了更高的要求，进而推动海洋技术的发展；海洋技术的发展又促使海洋科学不断发现新问题，从而对海洋技术提出新的要求。

1.4.2　海洋技术的研究前沿

海洋技术的研究前沿领域主要包括以下技术。

1. 海洋遥感技术

卫星传感器能够测量在各个不同波段的海面反射、散射或自发辐射的电磁波能量，通过对携带信息的电磁波能量的分析，可以反演海洋物理量。传感器的遥感精度随着卫星遥感技术的发展不断提高，其丰富的海洋观测数据不但超过百余年来船舶与浮标数据的总和，而且其精度目前正在接近、达到甚至超过现场观测数据的精度。

目前，世界上使用的卫星海洋遥感仪器主要有：用于探测海洋表层叶绿素浓度、悬移质浓度、海洋初级生产力、漫射散射系数以及其他海洋光学参数的海色传感器，用于探测海面温度的红外传感器，用于探测海面温度、海面风速、海冰以及海面上空大气可降水量和降雨强度等的微波辐射计，用于测量平均海面高度、大地水准面、有效波高、海面风速、表层流、海洋重力场等的微波高度计，用于测量海面 10 m 处风场的微波散射计和用于探测波浪方向谱、中尺度涡旋、海洋内波、浅海地形以及海表特征信息等的合成孔径雷达，等等。另外，目前正在兴起利用高频地波雷达系统进行表层海流测量。

中国的卫星计划已广泛引起国际同行的重视和关注。目前在轨运行的海洋观测卫星传感器中，微波传感器和主动传感器相对偏少，光学传感器和红外传感器的辐射分辨率可进一步提高。卫星数据产品及其业务化反演算法有待加强和提高，中国的各卫星系列传感器有待进一步调适和改善。

2. 水下探测技术

水下探测技术指的是利用各种物理、化学方法，对水体内部及海底的物理、化学、生物量进行原位探测、测量、分析的技术。水下探测技术综合运用水下声学技术，水下光学技术、水下化学传感器等达到探测目的，是进行海洋研究、海洋资源的开发与利用以及军事活动的必要条件。根据探测手段不同，水下探测技术可大致分为水下光学技术、水下声学技术、水下化学探测技术等，探测目标包括海水盐度、浊度、深度探测，地形地貌探测，水中气体探测，叶绿素探测，水下鱼群探测等。

目前水下化学传感器主要用于对海水盐度、叶绿素、溶解氧的探测等；水下声学技术主要用于水下地形地貌、浅地层剖面探测、鱼群探测等；水下光学技术主要用于水下照明、水下成像、水下气体成分分析、物质成分分析等。水下化学探测、水下声学探测、水下照明、近距离水下成像的技术较为成熟，商用产品也比较多，而浑浊水体的远距离光学成像、使用光学方法进行原位水下气体成分分析和物质成分分析等仍是研究的难点和热点。

水下探测技术的发展趋势大致分为四个方面：①就单个装备而言，追求高精度、小体积、低功耗、低成本、易操作将是长久的发展目标；②利用声学方法进行海底海洋的探测、利用光学方法进行远距离成像和水下原位物质成分分析将是今后一段时期的研究热点；③随着海底观测网络的发展，水下探测更趋于网络化、实时化、长期化；④随着海洋科学研究的深入，探测技术朝着海底深处发展，甚至覆盖全海深。

3. 潜水器技术

潜水器技术从 20 世纪五六十年代开始发展,刚开始发展时由于技术不成熟、电子设备故障率较高等因素,潜水器技术还没得到工业界的广泛接受,发展较为缓慢。但在 1966 年,这个状况得到了改变。美国的潜水器 CURV 成功打捞上在西班牙沿海丢失的氢弹,自此,潜水器技术得到了广泛的重视。加上海洋石油的开发需求,以及电子、计算机技术的支持,潜水器技术有了迅速的发展。目前,潜水器技术已经是一门较为成熟的技术,世界上生产潜水器的公司有很多家,能够生产相当种类和数量的潜水器。

目前的潜水器技术已经允许人类到达海洋最深的海底,但只能进行短暂的访问。人类开发海洋的范围不断扩大,要求潜水器的工作范围更大,深度更深,工作时间更长;同时,作业的复杂性和综合性要求潜水器在功能上有更大的集成度。

潜水器技术的发展趋势大体分为四个方面:①随着人类对海洋探索和开发的逐步深入,耐压和密封等深海技术的发展,潜水器技术向深海发展,即发展全海深潜水器;②随着对水下作业要求的提高,水下作业任务的多样化,水下运载技术向混合化发展,比如发展混合 AUV 和 ROV 功能的自治式遥控潜水器(autonomous remote-operated vehicle,ARV);③随着人类对深海直观、持续探索的需求的提高,潜水器技术还呈现长时化、智能化的特点;④传统的潜水器多为海面布放海面回收的工作模式,其作业范围通常是上层海水水体,作业范围主要是近海底的潜水器还是空白。水下直升机(autonomous underwater helicopter,AUH)作为 AUV 的一种,将得到大力发展,它将很好地完成近海底的观测与作业工作,从而推动 AUV 技术的进步。

2012 年对于潜水器技术,尤其是对于载人深潜技术来讲,是十分不平凡的一年。美国好莱坞著名导演詹姆斯·卡梅隆在 2012 年 3 月 26 日只身乘坐载人潜水器"深海挑战者",完成了约 11000 m 之深的马里亚纳海沟探险。2012 年的 6—7 月,中国的"蛟龙号"载人潜水器也来到马里亚纳海沟海域,实现突破 7000 m 的深潜壮举。这些都在潜水器技术发展史上留下了厚重的一笔。

4. 水下采样技术

在水下采样技术领域目前科研人员致力于解决的问题有:如何实现原位采样、快速/精准采样、保压/保温/气密/保真采样、多点序列采样、无损/无污染采样、有机物采样等。水下采样技术按采样的对象不同主要可分为四类。

(1)海水采样。对海水采样的采水器的研究始于 20 世纪初,国外对此的研究发展较快,由最初的非气密采水器向现在的某些气密采水器发展,国内采水器的研究与国外相比还是比较滞后的。海水采样一般分为非气密采样和气密采样两种:典型的非气密采水器有南森(Nansen)采水器、Niskin 采水器和温盐深(conductivity-temperature-depth,CTD)记录仪轮盘式采水器等;气密采水器有日本北海道大学开发的装在 ROV 上的气密采水器和美国罗得岛大学研制的装在 AUV 上的气密采水器。国家海洋局第三海洋研究所、国家海洋技术中心开展了许多海水采样的工作,但国内研制的采水器大多偏重于对国外产品的吸收。浙江大学研制的气密分层采水器已成功进行多次海试。

(2)热液采样。海底热液现象的研究是当今海洋科学研究的热点之一,近年来海底高温热液采样技术是采样技术发展的一个重点。目前国际上热液采样设备通常都依靠载人潜水器或 ROV 进行取样。例如美国的阿尔文(Alvin)号载人潜水器通常使用"Major"采样器采集热液,美国华盛顿大学后来又研制出了一种名为"Lupton"的气密热液采样器。美国伍兹霍尔海洋研究所(Woods Hole Oceanographic Institution,WHOI)研制的"Jeff"气密等压热液采样器利用压缩氮气保持样品的压力。国内在深海热液采样设备的研制方面,浙江大学自 2002 年就开始深海热液采样器研究,研制成功的机械触发式和电控触发式两种气密采样器(gas tight sampler,GTS)已多次在国内外进行海试和实际使用。目前,气密采样器正朝着序列采样、长期原位定时采样方向发展,并得到更广泛的应用。

(3)沉积物采样。沉积物采样的发展重点是海底沉积物保真取样技术,常见的保压取芯器有推进型保压取芯器、旋转型保压取芯器和撞击型保压取芯器。国际上目前使用的保真取样器主要有大洋钻探计划(ODP)采用的活塞取样器 APC、保压取芯器(pressure core sampler,PCS)、深海钻探计划(DSDP)采用的保压取样筒(pressure core barrel,PCB)、HYACE 的 HRC 和日本研制的 PTCS。还有一些用于常规石油天然气取芯的压力密闭取芯器可对含水合物的沉积物进行保压取芯,如 ESSO-PCB、Christensen-PCB、美国的 PCBBL、我国大庆的 MY-215 等,但保压、保温性能技术指标与 ODP-PCS、DSDP-PCB、日本研制的 PTCS 相比仍存在差距。浙江大学研制的柱状沉积物保真取样器目前可取得 30 m 长的柱状保真沉积物样品,处于国际领先水平。

(4)岩芯采样。岩芯采样技术也是采样技术的研究热点之一。国外多个国家,如美国、澳大利亚、德国等,均已拥有成熟的钻深 50 m 及以上的海底岩芯钻机系统,并且已经应用于海洋矿产资源的勘探生产之中,如美国 GEOSERVICES 公司的钻深 50 m 海底岩芯钻机 ROVDRILL M50 就已经大规模应用于巴布亚新几内亚 EEC 区的多金属硫化矿勘探。美国 GEOSERVICES 公司的 ROVDRILL M80 系列海底钻机钻深已经达到 160 m,澳大利亚海底钻机 PROD 的钻深也达到 125 m。我国湖南科技大学研制的"海牛号"海底深孔岩芯钻机取得了良好的进展,2015 年 6 月在深海超过 3000 m 海底钻取达 60 m 的岩芯,具有国际先进水平。

5.海底观测网络技术

海底观测网络是由岸基提供高压电能,可在海底进行长距离电能和信息的传输与转换,并实现海底各种观测设备的灵活对接与自动接驳的观测系统。海底观测网络克服传统的船舶调查方法的局限,可以进行长期、连续的观测,并且能够实时或准实时地提供观测数据,对于科学研究、灾害的监测与预警,以及国家安全都有重要意义。

目前在海底观测系统研究和实践方面,美国、日本、加拿大等处于领先地位,这些国家针对热液现象、地震监测、海啸预报、全球气候等科学目标,开展相关的研究工作,分别建立实际的海底观测示范系统与实际应用系统,有的已经正式投入使用。例如美国与加拿大合作研发的 NEPTUNE(northeast Pacific time-series undersea networked experiments,即东北太平洋时间序列海底联网试验,简称"海王星")海底观测网络,以及两国在美国加利福尼亚州蒙特雷海湾(Monterey Bay)和加拿大不列颠哥伦比亚省的萨尼奇海湾(Saanich Inlet)建立的小型试验观测系统 MARS(Monterey accelerated research system,蒙特雷加速研究系统)和 VENUS(Victoria experimental network under the sea,维多利亚海底试验网络)。日本以及欧盟等也在开展有关海底观测网络的应用研究。"十一五"期间我国有关部门在"863"计划的支持下,开展了海底观测网络关键技术研究,并在"十二五"期间开展相关的应用研究,但是目前国内尚无投入使用的海底观测网络。

海底观测网络技术的发展趋势包括：①海洋立体观测，即通过增加垂直的观测链，把观测范围延伸到水体的立体网络，同时结合水面雷达、遥感卫星等手段，构成自海面至海底的立体观测系统；②海底观测网络配置水下"码头"，再加上搭载在潜水器上的各类观测设备，构成一个更大范围的海底移动观测网络；③基于海底通信网络的海底观测网络技术，即借助遍布海底的通信网络，嵌入相应的感知器件，构成大范围的海底观测系统；④作为海底数据采集获取的重要手段，支撑"智慧海洋工程"等计划。

6. 数字海洋技术

数字海洋技术是结合海洋观测技术、空间地理技术、信息处理和反演技术、信息化技术的新型技术。人们通过对海量数据的采集、解释和反演，建立数字虚拟的立体海洋世界，探索、开发海洋以及做出决策。

数字海洋技术作为一门综合新兴技术，提供全新的探索和认识海洋的方法，受到世界各国的重视。比如美国有美国国家海洋大气局资助的"Sea Grant"项目，我国也在上海建立小规模的数字海洋示范，但是这些离大范围、全方位、可用于预测帮助决策的虚拟立体海洋世界的实现还有很大距离。

数字海洋技术的发展趋势大体有以下几个方面：①立体、连续、实时、原位、大范围采集观测数据，比如利用海底观测网络；②数据处理、解释、反演技术的发展，精准建模；③利用观测数据进行精细化预测，对海洋灾害精细化预警预报；④结合大数据技术，建设"透明海洋"，支撑"智能海洋工程"等计划。

1.5　我国海洋技术的发展方向与发展战略

1.5.1　我国海洋技术的发展方向

下面介绍我国在将来一段时间里海洋技术的主要发展方向。

1. 海上公共试验场

随着我国海洋仪器和装备的发展，实验室狭小的水池已经很难从布放、安装、试验、检测、回收等一系列流程上对海洋探测仪器尤其是深海探测仪器实现全面的测试。目前我国海洋技术装备在实际海域使用之前，通常会在一些湖试基地进行试验工作，如千岛湖、抚仙湖等。然而，湖水的物理、化学、生态等条件，毕竟与海水相去甚远。建设海洋技术装备海上公共试验场，是基于海岛及海底观测网络的海洋技术装备通用试验平台，针对各种海洋技术装备及仪器，完成布放、密封检测、安装、性能测试、回收等一系列海洋环境中的操作，并对整个过程进行控制和全方位跟踪，从而促进海洋科学仪器和海洋技术装备的研发。海上公共试验场的建设对海洋科学和海洋工程技术领域的研究与发展具有重要意义。

2. 海洋运载与探测

潜水器是人类直接或间接接触深海的基本工具。人类深入探索海洋、开发海洋资源等一系列活动都离不开潜水器的支持。发展潜水器技术应着重研究深海相关技术，攻克耐高压、耐腐蚀、浮力材料、水下控制等关键技术。发展潜水器技术也包括发展潜水器的支撑技术，如配电技术、潜水器的吊放和回收技术、水下通信和定位技术、深海通用件技术等。发展不同类型的潜水器,提升传统类型的潜水器性能,如自治式潜水器、无人遥控潜水器、水下滑翔机、载人潜水器,开拓新的潜水器研究方向,如混合型潜水器等,用于水下探测和作业。其工作范围遍及全球大陆坡深水区、洋中脊、海台、海底山、火山口、裂谷、洋盆、海渊和万米深的海沟,获得了大量的地质、沉积物、矿物、生物、地球化学与地球物理资料、样品等。同时,考虑全海深无人/载人潜水器的研制,以适应未来的海洋(特别是深海)研究和开发的各种需求。

3. 数字海洋技术

随着对海洋探索的深入,人们越来越发现以往对海洋局部、单一类型探测不能够满足对海洋完整认识、对各种海洋现象反演和预测的需求。因此,数字海洋的概念被提出来。数字海洋技术利用海量、多分辨率、多类型、多维的海洋观测数据,通过分析算法和模型构建反演出虚拟海洋世界,用于对真实海洋世界的探索和预测。数字海洋技术的研究内容包括:①海量、多分辨率、多类型、多维数据的实时和持续采集;②对海量数据的集中处理、解释和反演;③对建立的虚拟海洋世界综合利用,比如海洋灾害的预警预报等;④将大数据技术引入海洋领域,建设智慧海洋。

4. 深海空间站

随着各国经济的发展,海洋资源的争夺日趋激烈,海洋安全、维权的重要性日益凸显。我国是海洋大国,无论是对近海还是对深远海的利用都远远落后于发达国家,所以要增强开展深海空间站研究的责任感和紧迫感。深海空间站的关键技术将重点研究深海极限环境与安全性技术、空间站和探测作业系统接口与互联控制技术、大深度水下作业技术、水下人员往返和运行保障技术、深海信息网络技术,等等。深海空间站为深海能源的勘探与开采技术研究提供有效的试验平台,进行大面积的海洋环境、大陆架形态、海洋地理、地质、生物、矿物的科学调查;可作为水下作业与控制中心携带相应作业模块,实施深海资源的试验性开采工程作业,或操控各类潜水器进行海底设备维修,也可以进行沉船打捞与海洋考古等作业。同时,深海空间站起到水下综合保障基地的作用,作为载人和无人潜水器的水下工作母船和基地,长期提供信息、能源等保障。

5. 海洋立体观测技术

长期以来,人类只能从地面和海面(如瞭望塔、船只等)观测海洋,得到关于海洋零星的、皮毛的信息。到了20世纪,随着卫星技术的出现,人们能够从空间获取海洋的信息,但是这些信息还是片面的,受到气候的限制,缺乏实时性和连续性,尤其是缺乏对海面以下的水体以及海底的观测信息。而人类对神秘海洋的巨大好奇心,以及对海洋资源的强烈渴求,都要求对海面以下的世界进行深入了解,对海底进行长期、原位的观测。发展海洋立体观测技术,首先要发展成熟的海洋传感器技术,同时基于现有的空中卫星观测,海岸雷达观测,海面船只、浮标观测等,有机结合水下和海底观测装备,从天基、岸基、海基和海床基对海洋进行全面观测。海洋立体观测网可以对海洋及海底进行多元、综合、实时、原位、连续的观测,将各观测器的数据实时传输至陆地或海上的信息中心,并对观测信息进行实时处理,形成数据产品,通过互联网提供给用户。海洋立体观测技术的发展,无论对于海洋科学的研究、海洋资源的开发和利用、海洋灾害的预警,还是对于维护国家的海洋权益都有重要的意义。

6. 海底海洋观测技术

海底是地球上人类最不熟知的区域之一。对于海底,人们除了对它的海床构造、深度等内容了解之外,还要了解海底的岩石与沉积物的物理、化学组成等内容。近年来,国内外的一些科学家们提出了海底海洋的概念,认为在海床的底下还有大量的水域。人们在这些水域中,也发现了丰富的生命现象,故海底海洋被誉为深部生物圈。深海天然气水合物可以看作海底海洋的另一种形式。随着海底矿藏、深海热液、天然气水合物等现象的发现,海底海洋观测的内容更加丰富,也更加迫切。发展海底海洋观测技术,是在现有海底观测技术的基础上研究新的观测手段和观测方法(如深海钻探、地震波探测,甚至深入海底的"钻地鼠"式探测等),发展先进的机电集成技术,将观测设备带入海底海洋区域,对海底海洋的结构构造、岩石沉积物的物理、化学组成以及海底海洋水体中的物理、化学及生化量进行观测;并且将观测信息通过海底观测网络传回岸基站或者存储于海底观测站。通过对海底海洋的物理、化学、生物量等信息进行分析,对该区域的金属矿藏、天然气水合物的分布状况等进行判断,为海洋资源的开发和利用提供准确、有效的技术支持。

1.5.2 我国海洋技术的发展战略

我国海洋技术的发展战略主要有以下几个方面。

1.制定海洋技术创新战略规划

为从海洋中获取更多国家利益,发展壮大海洋经济,世界各海洋强国在不同时期对本国海洋技术发展和海洋开发事业进行了长远的规划,制定相关的发展和开发战略,如美国实施的"美国海洋行动计划"及"绘制美国未来 10 年海洋科学发展路线——海洋科学研究优先领域和实施报告",英国出台的"2025 海洋科技规划",等等。国家"863"计划"海洋技术"领域已经开展海洋技术发展战略研究,并制定出中长期的发展规划,"十三五"期间国家又通过设立国家重点专项,进一步对海洋技术研发进行资助。我国应当综合所有涉海单位,共同开展海洋技术发展战略研究,制定发展规划,指导我国海洋技术的发展。

2.建立"海洋技术"学科,重视和加强海洋技术人才培养

美国和日本非常注重海洋技术领域的青年科技创新人才的培养,设立多种培养计划。如美国海军设立的"青年研究员计划",专门在一些大学和私人研究机构设立基金,培养最近 5 年获得博士学位的青年研究人员。我国首先应在人才培养体系上建立新的"海洋技术"学科体系,建立专门培养海洋技术领域的本科专业和研究生学位点,培养国家海洋事业发展必需人才。浙江大学在教育部的支持下,在国内率先开展了"海洋工程与技术"本科专业的建设,已于 2011 年开始招生。目前,国内许多高校已经建立了"海洋工程与技术"专业,或建立起"海洋技术"专业,开展海洋技术人才培养工作。但我国还没有专门培养"海洋技术"人才的研究生学位点,这严重制约了我国海洋技术高层次人才的培养。因此,国家科技部、国家自然科学基金委员会、国家科技奖励委员会等序列的学科分类中要增列"海洋技术"学科。同时通过"海洋技术"学科的设立,建立起一批"海洋技术"创新研究团队,支撑我国海洋技术事业发展。

3.推进海洋技术创新体系建设

加强创新平台建设,强化对实验室、工程技术研究中心和企业技术中心的建设布局,形成以国家重点实验室、工程技术研究中心和企业技术中心为核心,辅之以省部级重点实验室、工程技术研究中心和企业技术中心及特色型技术中心的层次分明、结构完善、布局合理的海洋技术创新平台体系。建立海洋技术的公共试验场,成为海洋技术创新体系中的重要一环,为国内海洋技术研究人员提供试验平台。同时,研究海洋试验规范与标准,支撑海洋试验研究,进而推动海洋事业发展。

4.进一步加大对海洋技术的投入力度

美国政府投入海洋技术研发的经费额度不断加大,1996—2000年投入海洋科技研究与开发的经费达110亿美元,2001—2005年达390亿美元,之后不断地增加投入,实施了一大批海洋技术研究与开发项目。美国伍兹霍尔海洋研究所、斯克里普斯海洋研究所每年的政府投入分别占科研总经费的92%和90%,另外有企业和社会捐赠等投入。由于海洋在国防中的重要地位,美国国防部和海军部门每年也投入大量经费支持海洋科技研究。我国是从"十五"期间开始对"海洋技术"进行投入,从"十一五"期间才在国家"863"计划中设立"海洋技术"领域,起步较晚。经过10多年的组织研究攻关,中国的海洋技术有了长足的发展,但离国外发达国家相去甚远,这大大地制约了我国海洋事业的发展。因此,我国还应进一步加强投入,支持海洋技术发展。

5.加强海洋技术和海洋科学的协同发展

海洋技术和海洋科学的发展计划应该共同制订、共同执行,而不是各行其道;海洋技术和海洋科学的人才培养也需要有所结合,而不是像现在这样截然划分。同时,要建设科学家与工程技术人员的对话平台,双边知己知彼,开展合作,协同工作。

6.全面深入推动海洋科技国际合作

世界上有许多国际大型海洋科技研究合作计划,美国是国际海洋科技合作的积极倡导者和主要组织者。日本、加拿大、英国、法国等世界海洋科技发达国家也积极参加海洋科技研究合作计划,并成为其中的核心成员,发挥着主导作用。中国要重视参加技术性强的合作研究计划,比如大洋钻探计划(ODP)、综合大洋钻探计划(IODP)及全球海洋观测计划(GOOS)等。在国际合作中,我国应汲取发达国家的技术经验,加速发展壮大中国的海洋技术。更为重要的是,中国的研究单位和学者应该在国家的支持下,设立由我国主导、吸收外国同行参加的大型海洋科技计划,引领世界海洋科学与技术的发展。

思考题

1.海洋技术的定义是什么?
2.海洋技术与海洋工程的区别是什么?
3.谈谈海洋技术的分类。
4.简述阻碍海洋技术发展的主要原因。
5.海洋技术的主要特征是什么?
6.剖析海洋科学与海洋技术之间的关系。
7.谈谈你对海洋技术发展趋势的认识。
8.请举例说明一项海洋技术的主要内涵。
9.谈谈海洋技术对海洋科学发展的重要性。
10.大洋钻探计划最主要的贡献是什么?
11.海洋遥感技术的意义是什么?

12. 什么是 Argo 计划？

13. 人类深潜的纪录是多少？

14. 谈谈航海对海洋科学发展的重要性。

15. 什么是 NEPTUNE 计划？

16. 什么是数字海洋？

17. 什么是海洋立体观测？

18. 为什么要发展水下运载技术？

19. 浅谈我国海洋科考船的发展现状。

20. 如何利用国际合作发展我国的海洋技术？

参考文献

[1] 盖广生. 孙中山的海洋抱负与实践. 海洋世界,2011(6):36-45.

[2] 汪品先. 走向地球系统科学的必由之路. 地球科学进展,2003,18(5):795-796.

[3] 陈鹰,杨灿军,陶春辉,等. 海底观测系统. 北京:海洋出版社,2006.

[4] 汪品先. 海洋科学和技术协同发展的回顾. 地球科学进展,2011,26(6):644-649.

[5] 许建平,刘增宏,孙朝辉,等. 全球 Argo 实时海洋观测网全面建成. 海洋技术,2008,
    27(1):68-70.

[6] 同济大学海洋科技中心海底观测组. 美国的两大海洋观测系统:OOI 与 IOOS. 地球科学
    进展,2011,26(6):650-655.

[7] Future Ocean Team of Kiel University. World ocean review. Kiel:Maribus GmbH,2010.

[8] YANG T F,CHUANG P C,LIN S,et al. Methane venting in gas hydrate potential area
    offshore of SW Taiwan:evidence of gas analysis of water column samples. Terrestrial
    atmospheric and oceanic sciences,2006,17(4):933-950.

[9] NISKIN S J. A water sampler for microbiological studies. Deep-sea research and oceanographic
    abstracts,1962,9(11/12):501-502.

[10] MEO C A D,WAKEFIELD J R,CARY S C. A new device for sampling small volumes
    of water from marine micro-environments. Deep sea research part Ⅰ:oceanographic
    research papers,1999,46(7):1279-1287.

[11] 陈鹰,杨灿军,顾临怡,等. 基于载人潜水器的深海资源勘探作业技术研究. 机械工程学
    报,2003,39(11):38-42.

[12] CHEN Y,YE Y,YANG C Y. Integration of real-time chemical sensors for deep sea
    research. China ocean engineering,2005,19(1):129-137.

[13] KITTS C,BINGHAM B,CHEN Y,et al. Introduction to the focused section on marine
    mechatronic systems. IEEE/ASME transactions on mechatronics,2012,17(1):1-7.

[14] TAN C,DING K,JIN B,et al. Development of an in situ pH calibrator in deep sea
    environments. IEEE/ASME transactions on mechatronics,2012,17(1):8-15.

[15] FOSSEN T I. Guidance and control of ocean vehicles. New York:Wiley,1994.

[16] KOBAYASHI K. Principal characteristics of the up-to-date Japanese oceanographic research
    vessels. Proceedings of MTS/IEEE Oceans,San Diego,1995,1:472-477.

[17] KYO M,HIYAZAKI E,TSUKIOKA S,et al. The sea trial of "KAIKO",the full ocean depth

research ROV. Proceedings of MTS/IEEE Oceans,San Diego,1995,3:1991-1996.

[18]TRES P A. Hollow glass microspheres stronger spheres tackle injection molding. Plastics technology,2007,53(5):82-87.

[19]SCHMITT M L,SHELBY J E,HALL M M. Preparation of hollow glass microspheres from sol-gel derived glass for application in hydrogen gas storage. Journal of non-crystalline solids,2006,352(6/7):626-631.

[20]SHEN M X,LIU Z Y,CUI W C. Simulation of the descent/ascent motion of a deep manned submersible. Journal of ship mechanics,2008,12(6):886-893.

[21]陈鹰. 海洋技术定义及其发展研究. 机械工程学报,2014,50(2):1-7.

[22]陈鹰. 海洋技术学科建设之考虑. 第二届海洋技术学术会议. 舟山,2015.

[23]ZHANG D H,FAN W,YANG J,et al. Reviews of power supply and environmental energy conversions for artificial upwelling. Renewable and sustainable energy reviews,2016,56: 659-668.

[24]QIN H W,CAI Z,HU H M,et al. Numerical analysis of gravity coring using coupled eulerian-lagrangian method and a new corer. Marine georesources and geotechnology,2016,34 (5):403-408.

[25]PAN Y W,FAN W,ZHANG D H,et al. Research progress in artificial upwelling and its potential environmental effects. Science China:earth sciences, 2016, 59（2）: 236-248.

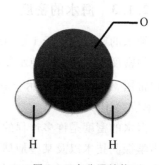

第2章

海洋基础知识

海洋是地球上广阔连通的水域,覆盖地球表面约70.8%的面积。人们把海洋远离陆地、面积广阔的中间部分称为洋,洋的深度一般在2000 m以上,约占海洋总面积的90.3%。海洋的边缘部分称为海,海没有独立的潮汐和洋流系统,其盐度、温度、颜色都会受到陆地的影响。

海洋是一座资源的宝库。海洋中蕴藏着大量的石油和天然气资源,海洋"可燃冰"所含有机碳总量相当于全球已知煤、石油和天然气的2倍。除了锰结核、富钴结壳等矿物资源,海洋还蕴藏着无数的海产品资源,以及可以抵御病毒细菌、治愈顽症的活性物质和在独特环境下孕育出的特殊基因。在陆地资源日益枯竭的今天,海洋是人类走出困境的希望,也是一座信息的宝库。海洋中的洋中脊、"黑烟囱"、海底热液生物群落、冷泉生物群等奇观蕴藏着地球构造、生命起源以及其他许多问题的答案。海洋也面临危险和挑战,海洋污染、过度捕捞以及气候变化正让海洋生物种群不断减小甚至消失。人类自古一直对海洋进行探索和研究,探测的工具也由木质帆船、测深重锤发展到载人潜水器、遥感卫星和声呐系统。海洋隐藏了太多还未被人类所认知的奥秘,透过茫茫大海,人类对于自然将会看得更深、更细、更远。

2.1 关于水(海水)的科学

2.1.1 水分子结构

一个水分子由一个氧原子和两个氢原子组成的,两个氢原子之间成105°角,如图2-1所示。这种非对称结构中分子的正、负极性不能完全抵消,因此水分子具有极性。水分子的极性使它们相互结合在一起,形成比较复杂的水分子,称之为水分子的缔合。缔合并不改变水的化学性质,但是缔合水分子在温度高的时候离解,在温度低时缔合,使得水与其他氧族元素氢化物相比有着性质上的异常。比如,与一般物质"热胀冷缩"不同,纯水的密度在4 ℃左右时取得最大值,并随着温度的下降而降低。这是因为单个水分子之间的排列更加紧密,密度更大。当水温从4 ℃逐渐降低时,有利于缔合分子的形成,单个分子逐渐减少,水的密度也逐渐降低。当水结冰后,所有的水分子缔结成一个巨大的晶格

图 2-1 水分子结构

松散的缔合体,密度更小。与氧族的其他氢化物(如 H_2S、H_2Se 和 H_2Te)相比,水的熔点和沸点异常升高。在同族化合物中,理论上随着物质分子量的增加,物质的熔点和沸点也升高。然而由于水分子熔化和汽化时需要更多的能量来离解缔合分子,所以其熔点和沸点大大高于其理论值(分别为 $-90\ ℃$ 和 $-80\ ℃$)。由于水分子具有很强的极性,水也是一种良好的溶剂。

2.1.2 海水的盐度

海水的盐度(salinity)是描述海水含盐量的一个标度,对海洋中许多现象都有影响。1978年"海洋学常用表与标准联合专家小组"(JPOTS)提出实用盐度标度,建立了计算公式,自1982年起在国际上推行。实用盐度标度采用氯度为 19.374‰ 的国际标准海水为实用盐度 35.000‰ 的参考点。在 15 ℃,"一个标准大气压"下,高纯度的浓度为 32.436‰ 的 KCl 溶液与国际标准海水(氯度为 19.374‰,盐度为 35.000‰)的电导率相同,电导比 $K_{15}=1$。即标准 KCl 溶液的电导率对应盐度 35.000‰,此点即为实用盐度的固定参考点。实用盐度的计算公式为

$$S = \sum_{i=0}^{5} a_i K_{15}^{i/2} \tag{2-1}$$

其中,K_{15} 为在 15 ℃,"一个标准大气压"的条件下,海水样本与标准 KCl 溶液电导率之比;$a_0 = 0.0080$,$a_1 = -0.1692$,$a_2 = 25.3851$,$a_3 = 14.0941$,$a_4 = -7.0261$,$a_5 = 2.7081$;适用范围为 $2 \leqslant S \leqslant 42$。现在,实用盐度标度不再使用"‰",其值为从前盐度定义值的 1000 倍。需要说明的是,表征海水中溶质质量与海水质量之比的绝对盐度值是无法直接测量的,用上述方法测定的实用盐度 S 与海水的绝对盐度 S_A 是有显著差异的,不能将两者混淆。

对于海生生物而言,适宜的盐度对它们的生长发育十分重要。例如,在盐度低于自然海水的环境中,真鲷卵的孵化率将会显著降低,畸形率提高,盐度越低越明显。有人就中国对虾做过试验,将中国对虾仔虾从盐度为 32.7 的环境中移入盐度为 13 的海水中养殖,48 小时后,存活率仅有 30%。大幅度的盐度变化将影响到对虾的发育,甚至导致其死亡。海水盐度对于其腐蚀特性也有影响。随系统盐度的增加,电导率提高,溶解氧含量降低,碳钢、铜合金等的腐蚀速率降低。通常情况下,碳钢、铜合金等在海水中的腐蚀速率在海水盐度为 35 左右时达到最大值。

2.1.3 海水的密度

纯水的密度约等于 $1\ g/cm^3$,在 4 ℃左右最大,并随着温度的增高或者降低而减少。而海水的密度的变化要比纯水复杂得多。海水的密度是海水温度、盐度和压力的函数,在海洋学中常用 $\rho(S, \theta, p)$ 来表示。其中 S 为海水的摄氏温度,θ 为海水的实用盐度,p 为海水的压力(单位:MPa)。

海水的密度是许多过程的重要参数,它影响声波在海水中的传播,这对于现在广泛运用的声学探测技术以及某些地球物理方法都有重大意义。海水的密度对于海面的高度、洋流也有着巨大影响,具体内容本教程将在后面的相应章节中详细介绍。

2.1.4 海水的热性质

海水的热性质通常指海水的热容、比热容、绝热温度梯度、位温、热膨胀、压缩性、热导率

和蒸发潜热等。这些参数都是海水的固有性质,是海水温度、盐度和压力的函数。海水中含有大量的溶质,使得海水的热性质与纯水有很大的差异。

海水温度升高 1 K 所吸收的热量称为海水的热容(heat capacity),单位为焦耳每开尔文(记为 J/K)或者焦耳每摄氏度(记为 J/℃)。单位质量海水的热容称为比热容(specific heat capacity),单位为焦耳每千克每摄氏度(记为 J·kg^{-1}·℃$^{-1}$)。在恒定体积下测定的比热容称为定容比热容,记为 c_v;在恒定压力下测定的比热容称为定压比热容,记为 c_p,这是海洋学中最常使用的。

海水的比热容很大,约为 $3.89×10^3$ J·kg^{-1}·℃$^{-1}$,1 m^3 海水温度降低 1 ℃放出的热量可以使约 3100 m^3 的空气温度升高 1 ℃。正是由于海水的比热容很大,所以海水温度的变化非常缓慢,这给海洋生物的生存和繁殖提供了一个相对稳定的环境。

海水是可以压缩的,所以当海水微团在海洋中做铅直运动时,微团的体积会随着所受压力的变化而改变。在绝热变化过程中,海水微团下沉时,深度增加,压力增大,微团体积被压缩,外力对微团做正功,使微团的内能增加,温度升高;海水微团上升时,深度减少,压力减小,微团体积膨胀,外力对微团做负功,微团的内能减少,温度下降。海水温度在绝热变化过程中随压力的变化率称为绝热温度梯度(adiabatic temperature gradient),或绝热递减率(adiabatic lapse rate)。海洋的绝热温度梯度平均约为 0.11 ℃/km。

海水微团从海洋中的某个深度(压力为 p)绝热上升到海面(压力为大气压 p_0)时所具有的温度,称为该深度海水的位温(potential temperature),记为 θ。海水微团此时相应的密度称为位密(potential density),记为 ρ_θ。

单位时间内通过某一截面的热量称为热流率,单位为 W。单位面积的热流率称为热流率密度,单位为 W·m^{-2}。热流率密度的大小与海水本身的热传导性质以及传热面法线方向的温度梯度有关,即

$$q = -\lambda \frac{\partial t}{\partial n} \tag{2-2}$$

其中:n 沿热传导面法线方向的单位矢量;λ 为热传导系数,单位为 W·m^{-1}·℃$^{-1}$;t 为温度;$\frac{\partial t}{\partial n}$ 为传热面面法线方向的温度梯度。仅由分子热运动引起的热传导称为分子热传导,其热传导系数 λ_t 为 10^{-1} 量级;由海水块体的随机运动引起的热传导称为涡动热传导,其热传导系数 λ_A 的量级为 $10^2 \sim 10^3$。涡动热传导在海水的热量传输过程中起主要作用。

2.1.5 海水的其他物理性质

海水的其他物理性质主要有表面张力(surface tension)、渗透压(osmotic pressure)和电导率(conductivity)。

1. 表面张力

液体表面由于分子之间的吸引力形成的使液体表面积趋向于最小的合力称为表面张力。常温下的液体中,水的表面张力仅次于水银,纯水表面张力在 0 ℃时为 $7.564×10^{-2}$ N·m^{-1},并随温度升高而降低。海水的表面张力与温度、杂质含量反相关,与盐度正相关。

2. 渗透压

用半透膜把海水和淡水隔开,当渗透达到平衡时,膜两侧的压力差称为渗透压。海水的

渗透压随盐度的增加而增大,在低盐度时对温度变化不敏感,在高盐度时随温度升高有较大增幅。

3. 电导率

长度为 1 m,截面积为 1 m² 的海水柱电导称为海水的电导率,记为 γ 或 κ,单位为 S/m(S 即西门子,电导单位,$S = \Omega^{-1}$)。海水的电导率与海水中离子的种类、浓度,海水温度、压力等因素相关。

2.1.6 海冰

狭义的海冰指由海水冻结而成的冰;广义的海冰指所有在海洋上出现的冰,包括狭义海冰以及冰山、从湖泊河流流入海洋的淡水冰等。海洋中大约有 3%～4% 的面积被海冰覆盖,随着全球温度的不断升高,海冰的面积呈减小趋势。

海冰的盐度是指海冰融化后海水的盐度,其值一般为 3～7。海水结冰时会排出盐分,部分来不及排出的盐分以卤汁的形式保留在海冰冰晶的空隙中形成"盐泡";另外,还有来不及排出的空气保留在冰晶的空隙中形成"气泡"。海冰实际上是由淡水冰、卤汁和气泡组成的。海冰的盐度与冻结前海水的盐度、冻结的速度及冰龄有关。冻结前海水的盐度越高,海冰盐度越高;冻结速度越快,海水中的盐来不及排出,海冰盐度越高;夏季海冰表面融化,卤汁从海冰中排出,海冰的盐度降低,故冰龄越长,海冰盐度越低。

0 ℃纯水冰的密度为 917 kg·m⁻³,由于海冰中有气泡,密度一般低于纯水冰。海冰冰龄越长,卤汁流失越多,密度越低,夏末可降至 860 kg·m⁻³。

海冰中存储着大量的淡水,曾经有人设想将冰山从南极直接拖到以色列以解决当地淡水缺乏的问题。由于海冰对太阳辐射的反射率高达 0.5～0.7,而且覆盖面积很大,故海冰对于气候有不可忽视的影响。海冰对海上活动也有直接影响,如著名的泰坦尼克号撞击冰山后沉没,超过 1500 人遇难。大规模的海冰会封锁港口,毁坏海上设施,阻断海上运输。2010 年年初的渤海冰封使渤海交通受阻、渔船被困,一些灯塔和航标灯被毁,电力线路反复跳闸停电,给临海经济造成了巨大的损失。

2.2 海洋物理

墨西哥湾洋流每秒流过 7400 万～9300 万 m³ 的海水,相当于长江每秒平均水流量的 2000 多倍;加拿大芬迪湾的最大潮差超过 15 m,相当于一栋 5 层的楼房;1958 年美国阿拉斯加利图亚湾的海啸高度更是达到惊人的 524 m,比纽约帝国大厦还要高近 100 m。海洋中的这些物理过程对人类海上作业有巨大的影响,全面地了解海洋中诸如浪、潮、流等要素对于海洋开发利用有着重要的意义。

2.2.1 世界大洋的深度、盐度场、温度场、密度场和风场

1. 世界大洋的深度

世界海洋的平均深度约为 3729 m,其中最深的地方是马里亚纳海沟的斐查兹海渊,其深度

为 11524 m,1957 年俄罗斯航具"维塔兹号"(Vityaz)测得深度为 11034 m,1995 年日本探测艇海沟号(Kaiko)测得深度为 10911 m。世界各大洋中最深的是太平洋,平均深度为 4200 m;其次是印度洋,平均深度为 4000 m;再次为大西洋,平均深度为 3600 m;最浅的是北冰洋,平均深度只有 1205 m。世界洋及海的深度、面积如表 2-1 所示。

表 2-1　世界洋及海的平均深度、最大深度及面积

海域	平均深度/m	最大深度/m	面积/百万 km²
太平洋(Pacific Ocean)	4200	11524	165.38
大西洋(Atlantic Ocean)	3600	9560	82.22
印度洋(Indian Ocean)	4000	9000	73.48
北冰洋(Arctic Ocean)	1205	5450	14.06
南海(South China Sea)	1212	5559	3.50
加勒比海(Caribbean Sea)	2575	7100	2.52
地中海(Mediterranean Sea)	1501	4846	2.51
白令海(Bering Sea)	1491	5121	2.26
墨西哥湾(Gulf of Mexico)	1615	4377	1.51
鄂霍茨克海(Sea of Okhotsk)	973	3475	1.39
日本海(Japan Sea)	1667	3743	1.01
东海(East China Sea)	370	3719	0.77
哈德逊湾(Hudson Bay)	93	259	0.73
北海(North Sea)	94	661	0.58
安德曼海(Andaman Sea)	1118	4267	0.57
黑海(Black Sea)	1191	2245	0.51
红海(Red Sea)	538	2246	0.45
波罗的海(Baltic Sea)	55	460	0.42
黄海(Yellow Sea)	44	140	0.38
波斯湾(Persian Gulf)	25	84	0.24
圣劳伦斯湾(Gulf of Saint Lawrence)	127	397	0.24
加利福尼亚湾(Gulf of California)	813	3127	0.16
爱尔兰海(Irish Sea)	60	272	0.10

注:表上"洋"的面积不包括周边的海。

2.海洋盐度的分布

世界大洋盐度平均值约为 35,不同海域、海区,或者同一海区不同深度的盐度是不同的,其空间分布极不均匀。图 2-2 是世界海洋表层海水年平均盐度的分布。

总体来讲,世界大洋的盐度沿着纬线呈带状分布,从赤道到两极呈马鞍形的双峰分布。图 2-3 是从北大西洋和印度洋不同地点采得的盐度值,由图 2-3 中可见赤道海域盐度较低,

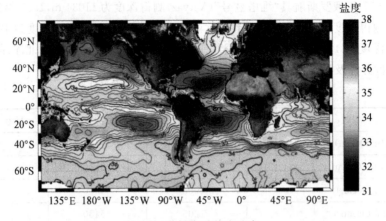

图 2-2　世界海洋盐度分布

在副热带海域盐度达到最大值,而后随着纬度的升高海水盐度逐渐降低,在两极海域,海水盐度降至 34 以下。同一海域表层海水盐度随着季节的变化情况较为复杂,与海水蒸发、降雨、洋流和海水混合有关;近岸的海水盐度则主要受陆地流入海洋的淡水影响。波罗的海是盐度最低的海域,因为这里降水多而蒸发少,陆地河流有大量的淡水输入并且与大西洋海水交换不多。

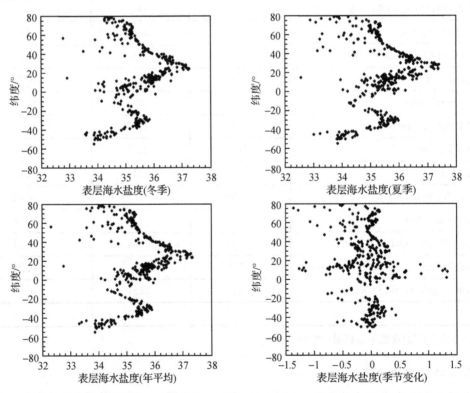

图 2-3　大西洋及印度洋盐度随纬度和季节变化

3.海洋温度的分布

世界大洋平均水温为 3.8 ℃;大西洋的平均水温最高,为 4.0 ℃;其次是印度洋,为 3.8 ℃;

最低的是太平洋,为 3.7 ℃。大洋表层水温主要受太阳辐射分布和洋流的影响。海水温度随季节变化仅在表层海水发生。在 200 m 水深处,海水的温度可以被认为是不随季节变化的。

如图 2-4 所示,世界海洋表层水年平均水温的等温线大致呈带状分布,这与太阳辐射的纬度变化密切相关。从赤道到两极,海水温度逐渐降低,两极附近海域的水温接近当地盐度对应的冰点温度。在纬度为 20°～30° 的地方,温度梯度较之赤道地区平缓。表面海水温度的季节性变化在中纬度地区最大而在赤道地区最小。

海水的垂直温度梯度从两极到赤道地区逐渐增大。在冬季,表层海水温度与 200 m 处海水温度差在极地到纬度为 40° 的地区小于 2 ℃,从纬度 40° 到赤道地区逐渐增加。较之冬季,夏季主要在中纬度地区温度差有较大变化,导致这些海区有很强的季节性变化。温度差在北纬 20° 到赤道以南地区变化最为剧烈。

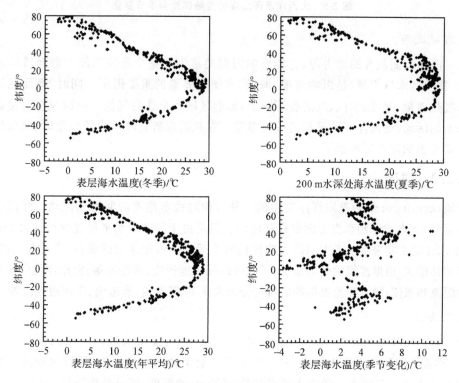

图 2-4　大西洋及印度洋温度随纬度和季节变化

4. 海洋密度的分布

海水的密度梯度驱动全球洋流循环系统,海水的密度是决定海流运动的主要因素之一。海水的密度受到海水的盐度、温度的直接影响,所以,大洋盐度、温度和密度的变化将会直接影响全球的洋流。在公元前 11000 年左右的新仙女木事件中,大量的淡水进入北大西洋,导致北大西洋的海水盐度降低,从而使得北大西洋暖流减弱甚至中断。

如图 2-5 所示,两极地区表层海水有着最高的密度,并随着纬度的降低而降低。图2-5(b)表示表层海水和 200 m 水深处海水之间的密度差,在冬季,表层海水与 200 m 深处海水的密度差随着纬度的变化而变化。与北大西洋相比,南半球海洋各地区密度差随纬度的变化更加一致。在冬季,中高纬度地区密度差较小,从纬度 30° 到赤道地区,密度差线性增加。

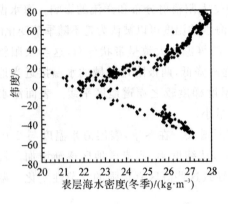
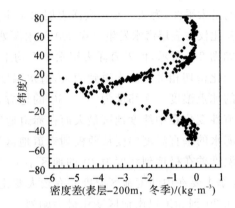

图 2-5　大西洋及印度洋密度随纬度和季节变化

5.海洋风场

风是海洋表面最大的动力源,它能影响海面的波浪和整个洋流系统。海面风场调节海面热量、物质和水汽交换,是影响海浪、流、水团等要素的重要因子。同时,海面风场通过调节海气热通量、湿度、水汽、气溶胶等因子,影响区域及全球的气候。海面风场直接影响人类在海上的活动,是海洋气象预报的重要参数。在观测和研究海洋中的现象时,海面风场是一个需要考虑的重要影响因子。

2.2.2　洋流

洋流(ocean current)是海洋中发生的一种有相对稳定速度的非周期流动。洋流是海水的三维运动,即在水平和垂直方向都存在流动。但是由于海洋的水平尺度要远远大于其垂直尺度,所以洋流主要是指水平方向的大规模的海水运动。根据洋流的成因,洋流分为风海流、温盐流和补偿流;根据洋流的受力情况,洋流可以分为地转流、惯性流等;根据洋流的冷暖性质可分为暖流和寒流;根据洋流发生的区域可分为大洋流、陆架流、赤道流、东西边界流等。

1.风海流

风海流(wind-driven current)是风力作用于海面上,推动大片的海水向同一个方向运动,形成洋流。但风只作用于海面,海水的黏滞性会消耗海水的动能,所以以风洋流一般只涉及表层至几百米深的海水。较之大洋平均约 3729 m 的深度,那只是很薄的一层。

2.温盐流

温盐流(density current)是大洋中海水的温度和盐度变化引起的洋流。海洋的压力场的结构是由海水的密度决定的,而海水的密度受到温度、盐度的直接影响。当海水的温度和盐度变化使海洋的等压面与等势面不一致时,就会给海水一种水平方向的驱动力,进而在海洋中形成洋流,即温盐流。

湾流(gulf stream)也被称为墨西哥湾流,是位于北大西洋西边界的一支强大的暖流(见图 2-6)。它起源于墨西哥湾,沿北美东部海域向北,跨越大西洋流向北极海。湾流的宽度为 100～120 km,厚约 700 m,表层流速可达 0.2～0.3 m/s。湾流的流量沿程递增,到哈特勒斯角下游 1000 km 处,总流量达到 150×10^6 m³/s,相当于全球陆地河流总流量的 120 倍。湾流中携带着大量的热量,湾流及其延续体——北大西洋暖流在它们流经的海区将这些热量释放,使得西北欧地区相对温暖。享受湾流热量的英吉利海峡两岸与同纬度的加拿大东岸加以比较可以发现:英吉利海峡附近的年平均气温在 10 ℃以上,而大洋彼岸的加拿大东岸的年平均气温可低至−10 ℃以下。湾流不仅对西北欧的气候有举足轻重的作用,它对于全球气候也有重大影响。有科学家研究认为,在 8200 年冷事件中,湾流及北大西洋暖流由于某种原因中断,使得西北欧及北美地区的气温骤降,冰川就在这些地区铺展开来。持续生长的冰川又将影响地球对太阳辐射的吸收,进而影响全球气温。

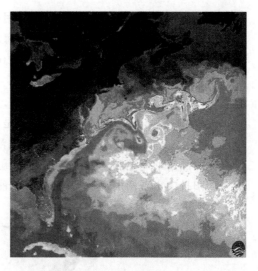

图 2-6　湾流

黑潮(kuroshio)也被称为日本海流,是北太平洋一支强大的西边界暖流。它发源于北赤道附近海域,经菲律宾、我国东海、琉球群岛和日本列岛南部之后,在北纬 40°N 附近向东成为北太平洋暖流。黑潮内的海水中所含的杂质和营养盐较少,阳光透过海水表面之后被海水吸收,反射阳光的能力较弱,所以颜色看起来较正常的海水深,故得名黑潮。黑潮宽度约为 200 km,厚度在 500～1000 m,流速约为 0.1～0.2 m/s,是世界第二大暖流,规模仅次于湾流。在日本四国岛的潮岬外海测得黑潮的流量可达 $6.5×10^7$ m³/s,约为亚马孙河流量的 360 倍。黑潮对于流经附近地区的气候有重大的影响:当黑潮靠近日本海岸时,日本沿岸气温升高,温暖湿润;当黑潮远离时,日本沿岸气温降低,寒冷干燥。由于附近有黑潮流过,在秋冬季节,东京较之同一纬度的青岛要温暖得多。黑潮对于北太平洋西部的渔业生产也有显著的影响。当黑潮与沿岸流相会时,形成"海洋锋面",引起海水的翻腾,形成上升流,将海洋下层丰富的营养物质带到海洋表层,使海洋生物大量繁殖,进而形成渔场。我国的"天然鱼仓"舟山渔场,就是处于黑潮与沿岸流形成的"海洋锋面"上;世界四大渔场之一的北海道渔场也是位于千岛寒流与黑潮的交汇处。

3. 地转流和惯性流

如图 2-7 所示,忽略海水的湍流应力及其他能够影响海水流动的因素,水平压强梯度力和科里奥利力取得平衡时海水的定常流动,称为地转流(geostrophic current)。

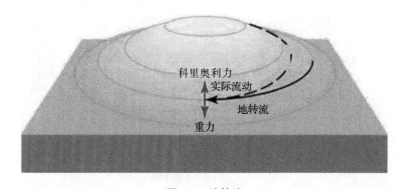

图 2-7　地转流

当被风强制驱动的漂流流出风力作用的海区之后,科里奥利力、铅直湍流摩擦力和质点加速度三者取得平衡,在忽略摩擦力后,海水质点将会沿一个圆周做匀速运动。这个圆周被称作惯性圆,海水的流动称为惯性流(inertial current)。

2.2.3 潮汐

潮汐(tide)是指海水在天体(主要是月球和太阳)引潮力作用下产生的周期性运动(见图2-8)。一般将海平面的涨落称为潮汐,将潮汐引起的海水水平方向的运动称为潮流。根据潮汐涨落的周期和潮差的情况,潮汐可以分为半日潮、全日潮和混合潮三类。半日潮在一个太阳日内出现两次高潮和两次低潮,前后两次潮差差别不大,涨潮和落潮时间也大致相

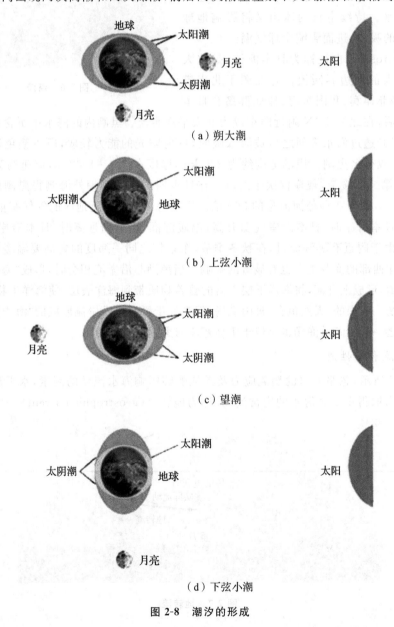

图 2-8 潮汐的形成

同。全日潮在一个太阳日中只出现一次高潮和一次低潮。混合潮在一个朔望月中有些时间一个太阳日内出现两次高潮和两次低潮，但潮差相差较大且涨潮和落潮时间也不等；其他时间一个太阳日内则只有一次高潮和一次低潮。

潮汐对于海洋生物养殖、航运、产盐、军事都有重要影响。潮汐中包含着巨大的能量，全球可用于发电的潮汐能约有 5400 万 kW。现在已经有些国家建立了潮汐电站(见图2-9)，比较著名的有加拿大安纳波利斯潮汐电站、法国朗斯潮汐电站、基斯拉雅潮汐电站等。潮汐能是取之不竭的再生能源，用它发电没有污染，不受季节及枯水期的影响。现在潮汐能发电的技术日趋成熟，在成本的降低和经济效益提高方面也取得了较大进展，相信在未来潮汐能发电将会得到更大规模的运用。

图 2-9　潮汐发电

2.2.4　海洋中的波动

本节主要讨论波浪要素、海浪及海洋中的其他波动。

1. 波浪要素

海洋中的波动是人们最熟悉的海水运动形式之一。海水的波动是一种复杂的现象，简化的模型一般将海水的波动看作简单波动(正弦波)的叠加，这样一个简单波动的剖面可以用一条正弦曲线来描述。如图 2-10 所示，正弦曲线的最高点称为波峰(wave crest)，最低点称为波谷(wave trough)。相邻两个波峰或波谷之间的距离称为波长(wave length)，记为 λ。相邻两个波峰(或波谷)通过同一固定点的时间间隔称为波周期(wave period)，记为 T。波峰和波谷垂直方向的距离称为波高(wave height)，记为 H。波高的一半 $a = H/2$ 称为波振幅(wave amplitude)。波高 H 与波长 λ 之间的比值 $\delta = H/\lambda$ 称为波陡(wave steepness)。取

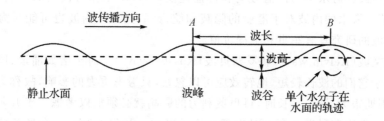

图 2-10　波浪要素

海平面为直角坐标系的 x-y 平面,设波动沿 x 方向传播,则波峰在 y 方向上形成一条直线,称为波峰线。垂直于波峰线,指向波浪传播方向的线称为波向线。

2. 海浪

海浪是海洋中一种常见的波动现象。一般称海面一直受本地风的作用而形成的波动为风浪。风浪往往周期及波峰线都较短,波峰较尖且在大风情况下出现破碎的情况,在海面上形成浪花。风浪消失后海面上遗留下来的波动或者是从其他海区传递过来的波动称为涌浪。与风浪不同,涌浪一般周期及波峰线都较长,波峰比较光滑,在海面上会以比较规则的方式传播。

风浪的大小主要受风速、风时和风区的影响。作用于海面上的风力越大、作用的时间越长、风力作用的海域面积越大,风浪也就越大。南纬 $40°\sim50°$ 的海区被海员们称作"咆哮的40度""疯狂的40度",就是因为那里常年盛行强劲的西风,风力大,风时长,而且海域辽阔,风区广大,海面上波涛汹涌,是世界著名的大浪区。

海浪中蕴藏着巨大的能量。自 20 世纪初,就有科学家尝试利用海浪能发电。海浪变幻莫测,拥有巨大能量的海浪可能会给机械装置带来毁灭性的破坏,测试海浪发电成本高而且非常危险,这些都使得海浪能利用研究进展缓慢。2003 年 10 月,在英国苏格兰东北角奥克尼群岛,世界上第一个专门进行海浪发电研究测试的发电试验场问世。在英国政府的资助下,海浪发电试验场正通过一系列的试验,测试各种海浪发电方案。相信不久就可以研制出利用丰富且可再生的海浪能,对海洋生物影响微乎其微,且不会释放任何温室气体的海浪发电机。

还有一种人们熟知的海浪是具有巨大破坏力的海啸。海啸也是一种海浪,它一般是由风暴、海底火山喷发或者海底地震引起的。海啸的波长很长,可能达到 $500\sim600$ km,这使得海啸可以传播到很远的地方。2004 年发生的印度洋海啸由发生在印尼的苏门答腊外海的地震引发,却波及远在大洋彼岸的索马里沿岸。海啸会给受灾地区带来巨大的损失,印度洋海啸造成了沿岸地区近 30 万人遇难,超过 50 万人受伤,数百万人无家可归。

3. 海洋中的其他波动

(1)内波(internal wave)。海水密度稳定层化的海洋内部发生的海水波动称为内波,它的最大振幅出现在海面以下,对自由海面影响不大。内波是海水的一种重要的运动形式。内波是将海水大中尺度运动的能量传递到中小尺度运动的重要环节,同时也是引起海水混合,形成温、盐细微结构的重要因素。内波的一个重要影响是它能将海洋深处较冷的海水以及其中的营养盐带到海洋的上层,进而促进海洋生物的生长。内波导致海水的等密度面发生波动,改变声波在海水中的传播方向和传播速度,对声呐工作有极大的影响,有利于潜艇在水下的隐蔽。海水的内波对于潜艇的隐蔽和航行都有影响,内波也可能对海洋设施造成破坏,因此内波的研究具有军事和工程价值。

(2)开尔文波(Kelvin wave)和罗斯贝波(Rossby wave)。对于诸如涌浪、风浪及内波这样的短波,由于它们的波长较短,地转效应可以忽略,只考虑重力的影响,故称为重力波。但是当波浪的周期很大、波长很长时,科里奥利力的影响就必须加以考虑。①开尔文波是一种长周期重力波,重力和科里奥利力对它都有重要影响。开尔文波的一个显著特征是当其通过一无限长、具有侧向铅直边界的水道时,由于科里奥利力的作用,在北半球开尔文波的右岸波动振幅大于左岸(在南半球相反)。②罗斯贝波也称行星波,是一种频率远小于惯性频率的低频波,它的恢复力是科里奥利力随纬度的变化率。罗斯贝波的波长可达数百千米,相比之下它垂直方向上的运动显得十分微弱。

海洋中还存在许多其他波动,比如陆架波,这种波的能量主要集中在大陆架上,沿海岸传播。更多的波动,本章不再介绍。

2.3　海洋地质

2.3.1　海底地质构造

海底地质构造的主要内容如下。

1.大陆漂移学说

1912 年,魏格纳提出了大陆漂移学说,并在 1915 年出版的《海陆起源》中系统地阐述了自己的见解。他认为在中生代之前,地球上只存在一个大陆——联合古陆(或称泛大陆),只存在一个海洋——泛大洋,泛大洋将泛大陆包围着。自中生代以来,泛大陆逐渐分裂、漂移,产生的多个碎块即为现在的各个大陆。在这个过程中形成了印度洋、大西洋,泛大洋则收缩为太平洋。

魏格纳的主要依据有海岸线的形态、古生物和古气候地理分布以及地质构造等。但魏格纳未能很好地解释大陆漂移的机制,这主要是受限于当时的认知水平以及相关资料的缺乏。大陆漂移学说遭到了许多地球科学家的反对,有人甚至视之为奇谈怪论。1930 年,魏格纳在格陵兰冰原遇难之后,盛行一时的大陆漂移学说也随之逐渐衰落下去。

2.洋中脊及海底扩张说

(1)洋中脊(mid-ocean ridge)。20 世纪 50 年代,在大量海底观测资料的基础上,科学家首先在大西洋发现了洋中脊,继而在太平洋、印度洋也发现了洋中脊。洋中脊又被称作中隆或中央海岭,是一个全球性的大洋裂谷,总长约 6 万 km。洋中脊在全球呈"W"形,大西洋中脊呈"S"形,向北延伸至北冰洋,向南与印度洋中脊相连。印度洋中脊呈"人"字形,左边一支在非洲南端与大西洋中脊相接,然后一直延伸到非洲北部,右边一支从澳大利亚南面与太平洋中脊南端相接。太平洋中脊则偏向于东部,向北一直延伸到北极海域。洋中脊脊部通常高出两侧海原 1～3 km,脊部水深 2～3 km。大西洋和印度洋的洋中脊的轴部有宽20～30 km,深 1～2 km 的中央裂谷,它把洋中脊的峰顶分为两列平行的脊峰。在中央裂谷地带,熔融岩浆不断上升,凝固成新的洋壳,并向两侧扩张。

洋中脊具有海洋中极具开发价值的矿藏——海底热液矿。能形成"热液硫化物"的深海热液,是海水渗入海底地壳的裂缝中,在受到地下炽热的熔岩加热后,溶解了地壳中的金、银、铜、锌等多种金属化合物之后,再从海底喷发出来,冷凝而成的。冷凝的固体不断堆积,最后形成"黑烟囱"。这些"黑烟囱"已经在海底生长了亿万年,喷出的物质堆积形成富含铜、锌、铅、金、银的海底热液硫化物。不仅如此,深海热液喷口附近还生活着许多耐高温、高压,不需要氧气的生物群。这些生物群在深海极端的环境中,依靠地热能支持而非太阳能,在海底形成了一条与地表生物完全不同的食物链。这给许多问题的解答都提供的新线索。比如对于生命的起源,在早期地球还原性的大气中,靠光合作用的生物群落难以生存,依靠地热的生命也许是地球上的第一批居民,这正如达尔文说的生命可能起源于"一个热的小池子里"。对于外星生命的探索,深海热液生物群说明外星生命也可能依靠地热形成食物链。一个可能出现这种生命的星球是木卫二,依靠引力、摩擦力,木卫二厚厚的冰层下面可能存在液态水,并且存在类似地球深海的热液喷发,从而有可能孕育生命。

(2)海底扩张说。美国科学家 Dietz 和 Hess 提出海底扩张说。根据该理论,海底的扩张模式可概括如下:"洋中脊轴部裂谷带是地幔物质涌升的出口,涌出的地幔物质冷凝形成新洋底,新洋底同时推动先期形成的较老洋底逐渐向两侧扩展推移,这就是海底扩张。"海底扩张说解释了海洋地质学和地球物理学领域的许多问题,而且随后的观察研究结果也很好地支持了该理论。

3.板块构造

在吸收了大陆漂移学说和海底扩张说的理论观点之后,Morgan、McKenzie、Parker 和 Le Pichon 等人于1968年提出板块构造学说。板块构造学说认为固体地球的上层可分为刚性岩石圈和塑性软流圈,岩石圈漂浮在软流圈上,可做侧向运动。地表岩石圈可划分为七个板块,板块内部相对稳定,边界则是地球最活跃的构造带。板块运动是由地幔物质对流驱动的。板块构造学说能够解释几乎所有的地质现象。

2.3.2 海洋沉积学

海洋沉积学是研究现代海底沉积物、沉积岩特征及其形成环境和沉积作用的学科。海洋沉积物中包含着大量的信息,这些信息对于海洋环境、海底地质构造、海洋矿藏、古海洋学、古气候学的研究都有重要意义。

海洋沉积学自19世纪发端,20世纪50年代浊流学说的提出以及 Emry 用气候型的海平面变动形成的"残留沉积"来解释陆架沉积外粗内细的"异常"学说的提出,标志着海洋沉积学成为一门独立的学科。而后随着技术的进步,海洋沉积学蓬勃发展。深海钻探计划的实施,给海洋沉积学研究提供了大量珍贵的资料。自20世纪70年代以来,各个学科相互渗透综合,新方法、新技术的运用极大地拓展了海洋沉积学研究的深度和广度。随着世界矿藏资源日益紧张,海洋沉积学在海洋资源的勘探和开发中都将发挥更加重要的作用。

按沉积发生的海域,海洋沉积可以分为滨海沉积、大陆架沉积、大陆坡-陆隆沉积和大洋沉积。滨海沉积指发生在近岸带的沉积,主要受河流、波浪、潮汐和洋流的影响。大陆架沉积发生在浅海大陆架,主要受地质构造环境、海面变化、物质来源及生物活动影响,沉积物以陆源碎屑为主。大陆架-陆隆沉积的沉积物也以陆源成分为主,但沉积还受到块体运动、大洋深层温盐环流及水柱中的沉降等过程的影响,沉积厚度可达 2000～5000 m。大洋沉积主要分布在水深 2000 m 以上的深海中,沉积物有生物组分,非生物的陆源物质、火山及宇宙尘埃等。

2.3.3 海底资源

海底资源包括传统资源和非传统资源。

1.传统资源

传统的海底资源包括石油,天然气,近海的金刚石砂矿、金属矿砂,如金、铂、锡等砂矿,以及稀有、稀土矿物等数十种矿产。经探查,海底的石油储量大约为 1350 亿 t,天然气约为 140×10^{12} m^3,占世界油气储量的 45%。截至 1995 年,海洋石油年产量为 9.65 亿 t,占世界石油产量的 30.1%;海洋天然气年产量为 4421 亿 m^3,占全球总产量的 20% 以上。我国南海中也有丰富的石油资源。按全国第二轮资源评价结果,南海石油地质储量约有 230 亿~456.26 亿 t 油当量,被称为全球"第二个波斯湾"。

2. 非传统资源

(1)天然气水合物,也被称作"可燃冰",是天然气和水在高压低温的环境下组成的冰状固态物质。在海洋中主要分布在深海海盆、近海大陆架,其储量大约为全世界煤、石油、天然气总碳量的 2 倍,以目前世界能源的年消耗量计算,世界大洋中的天然气水合物可以使用 200 年。可燃冰资源在我国南海也相当丰富。据测算,我国南海可燃冰储量为 700 亿 t 油当量,相当于我国陆地上石油、天然气资源量的一半。2011 年,作为重要的新型能源,可燃冰已经被纳入我国的能源发展规划中,国家将会投入更多的力量进行可燃冰的勘探和科研,为以后的开发、利用奠定基础。

(2)海底热液矿床,是由海底热液作用形成的硫化物和氧化物矿床。按其形态分为海底多金属软泥和海底硫化矿床两种。海底热液矿床中富含铜、锌、铁、锰、金、钴等金属和稀有金属,仅在红海的阿特兰蒂斯-Ⅱ号深渊中的矿床,估计锌储量可达 320 万 t,铜 80 万 t,银 4500 t,金 45 t。1993 年圈定出的世界海底热液"矿点"和"矿化点"达 139 处,广泛分布于洋中脊、弧后盆地和板内热点。我国自 20 世纪 80 年代初开始对海底热液矿床的研究,在"九五"期间完成的"世界海底热液硫化物矿点资源评价和编图"课题和"海底资源的前瞻性研究"项目中,海底热液硫化物矿点资源勘查都占据了重要位置。

(3)锰结核,也被称为多金属结核,它表面为黑色或棕褐色,呈球状或块状,含有 30 多种金属元素,尤其富含锰、铁、镍、铜、钴(见图 2-11)。锰结核广泛分布于水深 2000~6000 m 的大洋中,尤以水深 4000~6000 m 处最多。锰结核总储存量估计超过 3 万亿 t,其中太平洋约

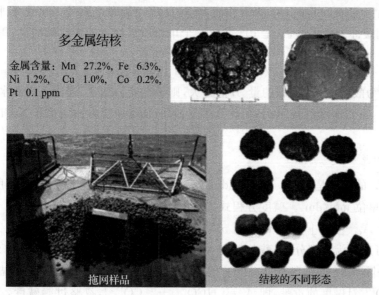

图 2-11　锰结核

有 1.7 万亿 t。太平洋锰结核矿藏中含锰 4000 亿 t、镍 164 亿 t、铜 88 亿 t、钴 98 亿 t,如果按目前世界金属的年消耗量计算,铜可供使用 600 年,镍 15000 年,锰 24000 年,钴则可供使用 13 万年。鉴于其巨大的潜在价值,各国都在集中力量进行锰结核矿的开发研究工作。我国自 1991 年以来,在锰结核矿的勘探和开采技术上都取得了长足的进步。2001 年 5 月,我国取得了太平洋上面积达 7.5 万 km² 的大洋矿区的专属开发权。2011 年 7 月 30 日,在这片锰结核勘探合同区,"蛟龙号"载人潜水器对海底的锰结核进行采集试验。尽管还有许多不确定因素,但随着研究的进一步深入,我国要实现锰结核的商业开发可能只是时间的问题。

2.4 海洋化学

2.4.1 海水中的二氧化碳系统

海水中含碳的总量是大气含碳总量的 60 倍,约为 3.87×10^{13} t。海水中的碳主要以无机碳的形式存在,如 HCO_3^-、CO_3^{2-}、H_2CO_3 和 CO_2,约占海水中总碳量的 88.99%;其余的以有机碳的形式存在。

海水二氧化碳系统各成分之间的化学反应和平衡关系、海气界面的二氧化碳交换、海洋生物与二氧化碳循环、海水二氧化碳系统与海水中悬浮的碳酸盐之间的化学平衡等,都是海水二氧化碳系统研究的重点。

海水中的二氧化碳系统参与海洋中气液、固液相化学反应过程,控制着海水的 pH 值,直接影响海洋中的许多化学平衡。它在地球大气圈、水圈、岩石圈及生物圈的演变史中占有重要地位;对于温室效应的控制,海水中的二氧化碳系统也有重要作用。

1. 海水的缓冲能力

海水具有一般体系不能比拟的缓冲能力,这种缓冲能力主要受二氧化碳平衡控制。缓冲能力通常用缓冲容量表示,它是 pH 变化一个单位所需加入的酸或碱的量,用公式表达为

$$B = -\frac{dC_a}{dpH} \frac{dC_b}{dpH} \qquad (2-3)$$

其中,C_a 为酸的量,C_b 为碱的量。B 值越大,则缓冲能力越强。理论上当海水的 pH 值为 6 或 9 时 B 最大。虽然海水的实际 pH 值为 8.1 左右,但其缓冲能力比淡水和 NaCl 溶液都要大。

2. 海水的总碱度

总碱度 A_t 的定义是:在 20 ℃ 时,1 dm³ 海水中弱酸阴离子全部被中和时,所需要的氢离子的摩尔数,单位 mol/dm³。碱度方程式为

$$A_t + [H^+] = [HCO_3^-] + 2[CO_3^{2-}] + [H_2BO_3^-] + [OH^-] + A_S \qquad (2-4)$$

总碱度可以分为 3 部分:碳酸盐碱度(A_C),硼酸盐碱度(A_B)和过剩碱度(A_S)。其中过剩碱度 A_S 是除硼酸盐和碳酸盐之外的全部弱酸盐总浓度。海水的碳酸盐碱度 A_C 是 HCO_3^- 和 CO_3^{2-} 对碱度的贡献,即 $A_C = [HCO_3^-] + 2[CO_3^{2-}]$,忽略过剩碱度,$A_C = A_t - A_B$。硼酸盐碱度 $A_B = [H_2BO_3^-]$。

在 10 ℃，pH＝8.3 的海水中，$[HCO_3^-]=2.0\times10^{-3}$ mol/dm^3，$[CO_3^{2-}]=2.0\times10^{-4}$ mol/dm^3，$[H_2BO_3^-]=1.0\times10^{-4}$ mol/dm^3，$A_t\approx2.3\times10^{-3}$ mol/dm^3。

3.海水的总二氧化碳

海水中二氧化碳系统各成分的总浓度称为总二氧化碳。海水中二氧化碳的含量与海洋生物分布、海气交换、海洋沉积物及固体悬浮物质都有密切关系。

人类每年因化石燃料的燃烧向大气中排放了约 300 亿 t 的二氧化碳，由此造成的温室效应和全球变暖已经成为一个全球关注的问题。抑制大气中二氧化碳含量增加除了需要减少排放量，也需要设法除去大气中多余的二氧化碳。比如，设法提高海洋中的生物量，通过海洋生物光合作用吸收过多的二氧化碳。

2.4.2 海水的 pH 值

海水呈弱碱性，平均 pH 值约为 8.1 且比较稳定，这对于海洋生物的生长很有利。海水的 pH 值一般为 7.5～8.2，主要取决于二氧化碳的平衡。海水中 H_2CO_3 各种解离形式的含量变化将会影响海水中 H^+ 的活度，进而影响海水的 pH 值。

$$CO_2(g)+H_2O \Longrightarrow H_2CO_3 \Longrightarrow H^+ + HCO_3^- \Longrightarrow 2H^+ + CO_3^{2-} \qquad (2-5)$$

温度、压力、盐度以及其他体系的平衡都能影响海水的 pH 值。海水的 pH 值随着海水温度升高、压力增大、盐度降低而降低。海洋生物对海水 pH 值也有影响，海洋生物呼吸及有机物氧化产生 CO_2，使海水 pH 值降低。光合作用层以下的最小氧量层，由于有机残体氧化分解产生 CO_2，使该层 pH 值达到最小值。

pH 值变化直接或间接地影响海洋生物的消化、呼吸、生长、发育和繁殖。例如，当海水的 pH 值在 4.8～6.2 时，海胆的卵不发生受精作用，当 pH 值降至 4.6 时，海胆的卵就会死亡。卤虫对碱性环境的耐受力很差，当海水 pH 值为 7.8～8.2 时，卤虫就不能正常生长。

随着大气中二氧化碳浓度的不断增加，二氧化碳由海面进入海水，形成碳酸，使得全球海洋 pH 值降低，变得"更酸"。碳酸盐是珊瑚骨骼、贝类外壳和许多微生物外壳的组成部分，海水不断酸化将会降低海水中碳酸盐离子的含量，阻碍石灰化过程，进而影响这些生物的生存。有分析认为在未来 35～70 年内，因为海洋酸化，珊瑚制造钙的能力会下降 50%。据联合国环境规划署提供的数据，2002 年全世界的珊瑚礁有 11% 已遭灭顶之灾，16% 失去生态功能，60% 面临危险。照此趋势发展下去，到 21 世纪末珊瑚礁将会全部消失。届时将会影响珊瑚礁上的食物链甚至整个海洋生态系统；热带珊瑚礁对于巨浪的缓冲作用也将消失，稳定的海岸线也难以维持。

2.4.3 海洋中的氮、磷、硅循环

下面分别介绍海洋中的氮循环、磷循环和硅循环。

1.海洋中的氮循环

海洋中存在不同形式的氮元素。海洋生物，特别是海洋微生物通过复杂的过程维持着海洋氮元素的循环。通过生物固氮作用，分子态的氮被还原成氨或者其他含氮化合物；海洋植物吸收海水中的无机氨，将其转化为蛋白质等有机胺；海洋动物通过捕食将海洋植物体内的有机胺转化同化为动物体内的有机胺，即同化作用；通过氨化作用，有机胺转化为无机氨；

铵盐在某些微生物的硝化作用下被氧化成硝酸盐;有机胺通过氨化作用产生氨气或者铵盐;在氧气不足的情况下,硝酸盐在某些细菌作用下被还原成亚硝酸盐,并进一步被还原成氮气,返回大气。

2.海洋中的磷循环

海洋中的磷主要来自岩石风化。进入海洋表层海水的磷被生物吸收利用,并随着生物残体下沉。有机质的分解释放出磷,一部分在浅水被重新利用,另一部分进入深海,使深海海水富含磷元素。深海中的磷通过上升流等过程进入表层海水被利用。未分解的部分沉降至海底形成沉积物,经过地质过程返回陆地。

3.海洋中的硅循环

海洋中的硅循环是季节性的。在春季,浮游植物大量繁殖,消耗海水中的硅;在夏、秋季,由于浮游植物生长缓慢,部分硅返回海水中,海水中的硅含量有所恢复;在冬季,浮游植物大规模死亡,硅元素一部分再溶解进入海水,另一部分随残体进入硅质沉积中,经过地质过程再进入海洋硅循环。

2.4.4 海洋中的溶解氧

海水中溶解氧(dissolved oxygen,DO)的含量范围为 $0\sim8.5$ mg/L。表层海水由于与空气接触,其含氧量很高,通常处于饱和状态。在浮游植物大量繁殖的海区,水中溶解氧甚至会出现短暂过饱和状态。透光层下方缺乏光合作用,含氧量逐渐下降。如图 2-12 所示,在 $400\sim800$ m 深处,下沉颗粒有机物较集中,细菌分解作用旺盛,加之动物呼吸消耗较多,于是出现垂直分布的最小含氧层,超过 1000 m 深的水层含氧量自最小值开始缓慢上升。

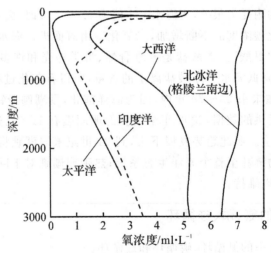

图 2-12 海洋中含氧量的垂直分布

2.4.5 化学微量元素

海水中含量低于 1 mg/dm³ 的元素称为微量元素。海水是一个多组分、多相的复杂体系,除 11 种常量元素之外,其他的都是微量元素。微量元素参与的化学反应过程十分复杂,它们广泛地参与到海洋生物化学循环和地球化学循环中。

微量元素的分布及其变化主要受生物过程、吸附过程、物理过程、海气交换过程、热液过程、海水-沉积物界面交换过程的影响。

按照 W. 斯图姆和 P. A. 布劳纳的分类法,海水中的微量元素存在形式有三类:溶解态、胶态和悬浮态。溶解态又分为四种形式:自由金属离子、无机离子对和无机络合物、有机络合物和螯合物,以及结合在高分子有机物上。其中前两种溶解态是主要形式。胶态分为两种形式:形成高度分散的胶粒和被吸附在胶粒上。悬浮态则主要是指微量元素存在于沉淀物、有机颗粒和残骸等悬浮颗粒之中。

某些微量元素是生物生存所必需的,但一旦含量超过阈值就会对生物造成危害。一些重金属对海洋造成的污染日益严重,比较严重的有 Hg、Cd、Al、Zn、Cr、Cu 等。这些重金属对人和其他生物都会产生一定的危害,并且一旦污染进入海洋就很难得到有效的处理,因此控制污染源显得尤为重要。

2.5 生物海洋学与海洋生物资源

2010 年 10 月 4 日"海洋生物普查"项目发布最终报告,海洋生物物种可能有 100 万种,其中 25 万种是人类已知的,其余 75 万种人类对其知之甚少。历时 10 年的"海洋生物普查"有来自 80 多个国家和地区的 2700 名科学家参与其中。普查发现了超过 6000 种新物种,同时也发现一些海洋生物的种群正日益缩小,甚至濒临灭绝。

2.5.1 海洋生态

下面介绍海洋生态系统、海洋生态因子和海洋初级生产力。

1. 海洋生态系统

海洋生态系统是海洋生物群落及其生活环境相互作用形成的一个自然整体。海洋生态系统包括非生命部分和生命部分。其中非生命部分包括:①无机物质,如水、二氧化碳、氧、氮和各种无机盐等;②有机化合物,如蛋白质、糖、有机碎屑物质等;③气候因素,如太阳辐射、气温、风、降水等;④海洋特有环境因素,如盐度、水温、洋流、深度、潮汐等。生命部分可分为生产者、消费者和分解者。海洋生物群落中,自植物、细菌或有机物开始,各种生物构成食物链和食物网,能量便沿着这些链条流动。植物或自养细菌利用光能和化学能,将无机物转化为有机物,构成生态金字塔的塔基。

生态系统中任意一个环节的破坏都将影响食物链或食物网乃至整个生态系统。人类活动已经对海洋生态系统造成了巨大的伤害。根据《科学》杂志在 2005 年 8 月 26 日发表的一份报告,在过去的 50 年里,由于过度捕捞、对鱼类栖息地的破坏和气候变化,世界海洋里的鱼类种类减少了 10%～50%。

2. 海洋生态因子

生态学上将环境中对生物生长、发育、繁殖、行为和分布有直接或间接影响的环境要素称为生态因子(ecological factor)。生态因子通常可分为两类:①非生物因子,亦称为理化因子。海洋中主要的非生物因子有光照、盐度、温度、洋流及各种溶解气体等。②生物因子,即生物周围的同种或异种生物,各种生物互为生物因子。除此之外,由于人类对于其他生物生存的重大影响,并区别于其他的生物因子,人为因子也是一种重要的环境要素。

海洋生物只能生活在特定的环境中,生态因子决定着生物的分布和种群特征。当生态因子接近或达到生物的耐受极限成为影响其生存的因素时,生态因子就成了限制因子。当然,生物的生命活动也一直改变着环境,现在丰富多彩的生物世界正是生物和环境经过长期的相互作用形成的。

3.海洋初级生产力

海洋初级生产力(marine primary productivity)是指海洋中的植物和自养细菌等生产者通过光合作用或化能合成作用制造有机物的能力。一般以每天(或每年)单位面积生产的有机碳的总量来表示,即 $gC/(m^2 \cdot a)$,其中“a”表示“年”。初级生产力包括总初级生产力(gross primary productivity)和净初级生产力(net primary productivity)。总初级生产力是指生产者生产的有机碳的总量;净初级生产力是指从总初级生产力中扣除呼吸作用消耗的能量得到的产量。

Ryther 将世界海洋分为大洋区、沿岸区和上升流区,估计它们的平均初级生产力分别为 $50\ gC/(m^2 \cdot a)$、$100\ gC/(m^2 \cdot a)$ 和 $300\ gC/(m^2 \cdot a)$。这样,全球海洋初级产量约为 $20 \times 10^9\ tC/a$。20 世纪 70 年代后,许多学者对海洋初级生产力的估计都超过了 Ryther 的估计值。比如 Platt 和 Berger 的估计值为 $30 \times 10^9\ tC/a$,Lalli 和 Parsons 的估计值为 $37 \times 10^9\ tC/a$。

影响海洋初级生产力的生态因子,主要是光照条件和植物所需的营养物质的含量以及与两者相关的其他水文条件。

2.5.2 生物海洋学

生物海洋学是研究海洋生物及海洋生物受海洋物理和化学特性影响的科学,其基本目标是研究海洋生物物种的分布、丰度和生产力及其控制过程。

近年来,生物海洋学与其他学科的交叉渗透,在多方面都取得了积极的进展。通过与海洋生态学的交叉,在基础研究方面,国际海洋普查计划发现了超过 6000 种新物种,让人类对海洋生物的多样性、流动性都有更深的认识。对于微微型和微型浮游生物在海洋食物网中的作用,浮游动物游动、摄食和繁殖的选择,以及新生产力和再生产力的研究都取得了丰硕的成果。在应用研究方面,生物海洋学在学科与渔业发展、气候变化、生物多样性保护和外来物种入侵控制方面也取得了重要进展。通过与海洋技术的交叉,特别是海洋遥感技术的运用,生物海洋学在初级生产力调查、生物泵及海气交换研究发展出许多新技术和新方法。随着研究的深入,生物海洋学将会取得更大的进展,尤其是在生物多样性在生物地球化学动力学中的重要作用、功能生态学、生物聚集的结构动力学,以及人类影响和生物栖息地的关联四个方面。

2.5.3 海洋生物资源

这里简单介绍一下海洋生物资源。

(1)经济海洋生物的养殖与捕捞。1995—2007 年,世界海洋捕捞产量在 8000 万～8600 万 t,基本趋于稳定,并且自 2000 年达到最高的 8680 万 t 之后开始出现减产。到 2005 年,全球海洋捕捞量 8420 万 t。海洋养殖产量则连年增长,2005 年达到 1890 万 t,较之 1995 年增产 90.02%。中国经济海洋生物的养殖与捕捞发展迅速,2005 年中国海洋捕捞量达到 1450 万 t,海洋养殖量 1230 万 t,分别占世界总量的 17.2% 和 65.1%。我国南海是世界上渔业资源极丰富的渔场之一。有调查显示,整个南海的鱼产量为每年 3000 万 t。20 世纪 90 年代中期,每年的渔业总价值约为 30 亿美元。

(2)海洋天然产物提取。迄今,在海洋生物中已经分离出数千种不同种类的产物,其中不少具有抗肿瘤、抗病毒、抗真菌甚至抗艾滋的功效。从海洋生物中提取的具有某种功效的初生代谢产物或次生代谢产物可以开发为海洋药物、海洋保健品和海洋化工产品等。各国已经广泛开展了自海藻、海洋多孔动物、海洋腔肠动物等海洋生物的海洋天然产物提取的研究。

(3)海洋生物基因及基因资源。海洋生物,特别是深海生物具有丰富的基因资源。深海生物生存于独特的环境中,高压、巨大的温度梯度和高浓度的有毒物质的包围,使得深海生物形成了特殊的生物结构和代谢机制。研究海洋生物基因组和功能基因,对于培育出高产、抗逆的养殖新品种以及新型的工业用酶和药物开发都有重大意义。

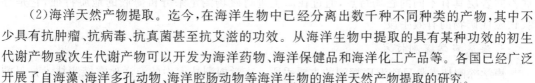

2.6 海洋地球物理学

2.6.1 海洋地球物理学简介

海洋地球物理学是以物理学的思维和方法研究整个海洋系统,研究被地球海水覆盖部分的物理性质,以及其与地球的组成、构造关系。完整的海洋包括三个重要的圈层:岩石圈(海底)、水圈和生物圈。海洋地球物理主要研究海底和海水。

海洋地球物理学对海底的大规模的探测取得了巨大的成就。海底洋脊–裂谷系和海底地磁条带的发现推动了海底扩张说和板块构造说的发展。黑色大洋的发现也正改变着人类对于地球形成、海洋演化的认识。海底地下水是"海底以下的海洋",这里没有光线,流动着由水、硫化氢、甲烷和大量矿物物质构成的流体,被称为黑色大洋。黑色大洋与普通的大洋通过海底的"漏洞"沟通。海水渗入地壳,海底地下水则通过热液或冷泉等方式进入海洋。热液形成"黑烟囱",形成热液矿和热液生物群落;冷泉附近则可能形成冷泉生物群。这两种生态系统都完全不依赖太阳能。

未来,海洋地球物理学将继续保持其前沿学科的地位,并将推动地球系统科学取得更大的进步。

2.6.2 海洋地球物理技术的发展

下面主要介绍导航定位技术、海洋重磁测量技术和海底声学探测技术的发展。

1.导航定位技术

高精度的导航定位是海底高精度探测的基础。高精度的导航定位需要实现水面舰只的精确定位,也需要实现对水下探测器的精确定位。常用的水面定位导航定位技术主要有全球定位系统(global positioning system,GPS)、全球导航卫星系统(global navigation satellite system,GLONASS)和伽利略系统(Galileo)。水下定位系统主要有超短基线(ultrashort base line,USBL)定位系统、短基线(short base line,SBL)定位系统、长基线(long base line,

LBL)定位系统、超短基线定位系统与长基线定位系统组合系统。

2. 海洋重磁测量技术

海洋重力测量通过专门设备测量海洋中的重力场,从而得到重力场的分布特征和变化规律,进而研究海洋的地质构造、地壳结构,勘测海底矿藏。海洋磁力测量技术则是根据海底不同岩层具有不同的磁场特点,通过在海上进行磁场测定来分析海底的地质特征,它是寻找铁磁性矿物的有效手段。

3. 海底声学探测技术

声学探测技术是目前海底探测的主要手段。声学探测技术中的海洋地震探测技术是目前海底探测应用最广、成效最高的地球物理技术。因为地震波在不同的介质中有不同的传播规律,海洋地震探测技术利用天然地震或人工产生地震波来探测海底地壳和地球内部的结构,它是查明海底沉积层构造、寻找海底油气资源最主要的手段。

海底浅层声探测技术主要有多波束测深(multibeam echo sounding)、侧扫声呐(side-scan sonar)和浅层剖面探测(sub-bottom profile probing)等。其工作原理基本相似:由安装在船底、悬挂在船舷或安装在拖体上的换能器探头向探测水体发射声波,换能器探头接收回波,然后处理单元进行分析处理,得到水深、海底形态、浅层剖面结构等数据。

2.7　海洋技术

如前所述,"海洋技术"是研究海洋自然现象及其变化规律、开发利用海洋资源、保护海洋环境以及维护国家海洋安全所使用的各种技术的总称,是一门关于应用海洋学及相关基础科学的综合技术学科。海洋技术由基础性海洋技术、支撑性海洋技术和使能性海洋技术三部分组成。随着陆地资源的日益枯竭,世界兴起了海洋资源和能源开发的浪潮,各国不断加大对海洋技术研发的投入,海洋技术已经成为高技术发展的前沿领域。目前,海洋技术高速发展,在各个领域不断取得突破。尤其在海洋观测技术方面,各国投入巨资,取得了大量进展。下面就Argo全球浮标系统、"海王星"海底观测网、水下滑翔机三方面,举例介绍。

2.7.1　Argo 全球浮标系统

1998年,美国和日本等国家的大气、海洋学家提出一个全球性的海洋观测计划,目的是要建立一个能快速、准确、大范围地收集全球海洋上层海水的温度和盐度剖面资料的监测系统。Argo计划便是为达到这个目的而建立的。

Argo是一个以剖面浮标为手段的海洋观测业务系统,它所取得的数据供全世界各国使用。该计划设想用3~5年的时间,在全球大洋中每隔300 km布放一个卫星跟踪浮标,总计为3000个,组成一个庞大的Argo全球海洋观测网。一种称为自律式的拉格朗日环流剖面观测浮标(简称"Argo浮标")担此重任,它的设计寿命为3~5年,最大测量深度为2000 m,会每隔10~14天自动发送一组剖面实时观测数据,每年可提供多达10万个剖面(0~2000 m水深)的海水温度和盐度资料。

Argo计划得到世界各国的积极响应,截至2012年5月,全球共投放7950个浮标,其中美国和日本投放最多,分别为3802个和1056个。我国于2001年10月,经国务院批准加入

Argo 全球海洋观测网,正式成为国际 Argo 计划的成员。到 2012 年 5 月,我国共投放 Argo 剖面浮标 130 个(见表 2-2)。

表 2-2 全球 Argo 浮标分布(截至 2012 年 5 月)

国家(地区)	浮标数量/个	国家(地区)	浮标数量/个	国家(地区)	浮标数量/个
美国	3802	哥斯达黎加	2	巴西	16
英国	340	希腊	1	智利	12
欧盟	125	法国	587	芬兰	4
新西兰	15	印度	243	哥伦比亚	2
毛里求斯	5	西班牙	32	波兰	1
厄瓜多尔	3	阿根廷	12	德国	431
墨西哥	2	意大利	5	中国	130
日本	1056	南非	2	爱尔兰	16
加拿大	304	沙特阿拉伯	1	俄罗斯	6
荷兰	48	澳大利亚	491	肯尼亚	4
挪威	15	韩国	230	加蓬	2
丹麦	5				

2.7.2 "海王星"海底观测网

2009 年 12 月 8 日,世界上第一个深海海底大型联网观测站——加拿大"海王星"(NEPTUNE-Canada)正式启用。NEPTUNE-Canada 观测网由主干缆线分叉连接的 5 个节点组成,预计将来还要安装 6 个节点。每个节点连接一个或几个用于连接传感器和观测仪器的接驳盒,并自带一套标准仪器,如地震仪、压力仪等。通过接驳盒可以连接各种设备,其中特别重要的是装载传感器的固定或活动平台。活动平台尤其令人瞩目,比如"遥控水下爬行器"和"垂向剖面仪"等。遥控水下爬行器(remotely operated crawler)用于观测巴克利峡谷的天然气水合物,它计划装有履带,可以在海底自由运动,能够摄像和测量海底温度、盐度、甲烷含量等。垂向剖面仪(vertical profiler system,VPS)集成 10 种不同的设备,可以监测海水的温度、盐度、溶解氧、营养盐,以及洋流、浮游生物、鱼类活动等。它通过绞车可以在海底之上 400 m 的范围内上下移动。

2.7.3 水下滑翔机

水下滑翔机是一种新型的水下机器人。它利用浮力和航行姿态获得前进推力。2007 年,罗格斯大学的"Slocum 温差滑翔机"完成了从美国东海岸到欧洲西班牙海岸的航行。2009 年 6 月 4 日到 2010 年 1 月,华盛顿大学的"Seaglider 144"水下滑翔机历时 292 d,航行了 5528 km,在深度 1000 m 的水层内对海水的温度、盐度、密度、含氧量、叶绿素和浊度进行了测量。未来的"深海滑翔机"将能够在 6000 m 的水深内连续运行 18 个月,在 10000 km 的航程内以 1～10 m 的精度定位,并完成相关的测量。

海洋技术的发展极大地推动了海洋科学的进步。19 世纪蒸汽动力船舶的出现为远洋深海考察提供了可靠的平台,英国皇家海军军舰"挑战者号"的全球航行标志着深海研究的起步。遥感技术的出现提高了人类对海洋观测的能力,改变了人类对海水运动的认识,颠覆了人类对于海浪气候的理解。海底观测系统深入海洋内部进行观测,获取海洋深处的信息。研究者通过分析来自海底锚系的连续观测数据,解开了厄尔尼诺现象的谜团。另外,海洋科学研究给海洋技术的进步提供了强大的推动力。"打穿地壳"的科学命题,促进了海底钻探技术的发展;"全球变化"碳循环的命题促进了海底长期观测技术的进步。纵观海洋科学百余年的发展历程,海洋科学和海洋技术相互促进,协同发展。我国正处在海洋事业发展的黄金时期,国家投入了大量的人力、物力进行海洋的研究和开发,在这样的时代背景下,精通海洋科学和海洋技术的复合型人才必将大有作为。

思考题

1. 列举海水的三个主要特征。

2. 海水与淡水如何转化?

3. 海水温度取决于哪些因素? 是一个常值吗?

4. 如何测深?

5. 什么是海洋生物附着? 有什么危害?

6. 如何测量海水的密度? 海水密度是一个常值吗?

7. 远海海域的盐度主要由什么因素决定?

8. 什么是海啸?

9. 什么是"黑潮"?

10. 什么是"大洋环流"?

11. 海洋生物多样性的重要性是什么?

12. 简述二氧化碳与海洋酸化的关系。

13. 什么是内波?

14. 请列举三种海洋能形式,并简述它们的基本原理。

15. 在进行海洋探测时,从海底反射回来的光、声波携带了海洋的信息,从海底采集的岩石样本隐藏着海底的奥秘。请思考一下,海洋的信息还有其他哪些载体? 我们又应该如何利用这些信息载体了解海洋?

参考文献

[1] 冯士筰,李凤岐,李少菁. 海洋科学导论. 北京:高等教育出版社,1999.

[2] PRESTON-THOMAS H. The international temperature scale of 1990(ITS-90). Journal of chemical thermodynamics,1990,11(2):107-110.

[3] LEWIS E. The practical salinity scale 1978 and its antecedents. IEEE journal of oceanic engineering,1980,5(1):3-8.

[4] TALLEY L D,PICKARD G L,EMERY W J,et al. Descriptive physical oceanography. 6th ed.

Amsterdam:Elsevier,2011.

[5]庄雪峰.我国对虾主要养殖种类的耐盐性.水产养殖,1992(5):28-29.

[6]叶安乐,李凤歧.物理海洋学.青岛:青岛海洋大学出版社,1992.

[7]FOFONOFF N P. Computation of potential temperature of seawater for an arpitrary reference pressure. Deep-sea research,1977,24(5):489-491.

[8]刘嘉麒,倪云燕,储国强.第四纪的主要气候事件.第四纪研究,2001,21(3):239-248.

[9]RAHMSTORF S. Ocean circulation and climate during the past 120000 years. Nature, 2002,419(6903):207-214.

[10]NUNES F,NORRIS R D. Abrupt reversal in ocean overturning during the palaeocene/ eocene warm period. Nature,2006,439(7072):60-63.

[11]RISIEN C M,CHELTON D B. A satellite-derived climatology of global ocean winds. Remote sensing of environment,2006,105(3):221-236.

[12]李书恒,郭伟,朱大奎.潮汐发电技术的现状与前景.海洋科学,2006,30(12):82-86.

[13]ZHANG D H,LI W,LIN Y G. Wave energy in China:current status and perspectives. Renewable energy,2009,34(10):2089-2092.

[14]杨子赓.海洋地质学.济南:山东教育出版社,2004.

[15]薛发玉,翟世奎.大洋中脊研究进展.海洋科学,2006,30(3):66-72.

[16]于兴河,郑秀娟.沉积学的发展历程与未来展望.地球科学进展,2004,19(2):173-182.

[17]张鸿翔,赵千钧.海洋资源——人类可持续发展的依托.地球科学进展,2003,18(5): 806-811.

[18]陈洁,温宁,李学杰.南海油气资源潜力及勘探现状.地球物理学进展,2007,22(4): 1285-1294.

[19]THURMAN H V, TRUJILLO A P. Introductory oceanography. 10th ed. London:Prentice Hall,2003.

[20]张正斌,陈镇东,刘莲生,等.海洋化学原理和应用:中国近海的海洋化学.北京:海洋出 版社,1999.

[21]HALL-SPENCER J M, RODOLFO-METALPA R, MARTIN S, et al. Volcanic carbon dioxide vents show ecosystem effects of ocean acidification. Nature,2008,454(7200):96-99.

[22]沈国英,黄凌风,郭丰,等.海洋生态学.3版.北京:科学出版社,2015.

[23]WORM B,SANDOW M,OSCHLIES A,et al. Global patterns of predator diversity in the open oceans. Science,2005,309(5739):1365-1369.

[24]SCHLESINGER W H, BERNHARDT E S. Biogeochemistry:An analysis of global change. 3rd ed. San Diego:Academic Press,2013.

[25]SATHYENDRANATH S,PLATT T,HORNE E,et al. Estimation of new production in the ocean by compound remote-sensing. Nature,1991,353(6340):129-133.

[26]MELILLO J M,MCGUIRE A D,KICKLIGHTER D W,et al. Global climate-change and terrestial net primary production. Nature,1993,363(6426):234-240.

[27]王荣.生物海洋学.地球科学进展,1993,8(4):70-71.

[28]LALLI C M，PARSONS T R. Biological oceanography：an introduction. 2nd ed. Oxford：Butterworth-Heinemann，1997.

[29]JUMARS P A. Concepts in biological oceanography：an interdisciplinary primer. New York：Oxford University Press，1993.

[30]乐家华，刘超. 世界海洋生物资源开发现状研究. 湖南农业科学，2010(19)：68-70.

[31]姚国成. 近十年世界渔业产销情况. 中国水产，2007(8)：22-23.

[32]李金明. 南海波涛：东南亚国家与南海问题. 南昌：江西高校出版社，2005.

[33]缪辉南，方旭东，焦炳华. 海洋生物资源开发研究概况与展望. 氨基酸和生物资源，1999，21(4)：12-18.

[34]金翔龙. 海洋地球物理研究与海底探测声学技术的发展. 地球物理学进展，2007，22(4)：1243-1249.

[35]JONES E J W. Marine geophysics. New York：Wiley，1999.

[36]WILLE P C. Sound images of the ocean in research and monitoring. Heidelberg：Springer，2005.

[37]李建如，许惠平. 加拿大"海王星"海底观测网. 地球科学进展，2011，26(6)：656-661.

[38]BARNES C R，TUNNICLIFFE V. Building the world's first multi-node cabled ocean observatories (NEPTUNE Canada and VENUS Canada)：science, realities, challenges and pportunities. Proceedings of MTS/IEEE Oceans，2008，210(7)：1-8.

[39]DICKEY T D，ITSWEIRE E C，MOLINE M A，et al. Introduction to the limnology and oceanography special issue on autonomous and lagrangian platforms and sensors (ALPS). Limnologyand and oceanography，2008，53(5，part 2)：2057-2061.

[40]汪品先. 海洋科学和技术协同发展的回顾. 地球科学进展，2011，26(6)：644-649.

[41]MUNK J W. Oceanography before and after the advent of satellites. Elsevier oceanography series，2000，63：1-4.

[42]CHALLENOR P，WOOLF D，GOMMENGINGER C，et al. Satellite altimetry：a revolution in understanding the wave climate. Proceedings of the Symposium on 15 Years of Progress in Radar Altimetry，Noordwijk，Holland，2006：13-18.

[43]MORTON B，BLACKMORE G. South China Sea. Marine pollution bulletin，2001，42(12)：1236-1263.

[44]ROSENBERG D. Environmental pollution around the South China Sea：developing a regional response. Contemporary Southeast Asia，1999，21(1)：119-145.

第二部分

基础性海洋技术

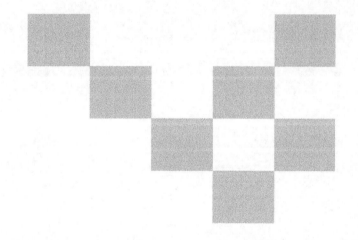

第3章

水下声学技术

光照亮了世界,告诉我们世界是什么样的,而在水下世界的深处,漆黑一片。在海洋中,光和电磁波衰减严重,传播距离较短,一般在百米以内。但是声波能在水下传播很远,大约在千米,甚至数十、数千千米量级,是水下信息传播的主要载体。借助声波,我们得以探测海洋中目力难以企及的地方。声波就是水下世界的光。在文艺复兴时期,伟大的科学家、艺术家达·芬奇(Leonardo da Vinci)就发现:"如果使船停航,将长管的一端插入水中,而将管的开口贴在耳边,则能听到远处的航船。"我们姑且不论达·芬奇能否真的听到远处的船只,因为当时船的航行靠的是帆和桨,单靠这样不灵敏的接收器收听不到远处船只的声音。但这足以说明人类很早以前便意识到声音在水下的重要性了。

3.1 水下声学技术概况

3.1.1 水下声学技术发展史

近代水下声学,开端于一个巧妙的声速测量实验。瑞士物理学家科拉顿和法国数学家斯特姆(J. C. F. Sturm)为了测量声波在水中传播的速度,进行了巧妙的实验。他们敲击一个水下的钟,同时点燃火药,在远处船上观察火药闪光同时按下秒表,并将听管插到水下听钟声(见图 3-1)。当时测得水声的速度为 1435 m/s,与现在平均水中声速 1500 m/s 十分接近。

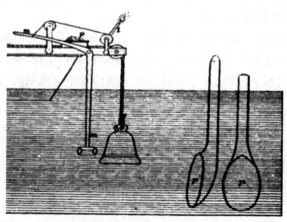

图 3-1 水声测速实验

1912年,"泰坦尼克号"沉没,这次海难给人们敲响了警钟。从此以后,海上的航船必须安装导航、定位设备。美国科学家费森登(R. A. Fessenden)制造了第一台测量水下目标的电动式水声换能器,1914年就能探测到两海里远的冰山。电动式水声换能器的诞生,标志着水下声学技术的诞生。

对水下声学技术发展促进最大的还是第一次世界大战,协约国为了对付德国的潜艇,大力发展水声设备。1918年,朗之万(P. Langevin)(见图3-2)制成压电式换能器,并应用了当时刚出现的真空管放大技术,进行水中远程目标的探测,第一次收到了潜艇的回波,开创了近代水下声学技术。同时,朗之万与俄罗斯科学家西洛夫斯基一起发明制造了世界第一台声呐。

随着水声设备的发展与大量使用,人们对海洋中声音传播规律的认识日益深刻。以前人们就发现,同一声呐在不同海区、不同季节,工作距离有很大的变化。声呐在早晨往往工作得很好,可以良好地接收到目标回波。可是一到下午,回波就变得很弱,有时候甚至接收不到。当时人们百思不得其解,

图 3-2　郎之万(1872—1946 年)

称这种现象为"下午效应"(afternoon effect)。随着水下声学技术的发展,"下午效应"神秘的面纱逐渐被揭开。"下午效应"的产生与声波在水中的反射和折射现象有关,具体内容将会在后文中详细叙述。

3.1.2　水下声学技术的作用

水下声学不仅在军事上得到广泛的应用,而且在经济建设中也起到重大的作用。

在军事领域,以水下声学为基础,近现代潜艇上安装有很多各种功能的声呐,比如探测用声呐、导航声呐、对抗声呐等。这些声呐是潜艇在水中执行任务时的耳目。此外,鱼雷和水雷上也可以安装小型声呐。

在国民经济的发展建设中,水下声学技术也发挥着重要作用。鱼探仪也是一种声呐,可以帮助捕鱼船判断鱼群的种类、数量、大小、密集程度及方位。海洋是个巨大的宝库,在不破坏生态平衡的前提下,每年大概可以提供将近30亿t的水产品,供300亿人口食用。鱼探仪的应用,极大地提高了捕鱼作业的效率。

在开发海洋资源的时候,水声设备在水下施工、石油与天然气的勘探和开采中,同样发挥着重要的作用。现在还常用多普勒声呐和卫星导航系统相结合,进行水下导航、定位。

水下声学技术成为水下探测、水下遥感和水下通信等不可或缺的部分。

3.1.3　水下声学技术的研究对象

水下声学研究声音在水中传播的规律,水及其边界的声学特性,以及对水声设备的影响。由于海洋环境的复杂性与多变性,声音在海洋中传播也是复杂多变的。水下声学正是研究其规律及其相应机理的一门科学。

水下噪声也是水下声学技术的研究内容之一。水下噪声对水下定位、探测等都会造成不同程度的影响。海中的噪声可能会对声呐员的判断造成干扰,会影响主动声呐探测目标。但是事物总有其两面性,噪声中也承载着许多有用的信息。被动声呐可以利用噪声进行探

测,因此如何利用噪声就成为很重要的一个课题。

水声器件指的是水声换能器、水听器及其基阵。水声换能器类似于喇叭,其作用是将电能转换为水下声能。水听器的作用类似于麦克风,其作用是实现水下声能到电能的转换。水声器件主要研究换能器的材料、结构、辐射及其接收特性等。

水下声学探测是水声技术的主要研究内容之一,而声呐是用于水下声学探测的主要设备。随着不同种类的声呐的发明,声呐可以用于多种用途的水下探测。比如,声呐可用来进行海底地形探测,如图 3-3 所示。声呐还可为船只进行导航、测速。有的声呐,比如前文提到的鱼探仪,可以辨别海底鱼群的种类、方位、规模,方便渔民捕捞。随着科技的发展,将会有各种各样的声呐被开发出来,应用到水下声学探测中。

图 3-3　声呐地形探测

3.2　声学基本概念

下面介绍声学的几个基本概念。

3.2.1　声波

声音是一种波,是发声体振动状态在介质中传播的物理现象。声波(sound wave)传播的时候,不断激发周围介质,使其不断压缩和扩张,但是介质本身不移动。当声源振动以后,周围的介质点随之振动而产生位移,在流体空间中就形成介质的疏密,而形成了声波传播(见图 3-4)。

习惯上,频率在 20～20 kHz 的声波被称为音频声波,这是人的耳朵可以感知的频率波段。频率高于 20 kHz 的声波称为超声波(supersonic wave),低于 20 Hz 的声波称为次声波(infrasonic wave)。其分类如图 3-5 所示。

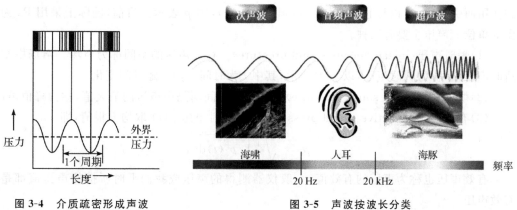

图 3-4　介质疏密形成声波

图 3-5　声波按波长分类

3.2.2　位移和振速

在波的作用下，介质质点围绕其平衡位置做往复运动。质点位移（displacement）为质点离开平衡位置的距离。位移和振速分别用 ξ 和 u 表示，其单位分别为 m 和 m/s，两者的关系用公式表示为

$$u = \mathrm{d}\xi / \mathrm{d}t \tag{3-1}$$

3.2.3　密度和压缩量

在声波的作用下，介质状态的疏密发生改变。ρ_0 为没有声音扰动时的静态介质密度（density），ρ 为有声音扰动时的介质密度。在声学中也常用密度增量 $\Delta\rho$ 来描述介质的运动状态，密度增量 $\Delta\rho = \rho - \rho_0$。介质密度的相对变化量 s 称为压缩量（reduction），用公式表示为

$$s = \frac{\rho - \rho_0}{\rho_0} = \frac{\Delta\rho}{\rho_0} \tag{3-2}$$

3.2.4　声速

在介质中传播的速度称为声速（sound velocity）。声速的大小与传播声波的介质有关。在固体介质、液体介质和气体介质三者中，固体介质的声速最大，液体次之，气体最小。当声音在水中传播时，声速还会与水的压强、气温、盐度等各种物理特性相关。理论上，以理想气体为媒介，声速传播的公式为

$$c = \sqrt{\frac{\gamma p_0}{\rho}} \tag{3-3}$$

其中，c 为声波在空气中的传播速度，其单位为 m/s；γ 为空气的比热容，其单位为 J/(kg·℃)；p_0 为大气静压强，其单位为 Pa；ρ 为空气密度，其单位为 kg/m³。

3.2.5　声压和声压级

有声波存在时，局部介质产生稠密或稀疏。在稠密的地方压强将增加，在稀疏的地方压强将减小，这样就在原有的压强上又附加了一个压强的起伏。这个压强的起伏是由于声波的作用而引起的，所以称它为声压（sound pressure），用 p 表示。目前，国际上采用 Pa 为声压的单位。声压主要有三种。

（1）瞬时声压（instantaneous sound pressure）。存在声压的空间称为声场。声场中某一瞬时声压值，称为瞬时声压，以 $p(t)$ 表示，其中 t 为时间。$p(t)$ 随时间变化。

（2）峰值声压（peak sound pressure）。在一定时间间隔中声压的最大值，称为峰值声压。

（3）有效声压（effective sound pressure）。对瞬时声压 $p(t)$ 取均方根值，即

$$p_e = \sqrt{\frac{1}{T}\int_0^T p^2(t)\,\mathrm{d}t} \tag{3-4}$$

有效声压也称为声压的有效值。一般仪器测得的声压或我们平时所指的声压值都是指有效声压。

由于声压数量级相差过多，有时用声压来表示就会很不方便，所以引入了声压级（sound pressure level，SPL）的概念。声压级用符号 L_p 表示，其定义是：把某声压 p（有效值）与参考

声压 p_0 的比值,取以 10 为底的对数,再乘以 20,结果以分贝表示为

$$L_p = 20\lg \frac{p}{p_0} \tag{3-5}$$

其中,$p_0 = 2 \times 10^{-5}$ Pa,即以人耳刚能觉察的声压值作为参考值。

采用对数标度后,即使声压的数量级相差过多,声压级的数量级基本相同。由式(3-5)可知,声压每增加 1 倍,其声压级增加 6 dB;声压每增加 9 倍,声压级增加 19 dB。这使得在表示声压的时候方便了许多。

3.2.6　声阻抗和声阻抗率

声波在介质中传播时,会被介质吸收一部分能量。介质在波阵面上的有效声压除以有效容积速度定义为该介质的声阻抗(acoustic impedance),用公式表示为

$$Z_a = \frac{p}{U} \tag{3-6}$$

其中,p 为声压;U 为有效容积速度,有效容积速度即为质点流速或体速度乘以面积。与电路理论类比:声压相当于电压;有效容积相当于电流;声阻抗以复数表示,实部相当于电阻,虚部相当于电抗。

但是有效容积速度通常不容易测得,所以引入声阻抗率的概念。声阻抗率即声场中该位置的声压与该位置的质点速度的比值,其定义为

$$Z_a = \frac{p}{v} \tag{3-7}$$

其中,p 为声压,单位为 Pa;v 为该质点速度,单位为 m/s。

3.2.7　声强和声强级

声波实质上是振动在介质中的传播。声音的振动包括两个方面:一方面使介质质点在平衡位置附近来回振动,另一方面又使介质产生疏密的过程。前者使介质具有振动动能,后者使介质具有形变势能。振动动能和形变势能的总和,就是介质所具有的声能量。因此,声波的传播也可以说是声能量的传递。

声强(intensity of sound)是描述声波能量的物理量,其定义为:在单位时间内,通过垂直于声波传播方向的单位面积的平均能量。声强用字母 I 表示,单位为 W/m²。

声强是一个矢量,对于球面波和平面波,在声波的传播方向上声强的大小与声压的关系为

$$I = \frac{p^2}{\rho c} \tag{3-8}$$

其中,ρ 为密度,单位为 kg/m³;c 为声波传播的速度,单位为 m/s。

声强级(sound intensity level,SIL)用符号 L_I 表示,其定义为:把某声强 I 与参考声强 I_0 的比值,取以 10 为底的对数,再乘以 10,所得结果用分贝表示为

$$L_I = 10\lg \frac{I}{I_0} \tag{3-9}$$

其中,$I_0 = 10^{-12}$(W/m²)。

3.2.8 声功率和声功率级

声源在单位时间内所辐射的总的声能量,称为声源辐射功率,简称声功率(sound power),通常用字母 W 表示,单位为瓦(W)。

如果一个点声源,在自由空间辐射声波,则在与声源等距离的球面上,任何一点的声强都是相同的,且与声源声功率之间的关系为

$$W = I \cdot 4\pi r^2 \tag{3-10}$$

声功率级(sound power level,SWL)用符号 L_W 表示,其定义是:将某声功率 W 与参考声功率 W_0 的比值,取以 10 为底的对数,再乘以 10,所得结果用分贝表示为

$$L_W = 10 \lg \frac{W}{W_0} \tag{3-11}$$

其中,$W_0 = 10^{-12}$ W。

3.2.9 声波的分类

声波在介质中传播可以根据其传播的形式不同分为三种。

(1)平面波(plane wave)。波面是一系列相互平行的波称为平面波。离点波源较远处,沿波的传播方向取一平面,可近似将这样的波看成平面波。平面波可以分为均匀平面声波和不均匀平面声波:均匀平面声波系同一波振面上各点振动不但相位相同,而且振幅也相等;不均匀平面声波是相位相等但振幅不等的声波。

(2)球面波(spherical wave)。波阵面是球面的声波称为球面波。实际上只要用尺寸比波长小得多的任意形状的声源就可以产生球面声波。在均匀介质中,球面波的波阵面是一系列同心球面,如图 3-6 所示。

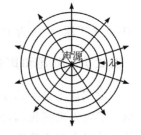

图 3-6 球面波

均匀介质中,单位时间内流过不同大小的同心圆球面的声能是一样的,且同一球面波的声强与面积成反比。

(3)柱面波(cylindrical wave)。如在声源的上面和下面放两块反射声波能力很强的、面积很大的平行平板,声波只能在两块平板之间传播。因为声波遇到边界时会反复反射,能量就没有损失。如图 3-7 所示,这种声波的传播方式就是柱面波。

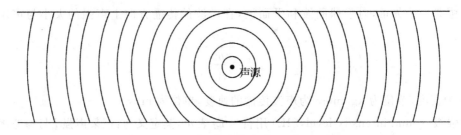

图 3-7 柱面波

3.2.10　平面声波的折射和反射

声波在均匀介质中传播时,声阻抗率是常数,即声压与质点速度的比值保持不变。但当声波在传播过程中遇到不同声阻抗率的介质时,在两种介质的分界面就会产生反射和折射。例如声波在海洋中传播时,在海底与海水表面都会发生反射。

3.3　水下声学

3.3.1　水中的声速

声波在液体中传播不同于在空气中传播。在液体中,声速的公式为

$$c = \frac{1}{\sqrt{\rho\beta}} \tag{3-12}$$

其中,ρ 为传播介质的液体的密度,其单位为 kg/m^3;β 为该液体的绝热压缩系数,其单位为 m^2/N。海水中 ρ、β 不能直接测得,都是温度 T,盐度 S 和静压力 p 的函数。所以通常用实验来测量液体声速随温度和压力的变化,用经验公式大致估计海中声速。

声速随温度、盐度、压力的增加而增加,其中以温度的影响最为显著,而压力 p 在海水中与深度 D 有函数关系。海水中声速经验公式为

$$
\begin{aligned}
c(T,S,D) = {} & 1448.96 + 4.591T - 5.304 \times 10^{-2} T^2 + 2.374 \times 10^{-4} T^3 + \\
& 1.340(S-35) + 1.630 \times 10^{-2} D + 1.675 \times 10^{-7} D^2 - \\
& 1.025 \times 10^{-2} T(S-35) - 7.139 \times 10^{-13} TD^3
\end{aligned} \tag{3-13}
$$

海中压强与深度有关,所以声音在水中传播速度公式也是有关深度的函数。由此可见,声波在海水中传播速度水平方向变化不大,垂直方向的声速会发生较明显的变化。

3.3.2　水声传播的几何衰减

单位时间内声源所发出的能量流经一个更大的范围所造成的声音强度的损失称为几何衰减。对于不同波阵面的声波,几何衰减不同。用传输损耗(transmission loss,TL)表示声音传播衰减的强度,即

$$TL = 10\lg \frac{I(1)}{I(r)} \tag{3-14}$$

其中,$I(1)$ 为距离声源 $1\,m$ 处的声强,$I(r)$ 为距离声源 r 处的声强。

平面波的波阵面不随距离扩展,故 $I(r) = I(1) = $ 常数,所以平面波的 TL 等于 $0\,dB$。当传播平面为柱面波或球面波时,可以近似把几何衰减写成 $TL = n \cdot 10\lg r(dB)$。

根据不同的传播条件,n 取不同的数值。当 $n = 0$ 时,平面波传播,当 $TL = 0$ 时,无几何衰减;当 $n = 1$ 时,柱面波传播,相当于全反射海底和海面组成的理想传播条件;当 $n = 2$ 时,球面波传播,波阵面按球面扩展,$TL = 20\lg r$。当考虑其他条件比如浅海负跃层或是平整海面对声反射的干涉效应后,n 可以大于2。

3.3.3 水声传播的吸收衰减与散射衰减

声波在水中除了有无法避免的几何衰减,还有热传导、介质黏滞等弛豫现象引起的吸收衰减(absorption attenuation)。

吸收衰减主要由两种机制引起:①由黏性产生的衰减,与频率的平方成正比;②由分子弛豫引起的吸收损耗。这种损耗仅在海水中存在,这是因为声压能诱发一些分子分离为离子,分离过程所需的能量来自声能。在频率较高时,压力变化远快于分子弛豫的产生,因此无能量损耗。在 500 Hz 下,硫酸镁分子、硼酸分子的弛豫都将发挥作用。

散射衰减(scattering attenuation)是由于声波在水中传播时遇到声阻抗不同的介质而发生的衰减。海洋介质中存在泥沙、气泡等悬浮颗粒以及介质的不均匀性,引起声波散射。

声音在海水中传播时,吸收衰减和散射衰减同时存在,很难区分由于吸收以及散射引起的衰减,所以将海水中由吸收和散射引起的衰减统一用吸收系数 α 表示,单位为 dB/m,其计算公式为

$$\alpha = \frac{10}{x} \lg \frac{I_0}{I(x)} \tag{3-15}$$

人们对吸收损耗已经进行了大量实验测量,从而得到几个近似估计公式。Schulkin 和 Marsh 根据 2 k ~ 25 kHz、距离 22 km 以内的 30000 次测量结果,总结出的半经验公式为

$$\alpha = A \frac{S f_r f^2}{f_r + f} + B \frac{f^2}{f_r} \tag{3-16}$$

其中,$A = 1.89 \times 10^{-5}$;$B = 2.72 \times 10^{-6}$;S 为盐度,其定义为每千克海水中溶解无机盐类的克数,故无单位;f 为声波频率,单位为 Hz;f_r 为弛豫频率,它等于弛豫时间的倒数,且与温度有关,即

$$f_r = 21.9 \times 10^{\left(6 - \frac{1520}{T}\right)} \tag{3-17}$$

其中,T 为绝对温度,单位为 K。海水中含有溶解度很大的 NaCl 时,海水的超吸收反而下降。在高频下,NaCl 浓度越大,吸收越小。

如图 3-8 所示,吸收系数在 5 kHz 频率下明显增加,它的值比 Schulkin 和 Marsh 给出的

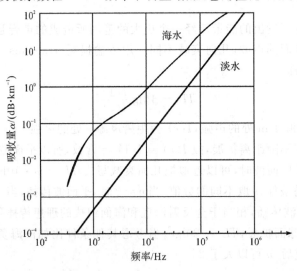

图 3-8　淡水和海水的吸收系数(温度为 5 ℃,盐度为 35‰,压力为 1 个标准大气压)

半经验公式更大。频率越低,与 Schulkin 和 Marsh 的半经验公式相差越大。这是由海水中包括硼酸在内的化学弛豫所引起的。Thorp 给出了低频吸收系数的经验公式,即

$$\alpha = \frac{0.102f^2}{1+f^2} + \frac{40.7f^2}{4100+f^2} \tag{3-18}$$

其中,α 为吸收系数,单位为 dB/km。

如图 3-9 所示,随着频率的升高,吸收系数也随之增大。当频率很高时,声波在水中衰减很快,而频率越低,吸收率随之降低,声波则能在水中传播得更远,所以水声换能器的工作频率通常设定在低频段。

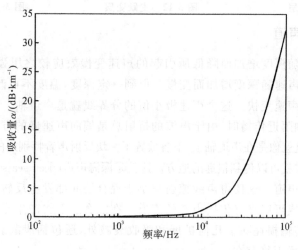

图 3-9　频率与海水吸收率关系

3.3.4　水下声道

第 3.2 节中曾经提到,声波在声阻抗改变时,会发生折射现象。上文只假设了两个明显分层界面的折射情况。而在海中,声阻抗并不是突变的。由于深度、温度、盐度等因素的影响,声阻抗发生渐变。而且声波在水中传播时总是向速度慢的方向折射。根据声速经验公式可知,海中声速基本上由温度和压力控制。温度越低,声速越慢;压力越大,声速越快。

图 3-10 是典型的深海声速剖面。根据声速,海洋大致可分为三层:表面层,声速见图 3-11;主跃变层,声速见图 3-12;深海等温层,声速见图 3-13。表面层有明显的季节变化和日变化,它对外界温度和风的作用很敏感。湍流、对流和风动表面对海水搅拌,形成等温层,也叫

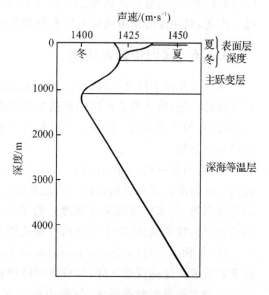

图 3-10　典型深海声速剖面

混合层。在混合层内,形成不是很稳定的表面声道,称为混合层声道。在表面层之下,声速

随深度下降,具有较强的负声速梯度,称为主跃变层。最下面一层为深海等温层,声速随深度增加而增加。

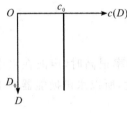

图 3-11　表面层

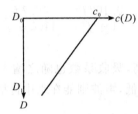

图 3-12　主跃变层

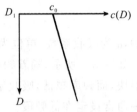

图 3-13　深海等温层

3.3.5　深海声道

在深海中,温度随深度增加而降低所引起的声速变慢效应较之压强上升引起的声速变快效应更强烈,所以声速随深度增加而变慢。但到一定深度,温度不再改变,此时深度增加,压强继续增大,造成声速变快。这个声速极小值的分界线就是声道轴。

当声波在声道轴附近传播时,由于声波的折射总是偏向声速慢的方向,声道轴附近声波总是折回声道轴。这就像是在声道轴上、下各放置了一块反射声音特别好的大平板,使声波的能量不受损失,这样声波就可以传到很远的地方。这就是深海声道(deep sea sound channel)。

(1)深海混合层声道。这使得声线掠射角小于混合层底部发生反转的临界角的声线,保持在声道中,从而形成可以良好传播声音的声道。在混合层下将产生影区,这一片声强会极弱。混合层声道的传输损耗除了几何扩展和吸收衰减外,还包括泄漏衰减。当频率低于一定值时,这种声道作用不复存在。

(2)深海声发声道。由水下声学传播规律可知,深海声道与表面声道相比,受季节变化影响小,声道效应更加趋于稳定。这部分集中在深海声道的声波,由于不受海面散射和海底反射的影响,声信号传播得很远。由于海水对低频信号的吸收更小,所以低频信号传播更远。因此,利用深海声道效应可以有效地定位和测距。

3.3.6　浅海中的声传播

当声波在海中传播,海面和海底对其的反射不能忽略的时候,就是在浅海中传播。海底和海面的参与,使浅海中声波的传播变得非常复杂。在分析浅海声场时,除了考虑直达声波以外,还必须考虑经过一次或多次反射的海底海面的反射声波,总的声场就是反射声波和直达声波的叠加。

(1)均匀层声场(uniform layer of sound field)。均匀层声场是浅海声场中最基本也是最简单的情况。皮克里斯以均匀液态海底模型及两液层海底模型讨论了均匀浅海中爆炸声的传播问题,为水声场的简正波理论做了开创性的工作。简正波模型是目前较为流行的预测均匀层声场的模型,对于不同的声场条件关键在于选择正确的简正波模型。

(2)负梯度声场(negative gradient of the sound field)。在夏季平静的海洋天气下,太阳光直射造成声速随深度下降,形成负梯度声速剖面。声速负梯度所造成的声线向下弯曲,使声线以较大的角度触及海底,导致声线碰到海底的次数增加,并且每次又有较大的反射损失,使声能漏出声道的效应显著大于均匀层,声强以更快的速度随距离衰减。当水平距离足够远,在水中反转的声线起主要作用时,会出现明显的声场深度结构,越靠近海底,声强越强。

（3）负跃层声场（negative duplex sound field）。在夏季有风等不平静的海洋气候条件下，浅海表面层被搅混形成等温层。而海洋下面的海水温度较低，热量会从温度较高的等温层过渡到温度较低的下部等温层，从而使得声速发生相应的剧烈变化，形成夏季的另一种典型浅海声道——负跃层声道。在浅海中，多途效应的影响也不可忽视。多途效应是指声波在水中传播时，由于水介质的折射及声波在水面、水底的反射，自发射点至接收点存在多个传播途径的现象。多途效应使得宽带脉冲信号在传播过程中不断改变，在均匀层和负梯度主要表现为波形的拖散，而在负跃层会有规则的梳状结构出现。

（4）会聚区（convergence zone）。生活经验告诉我们，离声源越近，听到的声音越大，离声源越远，听到的声音越小。到一定距离后，声音就再也听不到。可是在海里，如果你到更远的地方，将又听到声音。在声道中，邻近射线的交汇形成声强度较强的焦散区。由交汇构成的包络线称焦散线，焦散线相交区域称会聚区，这个地方的声音特别强。会聚区只在深海出现，会聚区中的峰值声强级有超过球面扩展加吸收达 25 dB 的会聚增益，通常取 10～15 dB。会聚区宽度的数量级约为距离的 5%～10%，而第一会聚区宽度约为 5.5 km。在现代声呐中，可以利用水下汇聚区实现远程探测。

（5）声影区（shadow zone）。声影区是声速的垂直分布引起的折射造成的。日光照射使声速出现负梯度情况，从表面发出的声波弯曲向下，在离开声源一定距离的地方形成一个无声带，这就是声影区。"下午效应"的形成原因也非常类似。在夏天早晨，浅海表层水温与下层水温相差不大，所以声速几乎相等。声波在传播过程中没有发生明显弯曲，容易探测到预定目标。到下午，长时间的阳光照射，使得海水表层水温升高，而下层水温几乎不变，形成水温随深度增加而降低的现象。而声波具有向声速较低方向偏转的特性，所以此时声波形成弧线射向海底，无法抵达预定目标。射向海底的声波在各种机制的衰减作用下，最终变成非常微弱的信号，无法被声呐接收辨别。

（6）信号场的起伏和散射。在海水中接收稳定声波时，会发现声波强度并不是稳定不变的，声波的强度会有不断的强弱变化。这是传播条件的不稳定引起的，使得通过不同途径到达接收点的声波，在相位上产生相位差。相位相同的，互相增强，声强增强。相位相反的，互相抵消，声强衰减。引起水声信号起伏和散射的因素主要可以分为三类：海面和海底的随机不平整、湍流引起的声起伏、内波引起的声起伏。

目前的研究认为，内波对声场起伏起主要作用是在惯性频率（inertial frequency）和最高浮力频率（buoyancy frequency）之间。惯性频率即 $f = 2\Omega\sin\theta$，其中，Ω 为地球的自转角频率，θ 为在地球上的维度。最高浮力频率又叫维赛拉频率（Vaisala frequency），即 $N^2(z) = -(g/\rho)\mathrm{d}\rho/\mathrm{d}z$，另外 $\rho(z)$ 为当前深度液体的密度函数。在惯性之外，对声场起伏起主要作用的是内潮活动。内潮是具有潮汐频率的低频海洋内波，内潮的研究理论具有重要科学意义，对海洋环境和海洋生态保护、水下通信、海洋工程及军事发展具有重要应用价值。

3.3.7　海洋中的散射和混响

海洋中存在大量的无规则散射物体以及起伏不平的界面。当声波碰到这些无规则散射物体后，就会产生散射波，从而造成声能在各个方向上重新分配。混响就是粗糙边界和非均匀边界引起的散射损失的一种机制。

混响是主动声呐的主要干扰。根据产生混响的散射体的不同性质,混响可分为体积混响、海面混响和海底混响。体积混响是由海水中的流砂粒子、海洋生物、海水本身的不均匀性等引起的;海面混响由海面的不平整性和气泡层的散射引起的;海底混响是由海底及其附近的散射体形成的。

随着频率的升高,粗糙表面的镜向散射被认为是引起混响的主要原因。通常可以定量地描述此种粗糙边界引起的混响,即

$$R'(\theta) = R(\theta)\exp\left(-\frac{\Gamma^2}{2}\right) \qquad (3-19)$$

其中,$R(\theta)$ 为接触面的反射系数,Γ 为瑞利粗糙度,其定义式为

$$\Gamma = (2\pi/\lambda)\sigma\sin\theta \qquad (3-20)$$

其中,λ 为声源波长,σ 为表面粗糙程度。

散射强度(scattering strength)是混响的一个特征比值。其定义为在距离 1 m 处被单位面积或单位体积所散射的声强度与入射平面波强度的比值,再将此值用分贝表示,即

$$S = \frac{10\lg I_{\text{scat}}}{I_{\text{inc}}} \qquad (3-21)$$

其中,S 为单位体积或单位面积的散射强度;I_{inc} 是入射平面波声强;I_{scat} 是单位体积或单位面积所散射的声强。

对混响的研究大体上分为能量规律和统计规律两个方面。混响的能量规律的理论分析以声波在海洋中的传播理论和散射理论的结合为出发点,主要涉及混响强度同信号参量和环境因素的联系以及衰减规律。混响的统计规律主要研究各类型混响的包络的概率分布和起伏率。以射线理论为基础的近程混响理论早在 20 世纪 40 年代就已完成,而随着现代声呐探测距离越来越远,远程混响是目前正在大力研究、探讨的课题。

3.3.8 水下噪声

海洋中的噪声源主要有两类:人造噪声和自然噪声。船只是海洋中最主要的噪声干扰。水下噪声的主要研究内容是噪声谱级和噪声场的二阶时空统计特性,以及它们与环境因素的关系。如表 3-1 所示,根据噪声频率的不同,噪声可分为 6 类。

表 3-1　噪声按频率划分

噪声频率/Hz	噪声源
<1	地震微噪声
1~10	海洋湍流
10~数百	船只噪声
数百~50k	波浪和风
50k~100k	热噪声,分子热运动产生的噪声
100k~300k	雨引起的噪声

海洋中的环境噪声也称背景噪声,是指除去换能器本声噪声和所有确定的声源所产生的噪声以外的本底噪声。

　　形成海洋环境噪声的声源种类很多,其发声机理也不同。一般海水中的环境噪声用噪声谱级表示,噪声谱级定义为在某频带宽为 1 kHz 的频带内的声强。用不同的单位会得到不同的谱级,通常基准值为 0 dB。图 3-14 是海洋环境噪声平均谱级,从图 3-14 中可以看出各种噪声源在其频段上的分布以及其强度。其中低于 10 Hz 的噪声独立于风速;10～200 Hz 的频段对风速有轻微的依赖性,但是主要与船只交通噪声有关;频率在 500 Hz 以上的噪声受风速的影响很大,且具有 18 dB/dec 的斜率;大于 80 kHz 的频率,热噪声成为主要的环境噪声。

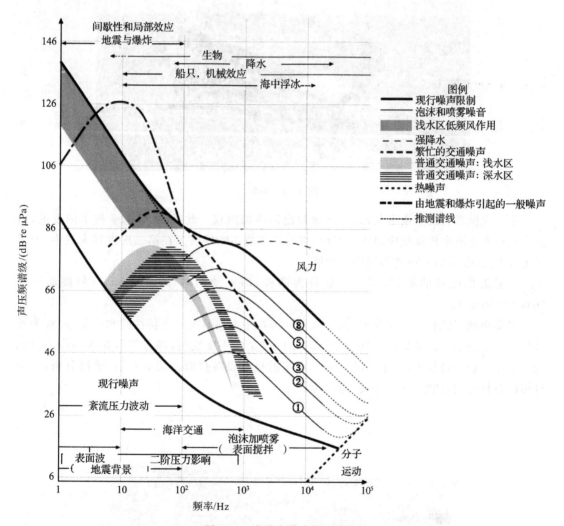

图 3-14　海洋中噪声频率分布

3.4　水声器件

3.4.1　声呐简介

声呐是一种利用声波在水下的传播特性,通过电声转换和信息处理,完成水下探测和通信任务的电子设备,如图3-15所示。

图3-15　声呐

第一次世界大战结束不久,人们就研制出回声探测仪。此后,随着电子技术的发展,以及人们对水在海中传播规律的深入了解,声呐技术也不断发展。在第二次世界大战中,为了满足水下探测的作用,声呐得以快速发展。

根据工作原理的不同,声呐一般分为两种,即主动声呐(active sonar)和被动声呐(passive sonar)。

主动声呐(见图3-16)工作时,由换能器向海洋中发射具有一定特性的水声信号,称为发射信号。发射信号的能量中大部分由于海中的复杂性不能反射,部分信号在遇到作为目标的水下障碍物后被反射,产生回波信号。声呐的接收设备接收回波信号后,通过分析,得到目标的各种参数,比如方向、距离、速度等。

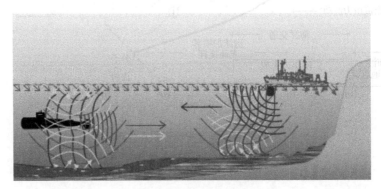

图3-16　主动声呐的原理

被动声呐(见图 3-17)并不主动发射声波,只被动地接收目标辐射的噪声,从而获得目标的各种参数。被动声呐的工作原理与主动声呐相比只是少了与发射信号相关的部分,但实际上两者还是有很大的区别的。主动声呐除了会接收到回波信号外,自然也会接收到各种形式的干扰信号。一类是其自身独立的,与发射信号无关的干扰信号,就是信道的噪声干扰;另一类就是和发射信号相关的非独立的混响。而对于被动声呐来说,干扰信号中就没有依赖于发射信号的非独立混响信号,只有信道的噪声干扰。海洋噪声是被动声呐的主要干扰。

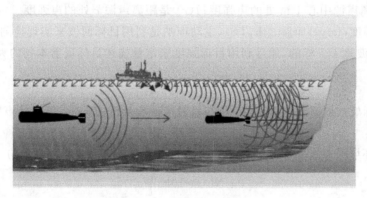

图 3-17　被动声呐的原理

主动声呐和被动声呐各有所长。主动声呐主要用于搜索、定位、导航等方面;而被动声呐大多被安装在潜艇上,用来进行警戒、搜索、侧向跟踪和测距等。

3.4.2　声呐的组成部分

现代的主动声呐大致上是由发射机、换能器、水听器、指示器组成,而被动声呐区别于主动声呐就在于少了发射机与换能器。

(1)发射机。发射机是声呐的主要部件之一,其作用是产生一定功率、频率的声频电信号,然后通过水里的换能器变成声信号发射出去。

(2)换能器。换能器是将电能按一定规律转换成声能的器件,其在水中的作用就相当于喇叭,将电信号转换成可以在水中传播的声信号。

(3)水听器。水听器的作用是将声能转换为电能,提供给处理电路分析。水听器接收到的目标回波通常非常微弱,而且混杂在混响和噪声中,所以转换后的电信号也是非常微弱的。如果不将其放大足够的倍数,且对信号进行处理,是无法根据这种信号判别目标的。

(4)指示器。指示器是声呐的终端设备,它将处理后得到的声信号以我们可以理解的方式显示出来。一般有听觉指示器和视觉指示器两大类。

3.4.3　声呐的主要性能指标

声呐的主要性能指标如下。

(1)声源级(sound source level,SL),描述的是主动声呐发射的声信号的强弱,其关系式为

$$SL = 10\lg \frac{I(1)}{I_0} \tag{3-22}$$

海洋技术教程

其中，$I(1)$ 是换能器声轴方向上离声源中心 1 m 处的声强；I_0 为参考声强，约等于 0.67×10^{-22} W/cm^2。

（2）传输损耗（transmission loss，TL），在第 3.3.2 节水声传播的几何衰减中就曾提到传输损耗。由于在海中传播的各种原因，声强会逐渐减弱。传输损耗就是定量地描述声波传播一定距离后声强度的衰减变化，定义为

$$TL = 10\lg \frac{I(1)}{I(r)} \tag{3-23}$$

其中，$I(1)$ 是离声源中心 1 m 处的声强度；$I(r)$ 是距离声源 r 处的声强度。

（3）目标强度（target strength，TS），主动声呐是利用目标回波来实现检测功能的。不同目标的目标回波是不一样的，通常利用目标强度来定量描述目标反射本领的大小，其定义为

$$TS = 10\lg \frac{I(1)}{I_i} \tag{3-24}$$

其中，I_i 为目标处入射声波强度；$I(1)$ 是在入射声波相反的方向上，离目标声中心 1 m 处的回波强度。

（4）海洋环境噪声级（noise level，NL），是用来定量描述环境噪声强弱的一个量，定义为

$$NL = 10\lg \frac{I_N}{I_0} \tag{3-25}$$

其中，I_N 是测量带宽内（或 1 Hz 频带内）的噪声强度；I_0 是参考声强。

（5）等效平面波混响级（reverberation level，RL）。对于主动声呐来说，除了环境噪声是背景干扰外，混响也是一种干扰。混响不同于环境噪声，它不是平稳的，也不具备各向同性。RL 为混响等级的描述，其定义为

$$RL = 10\lg \frac{p_0}{p} \tag{3-26}$$

其中，p_0 为在水听器输出端的混响功率；p 为由均方根值声压为 10^{-5} N/cm^2，即 0.1 Pa 的平面波信号产生的功率。

（6）接收指向性指数（receiver directivity index，DI）。水听器的接收指向性指数的定义为：水听器工作时，其声波发射或接收范围的角度，用公式表示为

$$DI = 10\lg \frac{p_0}{p_1} \tag{3-27}$$

其中，p_0 为无指向性水听器产生的噪声功率；p_1 为指向性水听器产生的噪声功率。

顺便指出，指向性水听器的轴向灵敏度等于无指向性水听器的灵敏度。对于各向同性噪声场中的平面波信号，参数 DI 才有意义，对于具有方向特性的信号和噪声场，常用参数阵增益表示指向性接收器的上述特性。

（7）检测阈（detection threshold，DT）。水听器接收信号时，同时接收有效的声呐信号和干扰的背景噪声，其输出也是由这两部分组成的。将这部分的比值作为判决依据，即如果接收带宽内的信号功率与 1 Hz 带宽内（或工作带宽内）的噪声功率比值较高，则设备就能正常工作。反之，上述信噪比值较低时，设备就不能正常工作。在水声技术中，将设备能正常工作的所需最低信噪比值称为检测阈，其定义为

$$DT = 10\lg \frac{p_0}{p_1} \tag{3-28}$$

62

其中，p_0 为刚好完成某种职能时的信号功率；p_1 为水听器输出端上的噪声功率。对于完成同种功能的声呐来说，检测阈值越低的声呐，其处理能力越强，性能也越好。

3.4.4　主动声呐方程与被动声呐方程

声呐方程是用于设计声呐和对声呐性能做出预估的有效工具。声呐方程的作用类似于一个统计程序，其中涉及声源信号、干扰信号和系统的特性。选择合适的声呐参数，就可以设计出适合各种特殊用途的声呐。

根据主动声呐的信息流程可以很方便地得到其声呐方程。以一个收发合置的主动声呐为例：其发射声源级为 SL，到达目标后得到 TS 的目标回波，途中经过直达和反射的两次传输损耗 TL，于是得到 $SL - 2TL + TS$ 的声级，如图 3-18 所示。但由于背景的环境噪声干扰作用同时被接收阵接收指向指数抑制，损失 $NL - DI$ 的声级。最终该信号的信噪比为 $SL - 2TL + TS - (NL - DI)$。同时根据检测阈的定义可知当 $SL - 2TL + TS - (NL - DI) = DT$ 时，声呐就能正常工作了。所以主动声呐方程 $SL - 2TL + TS - (NL - DI) = DT$。这里需要强调的是，这个声呐方程只适用于收发合置声呐，因为非收发合置声呐的两次传输损耗 TL 一般是不相同的，而且只适用于背景干扰为各向同性的环境噪声情况。当然，当混响成为主要干扰时，应该是混响等级 RL 替代 $NL - DI$，方程变为 $SL - 2TL + TS - RL = DT$。被动声呐的信息流程较之主动声呐缺少主动辐射声源，以噪声源声源级替代，无声波往返程的传播，直接由水听器接收。其次，噪声源发出的噪声不经目标反射，所以无目标强度级 TS。另外，被动声呐的背景干扰总为环境噪声，所以其声呐方程为 $SL - TL - (NL - DI) = DT$。

声呐　　　SL　　　TS

发射损失 TL　　反射损失 TL

图 3-18　声呐方程示意图

3.4.5　声呐的主要作用

声呐在海洋探测领域发挥着重要的作用，其中最常用到的就是测量。声呐常用来探测目标的方向、距离、速度和航向。声呐也常用来识别目标的性质，渔业上用于判断鱼群种类，军事上需要声呐识别敌我。另外，声呐可为船舶航行和海洋调查测量水深，还被用于海洋河流的勘测工作，比如地质研究、地形勘测（见图 3-19）、海底矿产资源的探查。声呐还可为船舶导航：船舶在航行中，需要许多设备进行水上导航，也需要回声探测仪等设备进行水下导航。

图 3-19　声呐探测三维地形模拟图

3.4.6 换能器和水听器

换能器(见图 3-20)和水听器(见图 3-21)是声呐的重要组成部分。描述换能器和水听器的性能指标有工作频率、机电转换系数、机电耦合系数、品质因数、方向特性、发生功率、效率、灵敏度等。当然对于不同用途的换能器和水听器,其性能指标的要求是不一样的。

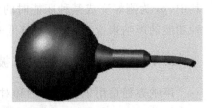

图 3-20 换能器

图 3-21 水听器

1.换能器和水听器共同的性能指标

先来介绍一下发射用的换能器和水听器共同的性能指标。

(1)工作频率。对于换能器和水听器而言,工作频率是非常重要的一个性能指标。工作频率不仅决定了换能器和水听器的频率特性和方向特性,还间接地影响效率、灵敏度等重要指标。它是通过声呐方程确定的,在一般情况下还应与整个水声设备的工作频率相一致。

(2)机电转换系数 α。换能器和水听器的机电转换系数是指在机电转换过程中转换后的量与转换前的量的比值,即:对于换能器,$\alpha = \dfrac{\text{力或振速}}{\text{电压或电流}}$;对于水听器,$\alpha = \dfrac{\text{应电势或应电流}}{\text{力或振速}}$。

(3)阻抗特性。换能器和水听器作为一个机电四端网络,需要和发射机的末级回路和接收机的输入电路相匹配,所以其等效输入阻抗是十分重要的。另外,还要计算其各种阻抗特性,比如等效机械阻抗、辐射阻抗等。

(4)方向特性。水声换能器和水听器本身具有一定的方向性。不同用途的水声换能器和水听器具有不同的方向特性的要求。比如做定向侧位时,则要求它的方向特性曲线(见图 3-22)主花瓣尖锐些;当用来搜索目标时,要求方向特性曲线扁平些。水声换能器和水听器的方向特性直接关系到水声设备的作用距离。

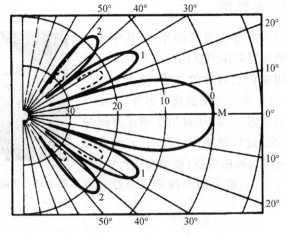

图 3-22 方向特性曲线

2.换能器特有的性能指标——发射声功率

换能器作为能量转换传输网络,其效率通常用不同的三个效率来描述:机电效率 $\eta_{m/e}$,机声效率 $\eta_{a/m}$ 和电声效率 $\eta_{a/e}$。

机电效率 $\eta_{m/e}$ 是换能器本身将电能转换为机械能的效率,其定义为机械系统所得的全部有功功率 p_m 与输入换能器的总的信号点功率 p_e 之比,用公式表示为

$$\eta_{m/e} = \frac{p_m}{p_e} \tag{3-29}$$

机声效率 $\eta_{a/m}$ 是换能器的机械振动系统将机械能转换成声能的效率,其定义为发射的声功率 p_a 与机械振动系统所得的全部有功功率 p_m 之比,用公式表示为

$$\eta_{a/m} = \frac{p_a}{p_m} \tag{3-30}$$

电声效率 $\eta_{a/e}$ 是换能器将电能转换为声能的总效率,其定义为发射声功率 p_a 与输入换能器总的信号点功率 p_e 之比,用公式表示为

$$\eta_{a/e} = \frac{p_a}{p_e} = \frac{p_m}{p_e} \cdot \frac{p_a}{p_m} = \eta_{m/e} \cdot \eta_{a/m} \tag{3-31}$$

换能器的效率不仅和其工作频率有关,也和换能器的类型、材料等有关。

3.水听器特有的性能——指标灵敏度

水听器的灵敏度是水听器的一个重要指标,有电压灵敏度和电流灵敏度之分。我们常用电压灵敏度作为衡量标准,不常用电流灵敏度。

水听器的电压灵敏度(单位:$V/\mu Pa$)就是指其输出电压与在声场中引入换能器之前该点的自由声场声压的比值,用公式表示为

$$M_\mu(\omega) = \frac{U(\omega)}{p_f(\omega)} \tag{3-32}$$

其中,$U(\omega)$ 表示水听器电负载上产生的电压(V);$p_f(\omega)$ 表示水听器接收处的自由声场的声压(μPa)。

有时也用分贝表示为

$$N_\mu(\omega) = 20\lg \frac{M_\mu(\omega)}{M_{\mu_0}(\omega)} \tag{3-33}$$

其中,基准灵敏度为 $M_{\mu_0}(\omega) = 1\ V/\mu Pa$,$N_\mu(\omega)$ 称为自由场电压灵敏度级。

3.5　水下声学技术的综合应用

3.5.1　生物声学

生物声学是介于生物学和声学之间的一门新兴学科,它是生物学、数学、化学、语言学等多种学科相互渗透的产物。生物声学的主要研究内容有四点:①动物在种群和群落生活中的声交往;②生物介质的声学性质和微观生物声学;③声波的生物效应,即声波在生物体传播时对生物体发生的作用和影响;④人体生物声信息的研究和利用。

生物声学的研究成果以海豚为例。海豚在水中是依靠声音进行捕猎、进食、感知外界环

境和进行种群之间交流的。自 20 世纪 50 年代开始，国外学者对海豚进行了生物声学方面的研究，其内容包括海豚声信号研究、海豚仿生声呐的研究等。海豚的声信号主要分为两类：一类是探测信号（click），另一类是交流信号（whistle）。探测信号的主要能量集中在较宽的超声频率范围内。信号主峰频率超过 200 kHz，次峰频率约 60 kHz。探测目标时，海豚发出的探测声波数目和信号间隔会根据对目标的兴趣和探测目标的难度等不同的因素发生变化，从而利用目标的反射声波确定目标的形状、距离、速度等重要信息。交流音信号通常被描述为低频调制信号，伴有谐波特征，其频率范围在 5 k～20 kHz，持续时间从几百毫秒到几百秒，其主要能量集中在声频范围内。

目前，生物声学已经在人类的日常生活和生产活动中发挥作用。生物声学与其他多门学科交叉渗透，具有极强的应用性。比如，人们用 90 kHz 的超声波模拟蝙蝠声赶走夜蛾；用电子发生器播放诱鱼声，便于捕捞；人们发现水母对 8～13 Hz 的声音非常敏感，从而仿制成了次声报警器，可以提前 15 小时准确预测台风方位和强度。

3.5.2　等离子体超宽带脉冲声呐

在现代局部海上战争中，潜艇探测和水声对抗越来越值得重视。超宽带脉冲主动声呐在隐身潜艇的远程探测、海底地雷探测、海洋装备武器信息化、海洋网络一体化及次声波非杀伤性新武器等方面的应用将成为关键的核心技术之一。而在非军用领域，该技术在浅海和深海的高分辨率地震勘探方面也有广阔的应用前景。

目前，该技术重点研究方向在于 230 dB 以上声呐系统的研制，并且实现低频（100～500 Hz）、中频（300～800 Hz）、高频（800～10000 Hz）的可调。等离子体超宽带脉冲声呐实现的关键技术在于大功率脉冲电源、等离子体声呐发射阵的研制与信号的处理和目标识别。

3.5.3　声呐系统用来保护海洋环境

声呐系统也可用于对海洋环境的检测和保护。目前人们对这方面的研究大概有三个方面：①利用声呐对海洋污染的程度进行检测，利用水声反向散射仪记录声散射强度，作为海洋中废物聚集度的度量，即通过画出等散射声强图及其随时间的变化图，求出废物扩散速度和稀释度率等。②设计海洋工程，在海洋附近建造建筑物时，需要测得海洋环境的参数，特别是海浪、涡流等的统计值。借助声呐系统，可以实现观测目的。其原理是把声呐固定在海底，垂直向上发射声波，再接受波浪海面的反射，由传播时间的起伏变化可以测出波浪的相关参数。还可以利用借助于空间分布的传感器阵，用相关运算求出波浪的方向谱；利用声学多普勒海流剖面仪（acoustical Doppler current profiler，ADCP）测出海流产生的多普勒频移，在船上、海底遥测各层深度的海流剖面；此外，还有声学相关海流剖面仪（acoustical correlation current profiler，ACCP）、矢量平海流计（vector averaging current meter，VACM）等，它们利用声波通过海水中悬浮的泥沙、生物、污染物的反向散射可以遥测悬浮物的浓度剖面。③利用低频声波在海中声道可以远距离传播的优点，利用类似医学层析的方法，由传播时间推算出大洋中涡旋、声速、水温等的变化。由美、中、法、德等国家联合参与的海洋气候声学温度测量计划（ATOC）已经成功地预测了全球气候变暖的程度。

思考题

1. 水下声学技术有哪些应用？

2."下午效应"是怎么产生的? 有什么办法可以消除"下午效应"带来的影响?

3.海洋水下,在近处听不到声音,在远处反而能听到声音,这是什么原因造成的?

4.列举影响海洋中的声传播速度的各种因素,并阐述这些因素对声传播速度的具体影响。

5.利用水下声道的特点,我们可以实现什么目的? 若让你设计声呐,为了使其探测范围尽可能广,你会选择怎样的深度?

6.如何利用回波的多普勒效应测定目标方位?

7.为什么水声器件的工作频率多选定在低频段?

8.波浪产生的噪声频率大致在什么范围?

9.船只产生的噪声频率大致在什么范围?

10.高频和低频声波在水下的衰减率哪个高?

11.水声在水下探测有哪些应用? 在这些应用中,分别要考虑水声的哪些特性?

12.设计军用被动声呐,应该如何选择频段? 需要考虑哪些因素?

13.被动声呐需探测远距离目标,一般采用低频还是高频声波? 为什么?

14.主动声呐和被动声呐相比较各有什么优势和劣势?

15.你对水下声学技术的未来发展趋势有何设想?

16.一球面波源在各向同性的无吸收介质中传播,波源发射功率为 10 W,求离波源 1 m 处的声强。

17.已知海水盐度为 3.5%,声波频率为 10 kHz,当时海水温度为 20 ℃。求 120 dB 声强级的声源发出的声波,在海水中传播 1 km 处的声强。

参考文献

[1]OLEG A G,PALMER D R. History of Russian underwater acoustics. Singapore:World Scientific Publishing Company,2008.

[2]顾金海,叶学千.水声学基础.北京:国防工业出版社,1981.

[3]刘伯胜,雷家煜.水声学原理.2 版.哈尔滨:哈尔滨工程大学出版社,2010.

[4]ROSSING T D. Springer Handbook of Acoustics. New York:Springer,2007.

[5]杜功焕,朱哲民,龚秀芬.声学基础.上海:上海科学技术出版社,1981.

[6]HODGES R P. Underwater acoustics:analysis,design and performance of sonar. New York:Wiley,2010.

[7]关定华.声与海洋.北京:海洋出版社,1982.

[8]DUSHAW B D,WORCESTER P F,CORMUELLE B D,et al. On equations for the speed of sound in seawater. Journal of the acoustical society of America,1993,91(4):255-275.

[9]MACKENZIE K V. Discussion of sea-water sound-speed determinations. Journal of the acoustical society of America,1981,70(3):801-806.

[10]SPIESBERGE J L,METZGER K. A new algorithm for sound speed in seawater. Journal of the acoustical society of America,1991,89(6):2677-2688.

[11]KIMSLER L E,FREY A R,COPPENS A B,et al. Fundamentals of acoustics. 4th ed. Weinheim:Wiley-VCH,1999.

[12]CLAY C S,MEDWIN H. Acoustical oceanography:principles and applications. New York:Wiley,1977.

[13]汪德昭,尚尔昌.水声学.北京:科学出版社,1981.

[14]MA Y H,SO P L,GUNAWAN E. Performance analysis of OFDM systems for broadband power line communications under impulsive noise and multipath effects. IEEE transactions on power delivery,2005,20(2):674-682.

[15]胡涛.浅海内波及其对声传播影响分析.北京:中国科学院声学研究所,2007.

[16]MUNK W H. Internal waves and small scale processes//Warren B A,Wunsch C. Evolution of physical oceanography. Cambridge,MA:MIT Press,1981:264-291.

[17]DU T,WU W,FANG X. The generation and distribution of ocean internal waves. Marine science,2001,25(4):25-28.

[18]刘鲁燕. HAMSOM 模式在东海内潮研究中的应用.青岛:中国海洋大学,2010.

[19]OGILVY J A. Wave scattering from rough surfaces. Reports on progress in physics,1987,50(12):1553-1608.

[20]DAHL P H. On bistatic sea surface scattering:field measurements and modeling. Journal of the acoustical society of America,1999,105(4):2155-2169.

[21]THORSOS E I. Acoustic scattering from a "Pierson-Moskowitz" sea surface. Journal of the acoustic society of America,1990,88(1):335-349.

[22]CHAPMAN R P,HARRIS J H. Surface backscatterring strengths measured with explosive sound sources. Journal of the acoustical society of America,1962,34(10):1592.

[23]ANDREW R K,HOWE B M,MERCER J A,et al. Ocean ambient sound:comparing the 1960s with the 1990s for a receiver off the california coast. Journal of the acoustical society of America,2002,3(2):65-70.

[24]MCDONALD M A,HILDEBRAND J A,WIGGINS S M. Increases in deep ocean ambient noise in the Northeast Pacific west of San Nicolas Island,California. Journal of the acoustical society of America,2006,120(2):711-718.

[25]马大猷,沈壕.声学手册.2版.北京:科学出版社,2004.

[26]蔡乐.海洋环境噪声声学成像仿真研究.哈尔滨:哈尔滨工程大学,2010.

[27]WENZ G M. Acoustic ambient noise in the ocean:spectra and sources. Journal of the acoustical society of America,1962,34 (12):1936-1956.

[28]路德明.水声换能器原理.青岛:青岛海洋大学出版社,2001.

[29]何传,晓宇.现代声呐技术及其应用(简介).船电通讯,1994(4):17-22.

[30]汪德昭.水声学的研究与发展.百科知识,1994(7):36-38.

[31]冯若.生物声学.自然杂志,1981,4(3):187-190.

[32]刘维,叶青华,黄海宁,等.海豚声呐成模型研究.声学技术,2007,26(5):145-146.

[33]王磊,姜晔明,黄逸凡,等.利用等离子体声源测量浅海低频段水声信道特性.声学学报,2012,37(1):1-9.

[34]王炳和,李宏昌.声呐技术的应用及其最新进展.物理,2001,30(8):491-495.

第4章

水下光学技术

　　人们对于客观世界的感性认识主要是通过眼、耳、鼻、舌、皮肤等器官反映到人的大脑中形成的,而其中大部分信息是通过视觉得来的,因此,光是人类获取外部信息的一个重要渠道,与人类的日常生活密切相关。

　　我国北宋时期学者沈括(公元 1031—1095 年)的名著《梦溪笔谈》中就记录了我国古代在光学现象方面的观察和总结。例如,《梦溪笔谈》中记述了战国时期(公元前 475—公元前 221 年)学者墨子关于"针孔成像"的叙述(见图 4-1),这一叙述暗含了对于光的直线传播的认识。而古希腊时代的哲学家在公元前 300 年才认识到光具有直线传播的特性。与墨子同时代的另一位古代学者淮南子发明了用于取火的器皿"阳燧"。"阳燧"实际上是一块凹面反射镜,将阳光聚集在凹面镜的焦点上使得物质燃烧起火。

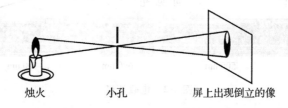

烛火　　　　　小孔　　　　屏上出现倒立的像

图 4-1　针孔成像

　　近现代光学界对于光的本质产生了重大的争论。有的科学家认为光是一种极为微小的颗粒,这种学说被称为"光的微粒说";还有的科学家认为光是波动运动,即"光的波动说"。这样的争论持续了上百年,直到后来,爱因斯坦提出了光具有波粒二象性,即光既有波动性又体现粒子性。20 世纪 60 年代,科学家们成功地研究出"激光"这一划时代的光源。此后,光学有了快速的发展,人们发掘了许多以前未能观察到的光学现象和光学过程,开拓了许多新的研究领域,如激光光谱学、非线性光学、光子学、自适应光学、光通信等。本章将着重介绍光在海水中传播的独特之处,并介绍光学技术在水下的应用。

4.1　水下光学技术的定义、分类及意义

4.1.1　水下光学技术的定义

　　顾名思义,水下光学技术指的是在水面以下(水体内部及海底),以光为信号载体,对环境、物体、物理量、化学量、生物量等进行探测或测量,或者利用光信号进行通信的技术的总

称。水下光学技术是照明技术、光学探测（测量）技术、光学通信技术与水下应用需求相结合所形成的基础技术类别之一。

水下光学技术的应用范围在水面以下，即水体内部（可以是浅海、深海或者海底）。在海洋遥感技术中，光也会作为其中一种重要的信号载体，但是海洋遥感的工作范围主要在水面以上或者浅层水体，这是与水下光学技术最主要的区别。

从物理层面上讲，本章主要讲解光学技术在水下的应用。如图 4-2 所示，光波属于电磁波，光的波长范围大致为：紫外线 1～400 nm，可见光 400～750 nm，红外线 750～100 nm。在这一点上区别于微波（>100 nm）与声波（机械波，非电磁波）。

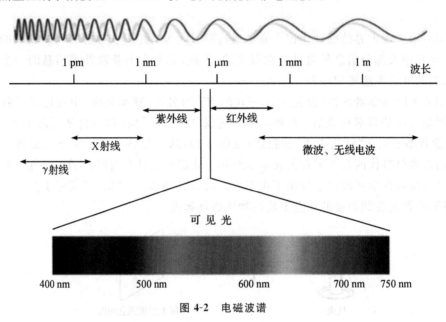

图 4-2　电磁波谱

4.1.2　水下光学技术的分类

根据第 4.1.1 节对水下光学技术的定义，本章将水下光学技术大致分为水下照明技术、水下光学探测技术与水下光学通信技术三类（见表 4-1）。不同类别之间并无绝对界限，例如水下照明技术就可以为水下光学成像提供光源，用于水下光学探测。

表 4-1　水下光学技术简要分类

分类	具体类别
水下照明技术	水下 LED 照明、水下激光照明、水下气体放电灯照明等
水下光学探测技术	水下光学成像技术，如水下摄影技术、水下全息成像技术等
	利用光谱技术进行水下物质成分分析，如水下拉曼光谱仪（underwater Raman spectrometer）、水下激光诱导击穿光谱仪（laser-induced breakdown spectrometer，LIBS）等
	水下光学盐度、浊度等的测量技术
	使用光雷达（light detection and ranging，LIDAR）进行水下测距、水下目标探测等
水下光通信技术	水下光缆通信技术
	水下激光通信技术

水下照明技术可以为潜水员或者潜水器在水下工作,以及水下光学成像提供光源。常用的水下照明光源有发光二极管(light emitting diode,LED)、激光、气体放电灯等。水下照明装置与陆上照明装置的不同之处主要在于:①耐压,密封性好,能够承受百米,甚至千米深处的水压;②质量轻、便携;③低功耗,能够长时间在水下工作。

水下光学探测技术侧重于利用光信号对环境、物体,或物理、化学、生物量进行探测或者测量。例如使用水下摄像机对水下环境或者水下物体进行拍摄,获取被拍摄环境或者物体的图像信息;使用水下全息摄像技术拍摄水下物体的全息图像,能够得到被拍摄物的三维立体信息;根据海水对光的折射率随海水盐度变化的规律,使用光学盐度计测量海水的盐度;根据不同物质对特定波长的入射光散射光谱的差异,使用拉曼光谱仪在水下现场分析物质的成分及其浓度;根据某些化学物质吸收特定波长的激光而产生一定波长荧光的特性,对水中的化学物质进行成分分析;利用高功率激光能击穿某些金属,并产生发射光谱的特性,对水下固体进行成分分析;等等。上述水下光学探测方法中,水下摄像可以是无源的(如利用自然光),也可以是有源的(如利用水下照明设施作为光源)。水下全息摄像、光学盐度计、拉曼光谱仪、水下激光光谱仪等一般都需要人造光源。

水下光通信技术则以光为信息的主要载体,实现水下对象之间的通信。例如实现船只与潜水器之间,或者潜水器相互之间的通信。根据光传输的介质不同,水下光通信技术可大致分为水下光缆通信和水下无线光通信技术两大类。光通信一般具有以下特点:①光的传输速率快、延时小;②信息容量大(至少 100 Mbps 量级,甚至 Gbps 量级);③不受外界电磁波干扰;④不需要频谱许可证。除此以外,无线光通信还具有以下两个优点:一是不需要传播介质;二是方向性好(对于激光通信而言),保密性强。因此,无线光通信技术不仅适合于水上物体(如卫星、船只、海岛)之间的通信,其水下应用也得到越来越多的重视。在水下,水对光的强烈吸收一直是限制光通信距离的一大因素,但是随着高强度光源(如激光)以及高灵敏度探测器的出现,水下光通信的距离和性能不断地提升,应用也愈来愈广泛。

4.1.3　研究水下光学技术的意义

水下光学技术是海洋技术的重要组成部分,是人类认识海洋、开发海洋的必需手段之一,与别的海洋技术(例如水下声学技术、海洋遥感技术等)取长补短,互为补充。为了充分认识、理解研究水下光学技术的意义及其局限性,下面把水下光学技术与水下声学技术及海洋遥感技术在宏观层面一一进行比较。

一般而言,与水下声学技术相比较,水下光学技术的优点主要在于:①成像直观、细微,便于操作者或者研究人员直接从图像中理解和提取有用信息;②光学探测的速度更快,光在水中、玻璃中传输的速度在 10^9 m/s 量级,在百米传输距离内,光在水中、光纤中传播的时间一般在微秒(10^{-6} s)级;③适用于精确探测;④水下激光通信方向性好,保密性强。

与水下声学技术相比,水下光学技术的缺点主要在于:①工作距离受限。光信号在水中传播,受到水分子吸收的影响,水下光学技术适用于近距离(百米以内)的探测、观测或者通信,而水下声学技术则适用于远距离(成百上千米)探测、定位与通信;②易受环境影响。例如水下成像系统很容易受到水中悬浮颗粒物、悬浮动植物的影响;在浑浊的海水中光学成像距离受限,图像模糊,而使用声学的方法探测水下物体或者海底地形地貌受海水浊度影响较小。

与海洋遥感技术相比,水下光学技术的优点主要在于:①能够进行原位探测,提供高精度、可靠的测量结果,这些测量结果是进行海洋遥感图像反演所必需的;②提供纵深(三维)探测,而遥感一般是提供平面上(二维)的测量信息;③硬件实现相对简单、成本较低,是一种比较快速的测量途径。

与海洋遥感技术相比,水下光学技术的缺点主要在于其探测区域较小(百米以内),而遥感则能够对海域进行大面积的观测,如以卫星、飞机为遥感平台进行观测。

从以上比较可以看出,水下光学技术的工作距离主要因为海水的吸收、悬浮物的干扰等因素受到限制。但是一般而言,在其正常工作范围内,水下光学技术仍然有着高速、直观、精确的特点,因此和水下声学技术、海洋遥感技术等优势互补,满足人类认识海洋、开发海洋多样性的需求。

4.2 光学基础知识

4.2.1 光的基本特性

光具有粒子特性与波动特性,即波粒二象性。在 19 世纪末叶,苏格兰科学家麦克斯韦成功地总结前人在电学和磁学中的实验结论,将所有的电学和磁学现象归纳为四个微分方程,即麦克斯韦方程组。根据麦克斯韦方程组可以推导出电磁波的传播规律,并且推测光波也是电磁波的一种。光在传播过程中所发生的各种现象都可以用电磁波的理论来描述和阐释,但在涉及光和其他物质相互作用、涉及它们之间存在的能量交换时,则必须考虑光的粒子本质,必须用量子力学的理论来处理。光的传播不需要介质,可以在真空中传播,也可以在空气、水、玻璃等物质中传播,但光的传播速度、传播距离会随着传输介质的特性而变化。人类肉眼所能看到的可见光谱范围大约为 $400\sim750$ nm。

根据麦克斯韦方程组可以得到光波传播的规律。对于沿单一方向(例如沿 z 方向)传播的具有单个波长(单色光)的简谐波,其波动特征可以用方程描述为

$$E(z,t)=E_0\cos\left[(kz-\omega t)+\varphi_0\right] \tag{4-1}$$

其中,$E(z,t)$ 是电磁波的电矢量,也被称为"光矢量"。由方程(4-1)可以引出光波的一些基本概念(见图 4-3):

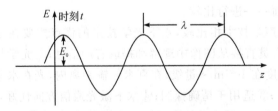

图 4-3 光波在某一时刻 t 的空间分布

(1)振幅矢量:E_0 是 $E(z,t)$ 的振幅矢量,独立于空间坐标 z 和时间 t。

(2)相位:$\varphi=(kz-\omega t)+\varphi_0$ 是波动的相位,表征光波在时间 t 和空间坐标 z 处的振动状态,是光波振动所呈现的波形变化的度量。相位一般用 φ 表示,通常以角度(deg)或者弧度

（rad）作为单位。

（3）波长：$\lambda=2\pi/k$ 为该波的波长，表示沿着波的传播方向，两个相邻的同相位点之间的距离。波长常用单位有 nm（$1\ \text{nm}=10^{-9}\ \text{m}$）、$\mu\text{m}$（$1\ \mu\text{m}=10^{-6}\ \text{m}$）等。$k=2\pi/\lambda$ 是波动的波数。

（4）初始相位：φ_0 是该简谐运动的初始相位，表征在空间 $z=0$，时间 $t=0$ 处的相位值。

（5）周期：T 表示一个来回振动所需要的时间。

（6）角频率：$\omega=2\pi\gamma=2\pi/T$，其中 γ 为频率，即单位时间内（如每秒）的振动次数。

（7）偏振：电磁波包含电矢量及磁矢量，这两个矢量始终与波的传播方向保持垂直，并且这两个矢量之间也互相垂直（见图4-4）。假定电磁波沿 z 方向传播，则电矢量始终在 x-z 平面内振荡，磁矢量则在 y-z 平面内振荡，这种具有偏向性的振动状态（即振动被局限在某一平面而不是围绕传播方向对称分布）称为光的偏振态。由于两个矢量的相位差不一样，可以形成线偏振、椭圆偏振、圆偏振等。纵波（如声波）的振动矢量方向沿着波的传播方向，所以不可能有偏振现象，因此偏振是横波区别于纵波的一个非常明显的标志。

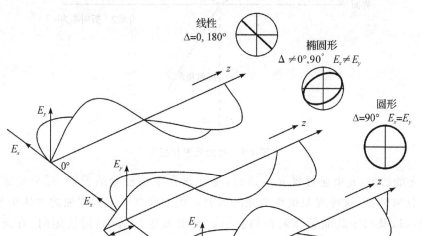

图4-4　光的偏振（图中电矢量的振动和磁矢量振动，分别被限制在 x-z 和 y-z 平面）

（8）光通量：是指人眼所能感觉到的辐射功率。它等于单位时间内某一波段的辐射能量和该波段的相对视见率的乘积，单位是流明（lm）。因为人眼对不同波段的光的视见率不同，所以会出现不同波段的光辐射功率相等而光通量不等的情况。

（9）光强度：光源在某一方向立体角内之光通量大小，用 I 表示，单位为坎德拉（cd）。1 cd表示在单位立体角内辐射出 1 lm 的光通量。

（10）光的反射：光从一种介质射向另一种介质的交界面时，一部分光返回原介质中的现象被称为光的反射。光的反射定律为：入射光线与反射光线、法线在同一平面上，反射光线和入射光线分居在法线的两侧，反射角等于入射角（见图4-5）。

（11）光的折射：当光由一种介质斜射到另一种介质时，其传播方向发生改变的现象被称为光的折射。折射后，光的频率不变，但波长和波速发生改变。光折射时，入射光线、折射光线、法线在同一平面内，入射光线和折射光线分别位于法线的两侧，折射角随入射角的改变而改变。折射角与入射角的关系遵循 $n_1\sin\alpha = n_2\sin\beta$，其中各物理量的意义可参见图 4-5。

值得一提的是,当光由光密介质(即折射率较大的介质)射向光疏介质(即折射率较小的介质)时,如果光束的入射角超过一定极限,那么在这两种介质的界面,光有可能被全部反射回光密介质,这个现象被称为全反射现象。光束发生全反射的前提是 $n_1 > n_2$(即光密介质射向光疏介质),光束发生全反射时入射角满足 $\sin\alpha \geqslant n_2/n_1$。光纤正是利用全反射的原理,将光束限制在核心的光密介质中。

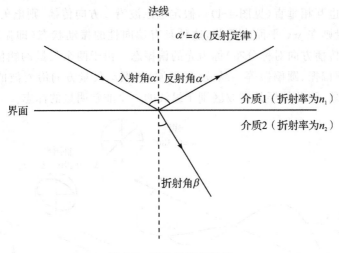

图 4-5　光的反射和折射

(12)光的散射:光束通过媒介传播时,受到媒介中颗粒物的影响,部分光束偏离原来的方向而分散传播,这种现象被称为光的散射。例如准直光束在浑浊的水体中传播时,水分子、泥沙,以及水中其他悬浮颗粒物会引起光束发生散射,因而从侧向、背向也可以看到光。

4.2.2　光谱

光的波长是光波的一个重要特性,不同波长的光在介质中的折射率互不相同。当复色光(即包含不同波长的光)通过具有一定几何外形的介质(如三棱镜)时,波长不同的光线会因出射角的不同而发生色散现象,投映出连续或不连续的彩色光带,这样的彩色光带便是光谱。电磁波谱中大部分是人眼无法直接看到的,如红外、紫外部分,只有波长大约在 400～700 nm 的部分可以被人眼直接看到,这部分被称为可见光谱,如图 4-2 所示。值得一提的是,由于人眼对于光波的敏感性存在着个体差异,因此在不同的文献中,对于可见光谱范围的定义也不一样,例如有的作者将可见光谱范围定义为 400～750 nm。

对光谱的分类方法很多,按照波长区域,光谱可分为红外光谱、可见光谱和紫外光谱等;按产生本质可大致分为原子光谱、分子光谱等;按产生方式可分为发射光谱、吸收光谱和散射光谱等。下面对发射光谱、吸收光谱和散射光谱分别进行介绍。

(1)发射光谱是由光源(即能自行发光的物体)发光直接形成的光谱。按照光谱的形状,发射光谱又可分为线状光谱、带状光谱和连续光谱。线状光谱主要产生于原子发光,由一些不连续的亮线所组成,如钠灯、汞灯的发射光谱;带状光谱主要产生于分子,由一些密集的某个波长范围内的光组成;连续光谱则主要是由白炽的固体、液体或高压气体受激发而产生的。

(2)当复色光(如白光)通过气体(如钾、钠的金属蒸气,CO_2、CO、NO 气体等)时,气体会吸收与其特征谱线波长相同的光,在白光形成的连续谱中出现暗线,这种在连续光谱中某些波长的光被吸收后产生的光谱被称为吸收光谱。每种气体对光谱的吸收位置都不一样,因此可以通过吸收光谱中的暗线位置判断气体中的原子或者分子成分及其浓度,例如使用大气激光雷达测量空气中 CO_2 的浓度。

(3)当光照射到某些物质上时,在散射光中除了有与激发光波长相同的弹性成分(即瑞利散射)外,还会发生非弹性散射,产生比激发光波长更长或更短的成分,这一现象称为拉曼效应。拉曼效应于 1928 年由印度科学家拉曼发现,因此这种产生新波长的光的散射称为拉曼散射,所产生的光谱称为拉曼光谱或拉曼散射光谱。

4.2.3　光在海水中的传播

海水是一个复杂的物理、化学、生物组合系统。由于在海水中发生折射、吸收、散射等,光波在水下传播时的速度、强度、光谱特性都会受到影响。了解光在水下的传输特性对于深入理解水下照明系统、水下光学探测器、水下无线光学通信的工作原理等都有重要意义。

为了便于理解海水对光的影响,表 4-2 以类比的方式,对照大气对光的作用,列出海水对光传播的影响,主要可以分为四个方面:①吸收。光在海水中的能量衰减主要来自海水、水中溶解物及颗粒物的吸收。吸收直接导致光束的能量下降,降低光束的传输距离,以及光学探测的距离。②散射。海水中的水分子和悬浮颗粒物等会对光束产生散射,散射减弱了光束的方向性,使得光束在垂直方向上产生横向扩展,增大了光束的直径,降低了光束的能量密度。在浑浊水体中,悬浮颗粒物浓度较高,对光束的背散射也比较严重,这极大地降低了水下光学成像的清晰度与成像距离。③折射。由于海水的温度、盐度、压强、密度分布不均匀,光传输路径上各点对光的折射率也不一样,这会引起光束的波前(即相位)发生畸变,降低水下成像系统的分辨率。④热晕效应。光束在水中传播的过程中受到海水的吸收,光能被转换为海水的热能,引起海水温度升高。升温不仅会导致海水折射率发生变化,引起光束波前发生畸变,而且在激光能量较大时会引起海水快速蒸发形成气泡,引起光束的散射。

表 4-2　大气与海水对光的作用类比

大气对光的作用	海水对光的作用
吸收(H_2O、CO_2、O_3、O_2、CO 等)	吸收(水分子、无机溶解质、黄色有机物等)
散射(气体分子、灰尘、水滴等)	散射(水分子、悬浮颗粒、浮游微生物等)
湍流(由于大气压强、温度不均等带来的大气折射率的动态变化)	折射(海水温度、盐度不均,海流等引起的海水折射率动态变化)
热晕效应(大气分子和气溶胶粒子吸收激光能量、大气受热膨胀、局部折射率减小)	热晕效应(海水吸收激光能量、光束波前畸变、高温生成蒸汽泡引起光束散射)

下面介绍海水对光的吸收、散射和折射。

1. 海水对光的吸收

海水对光的吸收表现为海水中的部分光子能量转化为其他形式的能量（如热能、化学能等）。海水对光的吸收与光的波长密切相关，并且与海水中所含的物质有很大关系，随着海域、海水深度和时间发生变化。

海水对光的吸收机理主要包括：水分子及溶解盐类的吸收、浮游植物（叶绿素）的吸收、有色溶解有机物（colored dissolved organic matter，CDOM）的吸收和有机碎屑等的吸收。

由于海水对光的吸收，光在水中传播时的能量近似按指数规律衰减。设 I_0 是某水层的光的能量，因为海水的吸收，光传输了路程 L 后能量 I 为

$$I = I_0 e^{-L\alpha(\lambda)} \tag{4-2}$$

其中，$\alpha(\lambda)$ 是海水对光的吸收系数，与波长 λ 相关，单位是 m^{-1}。根据式（4-2）可以看出，当 $L\alpha(\lambda) = 1$，即 $L = 1/\alpha(\lambda)$ 时，光的能量由初始的 I_0 衰减为 $I_0 e^{-1}$，也就是衰减为初始值的 $1/e$（约为 37%）。值得注意的是，因为吸收系数 $\alpha(\lambda)$ 与光的波长 λ 相关，因此不同波长的光在海水中的衰减程度是不一样的。

（1）水分子及溶解盐类的吸收。图 4-6 为纯水对不同波长的光的吸收系数曲线，可以看到在约 400 nm 处，吸收系数出现极小值，也就是水对波长为 400 nm 的光吸收最弱。波长 400 nm 处的吸收系数约为 0.01 m^{-1}，也就是光在水中传播 100 m 后，其光强将为初始值的 37%。图中 γ_1、γ_2、γ_3 表示的是水的共振模式在红外波段对光的吸收。

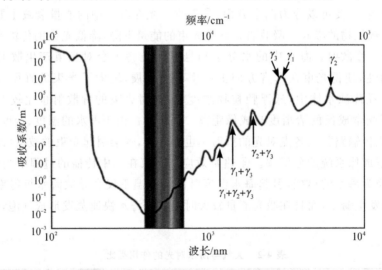

图 4-6　纯水对不同波长的光的吸收系数曲线

溶解盐对光的吸收与水分子的吸收相比可以忽略，所以纯净海水的吸收系数与纯水的吸收系数基本相同，可以用纯水的光吸收系数近似表示纯净海水的光吸收系数。

（2）有色溶解有机物的吸收。有色溶解有机物也称为黄色物质，是存在于各种水体中的含腐殖酸、富里酸和芳烃聚合物等物质的可溶性有机物，因含有光学特性基团而具有光吸收和荧光特性。有色溶解有机物对紫外波段吸收系数比较大，可见光区明显减小，到红外光区持续下降。

（3）浮游植物（叶绿素）的吸收。浮游植物对光的吸收主要在光合作用阶段，主要由叶绿素 a、叶绿素 b 和叶绿素 c 组成，其中叶绿素 a 的吸收作用最大。利用叶绿素对光的吸收特

性,可以采用光谱分析的方法对叶绿素进行鉴别,并对其浓度进行分析。

（4）非藻类悬浮物的吸收。非藻类悬浮物包括死亡的生物产生的有机碎屑和悬浮的沙粒以及矿物微粒。非藻类悬浮物的浓度、组成和颗粒大小是影响其吸收特征的主要因素。其中,有机碎屑的吸收特征与水体中溶解性有机物的吸收特征很相似。

海水对光的吸收导致不同深度的海水中光照强度的差别。如图 4-7 所示,根据海洋生物对于光的需求,一般将海水分为三层:真光层（又称透光层）、弱光层和无光层。①真光层是指具有足够穿透光强以供有效光合作用的海洋、湖泊或河流的水体上层。该层光照充足,悬浮植物能够进行光合作用,因此浓度较大,物种也最为丰富。真光层的深度（euphoric depth）在生态学上常用临界深度（critical depth,又称补偿深度）来表示,即:在临界深度以上,水体的光合作用和呼吸作用达到均衡。真光层的深度随着海域、季节而变化,如我国南海真光层年平均深度约为 100 m,最大值不超过 120 m。②弱光层为海面下 100～1000 m 的范围,光照微弱,不足以给植物进行光合作用,因此该层并无植物。③无光层则是海面1000 m以下区域,漆黑一片,仅有少数动物活动,有的动物还有自发光装置,如深海鲛鳒、头尾灯鱼等。

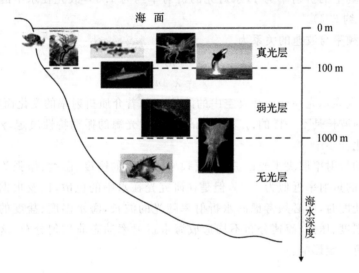

图 4-7　海水按光照强度的分层

2.海水对光的散射

光在海水中的散射是由水分子和悬浮粒子引起光的传播方向发生改变,如图 4-8 所示。散射方式主要有前向散射和后向散射。前向散射是指光向前各方向散射,造成光的强度在原来传播方向上的衰减;后向散射是指光向后各方向散射,又称为光的背散射。无论前向散射还是后向散射都降低了光束在传播方向上的能量密度,缩短了传播距离。对于光学成像系统而言,水中悬浮颗粒引起的光束背散射会增大图片的背景噪声,降低图像的清晰度和成像距离。

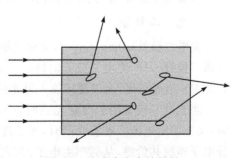

图 4-8　光在海水中的散射

海水中悬浮粒子的散射分为瑞利散射和米氏散射。当海水中粒子直径比入射光波长小得多时发生的散射称为瑞利散射,散射强度与波长的 4 次方成反比。当海水中粒子的直径与波长相当时,存在一个比较复杂的共振状态,发生的散射称为米氏散射,散射强度随角度的分布而变化。

由于海水的吸收和散射均会引起光束能量的衰减,因此常用衰减系数来总体表征光束的衰减程度。与式(4-2)类似,光能量衰减的规律可描述为

$$I = I_0 e^{-L\sigma(\lambda)} \tag{4-3}$$

其中,$\sigma(\lambda)$ 是衰减系数,$\sigma(\lambda) = \alpha(\lambda) + \beta(\lambda)$,$\alpha(\lambda)$ 是吸收系数,$\beta(\lambda)$ 是散射系数,$\sigma(\lambda)$、$\alpha(\lambda)$、$\beta(\lambda)$ 的单位都是 m^{-1}。当 $L\sigma(\lambda) = 1$,即 $L = 1/\sigma(\lambda)$ 时,光的能量由初始的 I_0 衰减为 $I_0 e^{-1}$。

3. 海水对光的折射

光在同一种均匀介质中沿直线传播,其传播速度为

$$c = c_0/n \tag{4-4}$$

其中,c 是光在该介质中的传播速度;c_0 是光在真空中的传播速度,约为 3×10^9 m/s;n 是介质对光的折射率,真空的折射率为 1,水对光的折射率约为 1.33,故光在水中的速度是其在真空中的 1/1.33(约 3/4)。

光的波长、频率与波速的关系为

$$c = \lambda\gamma \tag{4-5}$$
$$\lambda = \lambda_0/n \tag{4-6}$$

其中,λ 和 λ_0 分别表示光在介质和真空中的波长,λ 随着介质折射率的变化而变化,亦即光在水中和真空中的波长是不一样的;γ 表示光的频率,由光源的振动特性决定,γ 并不随着介质的折射率而变化。

海水对光的折射率取决于光的波长(或频率),海水的密度、温度、压强等。在一般情况下,水对可见光的折射率近似为 1.33,但是在研究光在水中的色散,以及根据海水折射率的变化测量海水盐度时,则必须考虑海水折射率随光的波长、海水温度、盐度的变化。除此以外,海水盐度、温度、压强、流速分布不均造成海水折射率动态非均匀分布,这对光学成像系统的分辨率也有一定影响。

4.2.4 光探测器

这部分主要介绍光学二极管、CCD 和 CMOS。

1. 光电二极管

光电二极管(photodiode),又称光敏二极管,是将光信号变成电信号的半导体器件。和普通二极管一样,光电二极管的核心部分也是一个 PN 结,具有单向导电性,只是光电二极管的 PN 结面积更大,以便接收入射光照。

当光电二极管用于测量光强时,一般需加反向电压。在没有光照时,反向电流极其微弱,又称为暗电流。在有光照时,光子进入 PN 结后,把能量传给共价键上的束缚电子,使部分电子挣脱共价键,从而产生电子-空穴对,称为光生载流子。光电二极管产生的反向电流随光照强度的增大而增大,但是当光强超出一定范围时,反向电流也会产生饱和。光电二极管的主要电参数有暗电流强度、光强敏感度、光谱范围、响应峰值波长、饱和光强等。

2. CCD 和 CMOS

电荷耦合器件(charge-coupled device,CCD)是一种半导体器件,一般做成阵列,将二维的光强分布转变成数字信号。CCD 阵列上每个感应单元被称作一个像素,尺寸一般在微米量级。一块 CCD 上包含的像素数越多,其提供的画面分辨率也就越高。经由外部电路的控制,每个小电容能将其所带的电荷转给与它相邻的电容。CCD 广泛应用于摄像机、数码相机和扫描仪等。

互补式金属氧化物半导体(complementary metal-oxide semiconductor,CMOS)上共存着 N 型和 P 型半导体。当有光照射 CMOS 感光区域时,流经 CMOS 器件的电流随光强的增大而增大。CMOS 感光元件的尺寸也在微米量级,可做成阵列结构。

CCD 和 CMOS 两者都是利用感光二极管进行光电转换,可以将图像转换为数字信号输出,广泛用于相机、摄影机等。CCD 传感器一般在灵敏度、分辨率、噪声控制等方面优于 CMOS 传感器,一般用于微光探测,目前还出现了 ICCD (intensified CCD),其探测光强阈值和灵敏度更胜于 CCD;而 CMOS 传感器则具有低成本、低功耗、发热少的特点。

除了上述光电二极管、CCD、CMOS 以外,其他常用的光探测器还有光电倍增管、雪崩二极管、电荷注入式固体检测器、分段式电荷耦合固体检测器等。限于篇幅,本节不再赘述,有兴趣的读者可以参考相关文献。

4.2.5　光纤特性

光导纤维(optical fiber)简称光纤,利用光在玻璃或塑料制成的纤维中会发生全反射的原理进行光的传输。在通信应用中,光纤一端的发射设备使用一束激光或发光二极管将光脉冲传送至光纤,光纤另一端的接收设备使用光敏组件检测光脉冲。

1. 光纤结构和原理

光纤的结构大致分为核心部分和包覆部分,核心部分是高折射率玻璃,包覆部分是低折射率的玻璃或塑料。光在核心部分传输,并在包覆交界处不断进行全反射,沿折线向前传输,如图 4-9 所示。

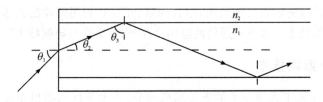

图 4-9　光在光纤中传输

为了使光信号一直在核心部分传输,核心部分的折射率必须大于包覆部分的折射率。在核心与包覆部分的截面,只有当入射角大于临界角才会发生全反射,光线才会被完全地反射回去。根据光纤介质的折射率沿着光轴的分布情况,光纤可分为渐变光纤和突变光纤。渐变光纤的折射率从轴心到包覆逐渐减小,而突变光纤的折射率在核心和包覆区域是突然改变的。

光纤主要有两个重要特性:损耗和色散。光纤的损耗一般用单位长度的损耗或者衰减来表示,单位是 dB/km。光纤损耗影响光纤通信系统传输距离和中继站间隔的距离。光纤的色散来自于不同波长的光在光纤中具有不同的传播速率。光纤的色散造成光脉冲沿光纤传播时的展宽,用单位长度的脉冲展宽(ns/km)来表示。光纤色散引起光脉冲重叠,影响传输距离和信息传输容量。

2.单模光纤和多模光纤

按光在光纤中的传输模式可将光纤分为单模光纤和多模光纤。

(1)单模光纤(single-mode fiber,SMF):只允许一种横模传导的光纤称为单模光纤。纤芯直径很细,只有几个微米,结构如图4-10所示。单模光纤具有零色散的特性,使传输频带比多模光纤更宽,适用于大容量、长距离的光纤通信。

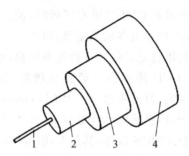

1—核心:直径8 μm;2—包覆:直径125 μm;3—缓冲层:直径250 μm;4—外套:直径400 μm

图4-10 单模光纤内部结构

(2)多模光纤(multi-mode fiber,MMF):纤芯直径较大(大于10 μm),远远大于波长,加包层和涂敷层可达50 μm。多模光纤的传输模式可达几百个,但是由于受到色散的影响,多模光纤的传输距离较单模光纤更短。因为多模光纤比单模光纤的芯径大且与LED等光源结合容易,因此在局域网中更有优势,适合在短距离通信领域应用。

4.3 水下光学技术的应用

水下光学技术种类繁多,难以一一列举,而且随着科技的快速发展,不断有新的技术涌现,因此本节根据海洋科技的最新发展状况,结合探索、开发和利用海洋的需求,着重介绍几种具有代表性的水下光学技术。水下光通信的应用将在"水下通信与导航技术"一章着重介绍。

4.3.1 水下照明技术

水下照明技术是水下光学技术的重要组成部分,为水下探测提供重要支撑。例如,对于水下成像、摄像,在深水区域必须使用水下照明设施才能得到足够的光强,以保证水下图像的质量。

水下照明系统常用的光源有LED、激光、卤钨灯等。近年来,随着光电子技术的快速发展,LED和固体激光(如半导体激光器)在水下照明系统的应用越来越普遍,这主要是因为LED和半导体激光器具有体积小、质量轻、所需供电电压比较低(伏量级)、发光效率高等优点。除了光源以外,对光源的封装也是非常重要的一个步骤。封装首先考虑的是对光源的防水密封性能,同时兼顾体积、质量、可靠性、成本等因素。本节主要介绍水下照明常用光源,封装可参考"海洋通用技术"章节。

1.发光二极管

发光二极管(light emitting diode,LED)是一种能够将电能转化为可见光的固态半导体器件。LED 主要由 PN 结构成,当电流正向通过 PN 结时,将 N 区的电子吸引向 P 区,电子与 P 区的空穴复合,复合的能量以光子的形式发出。

LED 只有在通入正向电流时才能发光。一般来说 LED 的工作电压在伏量级,工作电流在 10 mA 量级。LED 具有体积小、质量轻、发光效率高等优点,而且 LED 采用冷发光技术,发热量比普通灯具低得多,使用寿命长。但是单个 LED 的发光亮度较小,因此常常将 LED做成阵列以取得高亮度。

LED 发光的峰值波长是由形成 PN 结的材料(如砷化镓、磷化镓、磷砷化镓)的禁带宽度决定的,而发光强度则是由电流决定的。现在已经可以制造出蓝光、红光、绿光、白光等LED,也出现了有机发光二极管 OLED,其发光原理和 LED 一样,不同的是发光半导体是有机化合物。

2.激光

激光(light amplification by stimulated emission of radiation,laser)是由受激辐射的光子产生的。激光的产生可以用以下过程描述。

(1)低能级的电子受到外界的激发,吸收能量后,会跃迁到与此能量相对应的较高能级,即受激跃迁。

(2)电子在高能级的时间非常短,会自发地从高能级向低能级跃迁,同时释放出相应能量的光子,这一过程称为自发辐射。

(3)当自发辐射产生的光子碰到因外加能量而跃迁到高能级的电子时,高能级的电子会因受诱导而跃迁到低能级并释放出同一波长的光子(即受激辐射)。

(4)受激辐射的光子碰到其他因外加能量而跃迁至高能级的电子时,又会产生更多同样的光子,最后光的强度越来越大,且这些光子都有相同的频率、相位和前进方向。这种在受激辐射过程中产生并被放大的光就是激光。

激光器大多由激发系统、光学谐振腔和激发物质组成。激发系统用于激发电子,光学谐振腔用来加强输出激光的亮度、调节和选定激光的波长和方向等。激发物质是指能产生激光的物质,如氦气、红宝石等。

激光与 LED 的主要区别在于激光的方向性很强,单色性好,且亮度(即功率密度)比LED 强很多。在水下,激光常用于测距、水下物质成分分析、高清晰度成像等。图 4-11 为使用激光进行水下物质成分分析的照片。

图 4-11 利用激光进行水下物质成分分析

4.3.2　水下光学成像

水下光学技术最典型的应用之一就是水下光学成像。人眼是一对非常精巧的光学成像系统，当人潜水时在水下张开眼睛，就能够观察到周围的水下世界。

光在海水中的传播受到海水（包括水分子、盐类，以及其他溶解物、悬浮颗粒物、悬浮动植物）吸收、散射及折射的影响，导致观测距离受限、图像色彩失真（见图 4-12）、图像不稳定等问题。国内外针对海水的吸收、散射及折射三个方面展开了相应的研究工作。表 4-3 简要地解释了吸收、散射、折射这三个物理过程及其对成像的影响，以及相应的研究方法。

(a) 远距离　　　　　　　　　　　　　　　(b) 近距离

图 4-12　从 Alvin 号潜水器拍摄的海底管状蠕虫

表 4-3　海水对光学成像的影响及相应研究方法

	吸收	散射	折射
物理过程示意图	入射光　海水透射光	小角度散射： 背散射：	入射波前海水透射波前
来源	水分子、悬浮动植物	水分子、泥沙等悬浮颗粒物、悬浮动植物	因海水内盐度、温度、压强、流速分布不均造成的海水折射率非均匀分布
直接影响	红外和紫外光被大量吸收，蓝绿光吸收较少	光的传播方向发生变化，主要有小角度散射（≈0°）和背散射（≈180°）	光束的相位（也被称作波前）发生畸变
对成像的影响	观测距离受限，图像色彩偏蓝绿	观测距离受限，图像背景模糊	图像模糊且不稳定，发生抖动
海水条件	发生于各种海水	发生于各种海水，在悬浮物浓度较高（浑浊）的海水中尤为明显	发生于各种海水，在悬浮物浓度较低（例如深水）或者水流频繁的海域尤为明显
研究方法	基于色彩模型对图像的颜色复原	图像复原、激光距离选通、激光线扫描等	使用自适应光学系统实时矫正波前畸变

1.距离选通技术

在浑浊水体中进行成像时,接收器接收的光信息主要有:从目标反射回来的成像光束,直接由水中悬浮颗粒物反射回的照明光束。悬浮颗粒物反射回的照明光束增大了背景噪声,降低了图像的清晰度。

距离选通技术采用脉冲激光照明(见图 4-13),使由被观察目标反射回来的辐射脉冲刚好在摄像机感光元件曝光的时间内到达摄像机并成像,而在其他时间,摄像机的选通门是关闭的(即感光元件不接收光照),挡住了悬浮颗粒物的背散射辐射。这样可以大大降低后向散射的影响,提高成像系统的探测距离和清晰度。

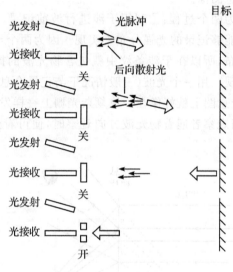

图 4-13　光学距离选通

2.同步扫描水下激光成像技术

同步扫描水下激光成像系统如图 4-14 所示,激光扫描装置采用窄光束的连续激光器,同时使用窄视场角的高灵敏度接收器,使得被照明水体和接收器的视场只有很小的交叠区域,从而减小探测器所接收到的水体悬浮物产生的后向散射光。在成像过程中,扫描光束对被成像物体进行扫描,同时要求接收器与扫描光束很好地同步工作,收集反射光,对物体局部成像。在扫描结束后,根据收集的所有局部图像重建得到被照物体的整体图像。这种技

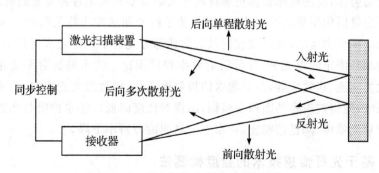

图 4-14　同步扫描水下激光成像系统

术主要依靠高灵敏度接收器在窄小的视场内跟踪和接收目标信息,从而大大减小后向散射光对成像的影响,进而提高系统的信噪比和作用距离。

3.水下全息成像

全息成像技术不仅能够记录光束的光强信息,还能记录光束的相位,可以真实地再现物体的三维结构,因此得到迅速发展。

已经有很多比较成熟的方法用于拍摄空气中物体的全息图,但是海水是一个特殊的拍摄环境,它会破坏一般情况下拍摄全息图所要求的光路稳定,如:水和杂质对光的传输造成衰减,海水扰动等。目前水下全息成像已经成功地应用于拍摄海洋浮游生物和微粒探测,提供大景深和高分辨率的全息图像。

光学全息成像主要分为两个过程:①利用干涉进行波前记录。通过干涉方法把物光的相位分布转换成照相底板能够记录的光强分布来实现。因为两个干涉光波的振幅比和相位差决定干涉条纹的强度分布,所以在干涉条纹中就包含物光波的振幅和相位信息。②利用衍射原理进行物光波的再现。用一个光波(一般情况下与记录全息图时用的参考光波相同)再次照明全息图,光波在全息图上就好像在一块复杂光栅上一样发生衍射,在衍射光波中将包含原来的物光波,因此当观察者迎着物光波方向观察时,便可看到物体的再现像。图4-15为全息图再现过程。

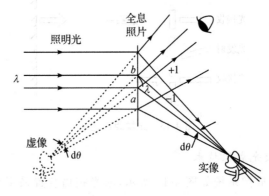

图 4-15 全息图再现过程

在数字全息技术中,记录过程以 CCD 作为记录介质接收全息图,并以离散数字形式存储于计算机;再现过程是利用计算机以数字方式再现,得到再现像,再利用数字图像处理的方法消除零级衍射像,使再现原始像更加有利于人眼观察和满足各种测量的要求。

影响水下全息图像质量的因素主要有:①悬浮粒子和浮游生物的影响。海水中悬浮粒子和浮游生物的不规则运动,使得被它们散射的那部分光对于入射光来说是不相干的,只是在全息图上增加一固定的曝光量,降低衍射效率和信噪比。②水的折射率变化影响。压强和温度的变化如湍流、热效应等,会引起水的折射率变化,导致激光光程改变,从而在全息图上产生定域条纹,使得被观察的图像变模糊,图像对比度降低。③水的吸收和散射影响。增加了全息图背景光噪声,降低信噪比,使水下全息图的分辨率下降。

4.3.3 基于光纤传感技术的盐度检测法

目前有许多盐度检测的方法,如传统的电导率法、基于微波遥感技术的盐度检测法等,而基于光纤传感技术的盐度检测法则可以通过海水折射率的变化来实现盐度的间接测量。如图 4-16 所示,被测海水的盐度会引起海水折射率的变化,从而引起出射光线折射角的变化。通过测量光线折射角度变化,经过校准、分析计算可以得到待测海水的盐度。

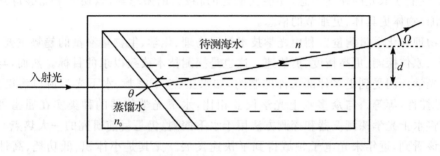

图 4-16　利用海水折射率变化测量海水盐度

4.3.4　粒子成像速度仪

粒子成像速度仪(particle image velocimeter,PIV)是一种在流场中同时多点(如数千点)测量流体或粒子速度矢量的光学技术。

粒子成像速度仪系统主要包含时序控制器、图像记录仪、光学照明系统、计算机及 PIV 应用软件等部分,利用光学方法对气流、液流场内部进行流动测量和结构研究。如图 4-17 所示,PIV 的工作过程如下:①由脉冲激光源照亮流场中的一个很薄的(约 2 mm 厚)流场层片;②在与光源相垂直的方向放置照相机,将照相机与脉冲激光束同步,摄下流场层片中的流动粒子图像时间序列;③把数字图像输入计算机,利用互相关或自相关原理进行图像处理,得到流场层片各点的动态轨迹。

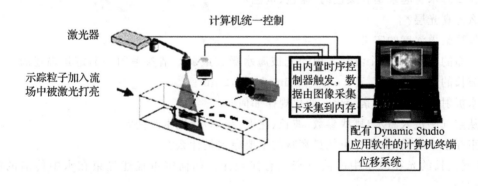

图 4-17　PIV 系统工作过程

4.4　水下光学技术的发展趋势

下面从三个方面对水下光学技术的发展趋势进行展望。

(1)成像。水下远距离、高清、色彩高保真成像一直是水下成像技术所追求的目标,尤其是增加成像系统在浑浊水体中的成像距离和分辨率更是研究热点和难点所在。除了依靠增大照明系统的照明强度以外,现有的研究还将最新的固体光源、高灵敏度探测器用于水下成像,采用结构式照明、激光扫描、距离选通、优化光源与探测器分布等方法提高成像距离及清晰度。随着光电子技术的发展,水下成像的距离和清晰度有望得到提高。除此以外,水下成像系统不仅能获取光的强度信息,还能获取光的相位、偏振态等,以期从中能够得到被观测(或被探测)物体更具体、更细节的信息。

(2)物理与化学量测量。利用光学技术对于物理、化学、生物量测量的趋势主要表现在:距离更远、原位探测、更高精度、更快速。这也是探测技术孜孜以求的目标。然而,与水上相比,水下光学探测受到更多外部条件的制约,如水压、水下密封、水下光学窗口污染、水下仪器的可操控性,等等。与众多水上光学仪器相比,水下光学仪器的种类实在屈指可数。因此,如何将水上光学探测仪器和探测方法用于水下探测,仍是目前研究的一大热点。与此同时,也应该看到,近年来光电子领域得到了快速发展。尤其是小体积、低功耗、高性能光源(如半导体激光器、LED)和探测器(如 CCD、CMOS)的出现,使得光学探测的精度和探测的范围都得到极大的提高。因此,我们有理由相信,随着光电子技术、水下密封技术、水下防腐技术等的发展,水下光学探测技术也必定会得到极大的发展。

(3)与海洋仿生学结合。经过长期的进化和演变,海洋生物都有各自独特的水下生存本领和水下探测技能。仿照海洋生物(如深海发光的鱼类、海底热液喷口生物的眼睛),对水下的环境、目标,以及物理、化学、生物参数进行探测或者测量也是未来的一大发展趋势。

思考题

1.请简述水下光学技术的类别。与别的海洋技术相比,水下光学技术的优点和缺点分别是什么?

2.海水对光的传播有哪些影响?试举例说明。

3.为什么海水看起来是有颜色的(蓝色、黄色)?

4.什么是真光层?

5.请解释临界深度的定义。

6.在纯净的海水中,哪个波长区域的光被海水吸收最弱?请参考图 4-6,定量描述海水对不同波长的光吸收程度:532 nm,800 nm,1 μm,2 μm。

7.海水折射率随哪些因素变化?变化规律如何?

8.光从空气中进入海水,哪些参数(波长、速度、频率)会发生改变?

9.光束在水中传播,造成光束能量衰减的主要原因是什么?

10.不同波长的光在海水中的能量衰减有何规律?如何定量描述光束在水中传播的能量衰减?

11.常用于水下探测的光源有哪些?各有何特性?

12.请举一例说明如何利用光学技术进行水下探测。

13.请简述水下距离选通成像技术的工作原理。

14.光束在水中传播,其能量如何衰减?现有两种不同颜色的激光,其波长值分别为 532 nm 和 632 nm,请根据图 4-6 近似得出纯水对这两种激光的吸收系数(精确到一位有效数字)。假设激光器产生的初始激光功率为 10 mW,水下光电探测器的探测阈值为 1 μW,

不考虑水体散射,那么这两种波长的激光在水下的传播距离是多少?

15.调研:除了本章列出的水下光学技术,还有其他哪些水下光学技术?

参考文献

[1]章志鸣,沈元华,陈惠芬.光学.3版.北京:高等教育出版社,2009.

[2]ZANOLI S M,ZINGARETTI P. Underwater imaging system to support ROV guidance. Proceeding of MTS/IEEE Oceans,1998,1:56-60.

[3]COLEMAN D F,NEWMAN J B,BALLARD R D. Design and implementation of advanced underwater imaging systems for deep sea marine archaeological surveys. Proceeding of MTS/ IEEE Oceans,2000,1:661-665.

[4]EDWARDS J R,SCHMIDT H,LEPAGE K D. Bistatic synthetic aperture target detection and imaging with an AUV. IEEE journal of oceanic engineering,2001,26(4):690-699.

[5]FRESHMAN M H,HULL C C. Optics. 11th ed. 北京:世界图书出版公司,2005.

[6]BORN M,WOLF E. Principles of optics:electromagnetic theory of propagation,interference and diffraction of light. 7th ed. Cambridge:Cambridge University Press,2003.

[7]隋美红.水下光学无线通信系统的关键技术研究.青岛:中国海洋大学,2009.

[8]DUNTLEY S Q. Light in the sea. Journal of the optical society of America,1963, 53(2):214-233.

[9]MOBLEY C D. Light and water:radiative transfer in natural waters. San Diego:Academic Press,1994.

[10]JONASZ M,FOURNIER G. Light scattering by particles in water. Amsterdam:Academic Press,2007.

[11]HOLOHAN M L,DAINTY J C. Low-order adaptive optics:a possible use in underwater imaging. Optics and laser technology,1997,29(1):51-55.

[12]张利,孙传东,何俊华.基于成像自适应光学的水下成像系统研究.应用光学,2010, 31(5):690-694.

[13]孙传东,陈良益,高立民,等.水下微光高速光电成像系统作用距离的研究.光子学报, 2000,29(2):185-189.

[14]STOMP M,HUISMAN J,STAL L J,et al. Colorful niches of phototrophic microorganisms shaped by vibrations of the water molecule. ISME journal,2007,1(4):271-282.

[15]DOXARAN D,FROIDEFOND J M,LAVENDER S,et al. Spectral signature of highly turbid waters:application with spot data to quantify suspended particulate matter concentrations. Remote sensing of environment,2002,81(1):149-161.

[16]唐世林,陈楚群,詹海刚,等.南海真光层深度的遥感反演.热带海洋学报,2007,26(1): 9-15.

[17]黄有为,金伟其,王霞,等.凝视型水下激光成像后向散射光理论模型研究.光学学报, 2007,27(7):1191-1197.

[18]SCHETTINI R,CORCHS S. Underwater image processing:state of the art of restoration and image enhancement methods. EURASIP journal on advances in signal processing,2010,2012:

746052.

[19]KOCAK D M,DALGLEISH F R,CAIMI F M,et al. A focus on recent developments and trends in underwater imaging. Marine technology society journal. 2008,42（1）：52-67.

[20]冷洁.水下光学成像系统的研究现状和展望.激光杂志,2008,29(1):7-8.

[21]HOU W,GRAY D J,WEIDEMANN A D,et al. Comparison and validation of point spread models for imaging in natural waters. Optics express,2008,16(13):9958-9965.

[22]陈炳炎.光纤光缆的设计和制造.3版.杭州:浙江大学出版社,2016.

[23]MCBRIDE L R,SCHOLFIELD J I. Solid-state pressure-tolerant illumination for MBARI's underwater low-light imaging system. Journal of display technology,2007,3(2):149-154.

[24]JAFFE J S. Enhanced extended range underwater imaging via structured illumination. Optics express,2010,18(12):12328-12340.

[25]吴中平.水下电视摄像与照明系统.电视技术,1999(9):56-58.

[26]PETIT F,CAPELLE-LAIZÉ A S,CARRÉ P. Underwater image enhancement by attenuation inversion with quaternions. Proceedings of the IEEE International Conference on Acoustics, Speech and Signal Processing (ICASSP '09). Taipei,2009:1177-1180.

[27]AHLEN J,SUNDGREN D,BENGTSSON E. Application of underwater hyperspectral data for color correction purposes. Pattern recognition and image analysis,2007,17(1):170-173.

[28]RIZZI A,GATTA C,MARINI D. A new algorithm for unsupervised global and local color correction. Pattern recognition letters,2003,24(11):1663-1677.

[29]CHAMBAH M,SEMANI D,RENOUF A,et al. Underwater color constancy:enhancement of automatic live fish recognition. Proceedings of SPIE,2003,5293:157-168.

[30]IQBAL K,SALAM R A,OSMAN A,et al. Underwater image enhancement using an integrated color model. IAENG international journal of computer science,2007,34（2）：239-244.

[31]TRUCCO E,OLMOS-ANTILLON A T. Self-tuning underwater image restoration. IEEE journal of oceanic engineering,2006,31(2):511-519.

[32]JAFFE J S. Computer modeling and the design of optimal underwater imaging systems. IEEE journal of oceanic engineering,1990,15(2):101-111.

[33]LIU Z,YU Y,ZHANG K,et al. Underwater image transmission and blurred image restoration. Optical engineering,2001,40(6):1125-1131.

[34]柏连发,张毅,陈钱,等.距离选通成像实现过程中若干问题的探讨.红外与激光工程,2009,38(1):57-61.

[35]MCLEAN E A,BURRIS H R,STRAND M P. Short-pulse range-gated optical imaging in turbid water. Applied optics,1995,34(21):4343-4351.

[36]李源慧,钟晓春,杨超,等.水下激光目标探测及其发展.光通信技术,2008,32(6):61-64.

[37]贾辉,张世强,陈晨,等.像全息的水下应用.红外与激光工程,2005,34(1):118-121.

[38]MALKIEL E,ALQUADDOOMI O,KATZ J. Measurements of plankton distribution in the ocean using submersible holography. Measurement science and technology,1999,10(12):1142-1152.

[39]钟强.水下粒子场数字全息探测方法研究.青岛:中国海洋大学,2008.

[40]张婷,蒋望,何焰兰.水下全息实验.激光与光电子学进展,2002,39(11):30-32.

[41]赵勇,胡开博,陈世哲,等.海水盐度检测技术的最新进展.光电工程,2008,35(11):38-44.

第5章

水下运动物体动力学

水下运动物体的空间运动是严重非线性的,两平面间的运动是强耦合的,水下运动物体操纵控制的重点和难点就在于此。研究水下运动物体的水动力学对水下运动物体操纵控制性有一定的指导意义。

水下运动物体的水动力设计方法大体可分为三类:数值计算、模型试验和实物试验。之前,几乎所有水下运动物体的设计都以经验为基础,然而通过这种方式系统地改变重要的水下运动物体设计参数是不可能的。随着电子计算机计算能力的不断提升,数值计算和模型试验的方法已被应用于水下运动物体的水动力设计。但是,将应用各种模型所求得的结果与真正的水下运动物体模型进行比较仍然是必需的。图 5-1 给出了将不同的模型互相配合并和实际物体联系起来的方法。

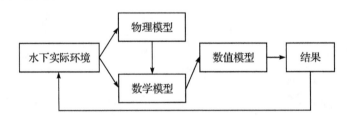

图 5-1　各种模型和实体之间的关系

本章首先对水下运动物体动力学的发展现状及其研究方法进行说明;然后讲解水下运动物体运动描述、受力分析,以及一些基本的动力学方程,使读者对水下运动物体动力学的模型建立有一些基本的了解,同时用水下滑翔机动力学分析实例进行说明;最后对水下运动学的发展前景进行展望。

5.1　水下运动物体水动力性能的研究现状和研究方法

水下运动物体的种类繁多,用途广泛,即使作为同一用途的水下物体其三维几何形状也各不相同,因此对水下物体水动力性能的研究有一定的困难,针对不同问题使用的研究方法也很多。

水下运动体的动力特性问题在力学上是一种典型的流固耦合问题。研究这种流固耦合问题,比较常用的是附加质量法。其基本思想是将流体对固体的影响归结为一个在整个耦合界面上完全满阶的附加质量矩阵(附加质量可以解释为适合水下物体一起加速的那部分特殊的流体质点的体积)。

美国早在 1967 年就提出了适用于潜艇和潜水器水下运动模拟的潜艇六自由度标准运动方程。此方程被各国广泛采用,有了很大发展。但目前所使用的这类数学模型对于潜水器运动的描述一般仅适用于无限水域和正常机动工况,对于潜水器在复杂深海环境下的强非线性运动尚不能做出准确的描述。

试验、计算流体力学(computational fluid dynamics,CFD)方法、水下运动物体的动力仿真是解决水下运动物体动力学问题的有效方法。下面针对这三种方法的研究现状进行说明。

(1)针对各类水下运动物体水动力学设计的模型试验很多,如:对低阻潜水器进行的风洞试验,针对某水下航行体进行的自然和通气状态下的模型试验等。单中船重工 702 所就有深水拖曳水池实验室、减压拖曳水池、大型低速风洞实验室、大型旋臂水池实验室等。其中:深水拖曳水池实验室主要从事船舶等各类水中运动物体水动力特性理论研究及试验测试,广泛开展流场分析、船舶性能预测、水中运动体型线优化等工作;减压拖曳水池可以承担半浸式螺旋桨水动力性能研究、半浸桨推进装置水上试验等;大型低速风洞实验室主要从事各型水下结构物、潜水器、船舶、水上飞行器等的水动力/气动力特性研究与试验;大型旋臂水池实验室可在稳定的角速度下进行模型水动力测试的大型试验设施,长期从事船舶主要性能之一———操纵性的研究和试验,广泛开展针对各型水中运动物体的操纵性能预报。

作为水下运动物体动力学研究的主要手段之一,对于水下运动物体的模型试验研究必不可少,但试验费用高,也不可能实现所有的物理环境。随着高速率计算机的普及,原来用分析方法难以进行研究的课题,可以用数值计算方法来进行,并将计算结果与试验数据对比,进而验证数值计算方法的有效性。

(2)CFD 方法周期短、费用低,在这一领域,很多科学家或工程师都付出了努力,如:中船重工 702 所研究开发的自由船模拖曳的 CFD 模拟方法,大大提高中高速水面船舶阻力预报准确度,同时兴波和流场的计算结果也有明显改善,该方法已用于多条水面船计算,效果优良;Nishi 等人用商业 CFD 软件计算水下航行器的阻力,并与拖曳水池试验结果进行比较;张怀新和潘雨村用有限体积法得出潜水器阻力性能的数值计算结果并与试验数据进行比较;Le Page 和 Holappa 用数值方法求解有制导推进器的自治水下机器人的定常流动,用有限差分法求解流函数的轴对称微分方程,并将结果用于计算速度场和压力场;Listak 等人用 CFD 方法得出水下仿生机器人的水动力特性,并将数值模拟得出的阻力值与实际物理测量的阻力值进行比较;Seo 等人使用 CFD 方法计算水下滑翔机在垂直面内的黏性类水动力系数,并将其加入纵倾控制仿真程序中,检验了该机的设计速度与设计参数。

(3)水下运动物体的动力仿真是人们研究水下运动物体动力学的重要方法,如:中船重工 702 所研究开发基于 RANS 方程的数值拖曳水池技术,可应用于水面船舶阻力、流场、非线性兴波、敞水以及自航的数值预报及模拟研究;有学者研究浅海管道检测艇的六自由度运动模型,分析黏性阻力、环境影响并对推力器进行仿真,研究浅海海底管线检测艇的操纵性并建立仿真平台;有人用 CFD 软件对自治水下机器人的操纵性进行仿真计算,并将计算结果与模型试验对比验证了仿真计算的可行性;还有人避开对水动力系数的求解,对潜水器在波浪中的运动进行整体受力分析,建立水下运动物体的横摇、纵摇和起伏运动的数学模型,运用MATLAB中的 Simulink 控件对水下运动物体在海浪中的运动进行实时仿真。

5.2　典型软件简介

常用的适用于海洋工程水动力载荷及效应分析的典型软件有以下几种。

（1）SESAM，具有不同水深环境下的固定浮体、系泊浮体和自由浮体水动力载荷及其动力响应分析的一般功能，以及海洋工程生产系统集成设计、管理与效益和风险评估的基本功能。

（2）WAMIT，是一款以三维面元法为基础的波物相互作用分析软件，其核心模块用于计算流场速度势与水动力载荷，辅有高性能的数据传输接口、有限元建模与动力响应分析等模块，可对有限水深和无限水深下的位于水面、水中及海底的自由浮体、系泊浮体及固定浮体进行水动力载荷及其动力学响应分析。

（3）AQWA，是一套集成模块，主要用于满足各种结构水动力学特性的评估及相关分析需求，是全球权威的船舶与海洋工程商业软件之一。

（4）HYDROSTAR，是一款三维水动力分析软件，能完整地求解有限和无限水深条件下船舶与海洋结构物的波浪载荷与波浪诱导运动。联合其他软件还可进行总体结构分析与疲劳分析以及进行锚泊系统的静态与动态时域分析。HYDRSTAR 更适合于水动力学研究。

（5）FLUENT，是世界领先的 CFD 软件，在流体建模中广泛地被应用。它基于非结构化及有限容量的解算器的独立性能，在并行处理中的表现堪称完美。FLUENT 软件的设计基于 CFD 软件群的思想，针对各种复杂流动的物理现象，采用不同的离散格式和数值方法，以期在特定的领域内使计算速度、稳定性和精度等方面达到最佳组合，从而高效率地解决各个领域的复杂流动计算问题。

5.3　两种坐标系及其转换关系

5.3.1　两种坐标系

本章针对水下运动物体的研究采用基本的固定坐标系（也称地面坐标系或静止坐标系）和运动坐标系（也称船体坐标系），并与国际拖曳水池会议（The International Towing Tank Conference，ITTC）以及造船和轮机工程学会（The Society of Naval Architects & Marine Engineers，SNAME）术语公报推荐的参数、符号体系保持一致。

本章采用如图 5-2 所示的固定坐标系和运动坐标系这两种基本的坐标系来共同描述水下物体的运动，这两种坐标系的具体定义如下。

运动坐标系 O-xyz：原点 O 取水下运动物体上某一点（包括重心 G），x 轴指向水下运动物体前进方向，y 轴指向右舷，z 轴指向水下物体底部。

固定坐标系 E-$\xi\eta\zeta$：ξ 轴位于水平面以水下运动物体主航向为正向；η 轴位于轴 ξ 所在的水平面，按右手法则将轴 ξ 顺时针旋转 $90°$ 得到；ζ 轴垂直于 $\xi E\eta$ 坐标平面，

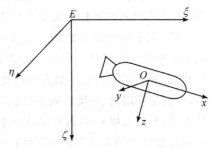

图 5-2　固定坐标系和运动坐标系

指向地心为正。

采用这两种坐标系共同描述水下运动物体的运动主要是因为：水下物体的力学运动涉及运动学和动力学两方面的问题。对于运动学问题来说，由于运动具有相对性，只需选择对于研究问题较为方便的参考系即可，故把它建在水下运动物体上，形成运动坐标系 $O\text{-}xyz$；而动力学问题是以牛顿定律为基础，依赖于惯性参考系，故把它建在地球上某一定点，如海面或海水中，形成固定坐标系 $E\text{-}\xi\eta\zeta$。

水下运动相对于运动坐标系的运动分类如下。

（1）直线运行（沿坐标轴）。

- 沿 x 轴：纵荡（surge）；
- 沿 y 轴：横荡（sway）；
- 沿 z 轴：升沉（heave）。

（2）旋转运动（绕坐标轴）。

- 绕 x 轴：横倾（roll）；
- 绕 y 轴：纵倾（pitch）；
- 绕 z 轴：偏航（yaw）。

固定坐标系和运动坐标系的主要符号如表 5-1 和表 5-2 所示。

表 5-1　固定坐标系主要符号

向量	ξ 轴	η 轴	ζ 轴
水下物体重心 G	ξ_G	η_G	ζ_G
原点 O	ξ_O	η_O	ζ_O
速度 U	U_ξ	U_η	U_ζ
角速度 Ω	Ω_ξ	Ω_η	Ω_ζ
力 F	F_ξ	F_η	F_ζ
力矩 T	T_ξ	T_η	T_ζ

表 5-2　运动坐标系主要符号

向量	x 轴	y 轴	z 轴
速度 U	u	v	w
角速度 Ω	p	q	r
力 F	X	Y	Z
力矩 T	K	M	N

5.3.2　两种坐标系之间的旋转变换关系

水下运动物体在空间的位置取决于动系原点在定系中的三个坐标分量 ξ_O、η_O、ζ_O 以及动系对于定系的三个姿态角 ψ、θ、φ。现假设两坐标系原点 E 与 O 已相互重合，如图 5-3 所示，则定系通过三次旋转即可与动系完全重合。

（1）惯性坐标系平移到载体坐标系原点，记为 $x_3 y_3 z_3$；

（2）$x_3 y_3 z_3$ 绕 z_3 旋转 ψ，得新坐标系 $x_2 y_2 z_2 (z_2 = z_3)$；

（3）$x_2 y_2 z_2$ 绕 y_2 旋转 θ，得新坐标系 $x_1 y_1 z_1 (y_1 = y_2)$；

（4）$x_1 y_1 z_1$ 绕 x_1 旋转 φ，得载体坐标系 $x_0 y_0 z_0 (x_0 = x_1)$。

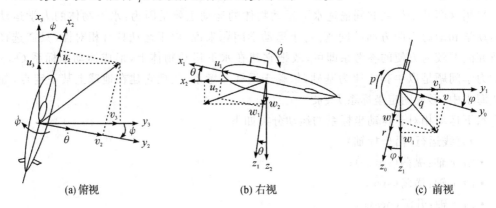

(a) 俯视	(b) 右视	(c) 前视

图 5-3　两坐标系之间的旋转变换关系

由旋转变化易得两种坐标之间的关系为

$$E_s = SE_D \tag{5-1}$$

其中，S 为旋转变换矩阵，它与定系的三个空间姿态角的关系为

$$S = \begin{bmatrix} \cos\psi\cos\theta & \cos\psi\sin\theta\sin\varphi - \sin\psi\cos\varphi & \cos\psi\sin\theta\cos\varphi + \sin\psi\sin\varphi \\ \sin\psi\cos\theta & \sin\psi\sin\theta\sin\varphi & \sin\psi\sin\theta\cos\varphi - \cos\psi\sin\varphi \\ -\sin\theta & \cos\theta\sin\varphi & \cos\theta\cos\varphi \end{bmatrix} \tag{5-2}$$

若 ζ、y_1、x 三轴构成一个新坐标系 $O\text{-}Oy_1\zeta$，则由动系与新系 $O\text{-}Oy_1\zeta$ 之间的旋转变换关系以及角速度向量 $\boldsymbol{\Omega}$ 在这两个坐标系中的不同表示可得空间姿态方程

$$\dot{\boldsymbol{\Lambda}} = \boldsymbol{C}\boldsymbol{\Omega} \tag{5-3}$$

其中，$\dot{\boldsymbol{\Lambda}} = (\dot{\varphi}\ \dot{\theta}\ \dot{\psi})$ 为水下运动物体的姿态角向量。$\boldsymbol{C}$ 为水下运动物体姿态角导数向量与其旋转角速度向量之间的变换矩阵，即

$$C = \begin{bmatrix} 1 & \sin\varphi\tan\theta & \cos\varphi\tan\theta \\ 0 & \cos\varphi & \sin\varphi \\ 0 & \sin\varphi/\cos\theta & \cos\varphi/\cos\theta \end{bmatrix} \tag{5-4}$$

5.3.3　刚体动量和动量矩的导数在两种坐标系中的转换关系

设向量 $\boldsymbol{H}$ 为一随时间变化的刚体动量，向量 $\boldsymbol{L}$ 为一随时间变化的刚体动量矩，可以证明 $\boldsymbol{H}$ 对于静系的时间导数 $\dfrac{\mathrm{d}\boldsymbol{H}}{\mathrm{d}t}$ 与其对于动系的时间导数 $\dfrac{\partial \boldsymbol{H}}{\partial t}$ 之间的关系为

$$\frac{\mathrm{d}\boldsymbol{H}}{\mathrm{d}t} = \frac{\partial \boldsymbol{H}}{\partial t} + \boldsymbol{\Omega} \times \boldsymbol{H} \tag{5-5}$$

其中，$\boldsymbol{\Omega}$ 为动系转动的角速度，即刚体转动的角速度。

$\boldsymbol{L}$ 对于静系的时间导数 $\dfrac{\mathrm{d}\boldsymbol{L}}{\mathrm{d}t}$ 与其对于动系的时间导数 $\dfrac{\partial \boldsymbol{L}}{\partial t}$ 之间的关系为

$$\frac{\mathrm{d}\boldsymbol{L}}{\mathrm{d}t} = \frac{\partial \boldsymbol{L}}{\partial t} + \boldsymbol{\Omega} \times \boldsymbol{L} + \boldsymbol{U}_O \times \boldsymbol{H} \tag{5-6}$$

其中，$\boldsymbol{U}_O$ 为动系原点的速度。

如上所述，设定了两个坐标系，方便从运动学和动力学两方面进行初始建模；而且推导出两坐标系中相应的物理量转换关系之后,就可以进行对水下物体各个自由度的运动的完整数学描述。

5.4　水下运动物体六自由度运动建模

由动量定理可知,水下物体的动量 H 可用其质量 m 和重心速度 U_G(相对于定系的绝对速度)的乘积表示,即 $H = mU_G$;而重心速度 U_G 与动系原点速度 U_O 之间的关系为

$$U_G = U_O + \Omega \times R_G \tag{5-7}$$

其中,R_G 为重心相对于动系原点的矢径,$R_G = [x_G, y_G, z_G]^T$;Ω 为重心绕动系原点转动的角速度,水下物体被视为刚体,其上各点转动的角速度相同。

对于定系下的运动,动量定理可表示为

$$\frac{\mathrm{d}H}{\mathrm{d}t} = F_\Sigma \tag{5-8}$$

联立式(5-5)、式(5-7)和式(5-8),就可得到质心运动定理在动系上的表示式,即动系上的水下物体空间运动的平移运动方程为

$$m\left[\frac{\partial U_O}{\partial t} + \Omega \times U_O + \frac{\partial \Omega}{\partial t} \times R_G + \Omega \times (\Omega \times R_G)\right] = F_\Sigma \tag{5-9}$$

又知,水下物体的动量矩 L 可表示为

$$L = R_G \times mU_O + I\Omega \tag{5-10}$$

其中,I 为水下物体对原点不在重心坐标系的惯量矩阵。

对于定系下的运动,动量矩定理可表示为

$$\frac{\mathrm{d}L}{\mathrm{d}t} = T_\Sigma \tag{5-11}$$

联立式(5-6)、式(5-10)和式(5-11),就可得到刚体绕定点转动的欧拉动力学方程式,即动系上的水下物体空间运动的旋转运动方程为

$$I\frac{\partial \Omega}{\partial t} + \Omega \times (I\Omega) + mR_G \times \left(\frac{\partial U_O}{\partial t} + \Omega \times U_O\right) = T_\Sigma \tag{5-12}$$

同理,根据动量定理和欧拉动力方程可推导出水下运动物体的平动方程和旋转方程。

除此动量定理及欧拉动力学方程之外,其他动力学方程也都可以用到水下运动物体的动力建模中,例如第 5.6 节中的实例就运用了拉格朗日第二类方程进行建模。

5.5　水下运动物体的受力

5.5.1　静力

静力包括重力和浮力。重力包括两部分:水下运动物体的基本质量 W_0 和相对于基本质量的改变量 ΔW(如抛载、质量转移等)。基本质量作用点在重心,改变量的作用点位于每个增减量的重心。同理,浮力也分为两部分:基准航行状态下的浮力 B_0 和相对它的浮力改变量 ΔB(水下物理受压容积改变、海水比重改变等),前者作用点在浮心,后者作用点在每个浮力改变量的浮心。

总静力大小等于重力和浮力的代数和,即

$$P = W - B = (W_0 + \Delta W) - (B_0 + \Delta B) = \sum_{i=0}^{n} W_i - \sum_{j=0}^{m} B_j \tag{5-13}$$

假设各重力对于动系原点的矢径为 $\boldsymbol{R}_{Gi}(i = 0 \sim n)$,各浮力对于动系原点的矢径为 $\boldsymbol{R}_{Cj}$ $(j = 0 \sim m)$,则它们对动系原点的力矩为各重力和浮力在动系下与它们所对应矢径的向量积的总和为

$$\boldsymbol{T}_P = \sum_{i=0}^{n} \boldsymbol{R}_{Gi} \times \boldsymbol{S}^{-1} \boldsymbol{W}_i + \sum_{j=0}^{m} \boldsymbol{R}_{Cj} \times \boldsymbol{S}^{-1} \boldsymbol{B}_j \tag{5-14}$$

5.5.2 水动力

水动力的特性和大小与载体的尺度和形状、载体的运动状态和流场性质相关。一般情况下,水动力包括流体惯性力、阻尼力、环境力和控制力。

(1)流体惯性力。实际流体是黏性的,如果忽略流体中的黏性,就称为理想流体。水下运动物体在理想水中做加速运动时必须推动周围的水做加速运动,水质点反作用于水下物体形成阻力,这种阻力被称为流体惯性阻力。可见,当水下物体做加速运动时,不但要克服其自身惯性力,还要克服水的惯性力。流体惯性阻力的大小与水下物体运动的加速度成比例,方向与水下物体加速度方向相反。流体惯性阻力与加速度的比例系数称为附加质量。

(2)阻尼力。阻尼力主要包括:兴波阻力(wave making resistance)、摩擦阻力(层流与湍流)(frictional resistance)、黏压阻力(viscous pressure resistance)、波浪增阻(汹涛阻力)(rough sea resistance)。

(3)环境力。环境力主要是受海洋流的影响,水下运动物体不可避免地遭受海洋环境扰动作用。

流的分类及形成(由密度驱动)原因:①表层流,由海面的风产生;②温盐流,由热与盐交换产生;③潮汐流,由引力产生。

(4)控制力。控制力主要包括螺旋桨、舵等对水下运动物体受力的影响,如图5-4所示。

根据受力分析和相应的动力学公式,利用泰勒级数和微分方程的知识,就可推导出水下运动物体的空间六自由度的运动方程,即纵荡方程、横荡方程、深沉方程、横倾方程、纵倾方程和偏航方程。

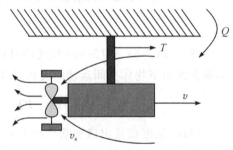

图5-4 螺旋桨水动力分布
v—运载器前进速度;v_a—螺旋桨进水速度;
T—推力;Q—转矩

5.6 水下运动物体动力学实例

本节以水下滑翔机为实例进行动力学建模,通过用前面提到的方法对滑翔机进行运动分析、受力分析,并对相应水动力进行计算,最终根据拉格朗日第二类方程建立动力学方程。

5.6.1　水下滑翔机简介

水下滑翔机是为了满足当前海洋环境监测与测量的需要,将浮标、潜标技术与水下机器人技术相结合而研制出的一种无外挂推进装置,依靠自身浮力驱动的新型水下航行器。

(1)驱动方式。水下滑翔机以自身浮力作为航行动力,没有外挂螺旋桨推进系统,它通过浮力调节系统动态地调节载体自身浮力,为载体提供上浮和下潜动力。水下滑翔机在载体浮力以及滑翔翼的作用下,产生向前的水平滑翔速度。水下滑翔机通过调整载体内部的质量分布,从而改变载体重心与浮心的相对位置,以产生横滚力矩和俯仰力矩,实现载体回转和俯仰运动。在航行过程中,水下滑翔机通过重心调节系统对其姿态和运动轨迹进行控制,实现 3D 空间内的螺旋运动和垂直剖面内的锯齿形运动,如图 5-5 所示。

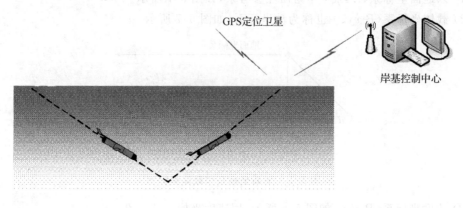

图 5-5　水下滑翔机的运动

(2)特点及用途。水下滑翔机既可以完成水平测量,也可以完成垂直剖面测量,具有制造成本和维护费用低、可重复利用、低噪声、低能耗、投放回收方便、作业周期长、作业范围广等特点,可实现大量布放使用。与当前被广泛用于海洋环境监测与测量的浮标技术相比,水下滑翔机具有优越的机动性、可控性和实时性。水下滑翔机是现有水下监测手段的有效补充,将其用于海洋环境监测可有效提高海洋环境的空间和时间观测密度,提高海洋环境监测水平,增强海洋环境的综合监测能力,提高人类监测海洋环境的能力。水下滑翔机作为一种通用的新型水下测量平台,既可以单独使用,也可以组成网络使用,能够满足不同用户不同的作业需求,因此具有极好的应用前景。

5.6.2　水下滑翔机结构模型

为了便于定义变量和建立动力学模型,给出简化的水下滑翔机结构模型,如图 5-6 所示。水下滑翔机可以看作由壳体、平移重物、偏心旋转重物、平衡重物和浮力调节系统组成的一个多体系统。其中壳体包含水下滑翔机中所有没有相对运动的部件,壳体的几何中心就是水下滑翔机的浮

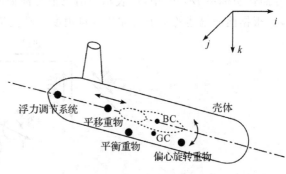

图 5-6　水下滑翔机多体系统结构

心(BC),水下滑翔机的重心(GC)总是比浮心低,这样可以提供恢复力矩,以确保水下滑翔机的纵垂面稳定性。把平移重物和偏心旋转重物简化成质点:平移重物相对于壳体沿主对称轴平动,具有一个移动自由度;偏心旋转重物相对于壳体做绕主对称轴的转动,具有一个转动自由度。

5.6.3 运动学分析

下面进行运动学分析。

1.定义坐标系

本教程用到的坐标系有地面坐标系、载体坐标系、速度坐标系。

(1)以地面坐标系($E\text{-}\varepsilon\eta\zeta$)作为惯性参考系,如图 5-7 所示。

(2)载体坐标系($B\text{-}xyz$)也称为动坐标系,如图 5-7 所示。

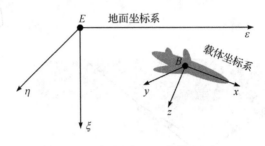

图 5-7　地面坐标系和载体坐标系

(3)速度坐标系($B\text{-}abc$)如图 5-8 所示,用速度坐标系描述水下滑翔机的流体动力可以使表达式十分简洁。速度坐标系的原点与载体坐标系的原点 B 重合,Ba 轴与浮心 B 的速度矢量 υ 方向一致,水下滑翔机的攻角 α 定义为载体坐标系坐标轴 Bx 到速度矢量 υ 在水下滑翔机纵平面($B\text{-}xz$ 平面)投影的角度,侧滑角 β 定义为速度矢量 υ 在 $B\text{-}xz$ 平面的投影到速度矢量 υ 的角度。

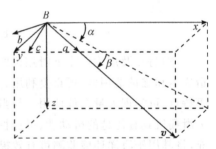

图 5-8　载体坐标系和速度坐标系

2.变量定义

水下滑翔机在水下的运动是一个六自由度的运动,在载体坐标系 $B\text{-}xyz$ 中,可表示为沿三根坐标轴的移动和绕三根坐标轴的转动,如图 5-9 所示。根据前面描述的水下滑翔机六自由度运动变量,可以定义下列向量:

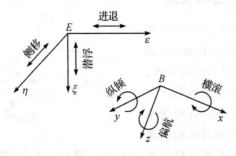

图 5-9　水下滑翔机的六自由度运动

• 位置向量。

$$\boldsymbol{\eta}_1 = \begin{bmatrix} x \\ y \\ z \end{bmatrix} \tag{5-15}$$

$$\boldsymbol{\eta}_2 = \begin{bmatrix} \varphi \\ \theta \\ \psi \end{bmatrix} \tag{5-16}$$

$$\boldsymbol{\eta} = \begin{bmatrix} \boldsymbol{\eta}_1 \\ \boldsymbol{\eta}_2 \end{bmatrix} \tag{5-17}$$

• 速度向量。

$$\boldsymbol{V} = \begin{bmatrix} u \\ v \\ w \end{bmatrix} \tag{5-18}$$

$$\boldsymbol{\omega} = \begin{bmatrix} p \\ q \\ r \end{bmatrix} \tag{5-19}$$

$$\boldsymbol{v} = \begin{bmatrix} \boldsymbol{V} \\ \boldsymbol{\omega} \end{bmatrix} \tag{5-20}$$

• 重心位置。

$$\boldsymbol{R}_{GE} = \begin{bmatrix} \varepsilon_G \\ \eta_G \\ \zeta_G \end{bmatrix} \tag{5-21}$$

$$\boldsymbol{R}_{GB} = \begin{bmatrix} x_G \\ y_G \\ z_G \end{bmatrix} \tag{5-22}$$

• 浮心位置。

$$\boldsymbol{R}_{BE} = \begin{bmatrix} \varepsilon_B \\ \eta_B \\ \zeta_B \end{bmatrix} \tag{5-23}$$

$$\boldsymbol{R}_{BB} = \begin{bmatrix} 0 \\ 0 \\ 0 \end{bmatrix} \tag{5-24}$$

• 控制矢量。

$$\boldsymbol{u} = \begin{bmatrix} R_p(t) \\ R_r(t) \\ F_s(t) \end{bmatrix} \tag{5-25}$$

其中，$R_p(t)$ 为调节姿态时平移重物沿 Bx 轴的移动距离，$R_r(t)$ 为调节姿态时旋转重物绕 Bx 轴的旋转角度，$F_s(t)$ 为水下滑翔机受到的静力（浮力与重力的合力）。其他参数见表 5-3。

表 5-3 水下滑翔机的运动变量

参数	物理意义	参数	物理意义
$\varepsilon\eta\zeta$	水下滑翔机在地面坐标系下位置坐标分量	M_{fij}	滑翔器壳体附加质量矩阵分量$(i,j=1,2,3)$
φ	水下滑翔机沿 x 轴转动的角度	m_{m}	平移重物质量
θ	水下滑翔机沿转动角度 φ 后的 y 轴转动的角度	m_{r}	旋转重物质量
ψ	水下滑翔机沿转动角度 θ 后的 z 轴转动的角度	m_{o}	平衡重物质量
$\boldsymbol{C}_E^B$	从体坐标系到地面坐标系的转换矩阵	m_{b}	浮力调节系统质量
$\boldsymbol{C}_B^E$	从地面坐标系到体坐标系的转换矩阵	$\boldsymbol{J}_{\mathrm{h}}$	滑翔器壳体转动惯量矩阵
$\boldsymbol{C}_B^V$	从速度坐标系到体坐标系的转换矩阵	$\boldsymbol{J}_{\mathrm{h}ij}$	滑翔器壳体转动惯量矩阵分量$(i,j=1,2,3)$
$\boldsymbol{C}_V^B$	从体坐标系到速度坐标系的转换矩阵	$\boldsymbol{J}_{\mathrm{f}}$	滑翔器壳体附加转动惯量矩阵
$\boldsymbol{C}_E^K$	卡尔丹角表示的角速度在地面坐标系下表示的转换矩阵	J_{fij}	滑翔器壳体附加转动惯量矩阵分量$(i,j=1,2,3)$
$\boldsymbol{C}_B^K$	卡尔丹角表示的角速度在体坐标系下表示的转换矩阵	T_{h}	滑翔器壳体动能
$\boldsymbol{r}_{\mathrm{h}}$	地面坐标系下，水下滑翔机壳体位置矢量	T_{f}	滑翔器壳体附加质量动能
$\boldsymbol{r}_{\mathrm{f}}$	地面坐标系下，水下滑翔机壳体在水域中运动时产生的附加质量位置矢量	T_{m}	平移重物动能
$\boldsymbol{r}_{\mathrm{m}}$	地面坐标系下，平移重物位置矢量	T_{r}	偏心旋转重物动能
$r_{\mathrm{m}1},r_{\mathrm{m}2},r_{\mathrm{m}3}$	体坐标系下，平移重物位置矢量分量	T_{o}	平衡重物动能
$\boldsymbol{r}_r$	地面坐标系下，偏心旋转重物位置矢量	T_{b}	浮力调节系统动能
r_{r1},r_{r2},r_{r3}	体坐标系下，偏心旋转重物位置矢量分量	$\boldsymbol{F}_{\mathrm{hydro}}$	滑翔器所受水动力
r	偏心旋转重物偏心距	$\boldsymbol{L}$	速度坐标系下，滑翔器所受水升力
δ	体坐标系下，偏心旋转重物转动角度	$\boldsymbol{D}$	速度坐标系下，滑翔器所受水阻力
$\boldsymbol{r}_{\mathrm{o}}$	地面坐标系下，平衡重物位置矢量	$\boldsymbol{S}_F$	速度坐标系下，滑翔器所受水侧滑力
$r_{\mathrm{o}1},r_{\mathrm{o}2},r_{\mathrm{o}3}$	体坐标系下，平衡重物位置矢量分量	F_x,F_y,F_z	地面坐标系下，滑翔器所受水动力分量
$\boldsymbol{r}_{\mathrm{b}}$	地面坐标系下，浮力调节系统位置矢量	$\boldsymbol{M}_{\mathrm{hydro}}$	滑翔器所受水动力矩
$r_{\mathrm{b}1},r_{\mathrm{b}2},r_{\mathrm{b}3}$	体坐标系下，偏心旋转重物位置矢量分量	$M_{\mathrm{w}1},M_{\mathrm{w}2},M_{\mathrm{w}3}$	速度坐标系下，滑翔器所受水动力矩分量
α	水下滑翔机壳体攻角	M_1,M_2,M_3	地面坐标系下，滑翔器所受水动力矩分量
β	水下滑翔机壳体侧滑角	$\boldsymbol{F}_{\mathrm{h}}$	滑翔器体所受主动力主矢
$\boldsymbol{v}_{\mathrm{h}}$	地面坐标系下，水下滑翔机壳体速度矢量	$\boldsymbol{M}_{\mathrm{h}}$	滑翔器体所受主动力主矩
$\boldsymbol{v}_{\mathrm{m}}$	地面坐标系下，平移重物速度矢量	$\boldsymbol{F}_{\mathrm{m}}$	平移重物所受主动力
$\boldsymbol{v}_{r}$	地面坐标系下，偏心旋转重物速度矢量	$\boldsymbol{F}_{r}$	偏心旋转重物所受主动力
$\boldsymbol{v}_{\mathrm{o}}$	地面坐标系下，平衡重物速度矢量	$\boldsymbol{F}_{\mathrm{o}}$	平衡重物所受主动力
$\boldsymbol{v}_{\mathrm{b}}$	地面坐标系下，浮力调节系统速度矢量	$\boldsymbol{F}_{\mathrm{b}}$	浮力调节系统主动力
$\boldsymbol{v}_{\mathrm{f}}$	地面坐标系下，附加质量速度矢量	$\boldsymbol{\mu}_{\mathrm{m}}$	电机对平移重物的驱动力
$\boldsymbol{\omega}_{\mathrm{h}}$	地面坐标系下，滑翔器壳体角速度矢量	$\boldsymbol{\mu}_{r}$	电机对偏心旋转重物的驱动力
$\boldsymbol{\omega}_{\mathrm{f}}$	地面坐标系下，滑翔器壳体附加质量角速度矢量	$\boldsymbol{I}$	单位矩阵
$\omega_1,\omega_2,\omega_3$	滑翔器壳体角速度在地面坐标系下坐标分量	$\boldsymbol{M}_{\mathrm{h}}$	滑翔器壳体质量
$\omega_{\mathrm{b}1},\omega_{\mathrm{b}2},\omega_{\mathrm{b}3}$	滑翔器壳体角速度在体坐标系下坐标分量	$\boldsymbol{M}_{\mathrm{f}}$	滑翔器壳体附加质量矩阵

3. 坐标系间转换矩阵

（1）载体坐标系与地面坐标系之间的转换矩阵。设某矢量在地面坐标系中的坐标为 (ε,η,ζ)，在载体坐标系中的坐标为 (x,y,z)，且水下滑翔机相对地面坐标系的姿态由 φ、θ、ψ 三个欧拉角来表示，则载体坐标系到地面坐标系的转换矩阵可表示为

$$\boldsymbol{C}_E^B = \begin{bmatrix} \cos\theta\cos\psi & \sin\varphi\sin\theta\cos\psi - \cos\varphi\sin\psi & \cos\varphi\sin\theta\cos\psi + \sin\varphi\sin\psi \\ \cos\theta\sin\psi & \sin\varphi\sin\theta\sin\psi + \cos\varphi\cos\psi & \cos\varphi\sin\theta\sin\psi - \sin\varphi\cos\psi \\ -\sin\theta & \sin\varphi\cos\theta & \cos\varphi\cos\theta \end{bmatrix} \tag{5-26}$$

（2）转动角速度与姿态角之间的关系。对于角速度，地面坐标系到载体坐标系的转换矩阵为

$$\boldsymbol{J}_B^E = \begin{bmatrix} 1 & \sin\varphi\tan\theta & \cos\varphi\tan\theta \\ 0 & \cos\varphi & -\sin\varphi \\ 0 & \sin\varphi\sec\theta & \cos\varphi\sec\theta \end{bmatrix} \tag{5-27}$$

对于角速度，载体坐标系到地面坐标系的转换矩阵为

$$\boldsymbol{J}_E^B = (\boldsymbol{J}_B^E)^{-1} \tag{5-28}$$

（3）载体坐标系与速度坐标系之间的转换矩阵。从攻角 α、侧滑角 β 的定义可以看出，载体坐标系可以通过二次旋转与速度坐标系重合。于是，载体坐标系到速度坐标系的转换矩阵可表示为

$$\boldsymbol{C}_V^B = \begin{bmatrix} \cos\alpha\cos\beta & \sin\beta & \sin\alpha\cos\beta \\ -\cos\alpha\sin\beta & \cos\beta & -\sin\alpha\sin\beta \\ -\sin\alpha & 0 & \cos\alpha \end{bmatrix} \tag{5-29}$$

速度坐标系到载体坐标系的转换矩阵可表示为

$$\boldsymbol{C}_B^V = (\boldsymbol{C}_V^B)^{-1} = (\boldsymbol{C}_V^B)^T \tag{5-30}$$

4. 水下滑翔机的运动学方程

水下滑翔机六自由度运动学方程为

$$\dot{\boldsymbol{\eta}}_1 = \boldsymbol{C}_E^B \boldsymbol{V} \tag{5-31}$$

$$\dot{\boldsymbol{\eta}}_2 = \boldsymbol{J}_E^B \boldsymbol{\omega} \tag{5-32}$$

$$\begin{bmatrix} \dot{\boldsymbol{\eta}}_1 \\ \dot{\boldsymbol{\eta}}_2 \end{bmatrix} = \begin{bmatrix} \boldsymbol{C}_E^B & 0 \\ 0 & \boldsymbol{J}_E^B \end{bmatrix} \begin{bmatrix} \boldsymbol{V} \\ \boldsymbol{\omega} \end{bmatrix} \tag{5-33}$$

整个水下滑翔机是一个多体系统，为了便于分析，把平移重物、偏心旋转重物、平衡重物及浮力调节系统视为质点。

（1）水下滑翔机壳体中心为壳体体心。在地面坐标系下，壳体中心位置矢量表示为

$$\boldsymbol{r}_{\mathrm{h}} = [\varepsilon, \eta, \xi]^T \tag{5-34}$$

壳体中心位置矢量对时间求导，得到地面坐标系下壳体体心速度矢量表示为

$$\boldsymbol{v}_{\mathrm{h}} = [\dot{\varepsilon}, \dot{\eta}, \dot{\xi}]^T \tag{5-35}$$

（2）附加质量。水下滑翔机壳体在水域中运动时产生附加质量，附加质量中心为水下滑翔机壳体体心。

在地面坐标系下，附加质量中心位置矢量表示为

$$\boldsymbol{r}_{\mathrm{f}} = [\varepsilon, \eta, \xi]^T \tag{5-36}$$

附加质量中心位置矢量对时间求导，得到地面坐标系下，附加质量中心速度矢量表示为

$$\boldsymbol{v}_{\mathrm{f}} = [\dot{\varepsilon}, \dot{\eta}, \dot{\xi}]^T \tag{5-37}$$

（3）平移重物。在地面坐标系下，平移重物质心位置矢量表示为

$$\boldsymbol{r}_{\mathrm{m}} = ([\varepsilon, \eta, \xi] + \boldsymbol{C}_E^B \times [r_{\mathrm{m1}}, r_{\mathrm{m2}}, r_{\mathrm{m3}}])^T \tag{5-38}$$

其中，$r_{\mathrm{m2}} = r_{\mathrm{m3}} = 0$。

平移重物质心位置矢量对时间求导，得到地面坐标系下，平移重物质心速度矢量表示为

$$\boldsymbol{v}_{\mathrm{m}} = ([\dot{\varepsilon}, \dot{\eta}, \dot{\xi}] + \dot{\boldsymbol{C}}_E^B \times [r_{\mathrm{m1}}, r_{\mathrm{m2}}, r_{\mathrm{m3}}] + \boldsymbol{C}_E^B \times [\dot{r}_{\mathrm{m1}}, \dot{r}_{\mathrm{m2}}, \dot{r}_{\mathrm{m3}}])^T \tag{5-39}$$

其中

$$\dot{\boldsymbol{C}}_E^B = \boldsymbol{C}_E^B \times \boldsymbol{W}_{BD} \tag{5-40}$$

$\boldsymbol{W}_{BD}$ 为体坐标系下水下滑翔机壳体角速度矢量的对偶矩阵，表示为

$$\boldsymbol{W}_{\mathrm{b}} = ([W_{\mathrm{b1}}, W_{\mathrm{b2}}, W_{\mathrm{b3}}])^T = (\boldsymbol{C}_E^B \times [\dot{\varphi}, \dot{\theta}, \dot{\psi}])^T \tag{5-41}$$

$$\boldsymbol{W}_{BD} = [0, -W_{\mathrm{b3}}, W_{\mathrm{b2}}; W_{\mathrm{b3}}, 0, -W_{\mathrm{b1}}; -W_{\mathrm{b2}}, W_{\mathrm{b1}}, 0] \tag{5-42}$$

（4）偏心旋转重物。在地面坐标系下，偏心旋转重物质心位置矢量表示为

$$\boldsymbol{r}_{\mathrm{r}} = ([\varepsilon, \eta, \xi] + \boldsymbol{C}_E^B \times [r_{\mathrm{r1}}, r_{\mathrm{r2}}, r_{\mathrm{r3}}])^T \tag{5-43}$$

其中，

$$r_{\mathrm{r2}} = -r \times \sin\delta \tag{5-44}$$

$$r_{\mathrm{r3}} = r \times \cos\delta \tag{5-45}$$

偏心旋转重物质心位置矢量随时间求导，得到地面坐标系下，偏心旋转重物质心速度矢量表示为

$$\boldsymbol{v}_{\mathrm{r}} = ([\dot{\varepsilon}, \dot{\eta}, \dot{\xi}] + \dot{\boldsymbol{C}}_E^B \times [r_{\mathrm{r1}}, r_{\mathrm{r2}}, r_{\mathrm{r3}}] + \boldsymbol{C}_E^B [\dot{r}_{\mathrm{r1}}, \dot{r}_{\mathrm{r2}}, \dot{r}_{\mathrm{r3}}])^T \tag{5-46}$$

（5）平衡重物。在地面坐标系下，平衡重物质心位置矢量表示为

$$\boldsymbol{r}_{\mathrm{o}} = ([\varepsilon, \eta, \xi] + \boldsymbol{C}_E^B \times [r_{\mathrm{o1}}, 0, 0])^T \tag{5-47}$$

平衡重物质心位置矢量对时间求导，得到地面坐标系下，平衡重物质心速度矢量表示为

$$\boldsymbol{v}_{\mathrm{o}} = ([\dot{\varepsilon}, \dot{\eta}, \dot{\xi}] + \dot{\boldsymbol{C}}_E^B \times [r_{\mathrm{o1}}, r_{\mathrm{o2}}, r_{\mathrm{o3}}] + \boldsymbol{C}_E^B [\dot{r}_{\mathrm{o1}}, \dot{r}_{\mathrm{o2}}, \dot{r}_{\mathrm{o3}}])^T \tag{5-48}$$

（6）浮力调节系统。在地面坐标系下，浮力调节系统质心位置矢量表示为

$$\boldsymbol{r}_{\mathrm{b}} = ([\varepsilon, \eta, \xi] + \boldsymbol{C}_E^B \times [r_{\mathrm{b1}}, r_{\mathrm{b2}}, r_{\mathrm{b3}}])^T \tag{5-49}$$

浮力调节系统质心位置矢量对时间求导，得到地面坐标系下，浮力调节系统质心速度矢量表示为

$$\boldsymbol{v}_{\mathrm{b}} = ([\dot{\varepsilon}, \dot{\eta}, \dot{\xi}] + \dot{\boldsymbol{C}}_E^B \times [r_{\mathrm{b1}}, r_{\mathrm{b2}}, r_{\mathrm{b3}}] + \boldsymbol{C}_E^B [\dot{r}_{\mathrm{b1}}, \dot{r}_{\mathrm{b2}}, \dot{r}_{\mathrm{b3}}])^T \tag{5-50}$$

5.6.4 受力分析

本节在地面坐标系下对水下滑翔机的受力情况进行分析，采用分析力学的建模思想，只需对水下滑翔机系统所受主动力进行分析，包括：水下滑翔机壳体及各附件所受重力、浮力、水动力。

水下滑翔机壳体和各附件所受的主动力表达如下：

• 水下滑翔机壳体所受主动力的主矢为

$$\boldsymbol{F}_1 = \boldsymbol{F}_{\mathrm{h}} = ([0, 0, B_{\mathrm{h}} + m_{\mathrm{h}}g] + [F_x, F_y, F_z])^T \tag{5-51}$$

• 水下滑翔机壳体所受主动力的主矩为

$$\boldsymbol{M}_{\mathrm{h}} = [M_1, M_2, M_3] \tag{5-52}$$

- 平移重物所受主动力为

$$\boldsymbol{F}_2 = \boldsymbol{F}_{\mathrm{m}} = ([0,0,m_{\mathrm{m}}g] + \boldsymbol{C}_E^B \times [u_{\mathrm{m}},0,0])^T \qquad (5\text{-}53)$$

- 偏心旋转重物所受主动力为

$$\boldsymbol{F}_3 = \boldsymbol{F}_{\mathrm{r}} = ([0,0,m_{\mathrm{r}}g] + \boldsymbol{C}_E^B \times [0,-u_{\mathrm{r}} \times \cos\delta, -u_{\mathrm{r}} \times \sin\delta])^T \qquad (5\text{-}54)$$

- 平衡重物所受外力为

$$\boldsymbol{F}_4 = \boldsymbol{F}_{\mathrm{o}} = ([0,0,m_{\mathrm{o}}g])^T \qquad (5\text{-}55)$$

- 浮力调节系统所受外力为

$$\boldsymbol{F}_s = \boldsymbol{F}_{\mathrm{b}} = ([0,0,B_{\mathrm{b}}+m_{\mathrm{b}}g])^T \qquad (5\text{-}56)$$

1. 水动力

这里讨论两种水动力：一种是与速度有关的，为黏性水动力；另一种是与加速度有关的，为惯性水动力。

速度坐标系下，水动力的表达式为

$$\boldsymbol{D} = (K_{\mathrm{d}0} + K_{\mathrm{d}} \times \alpha^2) \times V^2 \qquad (5\text{-}57)$$

$$\boldsymbol{S}_F = K_{\mathrm{b}} \times \beta \times V^2 \qquad (5\text{-}58)$$

$$\boldsymbol{L} = (K_{l0} + K_l \times \alpha) \times V^2 \qquad (5\text{-}59)$$

$$M_{\mathrm{w}1} = K_{\mathrm{m}1} \times \beta \times V^2 + K_{\mathrm{q}1} \times O_1 \times V^2 \qquad (5\text{-}60)$$

$$M_{\mathrm{w}2} = (K_{\mathrm{m}0} + K_{\mathrm{m}2} \times \alpha) \times V^2 + K_{\mathrm{q}2} \times O_2 \times V^2 \qquad (5\text{-}61)$$

$$M_{\mathrm{w}3} = K_{\mathrm{m}3} \times \beta \times V^2 + K_{\mathrm{q}3} \times O_3 \times V^2 \qquad (5\text{-}62)$$

其中，$\boldsymbol{D}$ 是水阻力，$\boldsymbol{S}_F$ 是水动力的侧向力，$\boldsymbol{L}$ 是升力；$M_{\mathrm{w}1}$，$M_{\mathrm{w}2}$，$M_{\mathrm{w}3}$ 是水动力矩；$K_{\mathrm{d}0}$，K_{d}，K_{β}，K_{l0}，K_l，$K_{\mathrm{m}0}$，$K_{\mathrm{m}1}$，$K_{\mathrm{m}2}$，$K_{\mathrm{m}3}$，$K_{\mathrm{q}1}$，$K_{\mathrm{q}2}$，$K_{\mathrm{q}3}$ 是水下滑翔机的水动力系数。

地面坐标系下，水动力的表达式为

$$\boldsymbol{F}_{\mathrm{hydro}} = [F_x,F_y,F_z] = \boldsymbol{C}_E^B \times \boldsymbol{C}_B^W \times [-D,S_F,-L] \qquad (5\text{-}63)$$

$$\boldsymbol{M}_{\mathrm{hydro}} = [M_1,M_2,M_3] = \boldsymbol{C}_E^B \times \boldsymbol{C}_B^W \times [M_{\mathrm{w}1},M_{\mathrm{w}2},M_{\mathrm{w}3}] \qquad (5\text{-}64)$$

2. 静力与力矩

水下滑翔机受到的静力包括重力与浮力。在水中运动时，重力 G 保持不变，浮力 B 作为驱动力需要实时调节。重力与浮力在地面坐标系的坐标分别为 $\{0,0,G\}$ 和 $\{0,0,-B\}$，将其变换到载体坐标系上去，则有

$$\boldsymbol{F}_G = \boldsymbol{C}_B^E \begin{bmatrix} 0 \\ 0 \\ G \end{bmatrix} = \begin{bmatrix} -G\sin\theta \\ G\sin\varphi\cos\theta \\ G\cos\varphi\cos\theta \end{bmatrix} \qquad (5\text{-}65)$$

$$\boldsymbol{F}_B = \boldsymbol{C}_B^E \begin{bmatrix} 0 \\ 0 \\ -B \end{bmatrix} = \begin{bmatrix} B\sin\theta \\ -B\sin\varphi\cos\theta \\ -B\cos\varphi\cos\theta \end{bmatrix} \qquad (5\text{-}66)$$

静力对于原点的力矩为

$$\boldsymbol{M}_S = \boldsymbol{R}_G \times \boldsymbol{F}_G + \boldsymbol{R}_B \times \boldsymbol{F}_B \qquad (5\text{-}67)$$

其中，$\boldsymbol{R}_G$ 与 $\boldsymbol{R}_B$ 重力和浮力作用点对于载体坐标系原点的矢径，由于水下滑翔机载体坐标系的原点就是浮心，所以矢径 $\boldsymbol{R}_B$ 为零。载体坐标系下，水下滑翔机受到的静力和静力矩矩阵为

$$\left.\begin{array}{c} -(G-B)\sin\theta \\ (G-B)\sin\varphi\cos\theta \\ (G-B)\cos\varphi\cos\theta \\ y_G G\cos\varphi\cos\theta - z_G G\sin\varphi\cos\theta \\ z_G G\sin\theta - x_G G\cos\varphi\cos\theta \\ x_G G\sin\varphi\cos\theta - y_G G\sin\theta \end{array}\right\} \tag{5-68}$$

5.6.5 水下滑翔机动力学方程建立

水下滑翔机系统有八个自由度,选定系统广义坐标为$\{\varepsilon,\eta,\xi,\varphi,\theta,\psi,r_{m1},\delta\}$。

• 水下滑翔机壳体动能表示为

$$T_{\mathrm{h}} = \frac{1}{2}\times m_{\mathrm{h}}\times \boldsymbol{v}_{\mathrm{h}}^2 + \frac{1}{2}\times \boldsymbol{\omega}_{\mathrm{h}}^T[\boldsymbol{C}_E^B\times \boldsymbol{J}_{\mathrm{h}}\times(\boldsymbol{C}_E^B)^T]\times \boldsymbol{\omega}_{\mathrm{h}} \tag{5-69}$$

• 水下滑翔机壳体运动时的附加质量动能表示为

$$T_{\mathrm{f}} = \frac{1}{2}\times \boldsymbol{v}_{\mathrm{f}}^T\times M_{\mathrm{f}}\times \boldsymbol{v}_{\mathrm{f}} + \frac{1}{2}\times \boldsymbol{\omega}_{\mathrm{f}}^T[\boldsymbol{C}_E^B\times \boldsymbol{J}_{\mathrm{f}}\times(\boldsymbol{C}_E^B)^T]\times \boldsymbol{\omega}_{\mathrm{f}} \tag{5-70}$$

• 平移重物动能表示为

$$T_{\mathrm{m}} = \frac{1}{2}\times m_{\mathrm{m}}\times \boldsymbol{v}_{\mathrm{m}}^2 \tag{5-71}$$

• 偏心旋转重物动能表示为

$$T_{\mathrm{r}} = \frac{1}{2}\times m_{\mathrm{r}}\times \boldsymbol{v}_{\mathrm{r}}^2 \tag{5-72}$$

• 平衡重物动能表示为

$$T_{\mathrm{o}} = \frac{1}{2}\times m_{\mathrm{o}}\times \boldsymbol{v}_{\mathrm{o}}^2 \tag{5-73}$$

• 浮力调节系统动能表示为

$$T_{\mathrm{b}} = \frac{1}{2}\times m_{\mathrm{b}}\times \boldsymbol{v}_{\mathrm{b}}^2 \tag{5-74}$$

可以得到整个水下滑翔机系统总的动能为

$$T_{\mathrm{z}} = T_{\mathrm{h}} + T_{\mathrm{f}} + T_{\mathrm{m}} + T_{\mathrm{r}} + T_{\mathrm{o}} + T_{\mathrm{b}} \tag{5-75}$$

水下滑翔机系统对应于各广义坐标的广义力为

$$Q_i = \sum_{j=1}^{5} F_j\cdot\frac{\partial r_j}{\partial q_i} + M_{\mathrm{h}}\cdot\frac{\partial \boldsymbol{\omega}_{\mathrm{h}}}{\partial \dot{q}_i}(i=1,2,\cdots,8) \tag{5-76}$$

应用拉格朗日第二类方程建立水下滑翔机动力学模型,即

$$\frac{\mathrm{d}}{\mathrm{d}t}\left(\frac{\partial T_{\mathrm{z}}}{\partial \dot{q}_i}\right) - \frac{\partial T_{\mathrm{z}}}{\partial q_i} = Q_i(i=1,2,\cdots,8) \tag{5-77}$$

通过此实例的讲解,相信大家对水下运动物体的运动学建模方法、步骤会有进一步了解。实例中计算比较烦琐,有兴趣的同学可参考相关文献。

5.7 水下运动物体动力学前景展望

海洋是远没被充分开发的宝库,海洋里的矿物、生物资源是陆地的约1000倍,地球上约

85％的物种生活在海洋。可以说,谁控制了深海,谁就掌握了未来世界的资源。

我国是一个占世界总人口约五分之一的人口大国。然而,就我国的人均资源拥有量来衡量,我国是一个资源贫国。为了持续繁荣发展,我国必须拓展深海资源和能源基地。而深海资源的勘探、开发、利用需要高科技的深海装备。

水下运动物体动力学是研究开发深海装备的关键技术之一。开展水下运动物体动力学的研究,缩短与发达国家的技术差距,对于保证我国长期可持续发展具有重要意义。

国外对复杂非线性海洋环境下潜水器运动特性的研究尚属起步。当前各国对国际公海海底开发的竞争日益激烈,对潜水器在深海环境下的活动及作业能力提出更高的要求。为适应当前任务的需要,潜水器要具有更为优良的运动姿态控制能力及操纵性能,以完成非线性深海环境条件下的各种作业任务。这就对潜水器的水动力设计提出了更高的要求。

在研究方法方面,由于商业软件都很注重对软件本身的校验、认证、定标,积累了大量用户和大量算例,使用起来具有较强的可靠性,我国对它的引进已形成一种趋势。CFD 商品化软件的出现是 CFD 技术发展到一个相对成熟阶段的标志,也促进了 CFD 技术本身的发展,使之更加适应工程实践应用。

同时,由于水下运动物体的形状复杂而且建造的数量不多,要用计算或经验公式求得作用在水下运动物体上的水动力是一件相当困难的事,所以采用水下运动物体模型试验的方法确定水下运动物体的水动力也是水下物体水动力设计的重要研究方法之一。

在黏性计算中,湍流模型的选取对计算结果的精度有较大影响,不同湍流模型适合的流动情况、对计算条件的要求不同,有必要从湍流模型的角度研究水下运动物体的水动力,确定适宜于特定情况的合理湍流模型。

思考题

1. 水下运动物体的设计方法有哪几种?
2. 请列举出三个以上水动力分析软件并简述其功能。
3. 描述水下物体运动建立坐标系的方法,并简述原因。
4. 水下运动相对于运动坐标系的运动分类有哪几种?
5. 水静力具体分为哪些部分?
6. 水动力包括哪些力? 简述相关力的特性。
7. 推导运动坐标系与固定坐标系间的坐标变换矩阵。
8. 推导水下运动物体姿态角导数向量与其旋转角速度向量之间的变换矩阵。
9. 推导刚体动量和动量矩的导数在两种坐标系中的转换关系。
10. 简述水下滑翔机的驱动方式、特点及主要用途。

参考文献

[1]ZIENKIEWICZ O C,BETESS P. Fluid-structure dynamic interaction and wave forces. An intorduction to numerical treatment. International journal for numerical methods in engineering,1978,13(1):1-16.

[2]NEWMAN J N. Marine hydrodynamics. Cambridge,MA:MIT Press,1977.

[3]戴遗山.舰船在波浪中运动的频域与时域势流理论.北京:国防工业出版社,1998.

[4]谢俊元.深海载人潜水器动力学建模研究及操纵仿真器研制.无锡:江南大学,2009.

[5]HUGGINS A,PAEKWOOD A R. Wind tunnel experiments on a fully appended laminar flow submersible for oceanographic survey. Ocean engineering,1995,22(2):207-221.

[6]刘玉秋,张嘉钟,于开平. 非流线型水下航行体阻力测量试验中的几个问题. 船舶工程,2006,28(4):39-42.

[7]NISHI Y,KASHIWAGI M,KOTERAYAMA W. Resistance and propulsion performance of an underwater vehicle estimated by a CFD method and experiment. The 17th International Offshore and Polar Engineering Conference,Lisbon,2007.

[8]张怀新,潘雨村. 圆碟形潜水器阻力性能研究. 上海交通大学学报,2006,40(6):978-982.

[9]LE PAGE Y G,HOLAPPA K W. Hydrodynamics of an autonomous underwater vehicle equipped with a vectored thruster. Proceedings of MTS/IEEE Oceans,Providence,RI,2000,3:2135-2140.

[10]LISTAK M,PUGAL D,KRUUSMAA M. CFD Simulations and real world measurements of drag of biologically inspired underwater robot. IEEE/OES US/EU-Baltic International Symposium,2008,27:1-4.

[11]SEO D C,GYUNGNAM J G,CHOI H S. Pitching control simulations of an underwater glider using CFD analysis. Proceedings. of MTS/IEEE Oceans,Kobe,Japan,2008:1-5.

[12]张韶光,张剑波,肖熙. 浅海海底管线检测艇操纵性和运动仿真研究. 海洋工程,2006,24(2):72-76.

[13]康涛,胡克,胡志强,等. CFX 与 USAERO 的水下机器人操纵性仿真计算研究. 机器人,2005,27(6):535-538.

[14]李遵华,刑继峰,薛坚,等. 基于 Simulink 的潜器在海浪中运动的实时仿真. 船舶工程,2007,29(5):43-47.

[15]施生达. 潜艇操纵性. 北京:国防工业出版社,1995.

[16]林小平,刘祖源,程细得. 操纵运动潜艇水动力计算研究. 船海工程,2006(3):12-15.

[17]董世汤. 船舶推进器水动力学. 北京:国防工业出版社,2009.

[18]朱怡. 水下潜器水动力学模型简化及参数辨识研究. 哈尔滨:哈尔滨工程大学,2007.

[19]程雪梅. 水下滑翔机研究进展及关键技术. 鱼雷技术,2009,17(6):1-6.

[20]马冬梅,马峥,张华,等. 水下滑翔机水动力性能分析及滑翔姿态优化研究. 水动力学研究与进展(A 辑),2007,22(6):703-708.

[21]吴利红,俞建成,封锡盛. 水下滑翔机器人水动力研究与运动分析. 船舶工程,2006,28(1):12-16.

[22]孙碧娇,何静. 美海军无人潜航器关键技术综述. 鱼雷技术,2006,14(4):11-14.

[23]毕道明,李硕,俞建成,等. 水下滑翔机器人控制系统设计与实现. 微计算机信息,2006,22(11):18-20,64.

[24]刘淮. 美国海军无人水下航行器的发展重点和特点. 船舶工业技术经济信息,2005(2):26-32.

第三部分 ···· 支撑性海洋技术

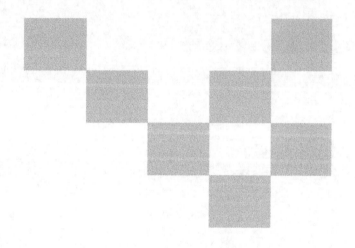

第6章

海洋工程材料技术

海洋蕴含着丰富的资源。人类不断开发和利用海洋资源的历史,也是海洋材料不断发展的历史。海洋材料科学的发展并不独立存在,而是依赖于其他海洋科学与技术领域的进步,并且为其发展提供物质保证。海洋材料宏观上就是从海洋中能提取的材料和用于海洋开发的各类特殊材料。而海洋工程材料则是直接应用于各种海洋设备、构筑物、船舶等设施的制造材料。

1. 海洋工程对材料的特殊要求

对于工作在海洋中的设备装置来说,海洋是极其恶劣的工作环境。海水中含有大量盐分,对材料的腐蚀严重;深海的压强极大,要求材料具备良好的耐压性;海水是一种流动的介质,并且海上恶劣天气多发,要求材料具有良好的刚度和韧性;海洋中生活着大量的微生物,对装备会造成附着以及微生物腐蚀;等等。因此针对目前海洋开发利用主要涉及的领域,对相应的材料提出具体要求。

(1)钢筋混凝土——广泛应用于海洋工程的基础设施中。海水中富含的镁盐、硫酸盐等化学成分都会使钢筋产生锈蚀现象,从而影响混凝土的稳定性和耐久性。因此必须开发适用于海洋工程的水泥材料,能够抵御海水中各种腐蚀介质的侵蚀,为港口、码头、海堤等基础设施提供保障。

(2)制成仪器设备的大量常用金属材料——广泛应用于海洋探测、取样、海洋资源开采、海岸工程、船舶工程以及海洋监测等领域。海水对金属材料的腐蚀不但造成仪器设备不能正常工作,而且造成巨大的经济损失。必须开发适用于海洋环境的合金材料,或是有机、无机涂层,对这些仪器设备进行有效防护。

(3)涂料——应用于海洋装备的覆盖涂层。海洋中存在大量生命力顽强、繁殖速度快的微生物,它们的附着会造成微生物腐蚀。这种现象对远洋舰船影响尤为明显,增加了航行阻力并造成安全隐患。另外海洋科考中大量的敏感设备采用声、光、电、生物学和化学原理,微生物的附着直接影响其正常工作,必须开发无毒、防污和防腐蚀的涂料。

(4)高强度、轻质非金属材料和新型金属材料——适应深海探测、深潜设备以及钻井平台等的需要。要求材料具有密度小、强度高、寿命长、耐腐蚀并且在生产上能够实现量产等特点。

(5)分离膜——用于海水淡化。膜分离法是目前海水淡化最常用的方法,研究开发新型低成本、无毒、高效、耐用、抗污能力强的分离膜,以及专用的输送处理材料,缓解日益严重的缺水问题。

(6)海洋环境材料——保护海洋环境,降低海洋污染事件对海洋的危害。开发低成本、高强度、吸收和吸附性能强的油污围栏材料;开发高能效、可回收的高分子絮凝材料,多孔型石墨和高分子材料等。

2．海洋工程材料的分类

从材料本身的组成出发，海洋工程材料一般可分成金属材料和非金属材料。

（1）金属材料。从金属材料的本质、物理和化学性质又一般可分为黑色金属和有色金属两大类。海洋工程材料中的黑色金属主要包括铁及铁的合金，如结构钢、铸钢、锻钢和铸铁等。海洋工程用有色金属通常分为三类：①比重大、熔点高的金属——铜、镍以及以它们为基的合金；②比重大、熔点低的金属——锌、锡以及以它们为基的合金；③比重小、熔点中等的金属——铝、镁、锡以及以铝、镁为基的合金。

（2）非金属材料。非金属材料一般可分为有机材料（如合成纤维、橡胶、塑料、涂料等）、无机非金属材料（如水泥、玻璃、陶瓷等）和复合材料（如玻璃钢、玻璃纤维、碳纤维等）三类。

6.1　海洋工程结构材料

海洋工程中要用到的材料种类繁多，可根据不同的设计需要和工作环境选用，本节简单介绍几种常用的海洋工程结构材料。

6.1.1　海洋工程结构材料主要的力学性能指标

以低碳钢拉伸的应力-应变曲线（见图 6-1）为例来说明各主要力学性能指标定义。其中低碳钢试件以及拉伸试验机分别如图 6-2 和图 6-3所示。

（1）抗拉强度 σ_b（MPa）。抗拉强度又称强度极限，是指材料在拉伸断裂前所承受的最大拉应力。用来表征金属在静拉伸条件下的最大承载能力。

（2）屈服强度 σ_s（MPa）。屈服强度又称屈服极限，是指材料开始产生宏观塑性变形时的应力。对于屈服现象不明显的材料，即与应力-应变直线关系的极限偏差达到规定值（通常为 0.2% 的原始标距）时的应力。

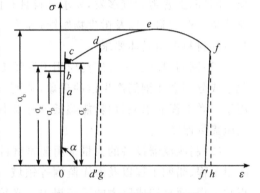

图 6-1　低碳钢应力应变曲线

图 6-2　低碳钢试件

（3）延伸率 δ。延伸率是试件断裂时试验段的残余变形 Δl_0 与试验段原长 l 之比的百分数，即

$$\delta = \frac{\Delta l_0}{l} \times 100\%$$
(6-1)

图 6-3　材料拉伸试验机

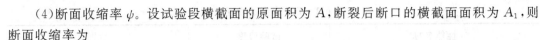

（4）断面收缩率 ψ。设试验段横截面的原面积为 A，断裂后断口的横截面面积为 A_1，则断面收缩率为

$$\psi = \frac{A - A_1}{A} \times 100\% \tag{6-2}$$

（5）弹性模量 E（GPa）。材料在弹性变形阶段内，正应力和对应的正应变的比值。

（6）泊松比 μ。材料在单向受拉或受压时，横向正应变与轴向正应变的绝对值的比值。

其中，延伸率 δ 和断面收缩率 ψ 用来表征材料的塑性。

6.1.2　金属材料

海洋工程用到的金属材料主要有钢材料、钛及钛合金、铝合金和铜合金。

1. 钢材料

钢材料是目前海洋工程领域用处最广泛、需求最大的材料，在各种仪器设备、船舶、潜艇、海上钻井平台等中都能够看到它的身影。普通碳钢和铸铁都是 Fe-C 合金；合金钢和合金铸铁则是在 Fe-C 合金中加入其他微量金属元素的合金。

船体与海洋工程用钢一般都具备良好的综合性能，需要经过一系列的冷、热加工，以及各种各样的特殊处理，来应对海浪冲击以及海水、泥沙、海洋大气、微生物的腐蚀。

船舶与海洋工程用结构钢材按其化学成分一般可分为碳素结构钢和合金结构钢。我国《钢质海船入级规范》（2015）中规定：一般船体结构钢分为 A 级、B 级、C 级、D 级和 E 级，各级钢材的化学成分和机械性能可参见国家相关标准或规定。我国船体用 A 级碳素结构钢的化学成分及机械性能如表 6-1 所示，其他钢种可查阅相关资料。

2. 钛及钛合金

钛是一种物理性能良好、化学性能稳定的材料。钛及钛合金具有密度小、比强度高、比韧性好、耐热性高、耐海水及海洋大气腐蚀等诸多优点，被誉为"未来的金属"，已经广泛应用于航空航天、石油化工、冶金、轻工等许多工业部门。钛材在海洋领域主要用于海水淡化、海洋科考设备、油气开采平台以及温差发电设备等中。

表 6-1　船体用 A 级碳素结构钢的化学成分

化学成分/%	C	Mn	Si	P	S	Cu
	≤0.22	≥2.5C	0.10～0.35	≤0.040	≤0.040	≤0.35
机械性能	σ_s/MPa	σ_b/MPa	δ_s/%	窄冷弯 $b=5a180°$	宽冷弯 $b=5a120°$	型钢冷弯试验 $b=5a180°$
	2.45	4.18～5.10	22	$d=2a$	—	$d=2a$

钛是同素异构体，熔点为 1720 ℃，在 882.5 ℃ 时发生同素异形转变，在低于 882.5 ℃ 时呈密排六方晶格结构，称为 α 相；在 882.5 ℃ 以上呈体心立方晶格结构，称为 β 相或 $\alpha+\beta$ 相混合组织。利用两种结构的不同特点，添加适当的合金元素，使其相变温度及相分含量逐渐改变而得到不同组织的钛合金。钛合金分为三类：α 合金、$(\alpha+\beta)$ 合金和 β 合金，我国分别以 TA、TC 和 TB 表示。海洋工程中常用钛合金 TC4 的物理、力学和耐海水腐蚀性能如表 6-2～表 6-4 所示。

表 6-2　TC4 合金的物理性能

性能名称	试验温度	数据
密度	室温	4.45 g/cm^3
$(\alpha+\beta)/\beta$ 相变点		$980\sim1000$ ℃
电阻率	室温	$1.6 \ \Omega \cdot \text{mm}^2/\text{m}$
线膨胀系数	$0\sim100$ ℃	$8.8 \times 10^{-6} \cdot ℃^{-1}$
弹性模量	室温	$1.16 \times 10^5 \cdot \text{MPa}^{-1}$

表 6-3　TC4 合金材料的力学性能

产品形式	规格/mm	力学性能				
		σ/MPa	δ/MPa	$A/\%$	$\psi/\%$	$A_{kv}/(\text{kJ} \cdot \text{m}^{-2})$
板材	$1\sim10$	860	790	10	30	—
锻件	$\phi100\sim150$(饼)	895	825	9	20	340
铸件		890	820	6	—	—

表 6-4　TC4 合金的耐海水腐蚀性能

海水浸泡腐蚀率/ $(\text{Mm} \cdot \text{a}^{-1})$	高速流动海水(流量<8 m/s) 腐蚀率/(mm · a^{-1})	应力腐蚀(预制裂纹) $K_{\text{iscc}}/K_{\text{1c}}$
0.00007	0	0.7

3. 铝合金和铜合金

铝合金比重为 $2.50\sim2.88$，具有良好的导电性和延展性，抗拉强度为 50 N/mm^2 左右，因其质量轻而被广泛应用于海洋设备以及海上短途交通中。船舶与海洋工程用铝合金选用范围如表 6-5 所示。

表 6-5　船舶与海洋工程用铝合金的选用范围

结构部位及名称	连接方式	选用铝合金牌号
快艇壳体	焊接或铆接	LF6 或特殊要求的牌号
	铆接	LY10
救生艇壳体、上层建筑外围壁及其结构	焊接或铆接	LF6、LF11
	铆接	LY10、LY12
船体主要受力构件,如肋骨、框架、支柱、主隔壁等	焊接或铆接	LF6、LF11
	铆接	LC4、LF10
一般受力构件,如围壁、吊艇杆、桅杆、舷梯、舱面属具等	焊接或铆接	LF11、LF5、LF2
	铆接	LY12

续表

结构部位及名称	连接方式	选用铝合金牌号
不计强度的结构,如轻型围壁、烟囱壳体、通风管及装饰用板等	焊接或铆接	LF3、LF21
	铆接	LF3、LY1、LY9
铆钉	焊接或铆接	LF10、LF2、LF21、LY3
	铆接	LF8、LF9、LY10、LC3

铜以其良好的导电性、导热性、机加工性和耐腐蚀性,广泛应用于电子设备、管道以及加热或冷却体系中。铜合金同时具有良好的抗污染性能,大量用于海上油气平台、各种海洋基础设施以及海水淡化工厂中。

6.1.3　非金属材料

海洋工程用到的非金属材料主要有水泥和高分子材料。

1. 水泥

水泥是一种粉末材料,当它与水或适当的盐类溶液混合后,在常温下经过一定的物理、化学变化,由可塑性浆体逐渐凝结硬化,成为具有一定强度的坚硬的石状固体。水泥不但在空气中保持硬化和强度,在水中能够继续硬化,并长期提高其强度。

水泥的相对密度小、抗压强度高、刚度和硬度好,并具有一定的耐水、耐热、耐化学腐蚀等能力,但是其抗拉强度低,因此限制了其应用范围,只适用于一些辅助场合,如局部填灌材料、甲板敷料,用于建造码头、堤防、驳船以及浮船坞等。水泥的种类很多,按其主要成分一般可分为常用的硅酸盐水泥,以及铝酸盐、硫铝酸盐等特种水泥。常用水泥的性能可查阅相关文献,本教程主要就几种特种水泥进行简要介绍。

(1)铝酸盐水泥(高铝水泥)。铝酸盐水泥是以石灰石和铝矾土为原料,经过煅烧得到以铝酸钙为主要成分的熟料,然后粉碎磨细后制成的水硬性胶凝材料。其相对密度为 $3.0\sim3.2$,表密度为 $1000\sim1300\ kg/m^2$,初凝不早于 40 min,终凝不迟于 10 h。可用于海水及其他介质作用的工程中,并且可做船舶耐火材料用(其中 425 号铝酸盐水泥各龄期强度如表 6-6 所示)。

表 6-6　425 号铝酸盐水泥各龄期强度　　　　　　单位:N·mm^{-2}

抗压强度		抗折强度	
1 d	3 d	1 d	3 d
35.3	41.7	3.9	4.4

(2)白色、彩色硅酸盐水泥。该种水泥以硅酸钙为主要成分,在熟料中加入适量石膏,磨细后制成。在白色水泥中添加特定颜料就制成了所需颜色的水泥。其主要用于船上厕所、厨房、浴室等。

(3)硫铝酸盐膨胀水泥。该种水泥将较多石膏加入无水硫铝酸钙熟料中,磨细后制成。可通过调整加入石膏的量制成自应力水泥。其主要用于补偿收缩混凝土结构工程(其中 425 号硫铝酸盐水泥各龄期强度如表 6-7 所示)。

表 6-7　425 号硫铝酸盐水泥各龄期强度　　　　单位:N·mm^{-2}

抗压强度			抗折强度		
12 h	1 d	3 d	12 h	1 d	3 d
29.4	34.3	41.7	5.4	5.9	6.4

（4）抗硫酸盐硅酸盐水泥。熟料为以硅酸盐为主要成分的特定矿物,加入适量石膏磨细制成。适用于各种水利工程、船坞、船闸等。

（5）快凝快硬硅酸盐水泥（双快水泥）。熟料主要成分为硅酸三钙和氟铝三钙,加入适量石膏和高炉矿渣等磨细后制成水硬胶凝性材料。用于一般堵漏和快速抢修工程（其中双快150 快凝快硬水泥各龄期强度如表 6-8 所示）。

表 6-8　双快 150 快凝快硬水泥各龄期强度　　　　单位:N·mm^{-2}

抗压强度			抗折强度		
4 h	1 d	28 d	4 h	1 d	28 d
14.7	18.6	31.9	2.7	3.4	5.4

（6）大坝水泥。大坝水泥是水化热低水泥,又称低热水泥。其中硅酸盐大坝水泥适用于大坝水位变动区、抗冻和高耐磨工程,矿渣大坝水泥适用于大坝或大体积水下工程（其中 425号大坝水泥各龄期强度如表 6-9 所示）。

表 6-9　425 号大坝水泥各龄期强度　　　　单位:N·mm^{-2}

强度	硅酸盐大坝水泥			矿渣大坝水泥	
	3 d	7 d	28 d	7 d	28 d
抗压强度	15.7	24.5	41.7	18.6	41.7
抗折强度	3.3	4.5	6.3	4.1	6.3

2.高分子材料

高分子材料以其强度高、密度小、消震吸音、加工方便、价格低廉等一系列优点,在船舶和海洋工程中得到越来越广泛的应用。常用工程塑料性能如表 6-10 所示。

表 6-10　常用工程塑料的性能

性能	高聚物名称											
	ABS	聚缩醛	聚四氟乙烯	聚三氯乙烯	尼龙	聚苯醚	聚碳酸酯	聚酰亚胺	聚苯撑氧	聚乙烯（高密度）	聚丙烯	聚砜
价格	0	0	—	—	—	0	0	—	—	+	+	—
可加工性	0	+	—	+	+	0	0	—	—	+	+	+
抗张强度	0	0	—	0	0	0	0	+	+	—	0	+
刚性	0	0	—	0	0	0	0	0	0	—	0	0
冲击韧性	0	—	0	0	—	+	+	0	0	+	—	0

续表

性能	高聚物名称											
	ABS	聚缩醛	聚四氟乙烯	聚三氯乙烯	尼龙	聚苯醚	聚碳酸酯	聚酰亚胺	聚苯撑氧	聚乙烯（高密度）	聚丙烯	聚砜
硬度	0	+	−	0	0	+	+		+		0	+
使用温度范围	−	0	−	0	0		0	+	0	0	0	0
抗化学性	0	0	+	+	0	0	0	−	0	+	+	+
耐候性	0	0	+	+	0							
耐水性	0	0									+	
可燃性	−	−	+	+	0	0	0	0	+	0	+	0

注：+表示性能优越；0表示性能良好；−表示性能不良。

　　总体来说，钢材料具有良好的性能，价格便宜，在各个领域中都有广泛的应用，也是海洋工程领域需求量最大的材料；钛材料与钢材料相比具有良好的耐腐蚀性、化学稳定性好、密度小、比强度高等特点，广泛用于海水淡化、海洋科考设备、油气开采平台等场合；铝材料密度更小、导电性和延展性好，因此可用于海上短途交通中；铜材料的导电性、导热性、机加工性、抗污染性和耐腐蚀性都较好，广泛应用于电子设备、管道以及加热或冷却体系中；而高分子材料以其强度高、密度小、消震吸音、加工方便、价格低廉等优势也越来越受到人们的青睐。上述各材料主要优点及在海洋领域的应用如表 6-11 所示。

表 6-11　海洋工程中常用材料优点及应用

材料	主要优点	在海洋领域的应用
钢材料	综合性能好、机加工性好、价格低廉等	各种海洋装备的主要构成材料
钛材料	耐腐蚀、密度小、比强度高、无磁性、化学稳定性好等	腐蚀要求严格的场合，如油气开采平台、海洋科考设备、军事用舰船等
铝材料	密度小、导电性、低温性和延展性好等	海洋装备的牺牲阳极、海上短途交通、舰艇等
铜材料	导电性、导热性、抗污性和机加工性好等	电子设备、管道及加热或冷却系统中等
高分子材料	密度小、加工方便、价格低廉等	海上装备的管路、管接头，以及隔音、隔热、防腐防污涂料等

6.2　浮力材料

　　随着科技进步，人类不断刷新能够探测的海洋深度的记录。众所周知，在深海探测中每下潜 100 m 海水压力就增加 10 个大气压，造成了人和普通设备在无任何防护和辅助的情况下无法直接在深海工作。目前，人类对深海一系列作业工作主要依赖于水下探测作业装备的研究和制造，而新型浮力材料的开发则为水下作业装备的开发和应用提供重要支撑。

6.2.1 浮力材料概述

1.深海工况对浮力材料的性能要求

浮力材料需长期工作在海洋高压、高腐蚀、变幻莫测的恶劣环境下,根据其不同的具体工作场合,在设计和使用时一定要注意以下性能指标要求。

(1)浮力系数,一般可以用浮力材料的排水量与其质量之比表征,也可用海水密度与其自身密度之比表征。浮力系数越大,材料单位体积可提供的浮力越大,从而提高材料的有效载荷能力。

(2)抗压强度,是指在单向受压力作用破坏时,单向面积上所承受的荷载。抗压强度越高,材料的工作深度越深。

(3)吸水率,一般可采用材料浸入水中所吸收水的质量,占其浸水前实测质量的百分率来表征。材料吸水率越低,浮力系数越稳定,从而保证深海工作设备的安全性和可靠性。

(4)体积弹性模量,一般是指材料在三向应力作用下,平均正应力与相应的体积应变之比,如果在材料弹性范围内则称为体积弹性模量。可见,体积弹性模量越大,则浮力材料性能越稳定。

(5)耐磨性,一般是指材料在一定摩擦条件下抵抗磨损的能力,以磨损率的倒数来评定。深海环境是一个动态的环境,要求浮力材料具有较高的耐磨性。

(6)耐候性,一般是指浮力材料抵御大气和海水腐蚀的性能。固体浮力材料一般要具有较高的耐候性。

(7)刚度,一般是指结构或构件抵抗弹性变形的能力,用产生单位应变所需的力或力矩来量度。浮力材料要具有较高的刚度。

(8)机加工性,浮力材料要具有良好的机加工性能,以满足不同零部件设计加工要求。

2.浮力材料分类

传统的浮力材料一般是指装满低密度汽油、氨、硅油等液体的浮桶、泡沫玻璃、泡沫塑料、泡沫铝、木材、金属锂和聚烯烃材料等,主要用于浅海。这些材料存在各种各样的缺陷,如工作深度浅、容易造成环境污染、吸水率高、价格昂贵以及提供的净浮力小等,已经远远不能满足当代深海工作的要求。为了解决水下作业装备的耐压性、结构稳定性,提供足够的净浮力,人们采用研制高强度固体浮力材料以替代传统的浮力材料。

固体浮力材料(solid buoyancy material,SBM)实质上是一种低密度、高强度的多孔结构材料,属复合材料的范畴。它是水下探测作业装备重要的配重材料,为它们提供尽可能大的浮力。高强度固体浮力材料已经广泛应用于民用、商业以及军事中,如漂浮在水面或悬浮在水中的浮球、浮子、浮标、浮缆,水下拖体,海上油气田开采装置,各种潜水器(AUV、ROV、载人潜水器)等,具有良好的开发应用前景。固体浮力材料通常分三类:空心玻璃微珠复合材料、轻质合成材料复合塑料和化学泡沫塑料复合材料。这三种材料将在后面章节中介绍。

3.固体浮力材料及国内外发展现状

美国、日本、俄罗斯等国家从20世纪60年代末就开始研制固体浮力材料,已解决了水下6000 m用低比重浮力材料的技术难题,形成了系列化、标准化产品,广泛地应用于深海海

底的开发事业中。美国洛克希德导弹空间公司早期研究开发的固体浮力材料可用于水深
2430 m 的环境中。我国 7000 m 载人潜水器采用的轻质复合材料,密度达到了 0.52～
0.56 g/cm³ 的水平,破坏压力超过 90 MPa。日本海洋技术中心 20 世纪 80 年代初研制开发
出"深海 6500",20 世纪 90 年代初研制出万米级无人深潜器"海沟号"。俄罗斯海洋技术研
究所也研制出用于 6000 m 水深自动潜水器用固体浮力材料。目前,美国伍兹霍尔海洋研究
所研制的"海神号"机器人潜艇已潜入太平洋 11000 m 深海探秘。

　　我国最初多采用金属浮筒和玻璃浮球为海洋装置提供浮力,其提供的净浮力小,并且形
状固定,只适用于浅海或水面。我国对固体浮力材料的研究起步较晚,技术明显落后于国
外。20 世纪 80 年代初,哈尔滨船舶工程学院采用环氧树脂黏结直径在 3～5 mm 的空心玻
璃小球,制成了密度 0.58 g/cm³,耐压 5.5 MPa 的固体浮力材料。1995 年,海洋化工研究
院研制成功了密度为 0.33 g/cm³,可耐压 5.0 MPa 的化学发泡法浮力材料。20 世纪 90
年代中期,海洋化工研究院开始研究非发泡可加工浮力材料。浙江大学实验室 2005 年制
备的空心玻璃微珠填充环氧树脂材料密度为 0.68 g/cm³,压缩强度为 75.9 MPa。青岛海
洋化工研究院的吴则华、陈先等人 2008 年制备的固体浮力材料密度为 0.506 g/cm³,耐压
强度66.4 MPa,可耐静水压 70.0 MPa,在国内处于领先水平。

6.2.2　传统浮力材料

　　传统浮力材料包括浮力球、浮力筒、泡沫塑料、泡沫玻璃、泡沫铝、金属锂、木材和聚烃材
料等,在人类探测开发海洋的历史过程中起着不可或缺的重要作用,即使是在材料科学技术
高速发展的今天,依然有着广泛的应用。

　　浮力球经常应用于海面或是海面以下不深场合,如海上锚定系统(见图 6-4)或拖曳系统
中,为水下装备提供浮力,直径一般从几十厘米到几米。

　　浮力球要求具有良好的密封性、耐磨性和耐腐蚀性,一般可采用不锈钢、塑料(见图 6-5)
等材料制成。

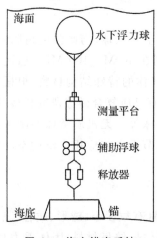

图 6-4　海上锚定系统

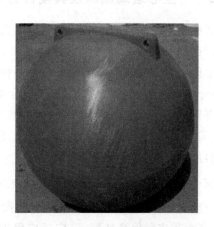

图 6-5　海上浮力球(塑料材料制成)

在海洋石油及天然气开采系统中,浮力筒通常安装在刚性立管的外部,为其减轻质量的同时,还起到绝热及保护的作用。浮力筒材料主要有三种:聚氨酯泡沫、共聚物泡沫和复合泡沫(见图6-6)。大部分浮力筒的两端面设计成套筒式,每组套筒一端设计成凸端,一端设计成凹端,这样有利于安装时形成一个浮力筒串(见图6-7)。

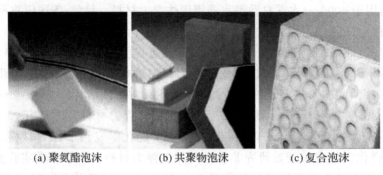

(a) 聚氨酯泡沫　　　　(b) 共聚物泡沫　　　　(c) 复合泡沫

图 6-6　浮力筒材料

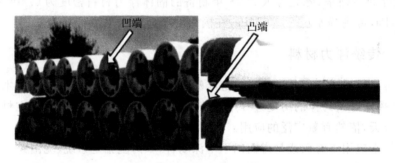

图 6-7　浮力筒的凸凹端设计

其他传统浮力材料可查阅相关资料,这里不再赘述。

6.2.3　空心玻璃微珠及其复合材料

深海高强度固体浮力材料一般采用浮力调节介质(空心微球)与高强度树脂复合而成,国际上可达到材料密度为 $0.4 \sim 0.6 \ g/cm^3$,耐压强度则在 40 M~100 MPa,已经在各种深海装备中得到广泛的应用。空心微球是一种内部充满气体的特殊结构材料,根据其材料不同,主要分为有机质复合微球和无机质复合微球两类。有机质复合微球研究比较活跃,见过的报道有聚苯乙烯空心微球、聚甲基丙烯酸甲酯空心微球等。无机质微球的制备材料主要有玻璃、陶瓷、硼酸盐、碳、飞灰漂珠、Al_2O_3、SiO_2 等。本节重点就应用广泛的空心玻璃微珠复合材料进行介绍。

1. 空心玻璃微珠定义及分类

空心玻璃微珠是一种无机非金属球形微粉新材料,具有粒度小、球形、质轻、隔音、隔热、耐磨、耐高温等多种优良特性,已广泛应用于航空航天材料、储氢材料、固体浮力材料、保温材料、建筑材料、油漆涂料等。空心玻璃微珠一般分为两类。

(1)漂珠,主要成分为 SiO_2 和金属氧化物,可从火电厂发电过程中产生的粉煤灰中分选得到。漂珠虽然成本较低,但是纯度差、粒度分布宽,特别是粒子密度一般大于 $0.6 \ g/cm^3$,

不适于制备深潜用浮力材料。

（2）人工合成的玻璃微珠，可通过采用调整工艺参数、原料配方等方法，控制微珠的强度、密度及其他物理化学性能。其价格虽然较高，但应用范围更广。

2. 空心玻璃微珠的特点

空心玻璃微珠在固体浮力材料中得到广泛的应用，与其自身优秀的特点是分不开的。

（1）空心玻璃微珠内部为空心结构，质量轻、密度小、导热率低。它不但可以大幅降低复合材料的密度，也具有优异的隔热、隔音、电绝缘和光学等方面的性能。

（2）空心玻璃微珠的外形为球形，具有理想填料的低孔隙率、珠体吸收聚合物基材少等优点，对基体流动性和黏度影响小。这些特性使得复合材料的应力分布合理，从而改善其硬度、刚度以及尺寸稳定性。

（3）空心玻璃微珠强度高。空心玻璃微珠实质上是一种薄壁密封壳球体，壳壁的主要成分为玻璃，具有很高的强度，在保证复合材料具有较低密度的前提下增大其强度。

3. 空心玻璃微珠的制备方法

其制备方法主要有三种。

（1）粉末法。先将玻璃基体粉碎，加入发泡剂，然后将这些小颗粒通过高温炉，当颗粒软化或熔化时在玻璃中产生气体，随着气体体积的膨胀，颗粒变成空心球体，最后经旋风分离器或袋式收集器收集而得。

（2）液滴法。在一定温度下，将含低熔点物质的溶液于喷雾干燥或通过高温立式炉加热，比如高碱性微珠的制备。

（3）干燥凝胶法（见图6-8）。即以有机醇盐为原料，经过制备干凝胶、粉碎、高温下发泡三个流程而得。

这三种方法都有一定的缺点：如粉末法成珠率低，液滴法制备的微珠强度差，干燥凝胶法原料成本太高等。

除此三种方法之外，还有其他一些制备空心玻璃微珠的方法，如我国中国科学院理化技术研究所以软化学法为基础，制备出性能不错的空心玻璃微珠，如图6-9所示。

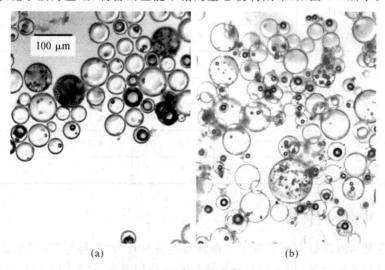

(a) (b)

图 6-8　干燥凝胶法制备的空心玻璃微珠光学显微照片

图 6-9 软化学法制备的空心玻璃微珠光学显微照片

4. 空心玻璃微珠复合材料基材及复合方法

要与空心玻璃微珠复合形成高强度固体浮力材料,基体材料必须具备良好的性能,如密度小、强度高、黏度小以及与微珠之间具有良好的润滑性等。目前应用的基体材料包括环氧树脂、聚酯树脂、酚醛树脂、有机硅树脂等。其中环氧树脂以其强度高、密度小、吸水性小、固化收缩小等优点,在实际生产中得到最广泛的应用。玻璃微珠与基体材料可通过浇注法、真空浸渍法、液体传递模塑法、颗粒堆积法和压塑法等成型工艺进行复合。需要强调的是,为了提高微珠与基体间的界面状况,还需要对微珠表面进行改性,从而提高复合材料的整体性能。如国内某公司生产的固体浮力材料性能如表 6-12 所示。

表 6-12 国内某公司固体浮力材料产品性能指标

性能	型号	水深/m	密度/g·cm⁻³	吸水率(24 h)	单轴压缩强度/MPa
标准性能	SBM-035	100	0.35 ± 0.02	≤3%	≥8
	SBM-042	600	0.42 ± 0.02	≤3%	≥15
	SBM-045	1000	0.45 ± 0.02	≤3%	≥20
	SBM-048	2000	0.48 ± 0.02	≤3%	≥25
	SBM-053	4500	0.53 ± 0.02	≤3%	≥45
高性能	SBM-H038	1000	0.38 ± 0.02	≤3%	≥15
	SBM-H042	2000	0.42 ± 0.02	≤3%	≥20
	SBM-H046	3500	0.46 ± 0.02	≤3%	≥33
	SBM-H050	4500	0.50 ± 0.02	≤3%	≥45
	SBM-H055	6000	0.55 ± 0.02	≤3%	≥55
	SBM-H056	7000	0.56 ± 0.02	≤3%	≥65
	SBM-H070	11000	0.70 ± 0.02	≤3%	≥90

6.2.4 其他浮力材料

美国伍兹霍尔海洋研究所开发了一种新型陶瓷材料为"海神号"深潜器提供浮力。该材料的制备过程大致如下:用水把氧化铝陶瓷粉末均匀混合,将其倒入球形容腔的模子里,把模子放到机器上沿各个方向旋转,在离心力的作用下产生一个壁厚完全一致且无缝隙的球体。最后待球体足够坚硬后从模子中取出,放入高温炉中经过一系列干燥、烧制以及其他后续工艺流程制成。每个球体(见图6-10)直径约为88.9 mm,壁厚大致1.27 mm,它们可以承受水下11.265 km的压力。

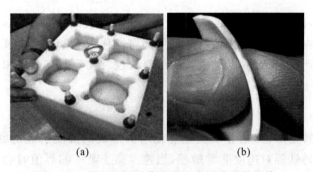

(a)　　　　　　　　　　(b)

图 6-10　美国 WHOI 高强度陶瓷浮球及其碎片

此外,轻质合成材料复合塑料是由复合泡沫与低密度填料比如中空塑料或大直径玻璃球组合改性而成;化学泡沫塑料复合材料是利用化学发泡法制成的泡沫复合材料。这两类材料在深海固体浮力材料中也有重要应用。

6.3　腐蚀与材料的防腐

腐蚀是材料与周围环境发生化学、电化学反应和物理作用引起的变质和破坏现象,受材料特性和环境特性所支配。对于海洋基础设施或工作于海洋中的各种装备来说,海洋是一个苛刻的腐蚀环境,海水的温度、盐度、溶解氧、pH值、压力和海流速度,以及海上光照、雨、雾、潮和各种恶劣天气等,都会加速对材料的腐蚀。腐蚀不仅会造成材料的浪费,同时会影响各种海水设施设备工作的稳定性和安全性,甚至会造成环境污染、人员伤亡等灾难性事故,因此对腐蚀以及防腐蚀技术的研究具有重要的意义。

6.3.1　海洋腐蚀

海水中含有大量的导电离子,如 Na^+、K^+、Ca^{2+}、Mg^{2+}、Cl^-、SO_4^{2-}、Br^-、HCO_3^- 等,是天然的强电解质。一般材料都要受到海水或海洋大气的腐蚀,并且其耐腐蚀性要随着不同工作环境的改变而改变。通常海洋腐蚀环境分为 5 个区带:海洋大气区、海洋飞溅区、海水潮差区、海水全浸区和海底泥土区。

构件在海洋环境中发生腐蚀,腐蚀类型主要有均匀腐蚀、点蚀、缝隙腐蚀、湍流腐蚀、空泡腐蚀、电偶腐蚀和腐蚀疲劳等,这些腐蚀现象的发生往往与金属构件的结构和工艺相关。

1.均匀腐蚀

均匀腐蚀是指在金属表面上几乎以相同的速度所进行的腐蚀。与在金属表面产生的任意形态的全面腐蚀不同,均匀腐蚀一般发生在阴极区和阳极区难以区分的地方。

2.点蚀

金属表面局部区域出现向深处发展的腐蚀小孔称为点蚀,而金属的其余区域则无明显腐蚀发生。点蚀具有"深挖"特性,即蚀孔一旦形成,往往自动向深处腐蚀,因此具有极大的破坏力和隐患性。点蚀不仅与环境中分散的盐粒或污染物相关,同时也与材料本身的表面状态和处理工艺相关。

3. 缝隙腐蚀

部件在介质中,由于金属与金属(或非金属)之间形成特别小的缝隙,缝隙内的介质处于滞流状态而引起缝内金属的加速腐蚀,这种局部腐蚀称为缝隙腐蚀。该腐蚀在海洋飞溅区和海水全浸区最为严重,同时在海洋大气中也有发现。几乎所有金属和合金都会发生缝隙腐蚀。

4. 湍流腐蚀

在构件的某些特定部位,由介质流速急剧增大形成的湍流引起的磨蚀称为湍流腐蚀。许多金属如钢、铜、铸铁等对速度非常敏感,当速度高于某一临界值时会发生快速侵蚀。湍流腐蚀常常伴随着空泡腐蚀,有时两者甚至很难区分。冲击腐蚀也属于湍流腐蚀的范畴,是指高速流体的机械破坏和电化学腐蚀这两种作用对金属共同破坏的结果。

5. 空泡腐蚀

流体与金属构件做高速相对运动时,在金属表面局部地区产生涡流,伴随有气泡在金属表面迅速生成和破灭,呈现与点蚀类似的破坏特征,这种条件下产生的磨蚀称为空泡腐蚀,又称空穴腐蚀或汽蚀。该类腐蚀多呈蜂窝状,是电化学腐蚀与气泡破灭产生的机械损伤共同作用的结果。

6. 电偶腐蚀

电偶腐蚀是由于一种金属与另一种金属或电子导体构成的腐蚀电池的作用而造成的腐蚀。当两种不同的金属相连接并暴露在海洋环境中时,通常会产生严重的电偶腐蚀。电偶腐蚀的严重程度主要取决于两种金属在海水中电位序的相对差别和相对面积,但是也与金属的极化性相关。通常可采用在两金属连接处加绝缘层或是在电偶阴极上覆以绝缘保护涂层的方法来控制或抑制电偶腐蚀。某些常用金属及合金在海水中的电位序排列如图6-11所示。

7. 腐蚀疲劳

金属材料在循环应力或脉动应力和腐蚀介质的联合作用下,所发生的腐蚀称为腐蚀疲劳。腐蚀疲劳除了与海洋工程结构本身所受腐蚀有关之外,还与外界海浪、风暴、地震等力学因素有关,是影响海洋工程结构安全性的重要因素之一。

6.3.2 金属腐蚀

金属腐蚀可以分成四类。

1. 化学腐蚀

化学腐蚀是指金属与腐蚀介质直接发生反应,使金属表面状态受到破坏,特点是反应过程中没有电流产生。金属与非电解质相互作用是化学腐蚀的典型例子。

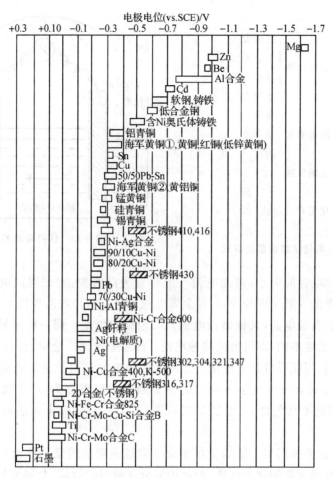

海军黄铜①—Naval Brass 62Cu-37.5Zn-0.5Sn；海军黄铜②—Admiralty Brass 73Cu-25.8Zn-1.2Sn；

□不锈钢或镍基合金的钝态(通常状态)；▨不锈钢或镍基合金的活化态

图 6-11 某些常用金属及合金在海水中的电位序排列

2.电化学腐蚀

电化学腐蚀是指金属与电解质溶液发生电化学反应,在反应过程中产生电流。这是金属在海洋工程中常见的腐蚀形式,其常见形式如图 6-12 所示。

(1)电化学腐蚀原理及类型。金属的电化学腐蚀是原电池作用的结果,下面结合伏打电池(铜锌电池)简要介绍其腐蚀原理(见图 6-13)。伏打电池是一种常见的原电池,它是将铜锌两种金属导体用导线相连放入稀硫酸溶液中形成回路。此时,在外电路中,电子由负极(锌片)流向正极(铜片);在内电路中,电流从锌片流向铜片。整个过程中,锌片上发生氧化作用,电子从锌片上流出,表现为锌片发生腐蚀;铜片上发生还原作用,在其上面氢原子还原为氢析出。因此这种原电池也称为腐蚀原电池。在电化学中规定,原电池中发生氧化作用的电极称为阳极,发生还原作用的电极称为阴极。

图 6-12 电化学腐蚀常见形式

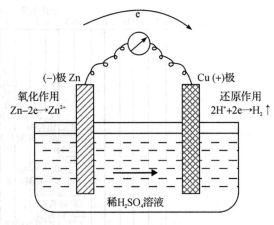

图 6-13 伏打电池的原理

根据组成腐蚀电极的大小,腐蚀电池一般可分为两大类:宏观腐蚀电池和微观腐蚀电池。①宏观腐蚀电池一般又可分为:a.异金属电池。它是两种或两种以上金属相接触,在电解质溶液中构成的腐蚀电池,又称腐蚀电偶。b.浓度差电池。同一种金属浸入同一种电解质溶液中,若局部浓度不同,即可形成腐蚀电池。c.温差电池。金属浸入电解质溶液中时由于各部位温度不同,可能形成温差电池。②微观腐蚀电池是由于金属表面电化学不均匀性而产生的。引起金属表面电化学不均匀的主要因素一般可分为:a.金属化学成分的不均匀性;b.金属组织的不均匀性;c.金属物理状态的不均匀性;d.金属表面防护膜的不均匀性等。

(2)电化学腐蚀影响因素。影响金属电化学腐蚀速度的因素总体上一般可分为内因和外因。内因包括金属元素的化学性质、合金的成分和组织的影响、金属变形和应力的影响以及金属表面状态的影响;外因有电解质溶液的 pH 值、溶液的成分和浓度、溶液温度、腐蚀介质速度以及外力作用等。

(3)海水电化学腐蚀特征。金属在海水中的电化学腐蚀在遵循一般的电化学腐蚀机理的基础上,由于海水是一种偏碱性含氧电解质溶液,因此表现出自身的特点:①海水有异于一般介质,电导率高,金属在其中活性很大,宏观腐蚀电池与微观腐蚀电池并存。②除镁以外,绝大多数金属的腐蚀是氧去极化腐蚀,腐蚀速度受制于氧的扩散速度。③由于海水中 Cl^- 含量很高,大部分金属如钢、铁等不能在海水中建立钝态,因此腐蚀速度加快。④海洋环境复杂,在不同的海洋区域,电化学腐蚀行为表现形式不同,因此要综合考虑。

3.机械因素作用下的腐蚀

机械因素作用下的腐蚀是指金属结构或构件在腐蚀介质和机械因素联合作用下遭到的加速破坏。该腐蚀往往比单种因素分别作用后叠加起来还要严重,根据机械作用因素的性质一般可分为应力腐蚀开裂、腐蚀疲劳、摩擦磨损腐蚀等。

4.生物腐蚀

在金属表面附着某些微生物,微生物的生命活动产物作用而引起的腐蚀称为生物腐蚀。如硫细菌在有氧条件下可能使硫或硫化物氧化,产生硫酸,加速金属的腐蚀。

6.3.3 防腐蚀方法与技术

下面介绍几种常用的防腐蚀方法与技术。

1. 合理选材

海洋工程中常用的金属材料有碳钢、铸铁、不锈钢、铜合金、铝合金、钛合金和镍合金等。其中碳钢和铸铁耐腐蚀性能较差,但是价格便宜,可与涂层和阴极保护等联合使用;不锈钢耐均匀腐蚀,但是易产生点蚀,价格中等;铜合金、铝合金、钛合金和镍合金等合金金属耐腐蚀性能较好,但是价格昂贵。

合理选材要求既能保证海洋工程结构的承载能力,又能保证使用期内金属不被腐蚀,同时还要兼顾经济性的问题。为达到此目的,可从两方面着手考虑:①根据具体的工作平台和使用环境,合理选择并搭配材料。如对工程中消耗性很大的材料,通常选用低碳钢和普通碳钢,同时采用涂层和阴极保护措施;对强度要求较高的地方,可选用低碳合金钢;对于设备腐蚀性、可靠性要求较高时,可根据实际需要,选用不锈钢、铜合金、铝合金、钛合金以及镍合金等。②多种材料一起使用时,应避免出现宏观腐蚀电池问题。应尽量选择电位序中比较靠近的材料,当两种电位差较大的金属不得不接触时,一定要做好电化学腐蚀的防护措施。

2. 阴极保护

阴极保护是海水全浸条件下防止金属腐蚀的行之有效的方法。通常阴极保护有牺牲阳极保护和外加电流保护两种方法。工业中常用的牺牲阳极有镁及镁合金、铝及铝合金、锌及锌合金三种,特殊情况下也有铁阳极和锰阳极,但是应用的不多。外加电流保护是将外设直流电源的负极接至被保护金属结构,正极和安装在金属结构外部并与其绝缘的辅助阳极相连接。电路接通后,电流从辅助阳极经电解质溶液至金属结构形成回路,金属结构阴极极化而得到保护。图6-14为船舶外加电流阴极保护系统。

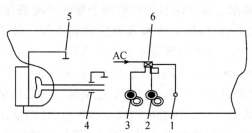

1—参比电极;2—阳极屏;3—阳极;4—轴接地装置;
5—舵接地电缆;6—自动控制装置(电源)

图6-14 船舶外加电流阴极保护系统

3. 表面覆盖层保护

表面覆盖层保护常见的有在金属表面喷涂防腐蚀涂层、防污涂层,以及采用钛合金、镍合金、铜合金等进行金属包覆层保护。下面简单介绍海洋防腐蚀涂料和防污涂料相关知识。

(1)防腐蚀涂料。通常称之为"油漆",是一种化工产品,由颜料、树脂或油类为主的多种物质制成。

①涂料的作用主要有：a.保护作用。将海洋工程结构及其零部件与空气、水分、海水、阳光等腐蚀性介质隔开，既能防止并抑制对材料的腐蚀，又能保证工程结构的正常工作并延长使用寿命，减少因腐蚀造成的各种损失。b.装饰作用。根据不同需要，在物体表面涂装上不同的颜色，可以起到美化工作和生活环境的目的。在军事上利用涂料涂装保护色可以起到伪装隐蔽的作用。c.特殊作用。用于海洋船舶上，可以防止微生物的附着和滋生；在电气工业中，可以起到绝缘的作用；另在一些设备中不同的颜色可以赋予不同的功能意义。

②涂料的组成。按照所用颜料的性能和形态，涂料的组成一般可分为五大类：油料、树脂、颜料、稀释剂和辅助材料。其中油料和树脂是主要成膜物质，颜料为次要成膜物质，稀释剂和辅助材料是辅助成膜物质。涂料的组成如图6-15所示。

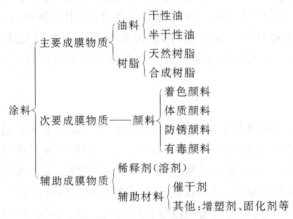

图 6-15 涂料组成

③海洋涂料的性能要求。海洋涂料是指应用于海洋环境的涂料。按其应用对象一般可分为船舶漆、海上采油平台漆、海上大桥及港湾设施漆等。海洋上的恶劣环境，要求海洋涂料拥有全面的优良性能，理想的海洋涂料应具备以下特性：a.优良的耐水性。必须能抵御外部恶劣环境的影响，承受海水连续浸渍。b.低吸水性。渗入并保留在基体树脂分子间的水分越少，保护性能越好。c.湿蒸汽的低迁移性。涂层的湿蒸汽迁移速率越低，保护性能越佳。d.抗离子渗透性。必须能抵挡离子的通过，特别是针对 Cl^-、SO_4^{2-} 等要形成阻挡层。e.耐候性。大部分涂层长期处于暴晒状态，优良的耐候性能够保证海洋涂料长期保持优良的性能。

除此之外，理想的海洋涂料在抗渗析性、抗电渗析性、耐化学性、耐附着性、耐磨损性、耐化学腐蚀性、缓蚀性能、易施工性、抗霉菌性和抗细菌性、易于修补和修整、抗老化性以及装饰性等方面都有严格的要求。

④常用的海洋涂料。海洋结构钢用防腐蚀涂料按其成膜物质分为沥青漆、酚醛树脂漆、醇酸树脂漆、氯化橡胶漆、环氧树脂漆、聚氨酯漆、乙烯类漆、高氯化聚乙烯漆、无机硅酸盐富锌底漆等系列涂料，其分类和性能见表6-13。

表 6-13　海洋结构钢用防蚀涂料的种类和性能

成膜机理	一般名称	主要成分	用途	漆膜性能				被涂物的分类和适用性							价格	备注
				耐候性	耐水性	耐酸性	耐碱性	陆地	海滨	1	2	3	4	5		
氧化聚合	醇酸漆	油性改醇树脂	船舶上部结构（包括生活舱）	○	×	△	×	○	○	×	×	×	×	×	中	
	酚醛漆	酚醛树脂	船舶外板（外舷、水线部）	△	●	●	△	○	○	○	○	○	○	△	中	
溶剂挥发	氯化橡胶漆	改性氯化橡胶	船舶外板（船底、外舷）	○	●	●	○	○	○	○	○	○	○	○	中	覆涂附着性好
	乙烯类漆	氯代乙烯类树脂	石油钻井装置等暴露部分	○	●	●	●	●	●	●	●	●	●	●	高	耐磨性好，难成厚膜
聚合干燥	环氧漆	环氧树脂加多元胺	船舶内外、储藏内部、石油平台	○	●	●	●	●	●	●	●	●	●	●	高	可成厚膜，低温干燥差
	焦油环氧漆	沥青加环氧树脂加多元胺	同上（尤在海中）、海底管道	△	●	●	○	○	●	●	●	●	●	●	中	附着性、耐磨性好，低温干燥差
	玻璃片聚酯漆	聚酯树脂、玻璃鳞片	储罐、地下埋设装置、海洋钢结构	○	●	●	●	●	●	●	●	●	●	●	高	耐冲击性好
	聚氨酯漆	聚氨酯树脂	海洋钢结构	●	●	●	○	○	○	○	○	○	○	●	高	耐磨性、附着性好，有毒
	有机富锌漆	锌粉、硅酸盐、环氧树脂	船舶、港湾设施、预涂底漆	○	○	×	×	○	○	○	○	○	○	×	高	面漆的可选择性差
	无机富锌漆	锌粉、硅酸钠或聚硅酸乙酯	海洋钢结构最通用的底漆、石油钻井装置等	●	●	×	×	○	○	●	●	●	●	×	高	柔韧性差，面漆的可选择性差

注：●极好；○好；△稍差；×极差。1—全部浸在水中；2—全部浸在盐水中；3—浸水、干燥交替进行；4—高湿度条件下暴露的条件；5—腐蚀性气体中。

（2）防污涂料。海洋中生长着众多生物，其中至少有上千种会附着在海洋设备上，对设备造成不利影响。防污涂料作用从本质上讲就是提供一个在规定的有效期内无生物附着的涂层表面。目前存在多种防污原理，但最实用的还是使用防污剂有效控制浓度来抑制生物附着。防污涂料技术指标并无统一严格标准，归纳起来如表 6-14 所示。

防污涂料的开发最重要的是开发适当的防污剂或复合的防污剂组合，通过一定的配方设计达到有效控制、缓慢释放防污剂的目的。为了做到这点，历史上人们采用的技术途径大致可分为以下几种。

①基料不溶型。防污涂料的成膜物质主要是不溶于水的合成树脂，由于防污剂填充量、

助渗出剂以及改性树脂的不同又分为接触型和扩散型两类。

• 接触型防污涂料。主要防污剂为 Cu_2O，其代表为美国海军用的 Copper Antifouling 70#。它主要用于出航率不高，巡航速度较快的大型军舰。

表 6-14 防污涂料的技术指标

项目	要求
外观	平整,有规定的颜色
细度	$<80\ \mu m$
黏度	符合专用产品技术要求
相对密度	符合专用产品技术要求
干燥时间	表干<8 h,实干<21 h
耐划水试验	符合特定要求
减阻试验	符合特定要求
耐干湿交替	5 次循环
耐污性能	海港挂板有效期 $12\sim36$ 个月,实船试验南北海域至少 3 条船

• 扩散型防污涂料。它是介于接触型和基料可溶型之间的一类防污涂料。其特点如下：a. 基料以乙烯树脂、氯化橡胶为主，辅以一定的松香等可溶型基料。b. 防污剂 Cu_2O 含量为 $35\%\sim40\%$，辅以一定的有机防污剂。c. 涂层具有良好的吸水性和防污剂扩散通道。d. 至涂层失效，仍有 $30\%\sim40\%$ 的防污剂不能发挥作用。

②基料可溶型。其主要特征在于树脂成膜物质在海水中是可溶的，一般又可分为传统型和自抛光型两类。

• 传统型基料可溶型防污涂料。它的主要成分为松香、橙香皂、干性植物油改性的聚乙烯醇树脂等。传统的基料可溶型防污涂料典型配方如表 6-15 所示，主要用于防污期效小于 2 年的渔船及近海船上。

表 6-15 传统的基料可溶型防污涂料典型配方 单位:%

原料名称	组成
氧化亚铜	$16\sim18$
无水硫酸铜	$5.5\sim6$
DDT	7.0
松香	$23\sim25$
煤焦沥青	6.0
氧化锌	5
氧化铁红	20
重质苯	15

• 自抛光型基料可溶型防污涂料。通常有锡自抛光防污涂料主要由 TBTO 与含 COOH 的丙烯酸或聚酯低聚物进行酶化反应而制得，其典型配方如表 6-16 所示。它主要用于船舶有较长的航期，且有一定速度的场合。目前，有锡自抛光防污涂料正逐渐被更加环保的无锡自抛光防污涂料所代替。

表 6-16 有锡自抛光防污涂料典型配方 单位：%

原料名称	组成
SPC 树脂	25～30
氧化亚铜	20～30
填料	15～20
助剂	5
溶剂	20～30

③新型防污涂料。目前发展的新型防污涂料包括以可溶性硅酸盐为基础的防污涂料、低表面能防污涂料和仿生防污涂料等。我们相信，新型防污涂料的发展必将推动防污涂料朝着高性能、低污染和低环境冲击的方向进步。

无论是在装备表面涂装防腐蚀涂层还是防污涂层，都要根据具体的材料特性、工作环境、承载条件和防护要求等，遵循一定的工艺流程，这样才能真正发挥涂层的作用。如典型的船舶涂装工程的工艺流程一般可分为 5 个步骤进行：a. 钢材及相关合金的预处理，底漆保护及部分表面加工防腐；b. 分段涂装及在预舾装后的涂装处理；c. 船台涂装；d. 码头涂装；e. 舾装件涂装。其中每个步骤又可细化成具体的多个子步骤，可见装备的涂装工程也是一项需要利用多学科知识的庞大工程。

材料在海洋环境下发生的腐蚀，往往不是某一种因素作用的结果，而是多种因素共同作用、多种腐蚀行为同时发生的过程，这样往往会加大对材料的破坏性。提高材料的防蚀、防污的方法很多，除上述涂装有机涂料外，装备表面涂装锌、铝、银等金属在有些场合同样可以起到防腐蚀作用。同时也可以通过在金属中加入铬、钇等合金元素来提高合金材料的抗腐蚀性能。未来还可能运用纳米技术、再制造技术、复合表面工程技术以及热工智能技术等新技术，为材料的防蚀、防污开拓更为广阔的空间。

思考题

1. 海洋工程材料需具备什么特征？分为哪几类？

2. 钢在船舶领域主要的应用场合有哪些？

3. 钛合金与钢、铝合金、铜合金相比具有哪些优点？

4. 简述水泥的种类及其应用场合。

5. 高强度固体浮力材料具有哪些优秀特征？适用于哪些设备当中？

6. 空心玻璃微珠材料的制备方法以及与其复合的基材有哪些？如何复合？

7. 轻质合成材料复合塑料与化学泡沫塑料复合材料的区别是什么？

8. 吸水率高对浮力材料为什么不好？

9. 如何定义浮力材料的可加工性？

10. 请给出深海浮力材料三个最重要的指标，并说明原因。

11. 船和潜水器选用主体材料需考虑哪些方面？有什么不同？

12. 金属在海水中的腐蚀形式有哪几种？

13. 水下设备的抗腐蚀措施有哪些？

14. 请为一台以不锈钢为主材制作的深海原位观测系统，提出一套完整的防腐方案。

15. 举一个海洋工程平台实例，说明其主要结构的材料组成。

参考文献

[1]尹衍升,黄翔,董丽华.海洋工程材料学.北京:科学出版社,2008.

[2]尹衍升,王昕,刘英才,等.依托海洋科技优势发展特色涉海材料.材料开发与应用,2005(增刊):39-45.

[3]王路明.海洋材料.北京:化学工业出版社,2008.

[4]姜锡瑞.船舶与海洋工程材料.哈尔滨:哈尔滨工程大学出版社,2000.

[5]单辉祖.材料力学教程.2版.北京:国防工业出版社,2004.

[6]DONG J,CUI W F,ZHANG S X et al. Corrosion resistance of low alloy steels used for marine engineering under the condition of immersion corrosion. Journal of northeastern university,2006,27:187-189.

[7]ITO S,OMATA H,MURATA T,et al. Atmospheric corrosion and development of a stainless steel alloy against marine environments//DEAN S W,LEE T S. Degradation of metals in the atmosphere. West Hanover:ASTM Special Technical Publication,1988:68-77.

[8]MELCHERS R E. Effect on marine immersion corrosion of carbon content of low alloy steels. Corrosion science,2003,45(11):2609-2625.

[9]LI D,YU Z,TANG W. A new α Ti alloy (Ti-4Al-2V) for marine engineering. Journal of materials science & technology,2001,17(1):77-78.

[10]孟祥军,陈春和,余巍,等.几种海洋工程用钛合金及其应用.中国造船,2004,45(增刊):38-43.

[11]DONG C F,AN Y H,LI X G,et al. Electrochemical performance of initial corrosion of 7A04 aluminium alloy in marine atmosphere. Chinese journal of nonferrous metals,2009,19(2):346-352.

[12]SHIBLI S M A,ARCHANA S R,ASHRAF P M. Development of nano cerium oxide incorporated aluminium alloy sacrificial anode for marine applications. Corrosion science,2008,50(8):2232-2238.

[13]MORITOSHI M,SATOSHI H,AKIHIRO Y. Copper alloys evaded by marine organisms—a copper alloy with both anti-fouling and anti-corrosion properties. Corrosion engineering,2003,52:613-617.

[14]CARPIO J J,PEREZ-LOPEZ T,GENESCA J,et al. Rehabilitation of a damaged reinforced concrete bridge in a marine environment. Proceedings of the International Seminar on Repair and Rehabilitation of Reinforced Concrete Structures:The State of the Art. Reston,VA,1998.

[15]BAWEJA D,ROPER H,SIRIVIVATNANON V. Specification of concrete for marine environments:a fresh approach. ACI materials journal,1999,96(4):462-470.

[16]TORRES-ACOSTA A A,MARTINEZ-MADRID M. Residual life of corroding reinforced concrete structures in marine environment. Journal of materials in civil engineering,2003,15(4):344-353.

[17]ATTA A M,ABDOU M I,ELSAYED A A,et al. New bisphenol novolac epoxy resins for marine primer steel coating applications. Progress in organic coatings,2008,63(4):

372-378.

[18] SORATHIA U, DAPP T, KERR J. Flammability characteristics of composites for shipboard and submarine internal applications. Proceedings of the 36th International SAMPE Symposium and Exhibition. San Diego,1991:1868-1878.

[20] ZHANG Z P, QI Y H, LIU H, et al. Marine biofouling on the fluorocarbon coatings comprising PTFE powders. Proceedings of SPIE—The International Society for Optical Engineering. Weihai,2009.

[21] 杨彬. 多孔 SiC 陶瓷及其与环氧树脂复合材料的制备研究. 青岛:中国海洋大学,2009.

[22] 周媛,陈先,梁忠旭. 水下用轻质复合材料的研究进展. 热固性树脂,2006,21(4):44-46.

[23] CASTRO A, LGLESIAS G, CARBALLO R, et al. Floating boom performance under waves and currents. Journal of hazardous materials,2010,174(1/2/3):226-235.

[24] D'SOUZA R B, HENDERSON A D. The semisubmersible floating production system: past,present and future technology. Society of naval architects and marine engineering,1993, 101:437-484.

[25] WOUTERSON E M, BOEY F Y C, HU X, et al. Specific properties and fracture toughness of syntactic foam:effect of foam microstructures. Composites science and technology,2005,65 (11/12):1840-1850.

[26] GUPA N, RICCI W. Comparison of compressive properties of layered syntactic foams having gradient in microballoon volume fraction and wall thickness. Materials science & engineering A,2006,427(1/2):331-342.

[27] 李思忍,陈永华,龚德俊,等. 不锈钢薄壁浮球的设计与制作. 机械设计与制造,2008(1): 124-126.

[28] 周媛,陈先,梁忠旭,等. 浮筒材料在深水技术开发海洋立管中的应用. 高科技与产业化, 2008,4(12):44-47.

[29] 潘顺龙,张敬杰,宋广智. 深潜用空心玻璃微珠和固体浮力材料的研制及其研究现状. 热带海洋学报,2009,28:17-21.

[30] 赵军. 聚苯乙烯空心微球及其复合材料的制备与性能研究. 武汉:武汉理工大学,2009.

[31] GELEIL A S, HALL M M, SHELBY J E. Hollow glass microspheres for use in radiation shielding. Journal of non-crystalline solids,2006,352(6/7):620-625.

[32] SCHMITT M L, SHELBY J E, HALL M M. Preparation of hollow glass microspheres from sol-gel derived glass for application in hydrogen gas storage. Journal of non-crystalline solids,2006,352(6/7):626-631.

[33] NEVALA A, LIPPSETT L. Floating without imploding:a conversation with WHOI engineer Don Peters. (2009-7-1)[2017-9-1]. http://www. whoi. edu/oceanus/viewArticle. do? id=57819.

[34] 夏兰廷,黄桂桥,张三平. 金属材料的海洋腐蚀与防护. 北京:冶金工业出版社,2003.

[35] 郭为民,李文军,陈光章. 材料深海环境腐蚀试验. 装备环境工程,2006,3(1):10-15.

[36] 杨晓明,陈明文,张渝,等. 海水对金属腐蚀因素的分析及预测. 北京科技大学学报, 1999,21(2):185-187.

[37]SCHURERMANS L,GEMERT D V,GIESSLER S. Chloride penetration in RC-structures in marine environment—long term assessment of a preventive hydrophobic treatment. Construction and building materials,2007,21(6):1238-1249.

[38]DAI J G,AKIRA Y,WITTMANN F H,et al. Water repellent surface impregnation for extension of service life of reinforced concrete structures in marine environments: the role of cracks. Cement & concrete composites,2010,32(2):101-109.

[39]沈浩.船舶涂装中的几个重要问题.涂料工业,2006,36(4):61-63.

[40]CAO Z,CAO X Q,SUN L X,et al. Corrosion properties of arc spray Zn-25Al and Zn-50Al coating in marine environment. Advanced materials research,2011,239-242:1215-1218.

[41]ZHAO X D,YANG J,XING S H. Comparative study on corrosion behavior of zinc-aluminum coated steel under thin electrolyte layers. Advanced materials research,2011,239-242:1335-1338.

[42]HUANG N B,LIANG C H,WANG H T,et al. Electrochemical behavior of treated 316ss with Ag film in PEMFC environment. International Conference on Materials for Renewable Energy and Environment,2011,35(3/4):631-634.

[43]ZHANG Q C,WU J S,ZHENG W L,et al. Characterization of rust layer formed on low alloy steel exposed in marine atmosphere. Journal of materials science and technology,2002,18(5):455-458.

[44]LUO T J,YANG Y S. Corrosion properties and corrosion evolution of as-cast AZ91 alloy with rare earth yttrium. Materials & design,2011,32(10):5043-5048.

第 7 章

海洋通用技术

海洋通用技术是较为宽泛的、体现基础性和通用性并与海洋专业技术相区别的支撑性海洋技术，主要在能源供给、线缆与水密连接件、液压控制技术、传感器技术、水下驱动与推进技术等方面，进行技术攻关和器件研发，研制开发一批海洋通用化、专业化技术和产品。其产品通常是海洋技术装备的基础件。

本教程将从海洋常用机电集成技术和海洋通用件两大方面，来阐述海洋通用技术。前者着眼于理论工程技术，后者侧重于常用设备和器件的实用技术。

海洋通用技术对于我国海洋技术的发展起到重要支撑作用，对于发展海洋高技术的意义重大。海洋通用技术反映出原始创新性、国际前沿性和竞争性三大特征，是我国海洋事业方方面面的基础，是制约我国海洋高技术领域及相关产业发展的瓶颈技术。

发展研究海洋通用技术的主要目的，是提供支撑深海探测、深海资源开发、水下运载与深海作业、海洋环境监测等活动的一切海洋技术装备的基础支撑技术以及相关配套技术。

我国从 20 世纪 80 年代就开始开展海洋通用技术的研究工作，大部分最终都形成了样机，但只有少许部分可以在实际工作中使用。就具体的技术指标而言，绝大多数样机都已经达到目前国外的平均水平，在某些细节性能方面甚至还有所超越。但是，跟目前世界上最先进的技术相比，在通用技术产品的适用范围，质量与精度，集成化程度和功率密度，操作的灵活性、精确性和方便性，使用的长期稳定性和可靠性等方面，差距都还很大，致使这些研究工作所形成的样机只有较少部分在实际工程项目中得到应用。

7.1 海洋常用机电集成技术

7.1.1 连接技术

国外一般把水下连接器分为干式和湿式两种类型。干式连接器是陆上插拔，水下使用的，干式连接器采用橡胶密封或玻璃金属密封等方法，其中的玻璃金属密封连接器最高可承受 100 MPa 的压力，该种连接器目前在水下 7000 m 范围内的电子系统中得到广泛应用。湿式连接器可在水下插拔，水下使用，种类很多。国外湿式水下连接器已发展到相当高的水平，通常的使用环境为水下 1000 m 以内，但国外某些产品的最高承压可达 137.894 MPa，相当于 13609 m 水深；绝缘电阻可达 2000 MΩ；插拔寿命达 500～2000 次；芯数可达数百芯。

1. 水密接插技术

水密接插件（waterproof connector）属于干式水下连接器，用于匹配和连接水上或水下电缆,由高质量材料组成,具有良好的水密性,广泛应用于水下仪器系统、水下通信系统、军用舰船系统、潜艇系统、声呐系统、水下机器人系统、海洋开采设备和深井探头、水下遥控机器人系统、鱼雷系统等场合,是水下机电通用装备中最为重要的部件之一,负责水下的动力以及信号的连接和传输功能。它既要保证正常状况下的通信可靠性,又要在电缆遭到破坏的情况下保证设备的安全,所以水密接插件本身必须具备优良的电气性能和可靠的水密性能以及优异的耐海水腐蚀性能。这种连接器直接影响设备的功能,甚至影响整个系统的安全。

水密接插件最早是由美国 Marsh&Marine 公司在 20 世纪 50 年代初推出的,其结构为橡胶模压。20 世纪 60 年代后期,为配合当时著名的"深海开发技术计划"(DOTP),美国研制成功 1800 m 的大功率水下电力及信号接插件;20 世纪 80 年代后,随着水下设备的大量应用,对动力、控制信号传输的要求更高,水密接插件技术又一次飞速提高。

遗憾的是,我国深海水密接插技术研究起步较晚,目前的技术水平仅相当于西方水密接插技术开发初期阶段,差距较大。自 20 世纪 90 年代中期以来,我国对深海水密接插技术研究、开发、应用才初见成效。特别是在国家"863"计划海洋技术领域的布局下,在 21 世纪的第一个 10 年中,我国一直坚持组织国内的优势力量对深海水密接插技术进行研发,取得了不俗的成绩。

(1)结构和性能要求。水密接插件要有防水密封良好,耐压性能高,电性能稳定、可靠,接触电阻低,电接触可靠,分离力小,插拔时连接、分离方便等特点。

下面以法国苏里奥公司研制的 8810 型水密接插件为例进行介绍(见图 7-1)。

8810 型水密接插件可用于 3000 m 深(水下不插拔)和 300 m 深(水下可插拔)的海水中。使用的场合有:油田和海上开采用水下设备,仪表,压力变送器,水声、密封设备的脱落电缆,ROV 与水下摄像机,潜艇及塔式阵列声呐设备。

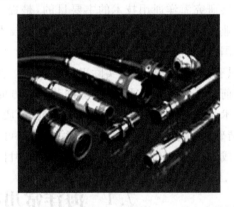

图 7-1 法国苏里奥公司研制的 8810 型水密接插件

8810 型水密接插件独特的纯密封结构能实现简单、有效、可靠的水下接插与密封性能;它的特别附件——纵向尾罩能保证在即使电缆损坏时,连接器内部也不会发生短路;绝缘体用 EPDM 橡胶材料,长期浸水也能保持绝缘性能;采用水锁端接高级保护技术,无论电缆类别和浸水深度都能使用;具有快松、防爆、混装、反压等多功能。

(2)结构设计技术。西南交通大学提出一种结构如图 7-2 所示的深海水密接插件,经多次模压成型,一次成型内部结构,再次成型外部结构,绝缘材料、导线与金属模成一体,无装配间隙,密封可靠。该深海水密接插件内部特别设计了刚性的承压绝缘支架(即绝缘安装板),对插针、插孔的分布排列实施轴向和径向限位,并采用二次塑封结构和先进工艺技术,避免在成型时塑封压力对插针、插孔的排列位置产生影响,确保接触件的接触稳定性。

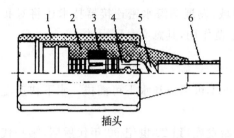 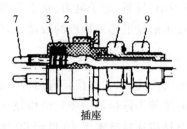

1—连接套；2—橡胶护套；3—绝缘固定板；4—插孔；5—导线；6—电缆护套；7—插针；8—安装座；9—压紧螺母

图 7-2　西南交通大学提出的一种深海水密接插件

（3）密封设计技术。密封原理：当 O 形圈的接触压力 p_j 大于水压力 p_s 的时候实现可靠密封。即 $p_j > p_s$，在水密接插件密封处均有预压力 p_y，所以当水密接插件放入水中时，密封处的接触压力为

$$p_j = p_y + p_s \tag{7-1}$$

因为 $p_y \neq 0$，所以 $p_j > p_s$，能可靠密封。

为确保密封可靠，西南交通大学采用了如图 7-3 所示的多层密封结构。

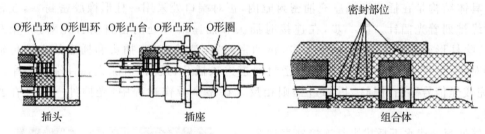

图 7-3　多层密封结构

①插座部分：对每个插针实施密封，插针头部设计橡胶凸头，利用橡胶与插针表面的良好黏合，达到插座自身全密封，并随潜水深度的增加密封压力增大，有利于更好地密封。

②插头部分：在每个插孔前部，设置三道凸起的整体式 O 形橡胶圈，当插针头部的橡胶凸头插入时，外界的水压使橡胶产生压缩变形，O 形密封圈将凸头外圆面箍紧，对插针插孔实施密封，并随潜水深度的增加密封压力增大，达到防止水从插针与插孔的插合处渗透到连接器内部的目的。

③在插座外圆上，设置一道凸起的 O 形密封圈，对头座插合面外圆面进行预密封，并随潜水深度的增加密封压力增大，防止水从接合处渗透到连接器内部。

④电缆线与插头的连接，设计整体塑压成型，实现电缆的密封。由于目前国内还没有满足课题要求的深海电缆，现采取了单根导线引出，再与电缆外接的方式，从而实现电缆连接处的密封。

通过这四种密封装置对，该连接器组成一个完善的密封系统，逐级降压，达到了良好的防护效果，保证了产品性能，满足了电接触的稳定性、可靠性等技术要求。

（4）应用前景。水密接插件是海洋工程水下结构、设备和装置中常用的重要器件，目前已广泛应用于海洋油气生产、水下施工机械、作业器械、潜水装置装备、ROV 以及近海工程中的海洋锚泊系统设施等领域的电动力输送、电/液控制、信号传递等诸多方面，涉及机械加

工、水下通信、材料、电子电力、化工等多个领域，发展深海水密连接器技术还将对我国多领域工程技术的发展起到积极的带动、辐射和示范作用，其意义是巨大的。

2. 水下快速湿插拔技术

如前文所述，水下连接器有两种类别：水下不可插拔和水下可插拔。水下快速湿插拔的实现主要依赖于连接器的密封结构设计。

水下插拔连接技术于 20 世纪 60 年代开始发展，到 20 世纪 90 年代后期，第一代商用水下插拔光纤连接器诞生。从采用的技术类别来分，水下插拔可分为电连接和光纤连接两种。

水下插拔电连接器采用充油与压力平衡式结构，连接器的内填充油可以反复使用，连接器采用绝缘体圆柱塞密封结构，每一个插座插孔都配有柱塞，并且每个柱塞后缘配有弹簧。当插头插针退出插孔时，柱塞自动堵住孔口，完成整体密封；在连接时，插头上的插针推回柱塞，经过充油舱到达预定位置，完成信号的连接。

光纤插拔连接器目前已开发到第二代。第一代水下插拔光纤连接器的设计特点是采用充油与压力平衡式插头和插座的密封舱结构，但是不能长期工作；第二代的设计思路是在第一代的基础上进一步改善，主要是在密封的同时保证光接口清洁，能够长期稳定地工作。具体结构是在插头和插座充油密封舱内，正对端口处采用一柱形橡胶密封塞，在密封塞后缘排列着光插针。第一步，在连接时插头和插座端口处的密封塞首先对接，相互挤压，清除柱形密封塞上的水分；第二步，转动密封塞，清除杂物，插头和插座的充油传输通道相对接；第三步，推动插头，插针经密封通道进入插孔；最后，清除光插件端口多余的胶体，完成光信号路由导通。拆卸过程则相反。在整个操作过程中，光插件一直处在密封件内。

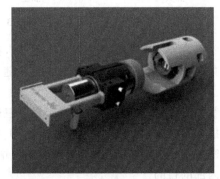

国外第一代水下插拔光纤连接器直到 20 世纪 80 年代中期才得以使用，但只能提供一路光通道，而且效果也不是非常理想。20 世纪 90 年代中期，以美国 ODI（Ocean Design Inc.）公司为代表研发的水下插拔光纤连接器才真正得以使用。图 7-4 所示的 Rolling-Seal 型系列连接器在美国和加拿大的海底观测网络 NEPTUNE 计划的 MARS 工程中得到了应用并取得成功。

图 7-4 Rolling-Seal 型水下插拔光纤连接器

水下插拔技术在军事、海洋探测、水底通信与海啸预警系统中大量应用，减少系统维护费用，延长系统的使用寿命，为其以后的升级换代提供了最有力的技术支持。通过使用水下插拔连接器，水下系统中某一部件的增加与减少只要通过 ROV 在水下操作，无须将整个系统打捞出水面即可完成，大大减少了替换时间，为在一些较为偏远及深海区域的系统方便集成与维护，提供了可能。在通信行业中，这种连接技术也可为海底光网络建设预留多个接口，以适应未来新的带宽要求。

水下湿插拔插合原理如下：充油与压力平衡式的水下插拔连接器由插头和插座两个充油密封舱组成，密封舱的前端有橡胶密封塞，插针排列在密封塞后。如图 7-5 所示，连接时，首先把密封舱的前端紧密地贴合在一起，相互挤压，把橡胶塞外的水挤出，接着继续挤压密封塞,使两个腔内的绝缘油相导通,最后弹簧被压缩,插头密封舱里的插针经密封通道与插座密封舱里的插孔连接在一起。拆卸过程正好相反。这样就能保证连接或拆卸时接插件一直处于绝缘油中。

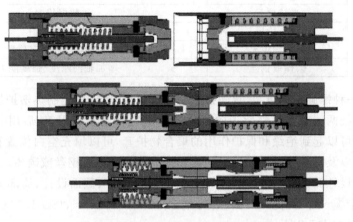

图 7-5　水下湿插拔插合过程

3.可靠耐压的线缆技术

常见的水下线缆有电缆、光缆、光电复合缆、脐带缆等。本教程选用脐带缆为例来介绍水下线缆的组成、特点和设计技术。

水下脐带(umbilical)缆通常连接水面系统和水下系统,或者水下系统之间的通信和动力接连线。脐带缆的主要类型有:热缩管脐带缆、钢管脐带缆、动力电缆脐带缆和综合功能脐带缆。

(1)组成及结构特点。脐带缆的外观如图 7-6 所示,一般由功能单元和加强单元组成,功能单元由管单元、电缆单元、光缆单元组成,加强单元由聚合物层、聚合物填充和碳棒或钢丝组成,各组成单元的作用如表 7-1 所示。

图 7-6　脐带缆的外观

表 7-1　脐带缆的组成及作用

脐带缆组成		作用
功能单元	管单元	输送液压液或其他化学药剂等流体
	电缆单元	输送电力信号
	光缆单元	数据传输
加强单元	聚合物层	绝缘和保护
	聚合物填充	填充空白和固定位置
	碳棒或钢丝	增加轴向刚度、强度能力

脐带缆由一种螺旋技术组装,首先形成一个环状束,用一个压制热塑护层将环状包裹起来,根据需要缠绕两层或多层螺旋走向相反的钢丝进行铠装加固,然后用一个护层包裹起来,此外还包含可以起到绝缘和保护作用的聚合物护套,可以填充空白位置和固定其他管线位置的填充物,以及具有可以增加轴向刚度和强度能力的铠装钢丝或碳棒。

(2)脐带缆设计简介。脐带缆设计一般包括组件设计、截面设计、局部分析和整体设计与分析等。脐带缆设计有许多专门设计标准,如 ISO 13628−5、ISO 13628−6 等。脐带缆设计的分析手段如表 7-2 所示。

表 7-2　脐带缆设计的分析手段

分析内容	分析项目	分析工具
整体分析	极值荷载分析;疲劳荷载分析;稳定性分析;冲撞分析;安装分析	FlexCom,OrcaFlex,Abaqus,Sesam,Moses,Harp 等
局部分析	疲劳分析;侧压分析;拉伸、弯曲、扭转等;水动力分析	Ansys,Abaqus,USAP,Cable Cad,UFLEX,RiFlex,OrcaFlex 等

脐带缆设计需要考虑以下因素:海洋环境条件、回接距离、水深、功能元件数量、流体尺寸、压力、化学药剂类型、电力负荷需求、回路布置、终端装置、附件、设计寿命、材料选择、动态、静态缆长度、安装条件,等等。

4.非接触式连接技术

在各种连接方式中以电能传输为例,传导式电能传输方法在水下应用时,密封是首先要解决的问题。然而,复杂的密封结构必然导致如上所述的使用问题及高昂的造价。

电能的传输方式除了直接传导方式外,电磁感应是主要的形式,如电力变压器等。这种传输方式的优点在于电源侧和负载侧的电路完全隔离,通过线圈之间的电磁耦合将电能以非电接触的方式进行传输。两侧电路可独立封装,对接后封装结构不发生改变。因此,不需要复杂的密封结构保证电路系统与环境的隔离,也不需要大的安装力确保金属电极的接触。因此,非接触式电能传输(CLPT)比传导式传输方法更适合水下环境的应用。

CLPT 技术建立在法拉第电磁感应定律基础上,通过线圈之间的电磁感应,将能量在电与磁之间进行转换与传输。其原理及水下应用如图 7-7 所示。

从图中 7-7(a)可以看出,CLPT 系统在应用中不需要精确定位和大的安装力,磨损小,使用寿命长,相对于湿插拔接口而言,具有更高的安全性和可靠性,更适合在海洋尤其是深海环境下应用。图 7-7(b)为 CLPT 的电路系统结构原理,可以看出,初级电路和次级电路自成体系,电路结构上完全隔离,没有直接电气连接,避免了对接过程中存在的漏电、电击等安全隐患。初级电路和次级电路通过线圈之间的互感进行能量的传输,以"电-磁-电"的方式,将电能转换、发射、接收,并提供给负载。

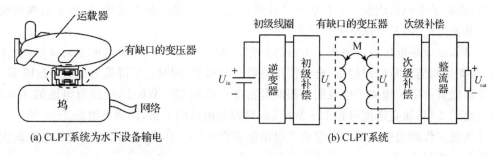

图 7-7　水下 CLPT 系统原理及应用

近代电力电子技术的发展,为高频电力系统(如开关电源)提供了高电压、大电流的开关器件,可以进行大功率电能转换与传输。另外,软开关技术(soft switching)使开关系统的频率进一步提高,解决了开关元件的高频开关损失大的问题,大大提高了磁性元件的能量密度,使系统集成度提高,体积、质量降低。CLPT 技术在此基础上发展起来,作为一种替代传统接触式插拔接口的电能传输方法,适用于矿井、水下等各种恶劣环境,以及电源侧与负载侧具有相对运动的场合。由于不存在直接的电气连接和物理接触,其安全性、可靠性比接触式输电要高得多;且磨损小,使用寿命长,甚至可以免于维修。另外,非接触对接方式使系统对制造工艺要求大大降低,系统制造成本远远低于湿插拔接插件。因此,CLPT 系统替代湿插拔接插件是海洋技术领域发展的必然趋势。

7.1.2　能源技术

下面介绍几种海洋中常见的能源技术。

1.长程高效动力传输技术

对 ROV、海底观测网络来说,长程高效动力传输技术尤为重要。

高压交流输电和高压直流输电是现今两种较为成熟的远距离输电方式。海水是导体,对于布设在水下数千米的设备来说,若采用交流输电方式,由于电缆具有大容量的容性充电无功功率,需要在线路中间设置并联电抗补偿,因此交流输电是不切实际的。直流线路虽然也存在对地电容,但由于其电压波形纹波较小,所以稳态时电容电流很小,沿线电压分布平稳,没有电压异常升高的现象,也不需要并联电抗补偿。因此,水下长程高效电能传输采用了高压直流输电的方式。

在海岸基站上,首先把低压 380 V 交流电升压变流为 10 kV 高压直流电。然后,采用单极金属回路方式,通过海底电缆把 10 kV 高压直流电远距离输送到海底接驳盒中。最后,通过接驳盒内部的高压-低压 DC/DC 转换器,把 10 kV 高压直流电的电压降低,转换成 48/24/12 V 低压直流电,供各种水下设备工作使用。

2.长效高密度电池技术

深海探测、取样及其他作业的水下机电设备,包括自治式潜水器、载人潜水器、混合型遥控潜水器(hybrid remote-operated vehicle，HROV)、深海钻机、各种深海底取样和原位测量仪器、海底长期观测站等，都全部或部分需要水下电池单元供电。水下电池单元作为水下机电设备的动力源，其重要性不言而喻。

(1)锂离子电池的优点。在目前海洋仪器设备上广泛使用的电池中，锂离子电池的整体性能较其他电池好，具有以下突出优点。

①单体电池端电压高。锂离子电池的公称电压值为3.6 V，是镍氢电池的3倍，工作电压高，在提供相同能量的前提下，电池使用的数目会减少，同时也可降低电池组的故障率。

②高能量密度。锂离子电池的体积能量密度可达到300 Wh/L，是镍氢电池的1.5倍，镍镉电池的2倍；质量密度可达125 Wh/kg，是镍氢电池的2倍，镍镉电池的2~3倍。

③电池工作的温度范围广。锂离子电池能够在−20~60 ℃正常工作，并且电池的实际容量不会有明显变化。

④自放电率低。自放电率低的电池适合用于长时间备用电池。在室温下，锂离子电池的自放电率为0.5%/d，而镍氢电池为3%/d，镍镉电池为1%/d。

⑤循环使用寿命长。在正常使用情况下，锂离子电池的循环次数能达500次，电池的输出容量约是全新电池的80%。

⑥无记忆效应、无污染。锂离子电池在循环使用中不存在记忆效应，且不含重金属物质。

锂离子电池诞生于20世纪90年代初，与其他二次电池相比，具有电压高、体积小、质量轻、比能量高、寿命长、无记忆效应、无污染、自放电小等独特的优势，因而被广泛应用于电子产品、交通领域，而且对国防军事领域存在巨大的吸引力，成为各国军事部门研发重视的对象。在深海设备中，电池的性能更是遭受残酷的考验，水下锂离子电池的研发亦引起了科学界的重视。

(2)锂离子电池的安全隐患。锂离子电池并非完美无缺，由于能量密度高及特有的化学特性，在安全性和稳定性方面存在隐患。锂离子电池的安全性与其质量成反比，而用于水下装备的动力锂离子电池质量、体积都比便携式电池大得多，要求电池功率、放电倍率大。锂离子电池放电状况的复杂性大，可能出现滥用情况，不安全性也大。另外，水下装备对动力电池的可靠性和安全性也会有更高的要求。因此，安全问题是锂离子电池在水下装备应用中的关键。各个国家对于电池的安全性能都非常重视。各国对锂离子电池在军事领域的使用制定了相应的安全标准，并对电池进行测评。美国根据相关指令和技术手册，对用于水下装备的锂离子电池进行了安全性评估。美国海军水面作战中心曾针对水下无人航行装置设计的锂离子电池组进行了安全性测评，结果并不理想。锂离子电池模块在挤压、过充测试中均冒烟、起火；高温测试中，满电荷电池模块起火，放电态电池模块冒烟但未起火。由此可以看出，锂离子电池在水下装备的应用中仍存在安全性问题。

(3)电池容量的计算。电池的容量指在一定的放电条件下从电池中能够获得的电量，分为理论容量、额定容量及实际容量。其单位是Ah或mAh。

• 理论容量(Q_0)，电池活性物理的理论容量可用公式表示为

$$Q_0 = 26.8n\frac{m_0}{M} = \frac{m_0}{q} \tag{7-2}$$

其中，m_0是能够完全反映的活性物质质量，M是活性物质的摩尔质量，n是电极反应电子数

量,q 是活性物质电化当量。

• 额定容量(Q_r):充好电的二次电池和还没有使用的一次电池在规定的温度和放电倍率下放电,端电压下降到一定的终止电压时所放出的容量差。

• 实际容量(Q):在一定的放电条件下,电池实际可放出的电量。电池可放出的实际容量受放电倍率大小、温度、老化程度等多种因素的影响,其值总是要低于理论容量,实际容量可进行放电实验得到。恒流放电时为

$$Q = It \tag{7-3}$$

其中,I 是电流,t 是放电时间。

恒电阻放电时为

$$Q = \int_0^t I \mathrm{d}t = \frac{1}{R} \int_0^t U \mathrm{d}t \tag{7-4}$$

其中,R 是放电电阻,t 是放电到终止电压时所经历的时间,U 是电阻两端电压。

为了使不同类型的电池有比较性,引入比容量的概念。比容量是指单位质量或单位体积电池所具有的能量,分为质量比容量(Q_m)和体积比容量(Q_v),单位分别为 Ah/kg 和 Ah/L。

$$Q_m = \frac{c}{m} \tag{7-5}$$

$$Q_v = \frac{c}{v} \tag{7-6}$$

(4)电池的能量计算。电池的能量是指在一定的条件下电池对外做功所能输出的电能,单位是 Wh。有理论能量、实际能量和比能量。

• 理论能量(W_0),放电过程中电池处于平衡状态,放电电压等于电动势的值,并且活性物质的利用率是 100%,在这样的条件下,电池所能输出的能量,也是二次电池在恒温恒压下所能做的最大功。其公式为

$$W_0 = Q_0 E \tag{7-7}$$

• 实际能量(W),电池放电所能输出的实际能量。其公式为

$$W = Q V_{av} \tag{7-8}$$

其中,V_{av} 是电池的平均电压。

• 比能量,是单位体积或单位质量的电池所能输出的能量,称为体积比能量(单位为 Wh/L)或质量比能量(单位为 Wh/kg),也叫能量密度。比能量由输出电压及容量决定,比能量又可分为理论比能量和实际比能量。

(5)电池的功率计算。电池的功率是指在一定的放电条件下单位时间内能够放出的能量,它反映了电池承受工作电流的能力,单位是 W 或 kW。比功率(即功率密度)指单位质量或体积输出的功率,单位为 W/kg 和 W/L,功率密度的大小表征了电池承受工作电流的大小。

• 理论功率(P_0)。电池的理论功率可表示为

$$P_0 = \frac{W_0}{t} = \frac{Q_0 E}{t} = \frac{ItE}{t} = IE \tag{7-9}$$

• 实际输出功率(P)。电池的实际输出功率为

$$P = IE = I(E - IR) = IE - IR^2 \tag{7-10}$$

其中,E 为电池电动势,R 为电池内阻。

可见,实际输出功率与电池内阻有关。电池的内阻越大,电池的功率就越小,快速放电

的性能就差。

在短短十几年中,锂离子电池各方面性能均得到很大的提高,但水下装备的不断发展,将会对动力锂离子电池提出更高的要求。为了满足水下装备的要求,各发达国家都在投入大量人力物力,开展水下装备用锂离子电池的研究,主要方向是锂离子电池安全结构设计、电池管理系统设计和新材料的研究。随着锂离子电池技术的不断发展,锂离子电池在水下装备的应用一定会呈现出广阔的前景。

3. 深海电能节能与管理技术

水下复杂的机电装备 AUV、ROV 和海底观测网络系统等,需要节约与管理电能。本教程以海底观测网络的电能供给为例来说明深海电能节能与管理技术。电能供给网络是要为水下观测设备提供平稳、安全的电能。海底观测系统的负载是不确定的,随着负载的变化,电缆中的电压和电流也会随之变化。能量管理和控制系统可确保电压和电流在一定的允许范围内变动。当系统因为负载过大,电压超出低极限值时,能量管理和控制系统必须马上反应,通过调节海岸能量供给点的输出电压或抛弃负载的方式,使电压值变化恢复到允许范围之内。所以,在海底观测网络的整个工作过程中,能量管理和控制系统必须一直关注电缆上输送的电压和电流值,决定是否要升高或降低源电压值,甚至抛弃负载使得整个电缆网络的电压和电流值都处于一个允许的范围之内。能量管理和控制系统工作流程如图7-8所示。

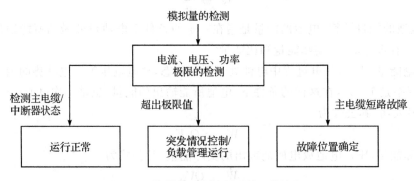

图 7-8 能量管理和控制系统工作流程

7.1.3 水下液压技术

水下液压技术是伴随人们开发和利用海洋过程中发展起来的。海洋与陆地截然不同,其环境条件十分苛刻、复杂多变,给人们研究、开发和利用海洋带来极大的挑战。因此无论是海洋环境资源的考察,还是海底矿产资源的开采等各种实践工作,都离不开现代化的水下作业设备,而水下液压技术为这些设备的设计和开发提供重要的技术支撑。下面结合水下液压系统简要介绍水下液压技术。

1. 水下液压系统概况

液压传动技术以其功率质量比大,易获得较大力(力矩),快速性好,能在较大范围内实现无级调速,易于实现功率调节等特点,能够较好地适应深海高压、高腐蚀以及复杂多变的工作环境,在水下作业装备中得到广泛应用。

根据工作介质的不同,应用于水下作业设备中的液压系统可分成两类。

（1）以液压油为工作介质的水下液压系统。由于水下液压系统工作在海水环境中,而其工作介质是液压油,为了避免系统工作介质损失以及避免污染环境,必须将系统设计成封闭结构。作为液压系统的执行器,液压缸和液压马达不可避免地暴露在海水中,如果将常规液压系统不采取任何措施就应用到海水环境中,海水压力将直接影响液压系统的正常工作。

以执行器为单活塞杆液压缸的水下液压系统为例,由于活塞杆暴露在海水中,活塞杆末端受到海水压力的作用,因此水下液压系统除了要克服作用在活塞杆上的负载力外,还必须克服作用在活塞杆上的海水作用力,系统的工作深度越大,作用在活塞杆上的海水作用力就越大,系统压力就越高。当达到一定深度时,海水作用力就会超出常规液压系统的最大负载驱动能力,从而无法驱动液压缸。

为了使水下液压系统适应不同海水深度下的作业要求,需要对其进行压力补偿,通过弹性元件感应外界海水压力,并将其传递到液压系统内部,使系统的回油压力与外界海水压力相等,并随海水深度变化自动调节,实现不同海水深度下的压力补偿。压力补偿后的水下液压系统,其系统压力建立在海水压力的基础上,液压系统的各个部分包括液压泵、液压控制阀、液压执行器等的工作状态与常规液压系统相同,这样水下液压系统便可按照常规液压系统的方法来设计,而不必考虑海水压力的影响,且常规液压系统中的各种控制方法和节能技术等均可应用于水下液压系统中。

因此,与常规液压系统相比,水下液压系统有如下特点:①在海水环境中,工作深度从几百米到几千米,液压系统不仅要承受内部高压,还要承受外界海水压力;②对安全性要求极高,一旦海水渗入液压系统内部,轻者使液压系统不能正常工作,重者导致液压元件损坏;③在体积和质量方面都有严格限制,体积小、质量轻是提高水下液压系统功率质量比的关键;④水下液压执行器直接暴露在海水中,密封元件不仅要耐液压油腐蚀,还要耐海水腐蚀;⑤不仅在结构设计上要紧凑,在材料选择上也要考虑海水腐蚀的问题。

（2）以海水为工作介质的海水液压系统。海水液压系统是以海水为工作介质,不存在常用液压系统以矿物型液压油为工作介质而存在的各种隐患,如易燃易爆、泄露污染、资源浪费等。并且由于该系统工作介质直接来源于周围工作环境,既经济便利,又降低了系统设计的复杂性,因此在海洋工程领域中应用具有突出的特点,主要表现为:①工作介质为海水,取之于海洋,用之于海洋,不存在泄露污染问题,大大降低了系统成本;并且海水不燃烧,不存在火灾隐患,提高了系统整体工作的安全性。②系统可设计成开式系统结构,不需要考虑回水管和水箱等零部件,因此系统响应速度快、稳定性好、结构简化,有利于减小系统体积和质量,从而提高机动性、灵活性和系统效率。③海水液压系统具有水深压力的自动补偿功能,可以在任意水深高效地工作,尤其在大深度场合具有很大的使用优势。④海水黏温、黏压系数小,并且其黏度在正常海洋环境温度及深度条件下基本保持不变,因此海水液压系统工作稳定性高。

尽管海水液压系统具有以上诸多优点,但是也面临众多技术难题。如密封与润滑性差、耐磨以及腐蚀现象更加严重,汽蚀现象更容易发生等,还需要人们更加深入地进行研究。

2. 水下液压系统发展概况

国外对水下液压系统的研究较早,美国海军在 20 世纪 50 年代就开始研制水下液压系统。早期的水下液压系统并未采取压力补偿措施,而是将液压源、液压控制单元及液压执行器分别安装在压力容器中,以防止海水压力对液压系统的影响。这种方法不仅增加了系统的体积和质量,而且没有从根本上解决海水压力的影响问题。20世纪60年代初美国开始研制载人潜水器,水下液压系统也因此得到了迅速发展。水下液压系统在潜水器,特别是作业型遥控潜水器和载人潜水器上得到了广泛应用,此后相继发展了 AMETEK2006、RECONⅡ、Alvin 号等多种型号潜水器。日本 SHINKAI 6500 载人潜水器,其液压系统由液压泵单元、两个液压控制单元、压力补偿器等组成。其中一个液压控制单元主要为机械手、云台及各类作业工具等提供动力,另一个液压控制单元则主要为潜水器的纵倾调节系统提供动力;油箱和压力补偿器通过管路相连,实现回油压力补偿,两个液压控制单元也通过管路和压力补偿器相连,以平衡外界海水压力。此外,法国的 NAUTILE 号载人潜水器以及俄罗斯的 Mir1/Mir2 载人潜水器也采用液压系统为机械手、作业工具等提供动力。

国内对水下液压系统的研究虽然起步较晚,但在引进国外先进技术的基础上不断消化吸收,目前也取得一些发展。如在借鉴国外潜水器技术的基础上,我国自主研发的一台以军用援潜救生为主,兼顾海洋油气开发的 8A4 遥控潜水器。由哈尔滨工程大学研制的水下作业工具系统,在某些场合也得到重要应用。由浙江大学流体动力与机电国家重点实验室研究开发的部分 ROV 产品已经实现产业化。

3. 压力自适应技术

一般的水下作业系统,从船上布放到水下特定工作地点过程中,所承受的外部压力随着深度的增加而增大;相反,在水下作业系统回收的过程中,其外部压力是逐渐减小的。为了避免外部压力的变化造成对水下作业系统工作性能的影响,一般都需要有一个压力平衡装置来适应压力的变化。典型的压力平衡装置可分为被动式(如皮囊式、金属薄膜盒式、波纹管式和弹簧活塞式)和主动式两种。本教程仅对皮囊式压力平衡装置简要介绍,其他内容可参阅相关文献。

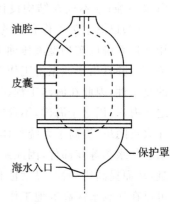

图 7-9　皮囊式压力平衡装置

皮囊式压力平衡装置如图 7-9 所示,有一个薄壁封闭容腔,允许有一定的弹性变形。平衡器的出口与作业系统相连,容腔内充满不可压缩液体。当平衡器的外壳受到水压力作用时,外壳产生弹性变形,此压力传递给容腔内的液体,根据液体的不可压缩性质,平衡器内部的压力与外部水压力相等,而作业系统与平衡器是连通的,因此作业系统内部的压力也与外界的海水压力相同。这样,不论多大深度,工作系统内部的压力总是与外部海水压力相等,工作系统壳体所受的内外压差为零,实现了对不同水深水压力的补偿。另外,为保证可靠性和气密程度,通常要采用弹性元件作用在补偿器上,使系统内部压力始终大于外部海水压力。

7.1.4　推进技术

推进装置是水下航行器的主要组成之一,水下航行器所携带的能源通过推进装置才能转变为推进航行器所必需的机械能。目前绝大部分水下航行器动力推进系统的动力部分和推进部分都是分体结构,质量和体积大,总效率较低,且噪声很大,航迹比较明显。

1. 电机推进技术

国外出现了一种新型动力电机和泵喷射推进器结构一体化的水下推进装置——集成电机推进器（integrated motor propulsor，IMP）。IMP 最初由美国海军水下作战中心和宾夕法尼亚州立大学应用研究实验室联合研制。当时的 IMP 是把电机放在潜航器推进器的外罩内。如图 7-10 所示，IMP 主要由导流罩、集成电机、静液栅和转子叶片组成，其中电机的转子和泵喷射推进器的转子设计为一体，电机的定子和推进器导流罩设计为一体。这种布置可省去常规电机的冷却水套、电机辅助冷却系统，以及电机和推进器之间的驱动轴和联轴节，从而提高潜航器的有效负载，增加内部空间，提高其执行任务和续航的能力。

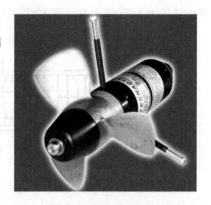

图 7-10　集成电机推进器

与传统推进系统相比，IMP 结构紧凑、质量轻、噪声和震动小、散热好、效率高、维护方便，并可于后期安装，适合作为水下机器人和鱼雷的推进系统，也可用于其他水下航行器的动力推进。

2. 全液压推进技术

液压推进是指主机驱动液压泵，液压泵产生的液体静压力驱动液压马达，再由液压马达驱动螺旋桨。

当采用液压推进后，柴油机与螺旋桨之间没有刚性连接，因此，传动平稳、振动小、噪声轻、磨损少；在不改变柴油机的转速与转向的情况下就可实现螺旋桨的调速和换向，操纵灵活，因此机动性高；由于液压传动可以实现无级调速，因此螺旋桨与主机可获得较好的工况配合特性；采用液压推进后，通过液压马达可使几台柴油机的功率供给一个螺旋桨，功率汇集非常容易，适合大功率传动；整个动力装置的质量和尺寸指标都大大改善，同时由于柴油机与螺旋桨之间没有轴系连接，主机可以根据需要安装于机舱任何位置，因此机舱布置非常灵活；通过溢流阀可以很好地解决螺旋桨负载突增或者堵转时的系统保护问题，提高系统安全可靠性。但是液压推进的传动效率较低，另外，系统对液压油的质量和密封装置要求较高。

3. 喷水推进技术

喷水推进是一种特殊的船舶推进方式，与螺旋桨不同的是，它不是利用推进器直接产生推力，而是利用推进泵喷出水流的反作用力推动船舶前进。与螺旋桨轴系这一传统的推进方式的理论和应用发展相比，喷水推进技术进展相当缓慢，这主要是由于理论研究不成熟，有些关键技术没过关。例如低损失无空泡进口管道系统，高效率和大功能转换能力的推进泵，船、机、泵的有机配合，水动力性能极佳的倒航操纵装置等技术问题没得到解决等。但喷水推进毕竟具有推进效率高、抗空泡性强、附体阻力小、操纵性好、传动轴系简单、保护性能好、运行噪声低、变工况范围广和利于环保等常规螺旋桨不及的优点。

但是目前喷水推进器还存在一些尚未克服的缺点：喷水推进装置（见图 7-11）进水口所损失的功率约占主机总功率的 7%～9%，目前还未找到很好的办法更进一步地降低这一损失；船在转弯时其推力会丧失；缺乏一套操作灵敏、水动力学性能优良的倒车装置；喷水推进器的浅吃水航行带来在沙砾较多水域碎石和沙砾吸入系统的风险。

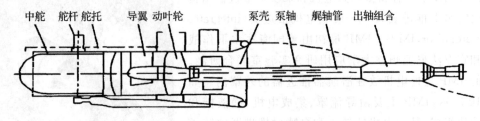

中舵 舵杆 舵托　导翼 动叶轮　　泵壳 泵轴　艉轴管 出轴组合

图 7-11　喷水推进装置

4.仿生推进技术

仿生推进技术将带来了水下航行体推进技术的革命,这种推进方式是仿生学和水下航行体推进结合的产物,突破了传统的螺旋桨推进理论。

鱼类可以在不减速情况下迅速改变方向,转弯半径仅有体长的 $10\%\sim30\%$,而船舶的转弯半径要大一个量级,且通常在转弯前先要减速一半。攻击性狗鱼可以在短时间内加速,加速度可超过 20 倍重力加速度。

仿生推进技术研究是目前仿生学领域研究的一个重要方面,模拟生物在特定条件下的卓越能力,制造出拥有类似生物上千万年进化而来的特定优势的推进装置,是仿生推进方式研究的目标。仿生推进装置三维模型如图 7-12 所示。

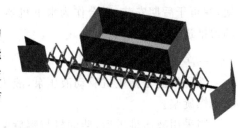

图 7-12　仿生推进装置三维模型

近年来,随着仿生学研究的不断进步,科研工作者的目光集中到对长期生活在水下,特别是能在水中自由遨游的鱼类的游动机理的研究上。鱼类长期生存在水下,进化出了性能完备的游动机理和器官。利用鱼类游动机理推动机器人在水下浮游的想法伴随着仿生学、材料科学、自动控制理论等学科的发展成为现实。

与传统螺旋桨推进器相比,仿鱼鳍水下推进器具有如下特点:①能源利用率高。初步试验表明采用仿鱼鳍新型水下推进器比常规推进器的效率可提高 $30\%\sim100\%$ 。从长远看,仿鱼鳍的水下推进器可以大大节省能量,提高能源利用率,从而延长水下作业时间。②使流体性能更加完善。鱼类尾鳍摆动产生的尾流具有推进作用,可使其具有更加理想的流体动力学性能。③提高水下运动装置的机动性能。采用仿鱼鳍水下推进器,可提高水下运动装置的启动、加速和转向性能。④可降低噪声和保护环境。仿鱼鳍推进器运行期间的噪声比螺旋桨运行期间的噪声要低得多,不易被对方声呐发现或识别,有利于突防,具有重要的军事价值。⑤实现推进器与舵的统一。仿鱼鳍推进器的应用将改变目前螺旋桨推进器与舵机系统分开、功能单一、结构庞大、机构复杂的情况,实现桨-舵功能合二为一,从而可精简结构和系统。⑥可采用多种驱动方式。对应用于船舶、游艇等方面的仿鱼鳍推进器可采用机械驱动,也可采用液压驱动和气压驱动,以及混合驱动方式;对于微小型水下运动装置,可采用形状记忆合金、人造肌肉以及压电陶瓷等多种驱动元件。

根据鱼类推进运动的特征,水下推进器可以划分为两种基本模式:身体波动式和尾鳍摆动式,如图 7-13 和图 7-14 所示。

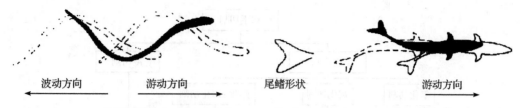

图 7-13　身体波动式推进模式　　　　　图 7-14　尾鳍摆动式浮游模式

目前,新型仿鱼鳍水下机器人的研究及未来发展主要集中在以下几方面:①尾鳍摆动式推进模式水动力学模型的建立;②尾鳍摆动式尾流的产生及其与推进力和推进效率关系数学模型的建立;③弹性元件在降低尾鳍摆动能量损失中的应用;④机器人姿态、运行轨迹控制;⑤机器人微型化。

5.四种推进技术的优点和缺点

四种推进技术的优点和缺点如表 7-3 所示。除了这几种方法之外,还有直接传动推进、齿轮传动推进、可调螺距螺旋桨推进、磁流体推进等。

表 7-3　四种推进技术的优点和缺点

各种推进技术	优点	缺点
电机推进技术	结构紧凑,质量轻,噪声和震动小,散热好,效率高,维护方便	发电机与电动机间存在能量损失,推进效率低,过载保护能力差等
全液压推进技术	传动平稳,震动小,噪声轻,磨损少,操纵灵活,可以实现无级调速	传动效率低,对液压油的质量要求高,系统密封性要求高
喷水推进技术	推进效率高,抗空泡性强,附体阻力小,操纵性好,传动轴系简单,保护性能好,运行噪声低	经济性较差,使船舶的排水量明显增加,有可能会吸入沙砾和碎石等
仿生推进技术	推进效率高,机动性高,噪声低,稳定性高	技术尚未成熟,推进功率有限,系统模型较为复杂等

7.1.5　水下作业技术

众所周知,海洋中蕴含着极其丰富的资源,而对这些资源的勘探、研究、开发和利用都需要借助专业的水下作业装备,从而不断推动水下作业技术的发展。常用的水下作业技术包括水下机械手技术、水下打捞、切割、焊接、拧螺丝,以及采样、拖网等。本节就其中几种做简要介绍,其他水下作业技术可参阅相关文献。

(1)水下切割技术,广泛地应用于水下设施(如水下油气管道、水下建筑)的修复、海底矿藏的开采、船舶潜艇等海洋装备的维修,以及各种废弃的海洋装备的拆除、障碍物清除、海洋打捞等多个领域。

目前,完成水下切割的方法很多,依据其基本原理和切割状态,水下切割技术可分为两大类,即水下热切割法和水下冷切割法,具体分类如图 7-15 所示。值得一提的是,虽然冷切割方法近年来得到很大的发展,但目前水下切割仍以热切割法为主。水下热切割法与陆地上用到的方法从名字上看比较相近,但是由于其特殊的使用环境,实现方式上还是有很大区别。

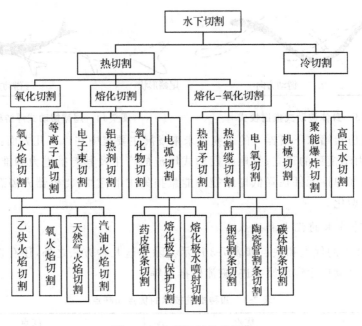

图 7-15　水下切割技术分类

（2）水下焊接技术，顾名思义是指在水下焊接金属的工艺。1802 年，学者 Humphrey Davy 指出电弧能够在水下连续燃烧，即指出了水下焊接的可能性。1917 年，在英国海军船坞，焊工首次采用水下焊接方法封堵位于轮船水下部分漏水的铆钉缝隙。1932 年，Khrenov 发明了厚药皮水下专用焊条。现在以英国 Hydroweld 公司为代表的多家企业发展了多种水下焊条，取得了很好的实用效果。目前，水下焊接技术已广泛用于海洋工程结构、海底管线、船舶、船坞港口设施、江河工程及核电厂维修。

现在已经应用的水下焊接方法有几十种，但是应用较为成熟的还是电弧焊。从工作环境的角度，水下焊接方法可分为三大类：湿法、干法和局部干法。下面简要介绍。

①湿法水下焊接是焊工在水下直接施焊，而不是人为地将焊接区周围的水排开的水下焊接方法。该法经常受到水下能见度差的影响，潜水焊工由于看不清焊接实际状况而出现"盲焊"现象，因此焊接质量难以保证。但是该方法具备操作灵活、设备简单、成本较低、适用性强等优势。

②干法水下焊接是用气体将焊接部位周围的水排除，而潜水焊工处于完全干燥或半干燥的条件下进行焊接的方法。干法焊接需采用大型气室罩住焊件，焊工在气室内施焊，由于是在干燥气相中焊接，其安全性较好。干法水下焊接又可分为高压干法水下焊接和常压干法水下焊接。

③局部干法焊接是用气体将正在焊接的局部区域的水人为地排开，形成一个较小的气相区，使电弧在其中稳定燃烧的焊接方法。它降低了水的有害影响，使焊接接头质量较湿法焊接有明显改善，与干法焊接相比，不需要大型昂贵的排水气室，适应性明显增大。它综合了湿法和干法两者的优点，是一种较先进的水下焊接方法，也是当前水下焊接研究的重点与方向。

（3）水下打捞技术，是一门多学科交叉、多种技术综合应用的技术，它综合了水下切割、焊接、冲挖、封堵、绑扎、起吊等。水下打捞按其任务性质可分为：救助打捞和清障打捞。
①救助打捞是对沉没于水下的飞行器、船舶、潜水器或其他特定物体,实施破坏性最小的回
收打捞,其特点是打捞作业的时效性、完整性较强。②清障打捞则主要是对可能影响水下航
道或环境安全的沉没物体(如飞行器、船舶、潜水器、水下油气生产系统、结构物或其他特定
物体等)实施清除打捞,作业对时效性和完整性的要求都相对较为宽泛。

7.1.6 水下照明与摄像技术

下面介绍水下照明技术、水下摄像技术和水下光纤照明技术。

1. 水下照明技术

水下照明在海洋开发的各种设计中是经常使用的,特别是在深海中,在几乎不能得到自
然光(太阳光)照明的情况下,水下光源便成为海底调查设备不可缺少的装置。在水中,光的
问题是与空气中不同的,海水对光的吸收和光在海水中的散射现象,使得光受到很大影响。
光线既容易衰减,光色也容易发生变化。因此,水下照明装置的设计必须考虑光的波长分布
范围(光谱分布)和海水的光学特性以及观察仪器的灵敏度等相互之间的关系,并注意照明
效率、配光特性以及装置的耐水压性能等。

2. 水下摄像技术

近年来,随着科学技术的飞速发展,特别是计算机和数字技术的进步,水下视频图像技
术在市场视频技术的推动下,以从未有过的增长速度发展。数字视频压缩技术、图像获取和
记录技术、高分辨率的 CCD 传感器及小型低成本的视频摄像机和数码摄像机等被广泛用于
水下摄像机的设计和制造中。我国国家海洋环境监测中心根据国内海洋开发市场的需求,
从 1996 年开始设计制作了多台低价位、高性能的普及型水下摄像机,解决了许多用户在海
洋开发实际工作中遇到的难题,其适用性和可靠性等均得到用户的一致好评。

3. 水下光纤照明技术

近年来,随着人们对水下照明要求的不断提高以及新技术的发展,传统照明方式受到强
有力的挑战,新的照明器具、照明技术逐渐被应用,其中光纤照明是比较有发展前途的照明
技术之一。光纤照明是光纤发光部同其耦合光源隔离,发光部不带电的安全照明系统,可以
避免诸如漏电、打火之类事故的发生,光纤照明不仅可用于高温、高湿、易燃、易爆等环境照
明,而且光纤点阵照明方式兼具在水下传递信息的作用。因此,光纤照明技术的发展又为水
陆间信息传递的发展开辟了新的道路。

7.2 常用的海洋通用件

限于篇幅,本节选择几种常用的海洋通用件进行介绍。通常海洋浮力材料也列入海洋
通用件范畴,由于浮力材料在海洋工程材料一章中已有介绍,此处不再赘述。

7.2.1 海洋物理、化学和生物传感器

传感器一般是指能感受规定的被测量并按照一定的规律转换成可用信号的器件或装
置,通常由敏感元件和转换元件组成。传感器技术是海洋观测仪器设备的核心技术,在发展

现代海洋观测仪器、构筑现代海洋观测系统、提高海洋环境监测能力等方面具有十分重要的意义。海洋中常用的传感器可分为物理传感器、化学传感器和生物传感器,下面逐一简要介绍。

1. 用于海洋中的物理传感器

物理传感器是检测物理量的传感器,它是利用某些物理效应,把被测量的物理量转化成为便于处理的能量形式的信号装置。主要的物理传感器有光电式传感器、压电式传感器、压阻式传感器、电磁式传感器、热电式传感器、光导纤维传感器等。海洋中常用的物理传感器按使用场合大致可分为风速及风向监测传感器、潮汐监测传感器、波浪监测传感器、水流监测传感器、泥沙监测传感器、声学定位及测量传感器、温盐深传感器等。图 7-16 是美国海鸟(Sea-Bird)公司生产的型号为 SBE 9plus 的 CTD。

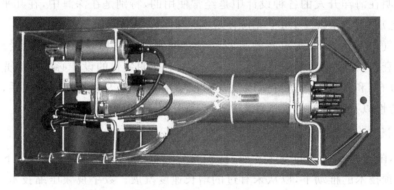

图 7-16　SBE 9plus CTD

2. 用于海洋中的化学传感器

化学传感器一般是指对各种化学物质敏感并将其浓度转换为电信号进行检测的仪器。海洋中应用的化学传感器一般有:基于流动注射分析技术的海洋在线化学传感器,如在线 FIA 营养盐传感器(见图 7-17);光化学传感器,如 FOXY 溶解氧传感器;离子选择电极,如浙江大学研发的 Ag/AgCl 电极(见图 7-18)。实现方式可参阅相关文献。

图 7-17　在线 FIA 营养盐传感器

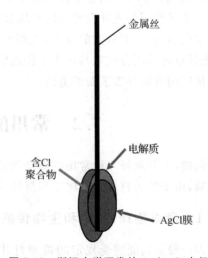

图 7-18　浙江大学研发的 Ag/AgCl 电极

金属丝

电解质

含Cl
聚合物

AgCl膜

3.用于海洋中的生物传感器

生物传感器一般是利用生物活性物质分子识别的功能,将感受的被测量转换成可用输出信号的传感器。生物传感器按照其敏感元件,可分为酶传感器、微生物传感器、细胞传感器、组织传感器和免疫传感器;按照其信号转换器可分为生物电极传感器、半导体生物传感器、光生物传感器、热生物传感器、压电晶体生物传感器等。海洋中常用的生物传感器包括叶绿素 a 传感器、浮游生物分类荧光仪、浮游植物流式细胞仪等。

7.2.2　水下电机

按不同的水深,水下电机大体上分为三种类型:浅海型(约 60 m 深)、中等海深型(约 300 m 深)以及深海型(约 600 m 深)。浅海型和中等海深型一般采用同步型无刷直流电动机。

针对水下用电动机应着重考虑电机耐受水压以及水的隔离问题,有两种可行的电机结构方案:①耐水压的机械结构,采用高机械强度材料加大壁厚的机壳以承受水压及隔离海水。②压力平衡结构,电机内部充油,以非金属膜盒加以封闭。靠此膜盒的伸缩适应内部油的热膨胀以及外部水压的变动,使电机内外部压力平衡。

因内部充油电动机运行时势必会增大机械损耗,因而电机的效率偏低。采用哪种结构依电动机的使用要求而定。浅海型及深海型电机可采用平衡压力结构,中等海深型电机可采用耐水压的机械结构。

7.2.3　液压阀

液压阀是用来转换液压系统中油液的流动方向或控制其压力和流量的。它可以分为方向阀、压力阀和流量阀三大类。压力阀和流量阀通过改变通流截面的节流作用控制油液的压力和流量;方向阀通过改变流道通路控制油液的流动方向。每大类液压阀根据不同的具体功能和特点分为许多种类(见表 7-4)。

表 7-4　液压阀分类

种类	详细分类
压力控制阀	溢流阀、减压阀、顺序阀、卸荷阀、平衡阀、比例压力控制阀、缓冲阀、截止阀等
流量控制阀	节流阀、单向节流阀、调速阀、分流阀、集流阀、比例流量控制阀等
方向控制阀	单向阀、液控单向阀、换向阀、行程减速阀、充液阀、梭阀、比例方向控制阀等

液压阀的原理有一些共同点:①在结构上,液压阀都由阀体、阀芯和驱动元件组成;②在工作原理上,液压阀进出口压差与流过阀的流量之间的关系都符合孔口流量公式。

对液压阀的基本要求有:①动作灵敏,可靠性高,抗冲击振动;②压力损失小;③密封性好;④安装维护方便,通用性好。

在水下液压技术领域,水液压技术在海洋开发利用中的应用日益显著,海水、淡水液压元件的研究是最新的研究方向之一。用水作为介质有如下一些优点:环境友好、价格低廉、阻燃性好、维护成本低。海水、淡水也有润滑性差、腐蚀性大、黏度低、汽化压力高等特点。对液压阀材料的选取应特别注意,要求其应具有耐腐蚀、耐磨损和高机械强度等特性。

7.2.4 水泵

水泵是输送液体或使液体增压的机械。它将原动机的机械能或其他外部能量传送给液体,使液体能量增加,主要用来输送水、油、酸碱液、乳化液、悬乳液和液态金属等液体,也可输送液体和气体混合物,以及含悬浮固体物的液体。根据不同的工作原理,水泵可分为容积水泵、叶片泵等类型。容积泵是利用其工作室容积的变化来传递能量;叶片泵是利用回转叶片与水的相互作用来传递能量,有离心泵、轴流泵和混流泵等类型。

水泵的基本参数是衡量泵性能的指标,主要有:流量、吸程、扬程、转速、汽蚀余量(net positive suction head,NPSH)、功率和效率等。

在海洋技术应用中,有时会使用潜水泵(submersible pump),即使用时整个机组潜入水中工作,可用于海水提升、轮船调载和抢险救灾等场合。一般流量可以达到 $10\sim650\ \mathrm{m^3/h}$,扬程可达到 1500 m。

7.2.5 水下机械手

水下机械手是载人潜水器作业系统中的重要组成部分,它扮演着操纵其他具体作业工具的角色。机械手的作业范围、动力性和控制灵巧性等决定着整个作业系统的性能。一般载人潜水器上用到的液压机械手方案是这样的,两只机械手中一只为主从式机械手,另一只为开关式机械手。液压动力源的功率不大于 4.5 kW。这种方案兼顾技术指标和经济指标,为国外大多数载人潜水器所采用。两只机械手分别完成各自的功能,主从式机械手具有七个自由度;开关式机械手主要具有锚定功能,同时具备七个动作功能;两只机械手的全伸长距离和全伸长时举力都有明确的要求,最大举力(正常工作状态下)可达 2500 N。机械手材料选用钛合金。图 7-19 为安装在美国 Alvin 号载人潜水器上的液压机械手,它有七个自由度,均采用高强度防腐钛合金材料。其主要技术指标

图 7-19 安装在美国 Alvin 号载人潜水器上的液压机械手

为:最大举力为 1 kN;最大伸距为 1.75 m;最大夹紧力矩为 40 N·m;自重低于 160 kg。

7.3 海洋通用技术的发展趋势

目前我国正致力于开发出探测与作业范围大、深度大、精度高,集成化程度高、功率密度大,操作灵活、精确、方便,使用长期稳定、可靠的海洋通用产品,力争使我国的海洋通用技术处于国际领先水平。

思考题

1.海洋通用技术与海洋专业技术有何区别?

2.简述我国海洋通用技术的发展现状。

3.制约我国海洋通用技术发展的有哪些因素?

4.如何提高海洋通用仪器设备的稳定性和可靠性?

5.水下电机设计中主要考虑哪些因素?

6.什么是脐带缆?脐带缆有哪些主要功能?

7.如何保证水下装备的能源供应?

8.什么是电池能量密度?如何计算?

9.水密接插件在设计中有哪些要注意的要点?

10.分析海洋通用技术的发展趋势。

参考文献

[1]路道庆,邓斌,于兰英,等.深海水密接插件结构设计.机械工程师,2008(7):53-55.

[2]CAIRNS J L. New advances for underwater electrical connectors. Proceedings of MTS/IEEE Oceans. San Francisio,1983:507-511.

[3]叶高杨,朱家远,李锦华.水下插拔光纤连接器的应用.光纤光缆传输技术,2007(4):25-28.

[4]WRIGHT P J,WOMACK W. Fiber-optic downhole sensing:a discussion on applications and enabling wellhead connection technology. Offshore Technology Conference,Houston,2006.

[5]PAINTER H,FLYNN J. Current and future wet-mate connector technology developments for scientific scabed observatory applications. Proceedings of MTS/IEEE Oceans,Boston,MA,2006:881-886.

[6]中海石油研究总院.水下生产系统脐带缆,2010.

[7]李泽松.基于电磁感应原理的水下非接触式电能传输技术研究.杭州:浙江大学,2010.

[8]田晓辉.锂离子电池SOC预测方法应用研究.洛阳:河南科技大学,2009.

[9]Tecnadyne:the leader in subsea propulsion. [2017-12-1]. http://www.tecnadyne.com.

[10]纪玉龙.船舶综合液压推进技术基础研究.大连:大连海事大学,2008.

[11]张晓涛,吕建刚,郭劭琰,等.一种仿生推进装置研究.机械传动,2011,35(7):48-51.

[12]TRIANTAFYLLOU M S,TRIANTAFYLLOU G S. An efficient swimming machine. Scientific American,1995,272(3):64-70.

[13]SFAKIOTAK M,LANE D M,DAVIES J B. Review of fish swimming modes for aquatic locomotion. IEEE journal of ocean engineering,1999,24(2):237-252.

[14]杜文博,朱胜,孟凡军.水下切割技术研究及应用进展.焊接技术,2009,38(10):1-5.

[15]高辉.焊接发展史(三)——水下焊接技术发展史.焊接技术,2007,36(1):6-7.

[16]俞建荣,张奕林,蒋力培.水下焊接技术及其进展.焊接技术,2001,30(4):2-4.

[17]张国光,张延猛,董建顺.试论我国海空立体救助之水下搜救打捞技术体系建设.第六届中国国际救捞论坛.西安,,2010.

[18]苏方雨.深海用水下照明灯具.海洋渔业,1990(1):39-42.

[19]马明祥.光纤水下照明与字符显示系统的研制.现代电子技术,2008(1):191-193.

[20]Sea-bird scientific. [2017-12-1]. http://www.seabird.com.

第 8 章

海洋试验技术

作为海洋技术的一项支撑技术,海洋试验技术的重要性毋庸置疑。本教程把海洋试验技术单列一章进行讨论,就是要强调海洋试验技术是海洋技术装备集成研发和海洋工程系统实现中的重要环节。我国多年来为"蛟龙号"载人潜水器不惜花费重金和船时,不断地在试验水池、内湖、南海、太平洋中进行 1000 m、3000 m、5000 m 和 7000 m 的海试工作,就充分表明了这一点。海洋试验技术范畴很广,就场所来分,就可分为室内试验和野外试验,湖泊试验和海上试验等。海洋试验技术还涉及一系列的试验方法与手段,包括一些实验室和海上的测量方法与技术。

8.1 海洋试验技术的定义与分类

什么是海洋试验技术? 其定义由两个方面来表述:一是对海洋技术装备与船舶装备在实验室水池、室外水体或海上开展的试验工作,目的是进行功能验证与性能验证,以达到功能确认、性能优化、系统完善的目的。二是为验证、研究、在实验室内再现某一科学问题所开展的理论性试验研究工作,如在实验室内模拟内波现象所开展的试验工作。

具体来说,海洋试验技术的目的有这样几点:

- 检验海洋装备的功能可行性;
- 性能指标验证;
- 系统性能与结构优化;
- 系统完善;
- 在实验室中再现某种海洋科学现象;
- 验证某一科学假设;

……

海洋试验技术按功能要求分类,可分为:耐压试验、低温试验、耐盐试验、振动试验等在海洋环境的适应性试验;水动力学试验、启动试验、运行试验、冲击试验等功能性试验;动态试验、寿命试验、故障模拟试验等性能试验。

海洋试验技术按试验方法分类,可分为常规试验、模型试验、加速试验、半物理试验、数字试验、水池试验、海上试验等。

所谓加速试验,就是指用相对于实际使用时间短得多的时间进行试验,这是通过特意提高实际应用时遇到的外部负载的频度、幅度、大小或持续时间,或将这些影响因素组合施加来达到目的。换言之,加速试验是立足某种等同原则,改变试验中一个或几个影响因素,以在缩短的试验周期中得到等效试验结果的试验方法。这种试验常常用于寿命试验等比较耗时的试验中,能够大大加快试验进程。

水面船舶是一个比较特殊的装备,通常不列入海洋技术装备之列,却是海洋科学与海洋技术发展的重要内容。考虑到许多潜水器的设计制造过程与水面船舶有一定的相通之处,本教程有时也对船舶方面的一些相关试验内容进行介绍与阐述。对于船舶的设计制造,经过长期的实践积累,有几个重要的船舶试验是经常用到的,譬如船模阻力试验、船模自航试验和螺旋桨敞水试验等。由于本教程在别处不再对水面船舶的试验进行更多的讨论,就在这里进行介绍。

(1)船模阻力试验:在满足重力相似的条件下,在船池中应用拖车等速拖曳船模,采用阻力仪测量船模遇到的阻力,这种试验称为阻力试验。将阻力试验结果借助于某些假设,如傅汝德假定、休斯假定等,换算成相当速度下的实船总阻力,再乘上航速就可以算出实船的有效马力。

(2)船模自航试验:把模型螺旋桨安装在带附件的船模艉后,模拟实船航行状态,称为船模自航试验(通过船模内所装的动力机构驱动螺旋桨推进船模和测力仪,以预测实船的快速性和分析螺旋桨与船体间相互作用的试验)。该方法通常用于船舶在各种速度时的主机功率和推进性能试验中。

(3)螺旋桨敞水试验:将被试螺旋桨安装在敞水试验箱的前端,箱内的电动机经过螺旋桨动力仪转动螺旋桨,这种试验称为螺旋桨敞水试验(为研究螺旋桨在均匀流场中的工件特性,将螺旋桨模型单独地在均匀水流中的试验)。通过敞水试验,可绘制出螺旋桨的设计图谱和敞水特性曲线等,以供设计者使用。

8.2　海洋试验中的主要测量技术

海洋试验技术中需要开展各种量的测量,以获得相关数据,支撑海洋试验工作。这些测量手段与方法,有些是在实验室内使用,有些是用于海上的。海洋测量的项目很多,如水温、水色、密度、浊度、盐度、水深、海浪、波浪、海流、溶解氧(DO)、酸碱值(pH值)、叶绿素、营养盐等。本教程主要讨论海上的测量方法与技术。测量内容包括基本量的测量,如海水的温度、盐度、密度、浊度等,也包括一些重要量的测量,如海洋深度、海洋波浪的测量,同时介绍一些常用的海上测量手段,如重力测量、磁力测量等。囿于篇幅,本教程仅介绍一些基本概念与内容。

1.海洋基本物理量的测量

海洋中的许多量值,如水温、密度、盐度、浊度等,是表征海洋物理特性的基本参数。在许多海洋试验过程中,都必须测量这些量值,作为海洋试验的背景数据。应该说,一份海试总结报告,只有包含这些基本量值,才算是完整的。下面分别介绍这些基本物理量的测量技术。

(1)温度测量。海水温度是表现海水状态重要的参数,它的分布和变化直接影响海洋装备的工作性能。因此,温度测量往往是海洋试验工作中一项不可或缺的内容。谈到温度测量,首先要提一下准确度的要求。在海洋领域,特别是对深层海水温度的测量,其准确度要求是很高的,一般要达到 0.05 ℃,有时甚至要达到 0.01 ℃。温度测量分为点测量与线(面)测量方式。仅测海洋水体中一个点的温度,可用市面上能够买到的各种海洋温度传感器来测定,如自容式温盐深测量仪(CTD)、投弃式温深仪(XBT)等;若需要测量一个剖面的温度,则需要利用光纤式温度测量仪或基于水下声学的温度测量仪。

(2)盐度测量。盐度是海水中含盐量的一个标度。海水中含有钠、镁、钙、钾、锶五种阳离子,氯、硫酸根、碳酸氢根(或碳酸根)、溴、氟五种阴离子,以及硼酸分子。海水盐度通常用来表示海水化学物质的多少。盐度的一种测量方法是,测量海水样品与标准海水在标准大气压下的电导率比 R_0,再查国际海洋学常用表,得出海水样品的实用盐度。盐度的测量方式大致可分为化学法和物理法两种。化学法是硝酸银滴定法,并通过麦克伽莱表查出氯度,然后根据氯度与盐度的线性关系,推算出盐度。物理法有比重法、折射法和电导法三种:比重法是从比重求密度,再根据密度、温度确定盐度;折射法是通过测量水质的折射率来获得盐度;而电导法则是利用不同盐度具有不同的电导特征来推定海水盐度。实际应用时可通过 CTD 获得盐度数据,而 CTD 是基于电导率来测定盐度的。

(3)密度测量。海水密度是海水的基本物理要素之一,它是指单位体积海水水体中所包含的质量,是海水温度、盐度和压力的函数,单位为 kg/m^3。海水密度会随地理位置不同、所处的深度不同、温度和盐度不同,呈复杂的分布规律,并随时间变化。一般来讲,海水的密度可通过测定的盐度、温度和深度计算获得。

(4)浊度测量。浊度是海水水体测量中的一项重要参数,它是水体质量的综合要素,也表征光线在海水中的衰减程度。浊度在实验室里可用白陶土标准比浊法来测得,即浊度表示水中悬浮物对光线透过时所发生的阻碍程度,规定 1 mg 白陶土(SiO_2)在 1 L 水中所产生的浑浊程度作为一个浊度单位,用度表示。在海洋现场测量时,浊度一般采用光学的方法测定,即通常通过光线在水体中的通过率测量浊度。如一些自容式海水浊度传感器设置了具有光发射器和光电接收器的光学测量系统、玻璃窗清洁系统和控制系统,以进行海水浊度的测量和记录。

2.测深与测流

海洋深度和海流情况,是两个十分重要的参量,也对海洋试验工作至关重要。由于两者一般都是基于水下声学的方法进行测量的,这里就把它们放在一起介绍。

(1)海洋测深技术。海洋深度测量的原理可以通过回声测深原理来进行介绍。回声测深方法是一种常用的水下测深方法,是利用声波在水中的传播特性测量水下深度的一项技术。在海面垂直向海底发射声波信号,并记录从声波发射到获得海底返回信号的时间间隔,通过计算(并加以必要的校正)测得水体的深度。水深 H 的一般计算公式可表示为

$$H = 0.5ct \tag{8-1}$$

其中,c 是水声声速,t 是声波发射到获得海底返回信号的时间间隔。

基于这样的一种原理,就可实现海洋水深的测量。测深系统一般由发射器、接收器、发射换能器、接收换能器及辅助设备组成,如回声测深仪、多波束测深系统等。

当然,海水深度也可通过压力传感器来测量。譬如美国 Sea-Bird 公司生产的 911 Plus CTD 上的测量传感器的测量深度可达 10500 m(基本覆盖全海域),精度为 $\pm 0.015\%$ FS(流量程)。

（2）海水流动测量。海水流动测量主要测量海水的流速与流向，通常是采用声学多普勒海流剖面仪（acoustic Doppler current profiler，ADCP）来实现的。ADCP 根据声学多普勒原理，利用矢量合成方法，测量海水水流的垂直剖面分布，以获得水体的流速与流向。ADCP 向海水水体发射声波脉冲，利用背向散射声波脉冲的多普勒频移，可连续测得各层水体的三维流速和流向。Workhorse 型 ADCP 系统外形如图 8-1 所示。

图 8-1　Workhorse 型 ADCP 系统外形

3.其他重要测量技术

这里再简单介绍一些常用的测量手段与方法。

（1）叶绿素测量技术。叶绿素含量是反映海水中浮游植物生物量或现存量的一项重要的观测项目，也是计算初级生产力的基础。传统的方法，可通过定点采水、抽滤、萃取，然后测定的方法，虽然准确、可靠但费时，自动化程度不高，测点不可能太密。一般的叶绿素仪器是通过荧光测量方法制成的，也可以利用海洋遥感卫星，通过测量水色的光谱变化来确定海洋中的叶绿素含量。

（2）重力测量技术。海洋重力测量技术是在海上或海底进行连续或定点观测的一种重力加速度的测量方法，常用于海底探矿等目的。近几年来，随着先进技术的发展，轻便而精密的海洋重力仪不断出观，海洋重力测量得到迅速的发展。海洋重力测量的方式有：用海底重力仪进行定点观测，用海洋重力仪在船上进行连续重力测量等。

（3）地磁测量技术。海洋地磁是一个重要的物理要素，通常用于海洋资源勘探、沉船寻找以及潜艇侦探。利用船只携带仪器在海洋进行的地磁测量主要有三种形式：在无磁性船上安装地磁仪器；用普通船只拖曳磁力仪在海洋上测量；把海底磁力仪沉入海底进行测量。海洋磁测资料对编制地磁图、研究海洋地质和海底资源都有重要的作用。海洋磁测发现了海底条带状磁异常，为板块构造学说提供了重要依据。

（4）海底表层剖面技术。海底表层剖面技术是指通过水下声学的方法，对海底浅层结构与表层沉积物进行探测。这项技术广泛用于海洋研究工作中，通常是通过使用海底浅表层剖面仪来实现。海底表层剖面仪是利用声波脉冲在水体及海底表层沉积物内的传播与反射特性，来测定海底表层结构的海洋技术装备。海底表层剖面仪一般由声源、接收换能器和接收记录器三部分组成。图 8-2 为一种浅地层剖面仪的"拖鱼"外形照片。

图 8-2　3200XS 型浅地层剖面仪

8.3　海洋试验步骤

一个完整的海洋装备研发过程，一般根据不同的阶段，开展这样几个方面的试验：实验室台架试验、水池试验、湖泊或浅海试验，以及海上试验。有些技术装备需要经过其中的几个环节，但对于重要的海洋工程与技术装备，必须经过每个试验环节。下面就各个环节分别进行阐述。

1. 实验室台架试验

实验室的台架试验是海洋装备研发过程中不可缺少的环节。在海洋技术装备的设计研制过程中，需要对装备的功能、物理特性等方面，进行一些试验考核与研究。这些工作通常可以通过搭建试验台架来实现。譬如要做水密接插件的插拔寿命试验，就可以做一个专门的机械装置，通过不断地对水密接插件进行插拔，并记录插拔力与插拔次数。进行耐压密封试验的高压舱，也算是台架试验的一个设备。

由于实验室台架试验与野外试验相比成本低、工作方便，因此，在技术装备的研发过程中，尤其是初级阶段，是常常使用到的。当然，这些台架试验多数需要"量身定制"，没有现成的产品。事实上，在一些先进的海洋技术研究机构中，实验室台架试验的水平有时最能够反映其所在研究机构的实际水平。

2. 水池试验

水池试验是海洋试验技术中较常用，也是较重要的试验技术。顾名思义，水池试验就是在各种实验水池中开展的试验研究。实验室里拥有某种类型的水池，是一个海洋技术研究机构的基本特征。水池的最重要技术指标，就是其几何尺寸——水池的长、宽、高。水池根据其水深不同，往往分成浅水水池和深水水池。一般来讲，水深大于 8 m 的水池被称为深水水池。浅水水池的水深通常仅在1～1.5 m。长宽尺寸若相差得比较大，则形成所谓的水槽。图 8-3 为浙江大学海洋试验大厅中的浅水水池。

图 8-3　浙江大学海洋系浅水水池

根据不同的试验需要，在水池之外添加各种设备，就可形成各种不同功能的水池，如造波水池、拖曳水池、风浪流试验水池等。①所谓造波水池，就是通过配置造波设备，在水池内能同时模拟或部分模拟水面的波浪进行模型试验的水池。通常造波水池还需要安装消波器，以保证造波质量。②在水池上面加上拖曳装置，通常就可形成拖曳水池。拖曳水池可用于船舶性能的试验研究，包括水面船舶与潜水器。③风浪流试验水池由于增加了一些条件，如水面的造风等，其功能更为全面。

还有一些非常特殊的水池，如在芬兰的阿尔托大学就建有冰水池。冬天只要打开房顶，就可自然形成冰水池，而夏天则只能依靠强大的冷却系统来实现冰水池。冰水池对于北欧这些国家非常重要，可以用来研究海洋结构或海洋装备在结冰海面的工作性能。

3. 湖泊或浅海试验

简单的实验室狭小水池，已经很难从布放、安装、试验、检测、回收等一系列流程对许多海洋技术装备实现全面的测试。通常在海洋技术装备开发的过程中，或实验室试验完成后，往往需要到内湖或浅海开展大量的野外试验，进一步验证所研发装备的动能与性能，以便将来在海上实际使用。我国浙江省的千岛湖、云南省的抚仙湖，由于其水域较深，水质较清，为许多海洋技术研究单位所青睐。譬如，中国科学院声学研究所、中船重工七一五研究所等，就在浙江千岛湖设立试验站。国内的许多单位，包括浙江大学、中科院沈阳自动化研究所、同济大学、上海交通大学、哈尔滨工程大学等，都曾在千岛湖的试验站里开展过湖试研究。

众所周知，湖泊的底质情况、水面与水底的波浪流情况、试验船只自身的升沉与摇晃，以及湖水的物理、化学、生态等方面的参数，毕竟与海洋实试相比相去甚远。所以有些单位就选择在海边开展浅海试验。譬如同济大学、浙江大学在开展海底观测网络关键技术研究工作时，就曾在浙江省的嵊泗列岛的嵊山岛附近开展过试验研究。

4. 海上试验

对于海洋技术装备来讲，最合理的试验应当是放到其将来应用的真实条件中去做，即开展海上试验。在国外，有一些海上试验场，如加拿大维多利亚大学（University of Victoria）的海洋技术试验场（Ocean Technology Test Bed，OTTB）等。然而，我国尚没有很好的海上试验条件。目前海上试验的唯一途径是通过科学考察船去开展海上试验。通常海洋技术装备要开展海上实试，就要申请船时，上船去远海开展试验。由于船时紧张，上船试验成本很高，许多海洋技术装备在研制过程中缺乏海上实试环节。这一问题长期困扰着我国海洋装备技术界，极大地阻碍了这一技术的发展。譬如，我国一些单位在开展海底观测网络技术研究时，因国内没有海试条件，其海底观测网络次级接驳盒等关键设备只能拿到美国蒙特雷湾海底进行布放测试。

5. 试验数据处理

经过了各种形式的试验工作，最后有一项共性工作值得大家重视，那就是试验结果的数据处理。这项工作是所有试验环节工作的重要体现，其要点如下。

- 提交各种试验曲线或试验数据，证实被试装备的正确性；
- 要包含试验环境数据（如气温、海况等）、试验设备（如数据采集设备等）的型号及参数等信息，测试设备要经过权威计量检测部门标定；
- 要做好时间坐标的记录；
- 要有参与者的信息；
- 要保证试验中获得数据的正确性、可靠性；
- 要做好数据的妥善保管；
- 要对获得的试验曲线进行精确描述；
- 不要轻易剔除所谓的"超差"数据；
- 要给出试验曲线的偏差范围，最后形成以试验曲线（数据）为核心的试验报告。

还要注意两点：一是保证试验数据的"原汁原味"，要把在试验过程中所形成的重要原始资料保存好，必要时可作为试验报告的附件，这项工作是保证试验报告"权威性"的重要依据,同时,一旦发现试验结果有误,也是查验错误的重要数据资料;二是要做好各项签名工作,做到每项工作、每个步骤都有专人负责,这是保证一项试验工作取得成功的重要措施。

8.4 试验大纲

与许多试验工作一样,海洋试验工作在开展之前,一定要撰写试验大纲。试验大纲是指导海洋装备试验工作开展的纲领性文件。同时,撰写试验大纲也是试验人员对试验工作的一次"纸上谈兵"。通过这样的"纸上谈兵",能够预见一些问题,提前准备一些解决方案。因此,海试人员应该十分重视试验大纲的撰写。

1. 撰写试验大纲的流程

(1)首先明确试验目标。明确为什么要做试验、试验工作应该达到的目标有哪些。可以为一次试验工作设定多个目标。当然,要考虑设定一个理想目标,但同时也要设定一个最低目标。

(2)研究合适的试验方法。要完成一项试验,往往有多种方法。其实对于一个工程人员来讲,他一辈子的主要工作,就是在现有的"方法库"中找到一个合适的方法,来解决自己手头的问题。一个好的工程人员,是用合适的"现存"方法解决自己的问题,而非发明一个"新"的方法。经济、简捷、直观的方法,往往是首选方法。

(3)专门建立试验条件。常常会有这样的情况,就是需要建立专用的试验装置或设备。本教程提倡尽可能采用现有的试验装置,来实现所有的试验目的。然而,往往会有这样的特例,需要大家自行建立试验条件。譬如对于"蛟龙号"载人潜水器来说,它的作业工具之一——沉积物采样器,就需要设计专用试验台架,在实验室内进行沉积物采样试验工作。

(4)明确试验步骤。要在试验之前,把每一步的试验过程都预先设计好,并考虑每一环节之间的"接口"工作。要设计好如何做好每一试验阶段的试验结果数据的采集与记录,特别是对于新的技术装备研发来讲,这项工作尤为重要。对于学生和研究人员来讲,试验结果的数字化工作,可便于成果的发表。

(5)预期试验结果。这是试验设计与执行者的一项重要工作。这样的工作,可以指导试验人员进行试验参数的设置,也能更好地观测与评价试验结果。试验结果的预期,可以通过数值模拟来实现,也可以凭借以往的经验加以判断。

(6)形成试验大纲。最后综合上述内容,撰写试验大纲,把上述内容固化下来。请注意,尽可能采用图文并茂的方式,通过插图和表格等形成试验大纲。试验大纲要进行反复论证,并由权威人士审核、签字。

2. 试验大纲的内涵

试验大纲的内涵包括:试验性质和目的;试验设备描述;试验保障条件和用船计划;试验安全控制方案和应急措施;试验时间、地点、参加人员和岗位职责;现场使用的技术文件和记录表格清单;试验方案(试验内容、步骤、测量数据及处理要求等);试验结果记录方式;权威人士核实、签字。

3.试验大纲的格式

(1)明确该海试工作的目的与任务,并且给出编制该大纲的依据。

(2)提出要求的海试条件、气候要求、水域深度要求、水面平台(如船)的要求与船时,并明确船上设备,如升降设备等。

(3)明确海试内容,如试验具体内容,并给出测试指标要求。

(4)罗列出详细的海试设备、工具清单,可供海试前准备时参照。

(5)制定海试方案,包括对海试海域的了解、甲板操作规程、海试操作规程(如设备吊放入水细则、设备回收细则、后处理细则和实验示意图等)。

(6)明确人员及分工,给出参试人员名单以及分工。

(7)制定海上作业安全规范,确保海试过程中人员、设备的安全。

(8)最后列出海试大纲制定人名单以及审核人签名。

图 8-4 是某海试大纲中的试验过程。

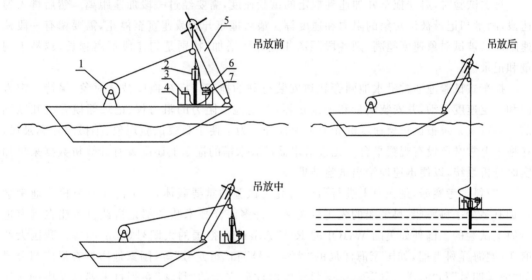

1—卷扬机;2—取样器;3—传感器;4—框架;5—A 形架;6—无接触电能信号传输装置;7—水下摄像机及照明灯

图 8-4　某沉积物采样器海试大纲中的海试过程

8.5　试验条件建设

一个完整的海洋装备技术研究机构,一定需要建设相应的试验条件。可以这样说,一个海洋科学与技术研究机构的试验条件水平,决定这个研究机构的研究水平。

试验条件有室内、室外之分,甚至有些研究机构(譬如中国科学院声学研究所、美国的蒙特雷海湾研究所等)具备野外甚至海上的试验条件。美国的蒙特雷海湾研究所(MBARI)在离他们实验室不远的海域,就有深达数千米的海沟,在那里他们建设了一个海上试验场。对于不同的研究对象,其试验条件也不尽相同。试验条件内容很多,有拖曳水池、动力水槽、深水池、高压试验舱、粒子成像测速仪、振动台、走入式冷库、机加工车间、高温高压流动培养釜等。譬如对于船舶研究机构来讲,造波水池应该是其最为重要的试验条件;而对于深海技术装备的研发部门,模拟深海海底环境的高压舱则是必不可少的。

下面就以拖曳水池、用于潜水器试验的试验水槽和科学考察船为例,做进一步介绍。

(1)拖曳水池,是水动力学试验的一种设备,是用船舶模型试验方法来了解船舶的运动、航速、推进功率及其他性能的试验水池。试验是由拖车牵引船模进行的,因而得名。船舶、潜艇、鱼雷、滑行艇、水翼艇、气垫船、冲翼艇、水上飞机、水下系统、潜水器和各种海洋结构物等都可在水池中做模型试验。

(2)潜水器试验水槽,是进行潜水器性能研究试验的重要设施。其主要任务是进行潜水器实物或模型的拖曳、螺旋桨性能、自航及耐波性等试验。潜水器试验水槽一般比较狭长,有一定的深度,配置有拖动设备和测量仪器,以测得被试物在不同速度下的阻力值等参数。潜水器试验水槽的尺度,在试验场所允许的条件下,主要由被试潜水器的实物或模型的大小和拖曳速度而定。如浙江大学摘箬山岛海洋技术试验厅的试验水槽的长、宽、深分别为 $40\ \mathrm{m}$、$7\ \mathrm{m}$、$3\ \mathrm{m}$。

每次试验时,启动拖车并加速到规定的试验速度,需要经过一段加速距离。然后进入匀速段,测量和记录被试对象的阻力和速度等。最后拖车开始减速直至停止,需要留有一段减速距离。被试对象速度越高,则各段距离相应亦要增加,特别是匀速段距离越长,越易于测量和记录。

拖车式试验池通常沿水池两旁轨道安装行驶的拖车。拖车拖曳被试对象,保持一定方向和一定速度运动,并安装测量和记录仪器,测定拖曳阻力的阻力仪、记录船模升沉和纵倾的仪器以及记录被试对象速度的光电测速仪等。为了便于观察试验现象、拍摄照片和录像,在拖车上常常还设有观察平台。先进潜水器试验水槽的拖车上还配置有计算机数据采集和实时分析系统,以便迅速地给出试验结果。

(3)科学考察船,是在海上进行科学研究与试验的重要载体,一个海洋研究机构通常会以拥有多少条科考船、科考船的先进性为荣。许多海洋技术装备都是搭载科考船在远海进行海上试验的。国外如美国 WHOI 的 R/V Atlantis、德国的太阳号(Sonne)等。我国大约有 15 艘海洋科考船,如国家海洋局的"大洋一号"和"雪龙号"等,国家地质调查局广州分局的"海洋四号"和"海洋六号"等,中国科学院海洋研究所的"科学"系列科考船以及中国海洋大学的"东方红 2 号"海洋综合调查船等。

通常,在科考船上建有各类实验室,主要是为海洋科学研究设置的。同时,科考船上还配置有重要的潜水器、海洋探测装备等重要工具,譬如美国 WHOI 的 R/V Atlantis 海洋科学考察船(见图 8-5)就常载有 Alvin 号载人潜水器,有时还配有 Jason 水下遥控运载器(ROV)。中国的"海洋六号"就配置了一台深海 ROV。这些工具为海洋技术装备开展海上试验,提供重要的支撑。

图 8-5 R/V Atlantis 海洋科学考察船

8.6 海上试验场

为了更好地开展海洋技术装备的海上试验,许多国家在海上建设了海洋技术试验场。例如,加拿大维多利亚大学的海洋技术试验场建在加拿大温哥华维多利亚岛周边的萨尼奇海域,水深 110 m,是基于海底观测网络的海上试验场。该试验场建有标准水下声学场系统、水下图像观测系统,配有水面作业系统、潜水器等手段,可以视为面向各种海洋技术装备研发的"水下实验室"。此外,美国蒙特雷海湾研究所为了配合美国与加拿大的 NEPTUNE 海底观测网络研发计划,在美国加利福尼亚州的蒙特雷海湾里,建设了一个举世闻名的 MARS 试验场,专门为海底观测网络的研发,承担各种海上试验。海上试验场为海洋技术装备、潜水器和海底观测网络等的研制开发,提供了理想的试验条件。

海上试验场通常由三大部分组成:岸基监控与支撑系统、水面布放回收系统、水下观测系统。为了更好地开展海上试验,需要一个多学科海域背景的数据库支撑。这个数据库包含一个较长历史时期内该海域的物理、化学、生态等方面的基本数据。同时,岸基(通常是立足于一个岛屿)具有强大的支撑力量,可进行装备的准备、维护、保养等工作,同时可开展数据处理等工作。图 8-6 为海上试验场的基本结构。

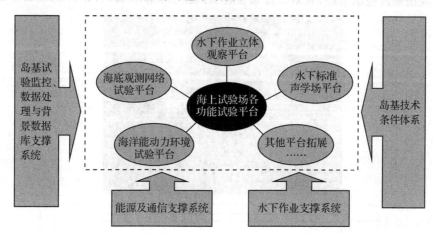

图 8-6 海上试验场的基本结构

海上试验场应该具有以下特质:海上试验场是开放的,供海洋技术装备关键技术攻关及出海或使用之前的近海试验工作,服务于海洋科学和海洋工程等众多领域。同时,海上试验场由多个试验平台组成,是一个综合的试验场。譬如,海上试验场可设有水下声学试验模块,供水下声学设备试验之用;可设海洋能技术试验模块,供海洋能开发之用;也可设有海底观测网络试验模块,进行海底观测网络关键技术的试验研究。海上试验场在海面、海底和岛上建有多个支撑系统。海面支撑系统一般拥有一条具有较大吊放回收能力的作业船(或水面平台)。同时,还拥有岛基技术条件体系,包括岛上海洋试验大厅、高压试验舱、走入式冷房、振动台、作业水池与水槽、码头、机加工车间等,全方位支持海上试验场的运作。

海上试验场的建设涉及众多关键技术,主要有:整套海上试验规范标准的形成;岸基-海面-海底的联合试验模式建立;试验场背景数据库的建设;基于海底工程网络的试验数据实时记录技术;海底试验系统的自检、自维护技术;水下标准场的建设,如水下声学场、磁力场的建设;海上试验场的系统集成技术;等等。

8.7 典型试验——耐压试验

如前所述,海洋试验技术中有许多重要试验。这里限于篇幅,只选一种常用的典型试验——耐压试验进行阐述。

耐压试验,就是把试验装备放在压力容器内,用水或其他适宜的液体作为加压介质,在压力容器内,施加比它的最高使用压力还要高的试验压力,并检查装备在试验压力下是否有渗漏、明显的塑性变形或其他缺陷,装备的工作性能是否受到影响。通常,压力和持续指标是耐压试验的重要指标,有时,快速的压力升降、压力变化的次数和频率,也是对海洋装备在海洋高压环境下的动态耐压性能的一项重要考核指标。在深海技术研究领域,耐压试验尤为重要。一般来讲,没有经过耐压试验的系统,是不能投放到深海环境中使用的。

也就是说,耐压试验是水下装备一项必要的试验工作,主要检验设备的耐压结构强度和密封性,通常使用高压舱来实现。图 8-7 为浙江大学流体动力与机电系统国家重点实验室内建设的高压舱及控制系统,其基本技术参数为内径 700 mm,深度 1200 mm,最大工作压力

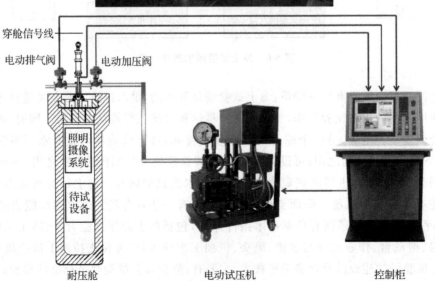

图 8-7　高压舱的外形及控制系统

为 60 MPa,工作介质为淡水,采用快开型结构。该高压舱的最大特点是,除了能够将电缆引入高压舱内部(可在内部安装摄像系统,观测被试系统在高压环境下的作业情况)之外,还可将液压管道接入高压舱内,供水下液压技术的试验使用。

耐压试验中最主要的一项内容,是确定加压(卸压)方式,以模拟多次在水下使用的情况,来检验系统的性能。一般来讲,试验时 10 次反复加压泄压,每个循环约半小时左右。最后一次循环通常再保压 1 小时以上。有时,这样的循环试验可达上百次。这样的加压方式是一种经验方式,是人们通过多年的积累形成的一种有效的加压方式。图 8-8 是美国 WHOI 的一次加压试验曲线。

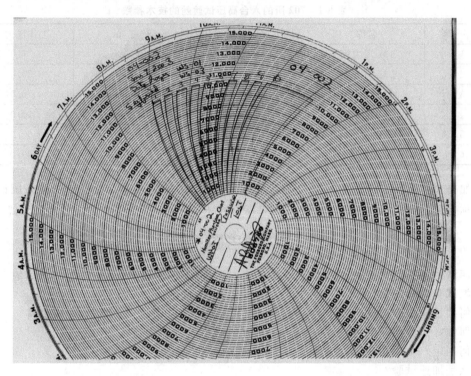

图 8-8　WOHI 的加压曲线(引自与美国 WHOI 研究人员的学术交流资料)

从图 8-8 中可以看到,这次加压试验共做了 10 个循环,加压压力为 10000 PSI。前 9 个循环在 9:00—12:00 完成,最后在 12:00—13:00 进行了保压。同时也可以看到,这个试验中,加压卸压的速率是非常快的,可以看作对被试系统实施压力"冲击",也可视为被试系统快速沉入海底(或快速从海底捞出)。在这样的情况下,可以考核一个系统的耐压与密封性能。

对于一个被试系统,如何确定其试验的压力参数呢?一般来讲,一个系统用于某一海域的最大深度,应该是这个系统的试验压力参数。也就是说,一旦海上应用时该系统不慎掉到海底,系统的耐压性能可保证其仍然不坏。当然,这样选取压力参数,对于系统的设计制造成本就要提出很高的要求。有时我们还用一种选取方法,那就是额定工作深度(额定工作压力的 1.5 倍)。譬如说,一个海洋装备要求被用于 4000 m 水深,那么它的试验压力参数应该为 60 MPa。

对于一些特殊的海洋技术装备,耐压试验有时要加入其他试验因素,如温度参数。例如对用于深海热液体系的科学考察装备,在进行耐压试验时,需要考核该系统在一定温度(系统的工作环境温度)下的密封性能。

最后介绍一下中国船舶重工集团702所的高压试验条件情况。该所建于1951年,主要从事船舶及海洋工程领域的水动力学、结构力学及相关技术的基础研究与应用技术研究,以及高性能船舶与水下工程的研究设计与开发。该所的水下工程结构实验室主要从事水下结构物、潜水器等各类水下建/构造物水下结构强度、刚度、稳定性、密封性等方面的理论研究,结构模型和实体试验测试及优化工作,拥有六台技术规格顶尖的高压试验舱(具体指标见表8-1)。

表8-1　702所的六台高压试验舱的技术参数

序号	名称	直径/m	长度/m	工作压力/MPa
1	132压力筒	3.0	8.5	7.0
2	332压力筒	3.0	8.5	25.0
3	118压力筒	1.8	4.7	6.0
4	111压力筒	1.1	3.0	10.0
5	616压力筒	1.6	3.0	60.0
6	915压力筒	1.5	2.9	90.0

如表8-1所示,915压力筒可以做到高达90 MPa的高压试验。可见该所的高压试验条件堪称一流,能为我国的海洋技术,特别是深海技术的发展,提供优良的试验条件保障。

思考题

1.海洋试验技术的目的是什么?
2.水池试验的目的是什么?
3.如何测量海水的盐度?
4.如何做好试验前的准备?
5.如何判定一个成功的试验工作?
6.什么是加速试验?
7.什么是螺旋桨敞水试验?
8.为什么要撰写试验大纲?
9.建设海洋技术装备海上公共试验场的意义是什么?
10.如何保障试验数据的正确性和可靠性?
11.为什么说试验报告是以试验数据为核心的?

参考文献

[1]杨鲲,吴永亭,赵铁虎,等.海洋调查技术及应用.武汉:武汉大学出版社,2009.
[2]吴德星,陈学恩.规范化海上试验管理规程.青岛:中国海洋大学出版社,2011.
[3]浙江大学流体动力与机电系统国家重点实验室.静水压力驱动取样器海试大纲,2011.
[4]陈学恩,刘岳,郝虹.德国科学考察船编队——未来十年战略需求.青岛:中国海洋大学出版社,2011.
[5]陈鹰,潘依雯.深海科考探险日记.杭州:浙江大学出版社,2004.

[6]Monterey Bay Aquarium Research Institute. Annual report 2010,2011.

[7]浙江大学海洋系. 摘箬山岛海洋技术海上公共试验场设计报告,2010.

[8]WU S J,YANG C J,PESTER N J,et al. A new hydraulically actuated titanium sampling valve for deep-sea hydrothermal fluid sampler. IEEE journal of oceanic engineering,2011,36(3):462-469.

[9]浙江大学流体动力与机电系统国家重点实验室.2010 年年报,2010.

第 9 章

海洋装备设计与集成技术

海洋孕育了独特的矿产资源和生物资源,是人类可持续发展的重要资源储备。海洋技术装备是支撑和服务于人类进行海洋及海洋资源探查、开发、利用与保护的工具和不可或缺的手段。海洋装备设计与集成技术主要研究与之相关的设计技术,以及将不同的海洋装备子系统,根据需要有机地组合成一个完整的、一体化的、功能更强的海洋装备系统的过程、方法和技术。海洋装备设计与集成技术是支撑性海洋技术的重要组成之一。

海洋装备设计与集成技术覆盖海洋、机械、电子、精密制造与加工、材料、通信技术、传感技术、信号处理等诸多领域。根据设计与集成对象的不同,该技术可分为设备系统集成、机电系统集成和应用系统集成。

海洋装备是战略性海洋新兴产业的重要组成部分,集中体现国家的综合基础技术能力,是衡量一个国家综合实力和现代化程度的重要标志之一。海洋装备标志着一个国家的国防能力和科技水平,在海洋权益维护、军事海洋环境保障、国家蓝海战略、全球气候变化应对、海洋资源开发、环境保护、防灾减灾等广泛的涉海领域有关键性的作用。海洋装备不仅对国民经济、社会发展以及国家军事安全有极为重大的意义,还对未来的海底空间利用、海洋旅游业、深海打捞、救生等有不可估量的价值和战略意义。

我国在海洋装备设计与集成技术方面与欧美发达国家存在较大差距。发展海洋装备设计与集成技术将为我国海洋装备提供有力支撑。

当前世界海洋竞争已经聚焦深海和大洋,对海洋装备技术不断提出更高的要求和更多的需求。针对海洋装备设计与集成技术,我们提出了海洋化设计理念,着力攻克海洋装备研发中的关键技术,如轻量化设计、功率设计、浮力设计、结构设计等的技术难题,可提升海洋科学研究水平,满足深海装备技术水平的需要。

9.1　海洋化设计理念

技术装备面向海洋应用遇到的首要问题,就是海水对技术装备的作用。海水对技术装备的作用主要是物理、化学和生物三方面的。化学和生物方面,主要是材料选用、防生化腐蚀、使用维护等的作用,需要设计者有比较多的考虑。本教程主要探讨在物理方面海水给技术装备带来的问题,从而为技术装备的海洋化设计理论的研究奠定基础。

海洋的物理作用可以归纳为海水浸没、海水深度和海水温度三个方面的影响,所带来的问题主要有:

- 海水环境下装备的全周边密封要求。
- 海水环境下的材料选用问题。
- 随着海水深度的提高,装备的耐压要求以及更高的全密封性能要求。
- 海水的包围性和海水压力,对液压系统的设计提出了全新的课题。试想如何在 3000 m 深海水环境下使用一个 21 MPa 的液压系统? 这时,液压缸还能正常作业吗?
- 海洋环境的复杂性,海水的吸光性使得海洋技术装备的操作通常是在不可见区域中实施的,如何考虑技术装备的布放、运行和回收?
- 海水的温度环境,尤其是深海环境,对装备设计也提出了较高的要求,主要是要考虑低温下的作业性能。当然,在深海海底热泉(或热液)地区,有时需要面对海底数百摄氏度的高温环境,对设计的要求更为苛刻。
- 海水的导电性会给海洋电子部分的设计与实现带来新的要求,譬如对电子系统的接地等。
- 水下装备的电能供给问题。
- 水下装备如何实现有效的通信与控制?
- 由于复杂的水下环境,通常情况下海洋技术装备是在遥操作模式下工作的。同时对海洋技术装备的使用与维护,比陆上的装备与系统更为困难。

除了海水浸没、海水深度和海水温度给技术装备的设计带来诸多问题之外,水下作业装备与静止或运动的海水之间的相互作用关系,对技术装备作业性能的影响至关重要。在茫茫大海中,技术装备通常是在海水中作业的。海洋中的海水表面、海水水体以及海底三个区域的海水运动形式有很大的差别。海面上需要考虑波浪、水流甚至海风,海水水体与海底主要需要考虑海流的问题。海水的运动阻力也是技术装备的设计中需要考虑的。另外,不能忽视海水浮力对装备工作性能的影响。这是流体力学层面上的内容,有些涉及流固耦合问题,在技术装备的设计中必须加以考虑。装备在海洋中遇到的主要问题如表 9-1 所示。

表 9-1　装备在海洋中遇到的主要问题

海洋特征	遇到的问题
海水浸没	密封
海水深度	外壳耐压
海水吸光	不可见环境
海水温度	低温(高温)
海水屏蔽	通信方式受限
海洋环境	遥操作
	水下液压
	流体力学问题
	海水导电
	电能供给
	水下声学通信
	特殊维护要求

海洋技术装备的设计制造需要考虑许多特殊的因素。我们在这里提出一种面向海洋的装备设计方法,即所谓的"海洋化设计",来解决应用于海洋环境的技术装备的设计制造问题,特别是装备的可行性和可靠性。之所以我们提出"海洋化设计",就是希望能够专门就海

洋技术装备的设计制造,提炼出一些共性的方法与技术,帮助大家更好、更高效地设计与实现海洋技术装备。本教程把主要篇幅放在机械设计和电子设计这两个方面,来介绍面向海洋的装备设计。换言之,海洋化设计主要是由海洋化机械设计和海洋化电子设计两部分构成。

在海洋化机械设计方面,首先要考虑水下材料的选取。在这里我们不仅仅考虑抗盐抗腐方面的内容,尽管抗盐抗腐十分重要。我们通常先要考虑材料的浮力特性,会去选用强度合适且浮力特性满足需求的材料。还有,在抗海水腐蚀方面,我们需要更多地去关注电化学腐蚀和海洋生物的腐蚀,这才是海洋应用中所特有的。

针对海洋技术装备,我们需要开展水下力学设计,其中结构、强度等当然是考虑的要点。然而,在水下环境中,物体受到的压力是各向的,这在结构设计、强度校核时需要用不同的角度来看待问题。通常,海洋技术装备,特别是深海技术装备,常被设计成球壳形或者圆筒形的结构,这有利于承受水下的各向均压。海水浸没环境下的应用,密封是一个十分重要的问题,通常需要被重点关注。各种连接件的选取恐怕也不像陆上装备那么随意。还有,装备的轻量化设计在海洋技术装备尤其是深海技术装备的设计中被广泛使用。在这里,不仅仅是选取一种轻型材料那么简单了,我们还要考虑浮力设计、液压设计等。

那么,海洋化电子设计又该如何考虑呢?由于在水下作业,控制方式也是十分不同的。譬如,自动化要求很高,许多装备要求在无人值守状态下工作。同时,海水浸没环境下的应用中,电子系统通常需要置于密封的腔体之中。由于轻量化要求,这些密封腔体外壳常常设计为球形或圆柱形,以得到最小质量下的最大结构强度。电路板的形状及电子元器件的布置都需要随之改变。通常电路板的形状是圆形板,以适应球形或圆柱形密封腔。由于电能供给困难,低功耗设计是水下装备设计中的一个必选项。同时,致密设计又可能会导致电子系统的散热不够充分等。上述这些问题,都使得海洋技术装备的电子设计如此与众不同。因此,海洋中装备的低功耗设计、电能供给、电路腔设计、数据通信与控制、机电集成等都是很重要的问题。

水下装备的可靠性设计显得尤为重要,毕竟维护一次的成本不菲,甚至超过重新制造一台新装备。而且海洋技术装备需要布放、回收,海洋环境的特殊性对海洋技术装备的设计也提出了新的挑战。譬如,如何在茫茫大海深处发现装备并将其取回,这一性能的实现,是许多海洋技术装备必须考虑的。

9.2 海洋化机械设计

根据上述讨论,海洋化机械设计可分为材料设计、结构设计、浮力设计、液压设计、轻量化设计五个方面。

9.2.1 材料设计

海洋技术装备的实现离不开材料设计。材料设计是指通过理论与计算预测新材料的组分、结构与性能,或者说,通过理论设计来选用具有特定性能的新材料。概括地讲,目前材料设计方法主要是在经验规律基础上进行归纳,或从第一性原理出发进行计算(演绎),更多的则是两者相互结合与补充。

这里主要介绍两类常用的材料,并讨论防止海水腐蚀的一种常见方法。

1.低合金钢及钛合金

合金元素含量小于 3.5% 的合金钢叫作低合金钢(low-alloy steel),而所添加的合金元素主要是为改善钢在不同腐蚀环境中的耐腐蚀性能的低合金钢,叫作耐蚀低合金钢。钢材的耐蚀性能不仅受钢材本身所含的化学成分与表面状态等材质因素的影响,也受到海洋环境条件的制约。同一地区的海洋环境在垂直方向上可以分为大气区、飞溅区、潮差区、浸没区和泥浆区;而海水浸没区又可分为浅水区、大陆架区及深海区。在这些不同的区域,钢材的腐蚀特性是不同的。在垂直方向上海洋环境对钢材的腐蚀作用如表 9-2 所示。

表 9-2　在垂直方向上海洋环境对钢材的腐蚀作用

分区		腐蚀作用
大气区		相对而言,该区域腐蚀较轻,在死角等处易产生局部腐蚀
飞溅区		材料受到海水冲击,处于干湿交替区域,腐蚀最为严重
潮差区		材料常与含气海水接触,对于整体钢桩结构,该区域可得到低潮位以下阳极部位的保护,因此腐蚀程度相对较轻
浸没区	浅水区	海水中含氧充足,温度较高,污染严重,该区域的腐蚀比海洋大气区及潮差区严重,但比飞溅区平均腐蚀率低
	大陆架区	腐蚀程度随着海水深度的增加而降低
	深海区	

续表

分区	腐蚀作用
泥浆区	泥浆中的某些细菌如硫酸盐还原菌、铁细菌等对钢铁有明显的腐蚀破坏作用；由于氧的供应不充分，阳极极化较易实现；通常钢在泥浆区的腐蚀要比在海水中轻微

　　我国系统研究耐海水腐蚀低合金钢已有数十年历史，早在 1978 年我国就统一评定了 16 个耐海水腐蚀低合金钢。在这 16 个钢种中，属于 P-V 系的 5 个，PNb 系的 2 个，PCu 系的 3 个，CrMoAl 系的 2 个，CuWSn 系的 2 个，NiCuAs 系与 CrMoCu 系的各 1 个，其化学成分和力学性能可参见《金属腐蚀手册》。海水中影响钢材腐蚀的因素很多，海水对钢的腐蚀是一个极其复杂的过程，同一钢种在不同条件下的腐蚀速度差别很大，即使是同一地区的海水对插入钢桩的不同部位的腐蚀也是不同的。因此，必须经实地试验，如挂片试验或实物试验，才能确定某一钢种的具体腐蚀性能。我国耐海水腐蚀用钢海水挂片试验数据如表 9-3 所示，海水潮差挂片试验腐蚀率如表 9-4 所示。

表 9-3　我国耐海水腐蚀用钢海水挂片试验数据　　　　单位：$mm \cdot a^{-1}$

钢种	腐蚀率				备注
	天津		湛江		
	浸没区	潮差区	浸没区	潮差区	
A4	0.096	0.391	0.135	0.283	
16Mn	0.086	0.391	0.120	0.305	试验历时半年
16MnCu	0.090	0.339	0.107	0.319	
15MnVCu	0.081	0.380	0.113	0.385	

表 9-4　海水潮差挂片试验腐蚀率　　　　单位：$mm \cdot a^{-1}$

钢种	腐蚀率		
	30d	90d	150d
Q235	0.591	0.288	0.186
10MnPNbRe	0.445	0.156	0.110
10PCuRe	耐海水腐蚀比碳钢高 1～2 倍		
10CrMoAl	耐海水腐蚀比碳钢高约 1 倍		
15NiCuP	较碳钢优良		
$10Cr_4Al$	较碳钢优良		

　　钛（titanium）及钛合金（titanium alloy）因密度小、比强度高、耐腐蚀、抗疲劳、透声、抗冲击震动、可加工性好等综合性能，成为理想的海洋技术装备用金属材料。钛及钛合金在海洋

技术装备中的使用大大延长了设备的使用寿命,且减轻了质量。表 9-5 中对照了几种金属合金的参数。在这几种合金中,钛合金的抗弯强度与密度的比值远大于其他合金材料,这也是钛合金现今被应用于绝大多数载人/无人潜水器的原因。海洋技术装备用钛合金的研究与应用基于我国 20 世纪 60 年代开始的对船用钛合金的研究。几十年来,船用钛合金的研究及应用水平有了很大提高,已形成较完整的船用钛合金系列,能满足水面、水下及深水的不同强度级别的要求,并适用于其不同部位。我国船用钛合金体系的屈服强度为 320 M～1100 MPa,强度变化很大。目前,我国在 4500 m 级国产载人潜水器的载人球的制造中,就成功地采用了钛合金。

表 9-5　几种金属合金参数对照

材料类型	抗弯强度 σ_b/ MPa	弹性模量 E/ (10^4 MPa)	密度 ρ/ (g·cm^{-3})	$\dfrac{\sigma_b}{\rho}$	$\dfrac{E}{10^4\rho}$
超硬铝合金	588	7.154	2.8	210	2.55
耐热铝合金	461	7.154	2.8	165	2.55
高强度镁合金	343	4.410	1.8	191	2.45
高强度钛合金	1646	11.760	4.5	366	2.61
高强度结构钢	1421	20.580	8.0	178	2.57
超高强度结构钢	1862	20.580	8.0	233	2.57

2. 玻璃钢复合材料

玻璃钢复合材料(fiber reinforced plastics,FRP)和其他复合材料相比,有优秀的耐腐蚀特性,并且其在海洋工程中的应用正受到世界范围内越来越多的关注。玻璃钢经海水浸泡腐蚀后,其化合物的主要结构没有发生改变,主要的化学腐蚀形式是水解和氧化,聚合物分子的网络结构抑制了化学介质渗入速度,控制了官能团反应,因此高聚物材料比金属材料更耐腐蚀。在海洋技术装备设计过程中,玻璃钢主要用于制作与海水直接接触的部件,充分发挥其防腐蚀的特性。工作在潮差区和飞溅区的装备或部件,由于牺牲阳极保护效果差、表面防腐蚀处理受海水潮位变化影响,施工难度大,更适合采用玻璃钢复合材料。其在钻井平台、潜水器、浮标等海洋工程上已有的使用经验,可供海洋技术装备设计过程中参考并加以利用。

3. 材料防腐蚀方法

浸没在水下的设备,通过牺牲阳极的方式可以大大改善其抗海水腐蚀的性能。安装较多阳极块会增大装备体积及质量,造成过度保护,少了则保护不足,装备仍然遭受腐蚀。因此必须安装适量的阳极,这就需要进行合理的设计。我国在 1988 年已经制定了 GB 8841—1988 标准来规范海洋技术装备牺牲阳极阴极保护的设计和安装。但是,海洋技术装备相对于大型船舶而言,存在体型较小、工作时长不定等特点,还需要根据牺牲阳极材料、设计寿命等条件进行重新设计。除了牺牲阳极这种附加防腐蚀方法之外,常见的附加防腐蚀方法还有采用厚浆型重防式涂料、对重点部位采用耐腐蚀材料包裹、设计构件时考虑足够的腐蚀裕量等。但这几种方式实现方法比较单一、容易掌握,这里主要就牺牲阳极的防腐蚀方法进行探讨。

在海水中采用牺牲阳极保护法时,常使用锌合金阳极。20 世纪 80 年代后铝合金阳极的应用也越来越多,但是在海底装备中应用锌合金比铝合金更加可靠。表 9-6 列举了根据海水电阻率选择牺牲阳极材料的依据。选定了牺牲阳极材料之后,对牺牲阳极的设计计算主要有阳极输出电流和阳极工作寿命两方面内容。

表 9-6　三种牺牲阳极材料的极化电位及适用情况

牺牲阳极材料	极化电位/V	适用海域水的电阻率/(Ω·cm)
镁及镁合金	~ −1.50	>500
锌及锌合金	−1.05~−1.09	<500
铝合金	−1.10~−1.18	<150

(1)阳极输出电流。

阳极输出电流可按照欧姆定律计算,即

$$I = \frac{\Delta E}{R}$$

其中,ΔE 为驱动电位,该电位是牺牲阳极工作电位与被保护结构极化后的电位(即保护电位)之差,被保护钢铁的极化电位为 −0.85 V。R 为电路电阻,电路电阻通常取阳极接地(水)电阻。其实,由于导线电阻占的比例较小,阳极电阻与介质的电阻率与阳极的形状和大小有关。

长条形阳极的电阻计算公式为

$$R = \frac{\rho}{2\pi L}\left(\ln\frac{4L}{r} - 1\right)$$

其中,ρ 为介质电阻率($\Omega \cdot cm$),L 为阳极长度(cm),r 为阳极当量半径(cm)。

对于板状阳极,其电阻计算式为

$$R = \frac{\rho}{2S}$$

其中,S 为阳极长宽的平均长度(cm),$S = a + b/2$,a,b 分别为长方形的长和宽。

对于圆环式阳极来说,有

$$R = \frac{0.315\rho}{\sqrt{A}}$$

其中,A 为阳极表面积(cm^2)。

(2)阳极工作寿命确定。

阳极工作寿命的计算公式为

$$T = 0.85\frac{W}{\omega I}$$

其中,T 为阳极工作寿命(a),W 为阳极的净质量(kg),ω 为阳极消耗率[单位为 $kg/(A \cdot a)$,对于锌阳极取值 11.3 $kg/(A \cdot a)$],I 为阳极平均输出电流(A)。

根据以上给出的公式,在设定牺牲阳极保护时间 T 的情况下,可以计算得到不同类型阳极材料的形状和相关尺寸、质量等信息。

9.2.2　结构设计

结构设计主要包括强度设计、耐压设计、密封设计和减阻设计这四个方面。

1. 强度设计

强度是指在外力作用下，材料抵抗永久变形和破坏的能力。强度设计泛指能找出材料尺寸、结构条件使其满足强度需求的方法，是建立在强度理论基础之上的。

强度理论是判断材料在复杂应力状态下是否被破坏的理论。材料在外力作用下有两种不同的破坏形式：一种是在不发生显著塑性变形时的突然断裂，称为脆性破坏；另一种是因发生显著塑性变形而不能继续承载的破坏，称为塑性破坏，亦称为屈服失效。分析材料在复杂应力状态下的失效现象，常用的强度理论主要有四种，如表 9-7 所示。在海洋技术装备的强度设计过程中，就需要根据不同的情况和要求，选择不同的方法来进行强度设计。

表 9-7　常见的四种强度理论

强度理论的分类及名称		相应应力表达式
第一类强度理论（脆性破坏的理论）	第一强度理论（最大拉应力理论）	$\sigma_{r1} = \sigma_1 \leqslant [\sigma]$
	第二强度理论（最大伸长线应变理论）	$\sigma_{r2} = \sigma_1 - \nu(\sigma_2 + \sigma_3) \leqslant [\sigma]$
第二类强度理论（屈服失效的理论）	第三强度理论（最大剪应力理论）	$\sigma_{r3} = \sigma_1 - \sigma_3 \leqslant [\sigma]$
	第四强度理论（形状改变比能理论）	$\sigma_{r4} = \dfrac{\sqrt{2}}{2}\left[(\sigma_1 - \sigma_2)^2 + (\sigma_2 - \sigma_3)^2 + (\sigma_3 - \sigma_1)^2\right]^{\frac{1}{2}} \leqslant [\sigma]$

注：σ_1、σ_2、σ_3 为材料力学中的三向主应力，$[\sigma]$ 为极限应力。

海洋设备在深海环境中常常会承受较大的压力，有高强度的要求，这就需要应用强度设计。下面我们以深海热液采样阀为例进行简要说明。

在深海热液（或海水）采样设备上，采样阀无疑是其中最为关键的部件之一。采样阀一般要承担两项任务：一是采样时控制样品进入预定的腔体；二是采样完成后把样品密封在采样腔内，不发生泄漏。由于深海热液采样时采样阀中的阀芯要承受较大的拉力，从而可能发生塑性变形甚至断裂，故阀芯选择强度高的钛合金 TC4 加工制成。一般而言，阀芯和阀座应选择不同硬度的两种材料组成"硬-软"搭配，"软"材料比较容易发生变形，从而有利于消除密封副的间隙，形成良好密封。这时，就需要对采样阀的阀芯和阀座这一对配合副进行强度设计，既可以"硬""软"配合，又不至于变形或断裂，以满足功能需求。

2. 耐压设计

海洋技术装备多含各种不同的耐压壳体，如载人潜水器的载人舱、电子系统安放舱等。耐压壳体（pressure hull）的设计是海洋技术装备相对于其他装备的一大特点，它们主体结构的基本形式通常是球壳形或圆筒形。鉴于球壳制造工艺复杂又不利于内部布置，除大深度潜水器的载人球之外，工作深度在 600 m 以内的载人舱体，以及用于更深深度下的、内径较小的耐压壳体，通常都采用圆筒形舱体。为了提高壳体的稳定性，通常在圆筒舱体内部或外部加设环向肋骨,称之为普通环肋圆筒舱体。为了提高壳板的稳定性,有时还会在环向肋骨之间加设小支骨——中间支骨以提高壳板的稳定性,称之为带中间支骨的环肋圆筒壳。在对耐压壳体进行耐压壳体稳定性计算(基于传统材料力学非弹性影响)的基础上,大深度的壳体还要考虑局部缺陷、弹性屈曲模态以及壳体整体圆度偏差对球壳结构的稳定性影响。尤其对于工作深度 6000 m 以上的载人潜水器,其厚度半径比较大,已经属于厚壳范围,国际上还没有均匀外压下厚壳体的解析解,这里暂时不做讨论。这里将以更实用的圆筒形舱体为例介绍耐压壳体的耐压设计。对球壳的分析可以采用泰勒水池计算公式(19 世纪 60 年代,美国海军在泰勒船模试验池进行以耐压艇体为对象,通过试验得到的球体极限强度与外形尺寸的关系公式),通过迭代的方法获得。球壳形与圆筒形耐压壳体的特点对照如表 9-8 所示。

表 9-8　球壳形与圆筒形耐压壳体的特点对照

耐压壳体类型	优点	缺点
球壳形	设计为指定深度的壳体,其质量与体积的比最低	内部球形空间可利用程度低
圆筒形	适当长度、直径比的圆柱壳体在内部容积利用上更有优势,建造费用低	质量与体积的比较高

　　对环肋圆筒形耐压壳体的设计计算,主要是对表征强度以及稳性的特征量的计算校核。在中国潜水器规范中,表征圆筒形耐压壳体结构强度和稳性的特征量主要有:壳体强度、肋骨强度、壳板稳性以及潜水器总体稳性。对圆筒壳体的强度校核计算过程是,对不同的部位,在算得屈服压力的基础上,得到计算承载能力值,计算承载能力值除以安全系数即为校核后的允许工作压力,将其与设计水深的水压进行对比来验证设计形状尺寸是否合乎要求。一般来讲,安全系数取值为 1.5。完成强度校核之后,还要进行壳体稳性控制和总体稳性控制计算,计算相关的理论临界压力值,并进行相应的修正。具体过程可详见中国船级社制定的《潜水系统和潜水器入级与建造规范》。

　　在使用前述方法对壳体尺寸厚度进行设计的基础上,还可以通过改进肋板的外形对壳体的耐压性进行进一步的提升。对图 9-1 中列举的十种肋板外形进行分析对比,得出在肋骨面积相同的情况下,T 形肋骨加强的耐压圆筒壳体的总体稳定性最好,而半圆环壳型肋骨加强的耐压圆筒壳体肋间壳板的稳定性最好。综合性能较好的有 T 形材、热轧等边槽钢、球扁钢、热轧普通工字钢、热轧不等边角钢和热轧等边角钢。圆环壳型肋骨的总体与局部稳定性虽然都相对较差,但采用时会给总布置带来方便,设计时也可以考虑采用。

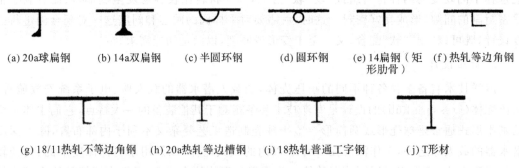

(a) 20a球扁钢　(b) 14a双扁钢　(c) 半圆环钢　(d) 圆环钢　(e) 14扁钢(矩　(f) 热轧等边角钢
　　　　　　　　　　　　　　　　　　　　　　　　　　　形肋骨)

(g) 18/11热轧不等边角钢　　(h) 20a热轧等边槽钢　　(i) 18热轧普通工字钢　　　(j) T形材

图 9-1　十种常见的肋板形状

此外，也有一些耐压壳体的设计摆脱了规则外形而采用肋板加固的模式。例如，藕节形壳体（multiple intersecting spheres，MIS，见图 9-2(a)）将圆筒形外壳高内部空间利用率与球壳强耐压性的特点相结合，更适用于深潜器技术。此外，Ross 教授最早于 1987 年提出，可以用瓦楞状的外壳来取代规则壳体和肋板的组合（见图 9-2(b)）。实验室测试证明，其相对于传统的规则外壳加肋板的耐压壳体，耐压性能可提升 42％～76％。

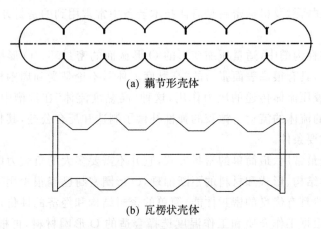

(a) 藕节形壳体

(b) 瓦楞状壳体

图 9-2　非规则的耐压壳体外形

使用耐压壳体对内部装备进行绝缘以及高压隔绝的保护，是海洋技术装备通常采用的方式。但是当内部设备只要求防水绝缘，可以耐受一定程度压力的情况下，我们可以对腔体内部充油，同时采用柔性壳体，或者在壳体两端设置可变容积的端盖，仅仅隔绝内部海水渗入。腔体里的油液压强随外部海水压强变化而变化，壳体耐压性及密封性的要求变低，设计更加简单，装备质量和成本也大幅下降。在这种情况下，充油电机以及充油电路腔的内部元器件需要有一定的抗压性。例如，随着海洋观测、勘探与开发能力不断提高，对于海洋技术装备适用的小功率深海电机的需求也越来越明显地体现出来。近年来出现的深海自适应压力补偿充油电机，就是在普通永磁直流电机的基础上，机壳内冲灌油液并在一侧端盖加装压头和弹簧，利用电机内油压与电机外水压形成平衡。其密封性能好，适用于各种海洋深浅水环境。这种深海充油压力自适应充油电机可用于 AUV、ROV、海底/水下作业机械手、水下生物探测设备以及海底绳缆控制设备等各种海洋技术装备之中。

3. 密封设计

密封设计是一门综合性技术，广泛地应用于工业、农业、国防和人们的日常生活中。密封问题不仅与密封材料有关，也和密封的介质、使用工作条件等多种因素相关。

密封分为静密封和动密封两种。静密封是防止流体在经过机械连接件时泄漏的一种方法；动密封是机器（或装备）中相对运动件之间的密封。显而易见，相对运动件之间的密封难度更大些。

接触式静密封是一种高压环境中常用的静密封方式。其机理是利用密封面上的压力造成封闭环，并使封闭环上产生大于介质压力的反力，从而阻止介质分子的介入，形成密封。从微观方面来看，静密封的基本机理是密封材料的塑性（或弹性）进入匹配表面的不规则处，形成密封环，从而使连接处在所有工作条件下的泄漏限制在允许的范围内。因此，密封环处的比压大小和密封环的宽度是实现密封的关键。密封环处的比压称为密封比压，一般将密封比压定义为密封端面上单位面积所受的力。对于接触式机械密封,密封面比压选用原则是密封面比压必须大于 0,即 $P_c > 0$,使密封面封闭,保持最低的密封性。密封面比压还应该小于或等于许用比压($P_c \leqslant [P_c]$),即保证使用寿命和必要的耐磨性。为了在高压下保持密封,密封比压 P_c 还应该大于高压介的压力。因此,只有当密封面比压大于密封介质的压力,且密封面具备足够的长度时,密封才能有效实现。

O 形圈密封、硬密封及机械密封是海洋技术装备中常常用到的密封方式。

(1) O 形圈密封。

O 形圈是安装在沟槽中,适量压缩变形的 O 形截面的密封环。O 形橡胶密封圈可以被想象成不可压缩的,具有很高表面张力的"高黏度流体",不论是受到周围机械结构的机械压力作用,还是受到液压流体传递的压力作用,这种"高黏度流体"在沟槽中"流动",形成零间隙,阻止被其密封的流体的流动。橡胶的弹性补偿了制造和配合公差,其材料内部的弹性记忆是维持密封的重要条件。

O 形圈密封是最常用、最简单的密封方式,它并不需要多大的负载力即可实现零泄漏密封。随着新的密封结构、形式和材料的不断涌现,O 形圈密封已经很少用于动密封。而作为静密封方式,它仍然具有优良的密封性能、简单的密封结构和经济的性价比等优势。在静密封场合中,首先要根据工作介质和工作温度选择合适的 O 形圈材料,再根据 O 形圈的基本尺寸(内径或外径)和断面尺寸设计出 O 形圈安装沟槽。

下面以常用的深海水密接插件插头插座部分的密封设计,来说明 O 形圈密封的应用。

深海水密接插件是深海技术装备中最为重要的部件之一,负责水下的动力和信号的连接和传输功能,分为干式和湿式两种。其中湿式连接器(wet-mate)可在水下插拔,水下使用。为了有效地保证深海水密接插件全密封防水、耐压和连接可靠的性能要求,在结构设计上采用了全密封、整体式全橡胶密封结构。深海水密接插件的插头插座部分结构如图 9-3 所示。

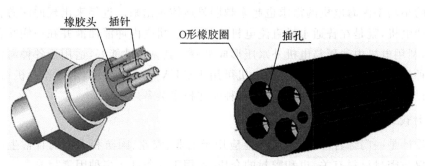

图 9-3 四芯水密接插件插头插座

在每个插孔前部设置三道凸起的整体式 O 形橡胶圈,当插针头部的橡胶凸头插入时,外界的水压使橡胶产生压缩变形,O 形密封圈将凸头外圆面箍紧,对插针和插孔实施密封,密封压力随入水深度的增加而增大,防止水从插针与插孔的插合处渗透到连接器内部。

在插座外圆上设置一道凸起的 O 形密封圈,对插座插合面的外圆面进行预密封,密封压力随入水深度的增加而增大,防止水从接合处渗透到连接器内部。

(2) 硬密封。

连接件两端均采用高硬度金属材料的密封形式被称为硬密封,其原理是利用金属的变形来达到密封的目的。硬密封一般用于温度较高或介质冲刷性比较大等场合。典型的硬密封结构是硬密封球阀。

　　球阀的结构原理如图 9-4 所示,球体可以相对阀座转动,当球体上的通孔与阀体上的通孔方向一致时处于打开位置,当球体转动 90°后处于关闭位置。与截止阀相比,球阀具有通径大、开闭迅速的优点。球阀在深海技术设备上有较多的应用,如 Malahoff 等人研制的用于深海热液采集和微生物培养的系统,就是采用两个球阀来实现热液的采集和样品的密封。

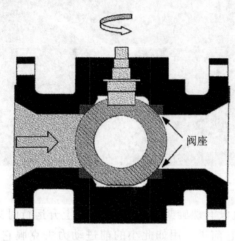

图 9-4　球阀的结构原理

(3)机械密封。

　　机械密封是海洋技术装备设计中采用最多的动密封方式。通过在轴上固定动环以及在机壳上固定静轴,将轴与机壳的间隙变为动环和静环的间隙。而静环较动环材质更加坚硬,两者相互接触的表面被加工成镜面,动环在由弹簧压紧之后与静环紧紧贴在一起。当电机旋转时,动环和静环之间的液体形成油膜,达到密封的效果。机械密封的结构和工艺是影响密封效果和寿命的重要因素,但更重要的是合理选用动、静环材料。考虑到密封介质主要是海水,并且水下系统在海底作业时,要求机械密封有较强的抗腐蚀能力,同时还要考虑泥沙的影响,综合各种要求,通常静环可选用碳化钨(YG6X),动环可选用硅化石墨(TIO56)。实际使用证明,用碳化钨和硅化石墨作为动配合副环材料是比较理想的。机械密封装置结构如图 9-5 所示。

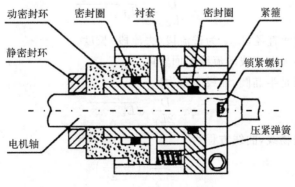

图 9-5　机械密封装置结构

4.减阻设计

海洋技术装备在水下运动过程中常常需要克服深水阻力,这就需要应用到减阻设计。例如,用途甚广的水下滑翔机(见图9-6)因携带电能少,工作时间长,减阻设计尤为重要,特以此为例说明。

图 9-6 水下滑翔机

一般来说,水下滑翔机没有螺旋桨等推进系统,在上升运行时只是利用自身所受浮力以及机翼产生的升力来推动它前进。用如此小的前进动力去克服它在水中运动所受阻力,这就需要水下滑翔机的外壳的减阻性能良好。流线形外壳通常用于水下滑翔机,所受的运动阻力和表面摩擦力尽可能的小。目前,流线形回转体的外形设计方法主要有四类:一是具有精确数学表达式的几何组合外形曲线,即曲线组合法;二是卡克斯法;三是图解法;四是线型方程法。以下分别进行简要说明。

(1)曲线组合法。

将各种不同曲线的弧结合起来形成一个系统,并用其解析式方程来描述回转体外形,称之为曲线组合法。该方法不但适合头部外形的设计,也适合尾部外形的设计,所形成的外形一般具有尖削的特点。

①剖面为两个半椭圆的流线形回转体。

其纵剖面在最大横剖面前后均是半椭圆,为了减小压差阻力,尾部尖端沿切线延长。因此,浮体前后的曲线方程为

$$y = \pm \frac{D_0}{2L_{E(R)}} \sqrt{L_{E(R)}^2 - x^2} \qquad (9\text{-}1)$$

其中,D_0 为最大横剖面直径,$L_{E(R)}$ 为进流段(去流段)长度。

②剖面为半椭圆加抛物线的流线形回转体。

其纵剖面进流段是半椭圆,曲线方程为

$$y = \pm \frac{D_0}{2L_E} \sqrt{L_E^2 - x^2} \qquad (9\text{-}2)$$

去流段是一段抛物线,曲线方程为

$$y = \pm \frac{D_0}{2} \left(1 - \frac{x^2}{L_R^2}\right) \qquad (9\text{-}3)$$

其中,各量含义同式(9-1),通常进流段和去流段的关系是取 $L_R = \sqrt{2} L_E$。

③剖面为半椭圆加圆弧的流线形回转体。

这时,进流段是半椭圆,去流段是一段圆弧。去流段的曲线方程为

$$y = \pm \frac{D_0}{2} - (R - \sqrt{R^2 - x^2}) \tag{9-4}$$

其中,$R = (4L_R^2 + D_0^2)/4D_0$。

(2)卡克斯法。

卡克斯法既可以用于回转体头部的外形设计,也可以用于尾部的外形设计。其设计的基本原理为:外形曲线表达式是一个椭圆方程和一个具有一定斜率的直线方程相乘而组成的。单用卡克斯法不能给出满足一定边界条件的所有外形。卡克斯法的表达式为

$$y = k[x - a(2+m)] \cdot \frac{b}{a}\sqrt{2ax - x^2} \tag{9-5}$$

其中,a、b 分别为椭圆的长、短半轴,k 为直线的斜率,m 为待定常数。

设定进流段长为 a_1,最大直径为 D,当 $x = a_1$ 时,$y = D/2$,浮体长度 $L = 2a$,代入式(9-5),得

$$y = \frac{\left[x - \dfrac{L}{2}(2+m)\right]\sqrt{Lx - x^2}}{\left[a_1 - \dfrac{L}{2}(2+m)\right]\sqrt{La_1 - a_1^2}} \cdot \frac{D}{2} \tag{9-6}$$

待定常数 m 的计算式为

$$m = \frac{10La_1 - 8a_1^2 - 2L^2}{L^2 - 2La_1} \tag{9-7}$$

(3)图解法。

在回转体头部外形一定的条件下,经过尾部形状的一系列变化,通过理论计算、试验和图解分析,找出回转体最小阻力外形,从而实现设计尾部外形,这种方法称之为图解法。但是这种方法的缺点是不一定能够得到反映全局最优的低阻外形,而且需要大量的试验,耗费昂贵。

(4)线型方程法。

利用事先给定的某一回转体线型方程,通过考察可调参数的取值范围及可调参数的变化对线型方程特性的影响,给出可调参数的确定值,从而获得回转体曲线的线型,这种方法即所谓的线型方程法。

9.2.3 浮力设计

下面主要介绍零浮力(neutral buoyancy)设计技术、浮力材料选用和浮力调节系统设计。

1.零浮力设计技术

(1)零浮力的概念。

在零浮力状态下,物体所排出的周围介质(在海洋中即为海水)的质量与自身质量相等,即物体所受的浮力与自身重力相等。零浮力状态下的物体在海水中呈悬浮态,既不会下沉也不会上升。这种状态在海洋技术装备的设计中常常用到。

（2）实现零浮力的方法。

这里以零浮力光电复合缆的设计为例进行说明。零浮力的实现主要采用三种方法：合理的结构设计、适当浮力材料的选用和密度调节与控制。图 9-7 是两种零浮力光电复合缆的结构，其中图 9-7(a)是采用填充件作为密度调节层的零浮力光电复合缆的结构，图 9-7(b)是采用发泡层作为密度调节层的零浮力光电复合缆的结构。

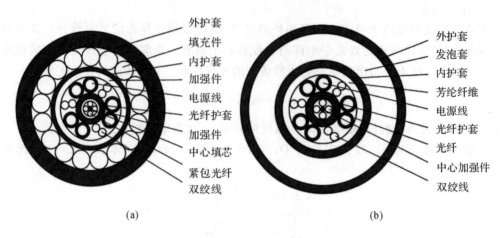

图 9-7　零浮力光电复合缆的结构

常用的缆绳加强材料有钢丝和各种有机合成的高强度合成纤维。钢的密度约为 $7.8\ g/cm^3$，各种高强度合成纤维的密度在 $1.0\sim1.5\ g/cm^3$ 的范围内，高强度合成纤维不仅密度低，而且强度也能达到钢丝的强度，有些合成纤维还能达到钢丝强度的数倍。常用的线缆护套材料有线性低密度聚乙烯、低密度聚乙烯、中密度聚乙烯、高密度聚乙烯、聚氯乙烯和聚氨酯等。

密度是零浮力光电复合缆的重要参数之一，只有光电复合缆的密度与水相近时，才能停留在水中的任意位置，具有零浮力的功能。零浮力光电复合缆是由多种材料组成的，为使其密度能与水相近，在满足使用性能的条件下，应尽量选择密度小的材料。然后，通过密度调节部分把光电复合缆的密度调节到和水的密度相近。密度调节的途径有两种，采用挤塑聚乙烯发泡层或绞合密度小于水的填充件，其中挤塑发泡层是常用的一种密度调节方式，而采用绞合填充件的方式进行密度调节时，填充件一般采用密度较低的聚乙烯材料。

2.浮力材料选用

对于深海技术装备来讲，最重要的通用材料有两类：一类是耐压性好的结构材料，另一类是深海技术装备上大量使用的作为浮力补偿的浮力材料。浮力材料在实际使用时长期浸泡在水中，要求其耐水、耐压、耐腐蚀和抗冲击性良好。尤其是在深海中使用的浮力材料，既要有极高的强度，又要有较低的密度。

传统的浅海浮力材料一般使用封装的低密度液体（如汽油、氨、硅油等）、泡沫塑料、泡沫玻璃、泡沫铝、金属锂、木材和聚烯烃材料等。然而，封装的低密度液体易漏，容易污染海域，泡沫塑料、泡沫玻璃、泡沫铝和木材的模量、强度较小，不能满足深海高压条件的使用要求。金属锂会与水反应，且价格昂贵。

目前，浅海用浮力材料通常采用软木、浮力球、浮力筒以及具有一定强度的合成泡沫塑料或合成橡胶。而深海用浮力材料则通常采用新型的高强度轻质浮力材料。

高强度轻质浮力材料是用直径 $20 \sim 150~\mu m$ 空心玻璃微球与聚合物黏合剂基料经混合、成型、固化而生成的一种新型浮力材料,具有抗压强度高、密度低、浮重比大、吸水性好、耐腐蚀、绝缘、隔热、阻燃、隔音等优点,且有良好的机械加工性能,广泛应用在深海载人/无人潜水器、各种深海技术装备等,并根据需要,可加工成球形、筒形、台形、柱形、方形等各种形状,譬如做成深水流线形浮子、深水潜球等应用于深海技术装备上。浮力材料一般用两个重要参数来描述其性能:密度和工作水深。一种国产的可加工浮力材料如图 9-8

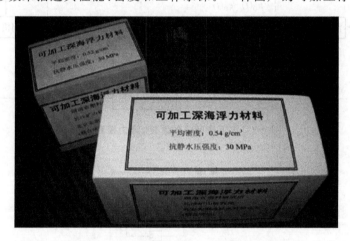

图 9-8　一种国产的可加工深海浮力材料

所示,该材料平均密度为 $0.54~\mathrm{g/cm^3}$,抗静水压强度为 30 MPa,即可工作在 3000 m 水深处。当然,吸水性、弹性模量、可加工性等指标也是十分重要的,需要根据不同的应用要求提出相应的要求。

3.浮力调节系统设计

传统的浮力调节方式是先对载体整体进行静力计算,然后采用调节配平的方法对其浮力状况进行控制。一般来说,配平后浮力不再进行调节。为了增加浮力调节方式的灵活性,浮力调节系统应运而生。浮力调节系统主要是根据鱼通过改变鱼鳔的体积这一仿生学原理来改变浮力。常用的浮力调节系统有海水泵式和油囊式。海水泵式浮力调节系统的结构较为简单,操作简便,其关键技术是研制高压海水泵和高压海水阀,在深海技术装备设计中得到了广泛应用,但受限于海水的腐蚀性和高压力,成本高,使用寿命短。油囊式浮力调节系统不与外界发生物质交换,具有较高的安全性和可操控性,同时成本低,容易嵌入小型深潜器中,具有很好的市场前景。

下面以水下滑翔机浮力调节系统为例说明油囊式浮力调节系统。水下滑翔机的深度、浮力控制原理如图 9-9 所示。该浮力调节系统不仅为水下滑翔机的下潜(上浮)提供动力,同时可实现深度控制。为了达到快速、准确的浮力调节,需要测量净浮力值作为反馈量,与浮力控制器和浮力调节系统组成闭环。水下滑翔机的浮力调节系统本质上是通过改变外部油囊的体积来改变净浮力,其系统原理如图 9-10 所示。该系统是一个密闭式的电液系统,由双向泵、单向阀、电磁开关阀、内部液压缸(即油缸)和外部油囊组成。内部液压缸被密封在耐压舱内,外部油囊裸露在外部海水中。将内部液压缸的油输送到外部油囊,则使外部油囊膨胀变大,水下滑翔机在质量不变的情况下受到正浮力,载体将上浮。图 9-10 中虚线箭头指示的是产生负浮力的油路,与产生正浮力的过程相反,单向阀与开关阀组合作用,为向外排油、向内回油提供油路。当停止浮力调节时,单向阀和关闭的电磁开关阀起到长时间保压的作用,此时断开浮力调节系统的电源,达到节能的目的。

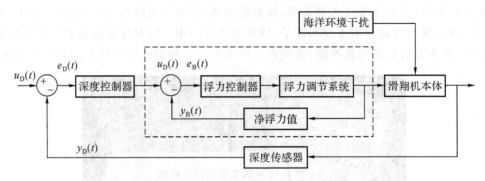

图 9-9　水下滑翔机的深度、浮力控制原理

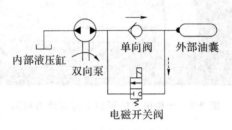

图 9-10　水下滑翔机浮力调节系统液压回路

9.2.4　液压设计

由于液压技术的诸多优点,液压系统广泛应用于海洋技术装备中,尤其是深海技术装备之中。采用液压系统作为动力源的水下作业系统面临两个特殊问题:一是深水密封问题,包括静密封和动密封,通过密封阻止海水侵蚀液压系统;二是水压力问题,海水压力随水深增加而增加,作业系统中各部件承受外压增大,系统工作环境时刻变化使系统的设计更加复杂。但液压系统相较于电机驱动以及气压驱动的系统有更高的功率密度,意味着它可以实现较小的质量和体积,达到轻量化的目的。这一特点驱使一代又一代海洋技术装备的设计人员不断地对这一技术进行完善和发展,并积极应用在海洋技术装备系统中,业已形成了一套完善的技术方案。

1. 压力补偿技术

所谓压力补偿技术,就是通过弹性元件感应海水压力,并将其传递到液压系统内部,使液压系统的回油压力与海水压力相等,并随海水深度变化而随之变化。采用压力补偿后的深海水下液压系统,其系统压力(回油压力)建立在海水压力的基础上,使得液压系统的各个部分,包括液压泵、液压控制阀、液压执行器及液压管路等的工作状态与常规液压系统相同,避免了海水压力的影响。回油压力和海水压力相等时有可能发生海水和液压油相互渗漏的情况,这是需要避免的。为了防止海水渗入液压系统,通常在压力补偿器中设置弹簧,通过弹簧的预压缩力作用,使深海水下液压系统的回油压力略高于海水压力,这样即使发生渗漏,也只是液压油向外渗漏,而不会是海水侵入液压系统的内部,从而保护液压系统内部不为海水侵蚀。

尽管压力补偿后的深海水下液压系统的系统压力建立在海水压力的基础上,系统中的各个部分的承压情况和常规液压系统中的液压元件相同,因此可以直接采用常规液压元件而无须特殊设计,但其密封结构与常规液压系统不完全相同,需要根据深海水下液压系统的功能特点进行重新设计。

深海水下液压系统中的液压阀与液压集成块间的密封结构,与深海水下液压系统的功能有关。常规液压系统中液压阀与液压集成块间的密封结构是针对液压阀内部压力比外部环境压力高的情况。深海水下液压系统的液压阀布置在充油的阀箱内,阀箱的内部压力,即液压阀的外部环境压力,与海水压力相等。深海水下液压系统正常工作时,液压阀的内部压力比其外部环境压力高,常规的密封结构可以实现可靠密封。对于水下液压执行器的两腔,一般来说都能够通过控制阀的中位机能、辅助单向阀甚至滑阀的内泄漏来获得压力补偿,从而避免了液压执行器由于外部环境压力比内部压力高,元件密封在反向压力下失效的问题。

对于暴露在海水中的液压元件,例如水下液压执行器、开式布置方式中的液压泵等,需要对液压元件的表面进行防海水腐蚀的处理。

2. 海水液压系统

传统液压系统采用矿物型液压油作为介质,应用于海洋环境时容易产生泄漏,从而出现污染环境、易燃等一系列严重问题。而且,由于海水与液压油不相容的特性,液压系统必须设计成闭式循环系统。而海水液压系统直接以海水作为工作介质,除具有传统液压系统的优点外,还具有以下优越性:

- 无环境污染,无火灾危险;
- 由于系统回油压力即为周围海水压力,因此系统可省去压力补偿;
- 系统可以省去回水管,不用油箱,液压系统大为简化,系统效率有所提升;
- 海水温度稳定,介质浓度基本不变,系统性能稳定,而且可以省去冷却和加热装置;
- 海水黏度低,系统沿程损失小。

海水液压作业工具系统主要包含海水泵、海水液压马达、海水压力阀、海水流量阀和海水液压缸等关键水压元件,这些元件是海水液压系统研制的难点,这是因为海水腐蚀性强、黏度低、润滑性差等因素。海水液压元件通常面临腐蚀磨损、气蚀、泄漏、工作稳定性较差、系统效率低等问题,需要不同于常规液压元件的新的设计理论和方法。

3. 深海静压源液压系统

对于一些功率不大、作业时间较短的水下作业设备,如果采用水下电机、液压泵等组成深海水下液压系统,不仅系统结构复杂,同时由于水下电机等工作在海水环境中,对电气系统的可靠性要求极高,任一个环节出现问题都会造成整个系统无法工作,严重降低了系统的可靠性。为此,国内外常常会采用一种深海静压源驱动的水下液压系统。这种系统利用海水压力为液压系统提供动力,这样不仅省去了水下电机、液压泵等设备,简化了深海水下液压系统的结构,提高了深海水下液压系统的可靠性,还减小了深海水下液压系统的体积和质量。图 9-11 为浙江大学设计的采用深海静压源液压技术,实现海底原位发电的水下作业系统。该系统利用深海压力将充油腔的油液压入空腔,液体的流动带动液压马达驱动发电机发电,从而再驱动其他作业工具做功。

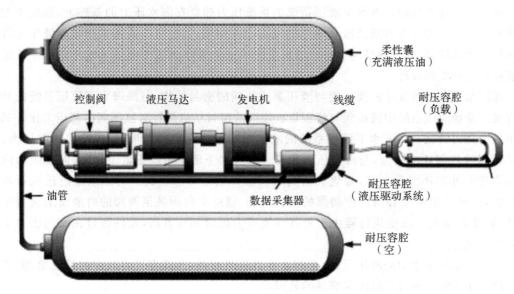

图 9-11　基于深海静压源的能量转换系统

9.2.5　轻量化设计

轻量化设计实际上是一种优化设计方法,即人们在利用经验、实验、理论计算和有限元分析等方法来指导产品设计时,使产品在达到设计要求的同时尽量减少材料的使用量,以达到减小成本、降低能耗的目的。

在现代海洋技术装备设计中,轻量化设计是一个重要的设计理念。特别对于深海技术装备来讲,轻量化可以解决深海带来的许多问题,它不仅可做到节能降耗,有时甚至是装备实现的基本保证。譬如,对于载人潜水器或无人潜水器来说,它们携带载荷十分有限,只有数千克乃至一二百千克。如果深海技术装备需要搭载潜水器下水作业,其自身质量必须控制在一定范围内。因此,轻量化设计在海洋技术装备的实现中十分重要。

实现轻量化设计技术的主要途径有以下几种。

1. 发展新型材料

几百年来,新型材料不断问世。人们利用这些力学性能更好、密度更小的材料代替现有材料,使得很多产品都从粗大笨重型转变为精巧轻盈型。例如,在铁道车辆的车体设计中,可以选择玻璃纤维增强复合材料和碳纤维增强复合材料代替钢材,不仅可以减轻车体自重,而且有利于铁道车辆综合性能的改善。在深海技术装备设计中,人们常常采用轻质合金材料来提高装备的轻量性。

利用新型材料进行轻量化设计影响因素单一,方法简单可靠,但常常难于控制成本。

2. 简化结构

在保证最低设计要求的前提下,省略、简化和合并部分结构可以有效实现轻量化。例如在深海技术装备的设计上,常常采取框架结构来实现装备的固定与安装,或者多采用球壳形或圆筒形等耐压性较好的结构,从而达到轻量化的目的。

3.利用优化设计方法

优化设计是近年来发展起来的一门新兴学科。随着计算机应用技术的迅速发展和商业有限元软件的不断完善,内嵌于商业有限元软件的基于数学规划的优化技术得到了前所未有的迅猛发展。轻量化设计可通过几个关键量的寻优设计来实现。

典型的优化算法包括自适应响应面法、可行方向搜索法、神经网络分析法及序列二次规划法等。

(1)自适应响应面法。

响应面法是依据若干初始样本点处的数据来构造响应面近似函数,然后直接利用数值方法对响应面模型进行寻优。自适应响应面法的基本思想是先通过较少的样本点构造一阶响应面,确定寻优方向,然后在优化过程中采用适当的步长沿响应面函数的梯度方向获得新的设计点,并将新的设计点引入设计空间,这样便可以逐步构造出二阶响应面模型,在后续的迭代中继续引入新的设计点来优化二阶响应面。这种方法的优点是:在构造二阶响应面时,所选择的设计点贴近目标函数的梯度方向,提高了二阶响应面的寻优效率;同时由于响应面函数随着迭代的进行而不断更新,拟合精度也随之提高,对响应面函数的不断优化更新,可使响应面函数的最优点不断向真实的最优点逼近。如果在连续的两次迭代中,所得最优点的响应或者变量的变化小于预设的阈值,则计算结果收敛;如果迭代次数超过预设值,优化过程也会终止。该方法通过不断地更新设计空间,最终可以达到设计人员所要求的精度。

(2)可行方向搜索法。

可行方向搜索法可看作无约束下降算法的自然推广,其典型策略是从可行点出发,沿着下降的可行方向进行搜索,求出使目标函数值下降的新的可行点。算法的主要步骤就是选择搜索方向和确定沿此方向移动的步长。搜索方向的选择不同形成了不同的可行方向法。根据搜索方向的不同的选择方式可得到 Frank-Wolfe 可行方向法、Zoutendijk 可行方向法、Topkio-Veinott 可行方向法等几种可行方向搜索法。

(3)神经网络分析法。

神经网络分析法(neural network analysis)是在神经心理学和认知科学研究成果的基础上,应用数学方法发展起来的一种具有高度并行计算能力、自学能力和容错能力的处理方法。神经网络的结构由一个输入层、若干个中间隐含层和一个输出层组成。神经网络分析法通过不断学习,能够从未知模式的大量的复杂数据中发现其规律。神经网络分析法克服了传统分析过程的复杂性及选择适当模型函数形式的困难,是一种自然的非线性建模过程。

(4)序列二次规划法。

序列二次规划法是将一个非线性规划问题在指定点将目标函数按泰勒级数展开取至二次项,将约束函数按泰勒级数展开取至线性项,并构成二次规划的数学模式,然后按二次规划法求解得一新点作为一个计算循环,如此再以新点为指定点一次次地循环下去,一直到逼近最优解为止。

装备设计中常采用等强度轻量化设计原则和"设计—虚拟样机—虚拟试验—修改"的虚拟设计流程,以及最小二乘拟合多项式近似模型和变密度方法等拓扑优化方法。常用的有限元软件包括 Ansys、Nastran、OptiStruct 以及 HyperStudy 等。

优化设计算法在解决问题的同时，还做到了从众多设计方案中找到考虑工艺、材料等现实条件下的最优解决方案。

9.3 海洋化电子设计

如前所述，海洋化电子设计与海洋化机械设计一起构成系统的海洋化设计方法。低功耗设计、电能供给设计、电子腔设计、数据传输与控制系统设计、机电集成设计和电子系统可靠性设计六个部分，是海洋化电子设计的重要内容。

9.3.1 低功耗设计

在海洋技术装备系统的设计与应用中，大多数系统面临着自行携带电池实现供电的需要，譬如原位传感器系统、浮标系统、AUV潜水器等。对于这些系统，采用功率设计技术，即降低功率消耗是非常重要的。许多深海技术装备常常在水下工作几个月甚至长达一年的时间，由于水下电能供给的局限性，一般都自带有限的电池实现供电，因此，低功耗更是海洋技术装备开展工作的首要条件。

海洋技术装备的低功耗设计主要从两个方面考虑：硬件低功耗设计和软件低功耗设计。

对于硬件低功耗设计来说，主要从下面几个方面考虑：①选择低功耗的微处理器（MCU）；②尽可能使用低功耗运算放大器和CMOS器件，可有效降低电路的功耗；③将电路的工作电压设置在同一个区间内，同时降低电路的工作电压，功耗也会相应地减小。

软件低功耗设计主要通过程序设计来管理微处理器和外围电路的工作状态。当MCU处于工作间隙时，可以使其进入空闲或者休眠状态，当需要工作的时候再唤醒；当外围电路不工作时，可以停止供电。在设计程序时采用中断的工作方式，不采用循环延时的工作方式，可以大大减小CPU的工作时间，从而降低功耗。

更进一步地阐述，一个系统的设计流程需要综合考虑各种层面的因素。当一个系统的设计重点定位在使其功耗最低的情况下，则应该从设计流程所包含的各个层面着手进行优化设计。一般来说，低功耗设计可以从以下三个层面进行考虑：系统层、架构层和技术层。比如，从系统层考虑，为了节省能耗就不应该不间断地为系统中不工作的元器件进行供电；从架构层考虑，使用并行硬件可以减小整个系统之间的相互连接，并且在不降低系统吞吐量的前提下降低系统能耗；从技术层考虑，可以从芯片层面进行优化设计。

系统层和架构层都应该从芯片层面进行设计来尽可能地降低能耗。该设计流程中非常重要的一点是各个层面之间的关联与反馈。表9-9示例性地展示了一个系统可以从哪些方面进行考虑以及降低系统能耗的一般设计流程。

对于一个给定的设计规范，设计者会面临来自不同层面的多种不同的选择。设计者不得不选择一个特定的设计法则，设计或者选定一个适用于该法则的架构，并最终确定诸如供电电压、系统时钟之类各种各样的系统参数。这种多维的设计流程为低功耗优化设计提供了很大的优化空间。一般来说，决定一个设计性能好坏最大的影响因素来自于最高层面的设计。因此，最为有效的设计是源于从最高层面选择和优化系统架构和设计法则。已经有很多研究证实，从系统层和架构层上进行设计可以大大降低整个系统的能耗。

表 9-9　降低能耗的总体设计流程和相关举例

层面	相关举例
系统层	压缩方法 能耗控制 时序安排 媒体存取协议 系统分割 通信误差控制 编译器
架构层	并行计算机硬件 分级存储器
技术层	异步设计 时钟频率控制 降低电压 减少片上路由

在技术层面上,降低功耗的方法有以下几种。

1. 负载电容最小化

由于 CMOS 电路的能耗与负载电容成正比,降低能耗的有效方法之一就是负载电容最小化。减小负载电容的方法之一是减小外部存取并通过使用高速缓存或寄存器等芯片来优化系统;同时,优化系统的时钟频率以及减小芯片体积也可以有效减小负载电容。

2. 降低工作电压和频率

降低电子系统能耗的另一项有效方法是降低供给电压,因为能耗与电压的平方成正比。电压与频率两个变量在延迟和能耗间达成平衡,单独减小时钟频率会延长系统工作时间,并不能减低能耗,降低电压则延迟增加。降低能耗的通常做法是首先增加模组的性能,再在需求性能可以满足的前提下最大限度地降低电压。为了保证在低电压下系统能够良好运转,时钟频率必须相应降低。

3. 避免不必要的活动

避免不必要活动的几种技术,包括时钟控制、最小化转换、非同步设计、使用可逆逻辑电路等,都可以实现功耗降低。此外,让不工作的元件处于休眠状态,等需要工作时再唤醒,也是一种常用的降低功耗的手段。

在系统层面,降低功耗可采取优化硬件架构、降低通信能耗和合理设计相关系统软件等方法。

4. 优化硬件系统架构

系统产生的能耗在一定程度上与该系统或者该系统采用的设计法则所拥有的若干属性有很大的关系。其中,系统之间的相互连接会对系统整体能耗造成非常显著的影响。系统能耗的实现相关部分及其性能与算法的选用有很大的关系。构成总能耗的系统各构件之间是相互关联的。我们可给出两种通过改善硬件系统架构降低能耗的机制：应用特定模组和分级存储器系统。

5.降低通信能耗

降低无线通信系统能耗的技术手段有很多，如误差控制、系统分割、低功率短程网络、能量敏感 MAC 协议等。

6.合理设计操作系统与应用软件

合理设计操作系统与应用软件包括时序安排、能量管理、代码与算法转换等。

能耗优化贯穿设计的全过程。设计一开始，就需要考虑能耗优化，设计层次越高，能耗优化的空间和效果就越好。现代数字电路的低功耗设计流程为：第一类是自底向上（bottom-up）的设计流程；第二类是自顶向下（up-bottom）的设计流程；第三类可以归结为第一类和第二类的结合。自底向上的设计流程适用于芯片规模不大的场合，但此法效率低、周期长、修正问题难度大、一次性设计成功率低。自顶向下的设计理念在一定程度上弥补了自底向上设计方法的不足，它的设计思想是，从确定电路系统的性能指标开始，直到芯片设计成功，每一层都要进行功能和性能的验证。图 9-12 为自顶向下的设计流程。自顶向下结合自底向上设计流程的出现，主要是考虑产品的经济效益而产生的。它不仅优化了芯片架构，也兼顾了芯片的成本。

在设计过程中，还要充分利用低功耗设计软件。表 9-10 所示为各个抽象层的低功耗设计软件。

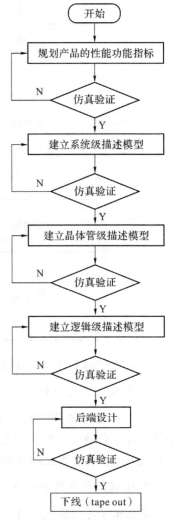

图 9-12　自顶向下的设计流程

表 9-10　抽象层的低功耗设计软件

抽象层次	软件名称	软件开发公司
行为级	Power Buster	ASC
	Orinoco	ChipVision
寄存器传输级	Watt Watcher	Sequence
	Design Power	Synopsys
逻辑级	Quick Power	Mentor
	PowerGate	Synopsys
	Power-tool	Veritools
	Mach PA	Mentor
晶体管级	PowerMill	Synopsys
	VeriPower	Veritools
	Star-Power	Avant

9.3.2 电能供给设计

在海洋应用中,如何为海洋技术装备提供电能,保障其正常持久地工作,是设计海洋技术装备时的首要问题。不同的海洋技术装备有不同的电能供给方式,主要分为电池供给(battery self-contained)方式、线缆供电(electric power transmission)方式和海上自给式供电(ocean energy self-supported)方式三种。还有一种比较特殊的方式,是水下非接触式电能传输,用于需要无线电能传输的场合。下面分别进行介绍。

1. 电池供给方式

利用电池实现供电,是海洋技术装备中最为常见的方式之一。该供电方式采用电池或蓄电池为海洋技术装备提供电能,通常适用于用电量不大的场合。由于装载的电池容量有限,为了保证海洋技术装备持久稳定运行,常常需要考虑电池管理系统的设计。

电池管理系统(battery management system,BMS)是合理分配使用电池系统的重要保证。电池荷电状态(state of charge,SOC)定义为剩余电量 Q_c 与电池额定总量 Q_0 的比值,用 Q_t 表示。当电池放电时,以下因素对电池剩余容量带来主要影响:①放电率,即放电电流越大,电池所能放出的电量越少;②温度,即温度越高,电池能放出的电量越多;③自放电,电池贮存时,会发生自放电,降低电池容量;④电池寿命,电池充放电的寿命有限,电池的容量也会越来越小。电池容量检测的方法主要有开路电压测量法、电量累计法、测量内阻等方法。电池管理系统应充分考虑这些因素,在随时监控荷电状态 SOC 的前提下,使电池电能的使用率达到最优化。

2. 线缆供电方式

在海洋中给海洋技术装备传输电能的另一种主要方式是线缆供电,主要用于电量使用需求比较大的场合,如海底观测网络、遥控无人潜水器等都是采用线缆供电方式。线缆供电一般多采用直流进行供电,主要因为在交流输电的过程中电缆与海水和大地之间会构成较大的电容,产生较大的阻抗损耗,而且交流变压器体积也比较大。采用直流供电,对海缆的要求较少,能够有效地减少成本。

当然,也可以采用交流供电。据了解,"海马号"ROV 等海洋技术装备就是采用高压交流供电方案,主要有这样几个原因:①该 ROV 采用了水下高压交流电机,需要匹配;②交流电容易转换,方便配电;③比较而言,交流输电技术更为成熟。所以采用交流或直流供电,要视具体情况而定。

采用直流供电主要分为两种方式:恒流源串联供电和恒压源并联供电。图 9-13 所示为恒流源串联供电方式,当网络需要有多个分支的时候,可以使用直流分支器产生更多的支路。根据基尔霍夫定理,在串联供电系统中所有节点的电流都是相同的,即 $I_1=I_2=I_3$,同时电压 $U_1=U_2+U_3$。日本的 DONET 地震监测网络采用的就是恒流源串联供电方式。恒压源并联供电方式如图 9-14 所示,在不考虑海缆阻抗的情况下所有节点的电压都是相同的,即 $U=U_i$,$I=I_1+I_2+\cdots+I_n$。相较于恒流源串联供电方式,恒压源并联供电更易于扩展,而且容错能力更强。同时,即使一个节点出现问题,也不会影响其他节点正常工作。

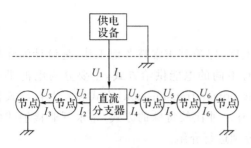

图 9-13　恒流源串联供电方式

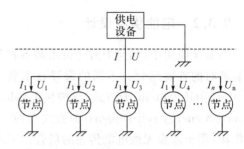

图 9-14　恒压源并联供电方式

3. 海上自给式供电方式

当海上作业无法使用岸电,用电量比较大且使用时间很长时,就会考虑如何利用原位的海洋能产生电能进行供电。海洋中有丰富的海洋能可以被获取,用来为海洋技术装备供电。常被利用的海洋能主要有波浪能、潮流能、太阳能和海洋风能等。如波浪能发电是利用物体在波浪作用下的升沉和摇摆运动将波浪能转换为机械能,再通过发电装置将机械能转换成电能。目前主要的波浪能利用技术有震荡水柱技术、摆式技术、筏式技术、点吸收技术和鸭式技术等。潮流能发电则是通过"水下风车"一类的系统,把水下的潮流能转换成电能。潮流能装置结构主要有水平轴和垂直轴两种。太阳能发电是通过太阳能电池板将太阳能转换成电能。太阳能发电功率 $Q = \rho s \eta$,其中 ρ 为太阳能密度,一般为 $500 \sim 1200$ W/m^2,s 为太阳能接收面积,η 为太阳能电池的利用效率。而风能发电则是通过风力带动发电机进行发电,与潮流能发电装备一样,主要分为水平轴和竖直轴两种发电装置。

4. 水下非接触式电能传输

水下非接触式电能传输(contactless power transmission link,CPTL)主要通过电磁耦合的原理实现。直流电能经过高频逆变电路转换成高频交流电加载到初级线圈,通过初次级线圈之间的电磁耦合作用,次级线圈内产生感应电动势,经过直流滤波和功率调节之后提供给负载设备(见图 9-15)。水下非接触式电能传输技术摆脱了传统的有缆接触式供电方式的漏电、密封困难和插拔次数有限等缺陷,特别是无须使用昂贵的水下湿插拔接头,在深水、海底等特殊场合得到较多的应用。

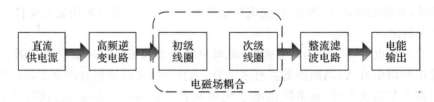

图 9-15　非接触式电能传输原理

9.3.3　电子腔设计

海洋技术装备的电子腔可为电子设备提供安装场所和保护,针对海洋特殊的应用环境,电子腔的设计要求更为合理可靠。

1.电子腔的小型化设计

按照模块化的设计思想,海洋技术装备的电子系统可以根据系统中各个功能模块(电源模块、控制模块、通信模块、动力模块、探测模块等)将总体结构分为不同的舱段。在海洋技术装备的实际使用中,根据需求选择相应的模块进行组合装配。

海洋技术装备的小型化能有效地减小海上布放的难度和成本,合理的布局能有效地减小装备的体积。根据前面的讨论可知,海洋技术装备的耐压腔体大部分是球壳形和圆筒形。为了充分地利用腔体的内部空间,内部的电路板和电子设备主要采用轴向分布、径向分布和圆周分布三种分布方式安放,如图 9-16 所示。

（a)轴向分布　　　　　　　（b)径向分布　　　　　　　（c)圆周分布

图 9-16　内部元件分布

2.电子腔的散热设计

电子元器件工作的可靠性与工作温度密切相关。相关研究表明,55％的电子元器件的失效,是其温度过高而导致的。随着温度的升高,其失效率呈指数增长,甚至部分电子元件在温度每升高 10 ℃时,失效率就会增加一倍以上。海洋技术装备结构小型化势必会带来设备散热的问题,尤其是产热较高的电源部分。这样,水下电子腔的散热设计又是需要考虑的一个重要问题。如何在狭小的密闭空间内提高散热效率,这应该从装备设计阶段就开始考虑。海洋技术装备用到的散热方式主要有接触式散热和充油式散热两种,下面分别阐述。

（1)接触式散热。

深海海水温度较低,可以用于装备的散热。接触式散热是将主要的产热模块与耐压腔体直接接触,热量通过金属腔壁传递到海水中。美国 WHOI 的 Alvin 号载人潜水器采用的 Shoe 法就是接触式散热方式。如图 9-17 所示,将电子器件部分固定在柱面散热基座上,散热基座一端与端盖固定,热量通过端盖传递到周边海水中,外柱面与腔体内部接触,形成导热通路。还有一种更加方便、更加直接的接触式散热方式是 Endcap 法,即产热模块直接与端盖接触(见图 9-18)。

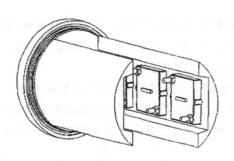
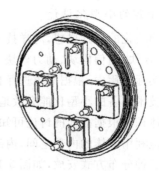

| 图 9-17　Shoe 法接触散热 | 图 9-18　Endcap 法接触散热 |

（2）充油式散热。

充油式散热的原理是利用油液的流动特性，使腔体内部形成一个自然对流的散热回路，使得产热模块的热量快速扩散到油液中，趋于均匀，同时油液中的热量经自然对流传递到腔体壁，最终传递到海水中。浙江大学研制的海底观测网络接驳盒中的高中压转换腔设计，就是采用腔体内整体灌充油液的方法实现散热。

9.3.4　数据传输与控制系统设计

1. 数据采集与控制系统设计

根据海洋技术装备的自动化程度不同，装备的控制方式可分为远程控制、预编程控制和智能控制。远程控制是操作员通过有线或者无线通信的方式与装备建立通信连接，操作员向海洋技术装备发送相关的控制指令来实现对装备的控制，典型应用有 ROV、声学释放器和海底观测网络中的观测设备等。预编程控制是通过预先对海洋技术装备控制系统进行编程设置，使其按照规划的方式进行工作，如 AUV、水下滑翔机等根据规划的路径进行定深航行，传感器根据定时指令完成定时数据采集和传输等。智能控制则采用各种人工智能技术实现复杂系统的控制，这是一种具有强大生命力的新型自动控制技术，如 AUV 的目标探测与识别、自主避障和自动路径规划等。

控制系统按照控制方式可分为集中式控制系统和分布式控制系统。集中式控制系统使用一个控制器对多个对象进行控制，这种技术对于复杂系统必将导致控制主机负荷高，实时性差，接线复杂等弊端。分布式控制系统采用多个控制器对多个对象进行控制，各个控制器之间相互通信，分布式控制中各个子系统的任务相对简单，实时性好，可靠性高。譬如浙江大学为海底观测网络研究的第二代科学仪器插座模块（scientific instrument interface module，SIIM）系统，就是采用基于 CAN 总线的分布式控制系统。

2. 数据传输与通信方式

根据实际需求，海洋技术装备的数据传输与通信方式主要分为三种：远程有缆通信、水下无线通信、水面无线通信。

（1）远程有缆通信。

远程有缆通信主要有光纤通信、同轴电缆通信和光电复合缆通信。光纤通信是以光波作为信息载体，以光纤作为传输媒介的一种通信方式。光纤通信主要具有以下特点：通信带宽大、传输距离远、抗干扰能力强、保密性好等，主要用于海底观测网络和 ROV 等。同轴电缆通信是以同轴电缆为传输介质的一种有线通信方式,尽管通信带宽低,但价格便宜,使用方便,常常应用在 CTD 采水器触发、电视抓斗的视频传输等场合。光电复合缆则同时具备通信和输电功能。ROV 的脐带缆通常就采用光电复合缆。

（2）水下无线通信。

水下无线通信方式主要有水声通信、水下光通信、水下电磁耦合通信。水下无线通信系统的结构如图 9-19 所示,三种通信方式原理相似,不同之处在于传输信号的载体。三种不同通信的比较如表 9-11 所示。

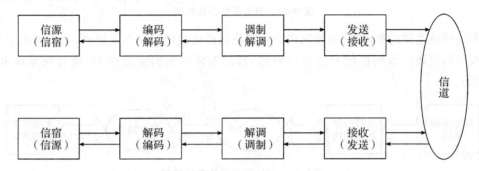

图 9-19　水下无线通信系统的结构

表 9-11　三种不同的水下无线通信方式比较

通信方式	距离	速率	结构	功耗
水声通信	远,km 级	低,kb 级	复杂	高
水下光通信	较近,<100 m	高,Mb 级	较简单	较低
水下电磁耦合通信	近,<10 cm	低,kb 级	简单	低

水声通信的信号传输的载体是声波,在发送阶段将调制过的电信号转换为水声信号,在接收阶段将水声信号转换为电信号。水下光通信的信号传输载体是光,在发送阶段将调制过的电信号转换为光信号,在接收阶段光检测器将光信号转换为电信号。水下电磁耦合通信基于电磁耦合原理,主线圈内的电流变化会在其周围产生交变磁场,次级线圈在交变磁场中会产生感应电动势,从而实现信号传输。

（3）水面无线通信。

水面无线通信的方式主要有四种:GSM 通信、高频通信、卫星通信和无线网络通信。GSM 为第二代移动通信系统,是基于蜂窝网络的通信系统。高频通信是利用 30 M～300 MHz 波段的无线电波实现传输信息的通信方式。卫星通信主要有三种通信方式:海事卫星、铱星系统和北斗通信系统。无线网络通信系统包括 GPRS 和 CMDA 两种通信方式。一些海洋技术装备(如浮标、Argo 和水下滑翔机等)采用的通信方式主要是基于铱星系统或北斗通信系统的。

这里简单介绍我国自行研发的北斗通信系统。当需要发送数据时,北斗终端向卫星控制中心发送通信申请信号,获得批准后,将数据通过卫星发送给控制中心。控制中心根据数据中包含的目标地址将数据转发给目标接收方。卫星通信系统构架如图 9-20 所示。

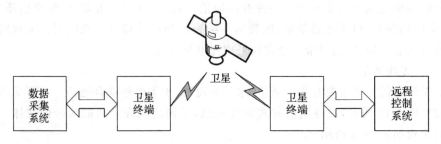

图 9-20 卫星通信系统构架

无线网络通信的原理是：无线网络通信模块通过无线网络接入互联网，数据采集系统通过无线通信模块将数据打包发送至目的地，目的地可以是固定公网 IP 或者固定域名（见图 9-21）。

图 9-21 无线网络通信系统构架

9.3.5 机电集成设计

机电集成设计是海洋技术装备实现的重要组成部分。在许多情况下，海洋技术装备设计制造过程中的相关机电集成技术主要包括数据采集与存储技术、电子控制技术、信号传输技术、微处理器与接口技术等方面的集成，其流程结构大致如图 9-22 所示。

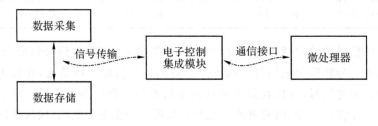

图 9-22 机电集成设计的流程结构

下面以深海化学传感器原位观测系统的实现为例进行简要说明。深海化学传感器原位观测系统是一种应用于深海的、携带化学传感器的、实现长期定点的原位观测系统，其测控电路的设计是关键。由于该系统需要做到原位的长期观测，因此它具有一个由泵阀组成的流体控制系统进行探头的自维护工作。测控电路是将所携带的传感器采集到的信号存储在自带的存储器中，对传感器系统实现简单的控制，同时提供命令发送与数据检测的通信接口。要实现这些功能还必须有一些外围器件（如时钟、电源管理等）的支持、可靠的单片机软件以及完善的通信协议。如图 9-23 所示，左端是各类传感探头的信号输入，通过中间的以微处理器为核心的控制系统存储与处理，再通过相应的接口传输到下方的计算机。右端则是系统在进行探头自维护时，对流体控制系统中的泵阀进行控制。

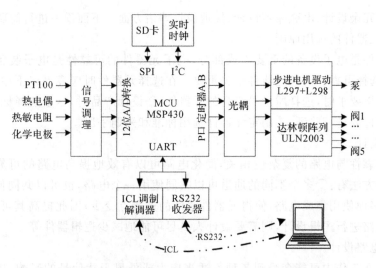

图 9-23　深海化学传感器原位观测系统的电路原理

9.3.6　电子系统可靠性设计

海洋技术装备通常是放在水下长期工作,系统一旦出现故障,回收处理将会造成巨大的人力和金钱的浪费。因此,在进行海洋技术装备的设计时,不仅要考虑技术指标的先进性,还要注重装备的可靠性,特别是电子系统的可靠性。

1. 可靠性预计

可靠性预计是指根据元器件、组件等的可靠性经验数据和可靠性模型,对电子产品的可靠性水平进行估计。以美国军规 MIL-HDBK-217 为代表的预计法应用广泛,主要有元器件计数法和元器件应力分析法。

（1）元器件计数法。

元器件计数法的通用公式为

$$\lambda_s = \sum_{i=1}^{n} N_i (\lambda_{gi} \pi_{Qi})$$

其中,λ_{gi} 为第 i 种类型的元器件在规定环境类别下的通用失效率,π_{Qi} 为第 i 种类型的元器件的质量等级,N_i 为第 i 种元器件的数量,n 为系统所用的元器件的类型数量。

（2）元器件应力分析法。

元器件应力分析法比较全面地考虑了电、热、气候等环境应力以及元器件质量对元器件失效率的影响。它综合分析了元器件的质量等级、环境应力、工艺结构参数等因素,利用有关的可靠性手册给出的相关模型和数据确定各元器件的失效率,并通过产品的可靠性模型预估电子设备的可靠性指标。对于不同的元器件,可以参考不同的工作失效预计模型。如对于电阻器,其工作实效率模型为

$$\lambda_P = \lambda_b \pi_E \pi_Q \pi_R$$

其中,λ_P 为工作实效率,π_E 为环境系数,π_Q 为质量系数,π_R 为阻值系数。

2. 可靠性设计

海洋技术装备电路可靠性设计主要包括电子元器件的选用原则、简化设计、保护电路设

计、降额设计、冗余设计、电磁兼容设计、接地设计等诸方面。下面逐一进行简要阐述。

（1）电子元器件的选用原则。

电子元器件是电子设备的重要组成部分，电子元器件的可靠性是电子装备系统可靠性的基础，因此选择可靠性高的元器件至关重要。在选择元器件时应遵循以下原则：①在满足设备功能和环境要求时，选择质量等级高的元器件；②设计产品时，尽量选择标准的元器件，对非标准元器件要进行验证；③制定元器件选用标准和采购手册。

（2）简化设计。

电路的可靠性与电路的复杂性相关，简化电路可以有效地提高电路的可靠性。简化设计一般使用的方法有：①多个不同的通道可以共同使用一个电路，也可以共同使用一个元器件；②尽可能多地使用集成电路，使得元器件之间的连接点变少，因此提高其可靠性；③如果需要对电子线路进行逻辑设计，则需要设计人员尽可能地减少逻辑器件等。

（3）保护电路设计。

电子系统在工作中可能会受到各种不适当应力或外界干扰信号的影响，造成电路工作不正常，严重时会导致内部器件的损坏。为此，在电路设计中，常常需要根据具体情况设计必要的保护电路，如在电路的信号输入端加入静电保护电路，在电源输入端加入浪涌干扰抑制电路，在高频高速电路中加入噪声抑制或吸收网络等。

（4）降额设计。

降额设计的目的是使电子元器件的工作应力比所规定的额定值低，以使基本故障降低，从而保证系统的可靠性。电应力与温度应力对其故障率的影响较为明显，所以，在电子产品的可靠性设计中，降额设计是使用最多的一个方法。

（5）冗余设计。

冗余设计就是为完成规定的功能而额外附加所需的装置或手段，即使其中某一部分出现了故障，整体仍能正常工作的一种设计。冗余设计虽能大幅度提高系统的可靠性，但增加了设备的体积、质量、费用和复杂度。因此，除了十分重要的关键设备，一般产品不轻易采用冗余技术。

（6）电磁兼容设计。

为了使设备或系统达到电磁兼容状态，通常采用印制电路板设计、屏蔽机箱、电源线滤波、信号线滤波、接地、电缆设计等技术。

（7）接地设计。

接地设计主要有三个方面：一是设计信号地，保证电路有一个系统的基准电位，不至于因为电位浮动引起信号误差，因为信号地是各种物理量信号源的公共零电位基准。信号地有两种：模拟地和数字地。二是与大地相连，构成保护地。保护地将设备的壳体与大地连接，保证过高的或过低的（负电压时）对地电压有一个泄放通道，避免发生触电事故。三是屏蔽地，将设备的屏蔽罩或者电缆的屏蔽层与大地连接，能有效地抑制信号干扰。

3. 可靠性试验

可靠性试验就是在规定的工作条件和环境条件下，将各种工作模式及环境应力按一定的时间和一定的循环次数，反复施加到受试设备上，经过失效的分析和处理，进行质量反馈，并在设计、制造、材料或管理等方面进行改进，从而提高设备的固有可靠性。

可靠性试验的流程如图 9-24 所示，其中环境应力有温度应力、振动应力、压力应力、电应力和湿度应力。循环测试的方法有应力循环、通断循环和工作循环等。

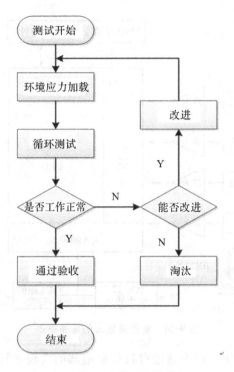

图 9-24 可靠性试验的流程

9.4 海洋技术装备实现:以数据采集器设计为例

在海底热液区的科学考察过程中,要求对诸如温度、盐度、深度、磁场、溶解氧、硫化氢等各种环境参数进行测量,这就需要开发相应的各种传感器系统。每种传感器都需要配置一个数据采集器(data logger),支撑传感信号记录、处理、存储和输出,同时也为传感器提供电能和接口。浙江大学研制的数据采集器广泛用于各种深海传感器中,其外形结构如图 9-25 所示,电路原理如图 9-26 所示。

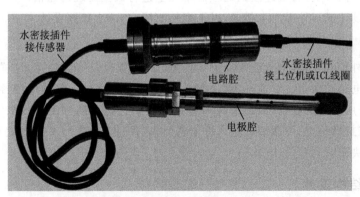

图 9-25 数据采集器的外形结构

该数据采集器是一种基于 MSP430 系列单片机的数据采集系统,集中实现了海洋技术装备设计与集成中的轻量化技术、功率设计技术、结构设计技术、防腐密封技术、机电集成技

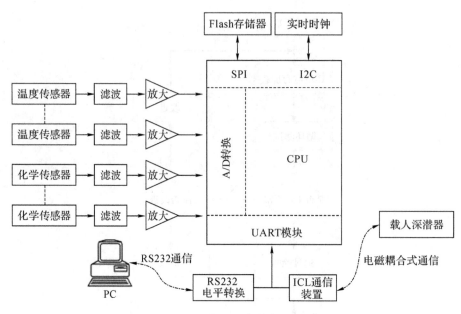

图 9-26　数据采集器的电路原理

术等关键技术的设计与应用。以下通过对数据采集器的实现进行详细阐述,介绍海洋化设计在海洋技术装备设计与集成中的应用。

9.4.1　密封设计

传感器封装技术中密封性要求最高的是电路腔的密封设计,这一部分不能漏水,否则电路就不能正常工作,从而影响整个系统的工作。所以,电路腔的密封设计是整个封装技术较重要的一部分。

1. 要求

电路腔两端都要有能够让电线穿过的孔,以方便传感信息的获得与传输。前端连接到油腔中的传感器探头上,后端连接到处理器单元上进行数据处理与通信。

油腔可以设计成与外界海水相通,以平衡外部压力,减小壁厚设计。

2. 设计

电路腔的外周用 O 形密封圈来密封,经过设计计算以及实际使用,这样的方法简单可行。探头端与电路腔中间设置通孔,解决信号线的连接。这时一般的电线接头显然不能满足要求,需要采用专门的设计,以适应深海应用。我们选择了防水耐压的电线接头,固定在端盖上,填充密封材料,用专制螺母进行拧紧密封,以保证其密封性。除此之外,也可采用水密接插件来解决密封问题。

9.4.2　结构设计

结构设计主要是对电路腔圆筒进行设计,特别是对壁厚的设计及其稳定性校核。假设工作水深为 6000 m,外压 $P = 60$ MPa,圆筒形电路腔里面要放置的电路板尺寸为 90mm×40 mm×10 mm,密封壳体上安装水密接插件,圆筒初定长度 $L = 220$ mm,因为宽为

40 mm,可考虑电路腔内径 $D_i = 54$ mm。材料选用 1Cr17Ni2。

1. 电路腔体壁厚计算

经查得,1Cr17Ni2 材料的屈服强度 $\sigma_{0.2} = 635$ MPa,$n_s = 2$,则

$$[\sigma_s] = \sigma_{0.2}/n_s = (635/2) \text{ MPa} = 317.5 \text{ MPa} \tag{9-8}$$

材料的抗拉强度 $\sigma_b = 1080$ MPa,$n_b = 3$,则

$$[\sigma_b] = \sigma_b/n_b = (1080/3) \text{ MPa} = 360 \text{ MPa} \tag{9-9}$$

取许用应力 $[\sigma]^t = 317.5$ MPa,初步求得壳体壁厚为

$$\delta \geqslant \frac{P_c D_i}{2[\sigma]^t - P_c} = \frac{60 \times 54}{2 \times 317.5 - 60} \text{ mm} \approx 6 \text{ mm} \tag{9-10}$$

取腐蚀余量为 1.5 mm,加工余量为 0.5 mm,确定 $\delta = 8$ mm。

长、短圆筒可以用临界长度 L_{cr} 作为区别的界限。若圆筒的长度 $L \geqslant L_{cr}$,则属长圆筒,失稳时波数 $n = 2$;若 $L \leqslant L_{cr}$,则属短圆筒,失稳时波数 $n > 2$。

本设计中,圆筒外径 $D_o = (54 + 2 \times 8)$ mm $= 70$ mm,$\delta = 8$ mm,$L = 220$ mm,故

$$L_{cr} = 1.17 D_o \sqrt{D_o/\delta} \approx 1.17 \times 70 \sqrt{70/8} \text{ mm} \approx 242.26 \text{ mm} \geqslant L \tag{9-11}$$

由于圆筒长度没有超过临界长度 L_{cr},故可按短圆筒校核稳定性,即

$$[p] = \frac{2.59 E \cdot \delta_e^2}{m L D_o \sqrt{D_o/\delta_e}} = \frac{2.59 \times 2.0 \times 10^5 \times 6^2}{3 \times 220 \times 70 \sqrt{70/8}} \text{ MPa} \approx 136.45 \text{ MPa} > 60 \text{ MPa}$$

$$\tag{9-12}$$

其中,m 为稳定安全系数,此处取为 3。通过式(9-12)可证明本设计的壁厚是安全的。

2. 电路腔的设计

我们采用 O 形密封圈。在高压容器中,由于容器直径较小,厚壁封头制作难度较大,成本较高,常采用平盖。平盖的壁厚计算式为

$$s = D_i \sqrt{\frac{0.31 P}{[\sigma]}} + C = \left(70 \sqrt{\frac{0.31 \times 60}{317.5}} + 1 \right) \text{ mm} \approx 17.9 \text{ mm} \tag{9-13}$$

圆整为 $s = 18$ mm,外径为 $D_o = 100$ mm,用 4 个 M6 螺钉紧固。其中端盖布有 2 个水密接插件,以实现电路腔与外界信号的连通。

数据采集器的电路腔设计图纸如图 9-27 所示。

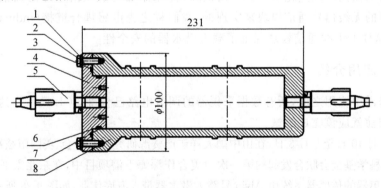

1—平垫圈;2—螺栓;3,6—O 形密封圈;4—上盖;5—水密件;
7—切口式挡圈;8—电路腔

图 9-27　数据采集器的电路腔设计图纸

9.4.3 电路设计：电子控制技术

受水下环境的局限性,电源供给不能使用体积过大的电池,但设计上又要求系统能够连续工作超过 20 d,因此数据采集系统必须进行低功耗设计。

要实现低功耗设计,从硬件结构设计角度来说,主要从两方面入手:选用低功耗器件和电路结构上的低功耗设计。采用开关芯片,对分时工作的芯片采用分时供电,在不采集数据的时间间隔里,通过开关芯片切换模拟部分的电源供给,对于带有关闭引脚的芯片,在其不工作时,通过该引脚的配置关闭该数字芯片。从软件设计的角度来说,基于 MSP430F169 芯片的数据采集和通信均采用中断方式进行,并充分利用芯片的休眠和低功耗功能。当到采集时间点时,中断将 MSP430F169 从低功耗模式唤醒开始工作;而后发出控制电平将电源芯片打开,开始对系统供电。完成数据采集工作后,关闭开关芯片和带开关功能的数字芯片,MSP430F169 进入低功耗模式 3(LPM3),即在 LMP3 模式下,MSP430F169 的 CPU、MCLK、SMCLK、DCO 都处于休眠状态,ACLK 信号仍然处于活动状态。在这里,ACLK 为 auxiliary clock,即辅助时钟;MCLK 为 master clock,即系统主时钟单元;SMCLK 为 sub-main clock,即系统子时钟,这些都是芯片的功能。

9.4.4 接口设计技术

数据采集系统由模拟信号的检测、滤波与放大,数字信号的存储与处理,数据信号的通信传输等部分组成。

系统工作时,将采集到的热液口附近的多路物理、化学传感器信号经过滤波、放大后,输入微控制器 MCU 自带的 12 位 A/D 转换模块中,以实现模拟信号的数字化转换。同时,主处理器从外围实时时钟芯片读取采样时间,并将上述数据处理编码通过 SPI 串行通信模式储存到 flash 存储芯片中。系统还可以通过控制 LTC1385 芯片实现与系统外计算机的 RS232 通信,以实现采集数据的读取。

当数据采集器作为从机与主机电脑进行 RS232 通信时,由主机发起,从机的 USART 模块(即串口,一种通信接口)接收来自主机的信号产生直接调用异步通信中断子程序,这样既降低了功耗,又简化了软件的流程。

当载人潜水器使用这些化学传感系统时,数据采集器与载人潜水器的通信是通过基于电磁耦合机理的无线信号通信模块来实现的,我们称之为电感耦合链接(inductive coupling link,ICL)。这样的无线通信模块保证了载人潜水器的安全性。

9.4.5 应用介绍

在实际海洋中应用之前,所有数据采集器的调节电路已校准,ICL 模块在这些电路板分别放入电路腔前就应该完成测试。

2005 年 8 月 10 日至 9 月 3 日,在由中国大洋矿产资源研究开发协会、美国伍兹霍尔海洋研究所和美国自然科学基金会联合发起的第一次中美合作深海下潜项目中,在东北太平洋隆起地区,几个含数据采集器的传感器系统由 Alvin 号载人潜水器带入海底作业,如图 9-28 所示。

所有的化学传感器系统在海底运行良好,并通过 ICL 模块与 Alvin 号载人潜水器保持可靠通信,数据采集器采集到了大量的重要数据。如图 9-29 所示,A 列为每组数据的时间标识，B 列到 E 列为化学传感器采集的数据，F 列与 G 列表明了热电偶测得的环境温度与补偿温度。图 9-30 表示温度传感器对热液口环境温度变化的响应，热电偶的环境温度与补偿温度分别由 T 曲线和 T_c 曲线表示。

图 9-28　放置在热液口的数据采集器

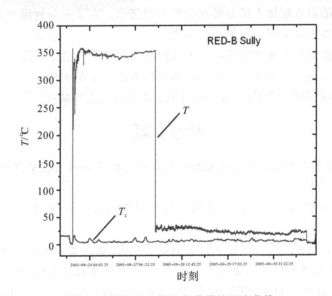

图 9-29　数据采集器获得的数据

图 9-30　数据采集器记录获得的温度曲线

　　从图 9-30 的曲线中可以看到，通过在热液口放置传感器探头，测出热液口附近的温度接近 350 ℃。同时，在 2005-08-27 20：17：34（GMT）时 Alvin 号载人潜水器的机械手造成了一个突然的位置扰动，使得探头突然偏离热液口，因而数据采集器的数据反映出温度的急剧下降。所有的化学电极工作良好，同时，根据船上科学家的分析，来自数据采集器的数据与深海的自然规律是一致的。

思考题

1.海洋技术装备设计与陆上装备设计有何区别？
2.在海洋技术装备机械设计中重点需要考虑哪些方面？

3. 什么是海洋化设计方法？该方法由哪两个部分组成？

4. 有哪些措施可以实现轻量化设计？

5. 请比较球壳形与圆筒形耐压壳体的优点和缺点。

6. 请计算用于深海的耐压 30 MPa,内径为 2 m 的圆筒形耐压壳体(自行确定合适的金属材料)的最小壁厚。

7. 在技术层面上,降低功耗的方法主要有哪几种？

8. 什么是零浮力？影响海洋技术装备的零浮力有哪些主要因素？

9. 如果浮力材料的弹性模量没有达标,会发生什么不良现象？

10. 如何实现海水防腐技术？

11. 请给出牺牲阳极寿命的计算公式,并说明式中各量的含义。

12. 如何提高海洋技术装备在水下的安全可靠性？

13. 什么是水下液压系统中的压力补偿技术？

14. 海洋技术装备的主要供能方式有哪几种？

15. 深海装备设计中一般是如何实现密封的？

16. 如何实现非接触式供电？

17. 海洋技术装备的耐压腔体大部分是球壳形和圆筒形。为了充分利用腔体的内部空间,电路板和电子设备主要采用哪几种布放方式？

18. 请比较接触式散热与充油式散热两种方式的优点和缺点及适用范围。

19. 请说出水下声学通信和水下光学通信的各自特点以及适用场合。

20. 请查阅相关资料,分析 MSP430 系统的 F169 芯片的优点和缺点。

参考文献

[1] 张慧博. 超大型岸边集装箱起重机金属结构静动态特性分析与轻量化研究. 上海:上海交通大学,2008.

[2] 陈崇,曹霞,王万宇,等. 9000 m 海洋绞车滚筒轻量化设计分析. 石油机械,2010,38(6):88-91.

[3] 孙晓东,张立明. 铁道车辆轻量化中复合材料的应用. 机械工程师,2004(7):76-77.

[4] 余景宏. 欧洲牵引车在轻量化方面的有效举措. 商用汽车,2009(8):90-91,93.

[5] ZHOU L L,BAI S P,HANSEN M R. Design optimization on the drive train of a lightweight robotic arm. Mechatronics,2011,21(3):560-569.

[6] OBRECHT H,FUCHS P,REINICKE U,et al. Influence of wall constructions on the load-carrying capability of light-weight structures. International journal of solids and structures,2008,45(6):1513-1535.

[7] 吕毅宁,吕振华. 基于等刚度条件的薄壁结构的一种材料替代轻量化设计分析方法. 机械工程学报,2009,45(12):289-294,299.

[8] 张勇,李光耀,钟志华. 基于移动最小二乘响应面方法的整车轻量化设计优化. 机械工程学报,2008,44(11):192-196.

[9] 郝志勇,贾维新,郭磊. 拓扑优化在单缸机缸体轻量化设计中的应用. 江苏大学学报(自然科学版),2006,27(4):306-309.

[10]HAVINGA P，SMITH G. Design techniques for low-power systems. Journal of systems architecture，2000，46(1):1-21.

[11]蔡艳慧.MCU系统的低功耗研究和设计——新型低功耗触发器的设计与仿真.无锡:江南大学，2011.

[12]樊鹤峰，徐继东，张小强.零浮力光电混合缆的研制.光纤与电缆及其应用技术，2011(5):26-28

[13]朱志斌，吴平伟.深海探测用高强度轻质浮力材料的研究与发展.现代技术陶瓷，2009，30(1):15-20.

[14]刘淑青.高强度轻质浮力材料研究.海洋技术学报，2007，26(4):118-120.

[15]李建朋.水下机器人浮力调节系统及其深度控制技术研究.哈尔滨:哈尔滨工程大学，2010.

[16]严安庆，方学红，杨邦清.浅谈潜水器浮力调节系统的研究现状.水雷战与舰船防护，2009，17(2):55-59.

[17]龚步才.O形圈在静密封场合的选用.流体传动与控制，2005(4):49-53.

[18]TSAI C C，CHANG C Y，TSENG C H. Optimal design of metal seated ball valve mechanism. Structural and multidisciplinary optimization，2004，26(3):249-255.

[19]MALAHOFF A，GREGORY T，BOSSUYT A，et al. A seamless system for the collection and cultivation of extremophiles from deep-ocean hydrothermal vents. IEEE journal of oceanic engineering，2002，27(4):862-869.

[20]肖敏，孙逸华.机械的安全设计及其应用.机床与液压，2003(3):242-243.

[21]LIANG X F，YI H，ZHANG Y F. Reliability and safety analysis of an underwater dry maintenance cabin. Ocean engineering，2010，37(2/3):268-276.

[22]车永明.现代电子设备的可靠性设计技术.电子产品可靠性与环境试验，2003(6):24-29.

[23]徐增华.金属耐蚀材料 第三讲 耐蚀低合金钢.腐蚀与防护，2001，22(3):135-138.

[24]李佐臣.钛在海洋开发工程装备产业中的应用现状与前景.第五届中国船舶及海洋工程用钢发展论坛暨2013船舶及海洋工程甲板舱室机械技术发展论坛.南京，2013.

[25]祝建雯，冯毅红，李佐臣，等.海洋装备用钛现状与展望.中国钢结构协会海洋钢结构分会2010年学术会议暨第六届理事会第三次会议.洛阳，2010.

[26]吕海宝.玻璃钢在海洋环境下的腐蚀机制和性能演变规律.哈尔滨:哈尔滨工业大学，2006.

[27]朱秀娟，朱锡昶.钢管桩在潮差浪溅区的防腐蚀——玻璃钢护套内灌水泥砂浆防腐蚀.水运工程，1987(8):25-28.

[28]郑庆涛，常彦秋.玻璃钢管在海洋钻井平台上的应用.石油化工建设，2008(4):58-59,66.

[29]胡士信.阴极保护工程手册.北京:化学工业出版社，1999.

[30]杜鸿雁.热浸镀锌及锌铝合金在海水中的牺牲阳极行为研究.重庆:重庆大学，2004.

[31]谢祚水，许辑平.潜艇薄壁大半径圆柱壳的总稳定性.中国造船，1994(2):82-88.

[32]刘涛.深海载人潜水器耐压球壳设计特性分析.船舶力学，2007，11(2):214-220.

[33]黎庆芬，曾广武，肖伟.潜器圆柱形耐压壳体强度和稳性计算及衡准方法研究.中国舰船

研究,2006,1(2):45-49.

[34]吕春雷,王晓天,姚文,等.多种型式肋骨加强的耐压圆柱壳体结构稳定性研究.船舶力学,2006,10(5):113-118.

[35]LIANG C C,SHIAH S W,JEN C Y,et al. Optimum design of multiple intersecting spheres deep-submerged pressure hull. Ocean engineering,2004,31(2):177-199.

[36]ROSS C T. Pressure vessels:external pressure technology. Cambridge:Woodhead Publishing Limited,2011.

[37]严安庆,方学红,杨邦清.浅谈潜水器浮力调节系统的研究现状.水雷战与舰船防护,2009,17(2):55-59.

[38]赵伟,杨灿军,陈鹰.水下滑翔机浮力调节系统设计及动态性能研究.浙江大学学报(工学版),2009,43(10):1772-1776.

[39]程鹏,王元超.提高浮力材料性能的研究.哈尔滨船舶工程学院学报,1993,14(4):64-69.

[40]张德志.国内外高强度浮力材料的现状.声学与电子工程,2003(3):45-47.

[41]刘子俊,崔皆凡.海洋机器人用水下电机的深水密封研究.机器人,1997,19(1):61-64

[42]康守权,王棣棠,朱桂海.机械密封在水下机器人中的应用.机器人,1993,15(5):50-51.

[43]陈浩.深海压力自适应充油电机的研究,杭州:浙江大学,2007.

[44]周华,贺晓峰,李壮云.海水液压传动技术的研究与应用.液压与气动,1995(3):3-4.

[45]WANG F,GU L Y,CHEN Y,An energy conversion system based on deep-sea pressure. Ocean engineering,2008,35(1):53-62.

[46]林恢勇.美国海洋观测调查仪器的现状——兼谈对我国海洋仪器研制工作的几点看法.海洋技术,1983(1):15-20.

[47]游亚戈,李伟,刘伟民,等.海洋能发电技术的发展现状与前景.电力系统自动化,2010,34(14):1-12.

[48]HOWE B M,KIRKHAM H,VORPÉRIAN V. Power system considerations for undersea observatories. IEEE journal of oceanic engineering,2002,27(2):267-274.

[49]KAWAGUCHI K,ARAKI E,KANEDA Y. A design concept of seafloor observatory network for earthquakes and tsunamis. 2007 Symposium on Underwater Technology and Workshop on Scientific Use of Submarine Cables and Related Technologies,Tokyo,Japan,2007:176-178.

[50]ZHOU J,LI D J,CHEN Y. Frequency selection of an inductive contactless power transmission system for ocean observing. Ocean engineering,2013,60:175-185.

[51]中国人民解放军总装备部电子信息基础部.电子设备可靠性预计手册:GJB/Z 299C—2006.北京:总装备部军标出版发行部,2006.

[52]丁伯民,蔡仁良.压力容器设计——原理及工程应用.北京:中国石化出版社,1992.

[53]付平,常德功.密封设计手册.北京:化学工业出版社,2009.

[54]李保成.基于多种通信方式的海洋资料浮标数据接收系统研究及数据分析.青岛:中国海洋大学,2012.

第四部分 使能性海洋技术

第 10 章

水下探测技术

本章对水下探测技术进行综合分类,介绍若干典型的水下探测技术及其工作原理,举例说明其应用,并分析水下探测技术的发展趋势。

10.1 水下探测技术的定义、分类及意义

下面介绍水下探测技术的定义、分类及意义。

10.1.1 水下探测技术的定义

简而言之,水下探测技术指的是利用各种物理、化学方法,对水面以下(水体内部及海底)的环境、目标、物理、化学、生物量进行原位探测、测量、分析的技术。例如使用光学方法分析水下物质成分,使用声呐探测水下目标、进行水下地形地貌的分析,使用遥感技术进行浅海地形探测,使用化学方法测量海水 pH 值、盐度,等等。水下探测技术以探测对象为根本出发点,综合运用水下声学技术、水下光学技术、海洋遥感等基础技术达到探测目的,为进行海洋研究、海洋资源开发与利用提供必要的保障。

10.1.2 水下探测技术的分类

水下探测技术种类繁杂,但大致可以根据探测手段和探测对象对其进行描述和分类。

根据探测手段不同,水下探测技术可分为水下光学探测技术、水下声学探测技术、遥感探测技术、水下化学探测技术等几大类。需要说明的是,虽然遥感器一般是放置在水面以上进行探测的,但由于其也能探测浅层水下物体或者水下环境,因此遥感也可作为水下探测手段之一。

根据探测对象的不同,水下探测技术又可分为针对水下环境、水下物理量、水下化学量或水下生物量的探测技术,还可以继续细分为海水盐度、浊度、深度探测,地形地貌探测,浅地层剖面探测,水中气体探测,叶绿素探测,水下鱼群探测,石油探测,天然气水合物探测,矿物探测等一系列探测技术。例如,利用光谱分析的方法探测水中气体的成分,根据探测手段可以归为水下光学探测技术,但根据探测对象又可归为对水下化学量的探测(水下气体探测技术);利用声波对海底的地形地貌进行探测的技术,可以归为水下声学探测技术,但也可以归为针对水下环境的探测。

对于同一种探测对象,往往有若干种探测方法与之对应,这为实际应用提供了更多的选

择空间。例如对海水 pH 值的测量,既有传统的化学方法(如用电位法测量),又有物理的方法可以实现,如使用光纤进行 pH 值测量。水下探测技术五花八门,很难在有限的篇幅内一一介绍,因此本章选取具有代表性或者前沿性的技术,简要讲述其工作原理及实际应用。有兴趣的读者可以参考本章末的参考文献进行深入研究。

10.1.3 研究水下探测技术的意义

对海洋环境的了解,对水下目标的探测识别,对海水及海底各种物理、化学、生物量的测量,是人类研究海洋科学、合理开发利用海洋资源以及各种军事活动的必要条件。但是由于人类生存在陆地上,缺乏直接进行水下探测的自然条件,在大多数情况下只能借助仪器对水下环境、目标等进行探测,因此水下探测技术就显得尤为重要。

与传统的"水下采样+陆上分析"方法相比,对水下对象进行直接探测的优点在于信息获取更直接,更可靠。特别是在对于化学量和生物量的测量方面,水下原位探测最大限度地减少了环境变化所引起的样品成分改变,使得深海环境的实时、原位探测和长期自动观测成为可能,并大大降低了海上作业的时间和费用。

将水下探测装置用于海底观测网络还可以进行全天 24 小时的在线观测,能够实时提供水下对象的观测数据。海洋科学领域的许多重要发现都得益于观测技术的发展,如 20 世纪 80 年代后期以来对海底热液体系的观测和研究。

10.2 水下光学探测技术

10.2.1 水下荧光探测技术

下面介绍水下荧光探测技术的基本原理和叶绿素浓度测量。

1. 水下荧光探测技术的基本原理

如图 10-1 所示,在有光照的条件下,物质原子吸收光子而使得原子中的电子受到激发,电子由基态(平衡状态下的能态)跃迁至激发态(即更高的能态)。电子处于激发态的时间极短,只有 $10^{-8} \sim 10^{-7}$ s 的时间,随后被激发的电子又回到基态,或者回到介于激发态与基态之间的中间态,电子的能量也随着辐射释

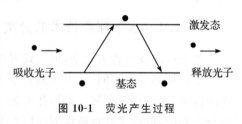

图 10-1 荧光产生过程

放出。在此过程中,被释放的辐射就是荧光。简言之,荧光是物质的原子吸收外来光子的能量,其电子受激后又回迁至基态或中间能态所发出的辐射,属于光致发光现象。

荧光的产生所需时间非常短,大约在纳秒量级。物质发出的荧光波长一般比入射光的波长更长(即光子能量更低,但也有例外,比如当电子吸收了多个光子的光能而发生跃迁),所以入射光源一般采用短波长的入射光,如 X 射线、紫外光或者绿光,这样可以得到人眼可见的荧光。

并非所有的物质分子都有荧光,吸收光能后显示易察觉荧光的分子称为生荧团。在一定范围内,荧光强度与激发光的强度成正比,荧光强度与荧光物质的浓度呈线性关系。但激发光强过大会使荧光物质受到损伤,也影响测量精度。

物质的荧光特性常用其激发荧光光谱和发射荧光光谱来表示。激发荧光光谱指的是当探测器的接收波长一定时,被接收到的荧光强度随激发波长变化的曲线。发射荧光光谱指的是当激发波长一定时,荧光强度在不同发射波长上的分布。激发荧光光谱和发射荧光光谱是荧光物质的特征光谱,是鉴别不同物质的依据,也是定量分析的基础。

生活中最常见的发出荧光的例子就是荧光灯。生物学上,一种学名叫 *Aequorea victoria* 的水母体内有一种叫水母素的物质,该物质在与钙离子结合时会发出蓝光,而这道蓝光未经人所见就已被一种蛋白质吸收,改发绿色的荧光。这种捕获蓝光并发出绿光的蛋白质,就是绿色荧光蛋白(green fluorescence protein,GFP)。395 nm 和 475 nm 分别是绿色荧光蛋白的最大和次大激发波长,发射波长的峰点在 509 nm。2008 年 10 月 8 日,日本科学家下村修、美国科学家马丁·查尔菲和美籍华人科学家钱永健因为发现和改造绿色荧光蛋白而获得 2008 年的诺贝尔化学奖。

2. 叶绿素浓度测量

荧光效应被广泛地用于叶绿素浓度测量、生物粒子标记等,下面介绍如何利用荧光效应测量叶绿素浓度。

藻类在特定波长的激发光照射下会产生荧光,荧光的强度与叶绿素浓度存在对应关系,而且不同藻类的激发荧光光谱也不一样。例如绿藻对于激发波长在 $350\sim500$ nm 的激发光能产生较强的荧光,而蓝藻对于激发波长在 $550\sim650$ nm 的激发光能产生较强的荧光,在激发波长约为 600 nm 时,发射的荧光在 684 nm 处的强度达到最大值。如果使用不同波长的激发光源照射水体,并对探测得到的荧光进行信号处理,则能对水环境中的藻类加以区分,并定量计算其浓度。

河北科技大学的研究人员研制了海水叶绿素现场监测仪(见图 10-2)。工作过程大致如下:通过光纤将特定波长的激发光导入检测池,检测池中的叶绿素受激产生荧光,荧光又通过光纤传输、经滤波后被由光电探测器(如 PMT)测量其光强。测得的光强信号经电路放大后被单片机采集,单片机处理单元根据收集到的荧光强度反演得到海水中叶绿素的相对浓度。该装置可以测量海水中单类叶绿素的浓度。

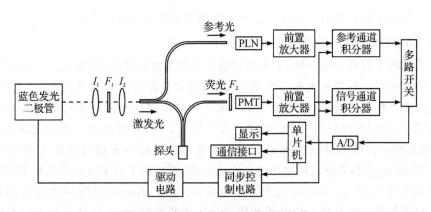

图 10-2 海水叶绿素现场监测仪结构

中科院的研究人员使用 5 个超高亮 LED 作为光源对含有混合藻类的水体进行照射,并采集荧光光强数据,然后通过多元线性回归算法,对水体中的叶绿素进行分类鉴别并测量其浓度,最终结果与实际藻类浓度具有很好的一致性。

表 10-1 是美国某公司 Cyclops-7 水下荧光仪的主要技术参数。

表 10-1 水下荧光仪的主要技术参数

	线性:$0.99R^2$	
应用	最小检出限	线性范围
活体叶绿素	0.025 μg/L	0~500 μg/L
蓝绿藻细胞数	150 个/mL	0~150000 个/mL
有色可溶性有机物	0.15 ppb(硫酸奎宁) 0.5 ppb(焦油脑四磺酸钠)	0~1250 ppb(硫酸奎宁) 0~5000 ppb(焦油脑四磺酸钠)
水中原油	0.2 ppb(焦油脑四磺酸钠)	0~2700 ppb(焦油脑四磺酸钠)
水中精炼油	2 ppb(1,5-萘二磺酸二钠盐)	0~10000 ppb(1,5-萘二磺酸二钠盐)
荧光增白剂	0.6 ppb(硫酸奎宁)	0~15000 ppb(硫酸奎宁)
荧光素染剂	0.01 ppb	0.01 ppb
若丹明染剂	0.01 ppb	0~1000 ppb
硫酸奎宁染剂	0.01 ppb	0~650 ppb
浊度	0.05 NTU	0~3000 NTU
	物理参数	
长×宽	14.48 cm×2.23 cm	
质量	160 g	
	工作环境	
温度范围	环境温度 0~50 ℃	水温 −2~50 ℃
深度	600 m	
信号输出	0~5 V DC	
工作电压	3~15 V DC	
功率	<300 mW	

10.2.2 水下拉曼光谱探测技术

下面介绍水下拉曼光谱探测技术的基本原理和物质成分分析实例。

1.水下拉曼光谱探测技术的基本原理

光学光谱技术具有非破坏性、不需要试剂以及高灵敏的特性,因而被广泛地用于物质鉴定和物质浓度测量。近些年光电子领域的发展,特别是高性能固态激光光源、光纤技术、半导体探测器的飞速发展,使得传统意义上一般用于实验室的光谱测量仪器也能直接进入水下进行测量。例如,传统的拉曼光谱仪使用体积较大、不是很稳定的气体激光器以及扫描光谱,这些都限制了拉曼光谱仪的移动。但是现在手持式拉曼光谱仪使用半导体激光器和CCD 图像传感器,使得光谱仪的移动性能大大增强,可以用于国家安全药物检测等领域。

拉曼散射(Raman scattering)也称拉曼效应(Raman effect),1928 年由印度物理学家拉曼发现。拉曼散射指的是当入射光子和物质分子相碰撞时,光子被物质分子散射而造成部分光子的频率发生变化的现象。散射光中既包含与入射光频率相同的成分(由于瑞利散射),又包含由于拉曼散射而频率发生变化的成分。被散射后光的频率可以比入射光的频率更高或者更低,频率变低(波长变长)的被称为斯托克斯线,频率变高(波长变短)的为反斯托克斯线。值得一提的是拉曼散射并非荧光效应,因为拉曼散射光具有偏振性,而荧光是一种自然光,不具偏振性。拉曼光谱仪如图 10-3 所示。

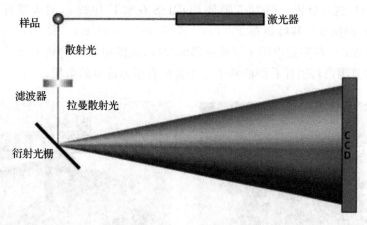

图 10-3　拉曼光谱仪

拉曼位移(Raman shift,即光子频率的变化)一般用波数(wave number)来表示,其单位是长度的倒数,常用的单位是 cm^{-1}。拉曼位移与光波波长的变化的转换公式为

$$\Delta\omega = \left(\frac{1}{\lambda_0} - \frac{1}{\lambda_1}\right) \times 10^7 \tag{10-1}$$

其中,$\Delta\omega$ 是以波数表示的拉曼位移,单位为 cm^{-1};λ_0 是入射光的波长,单位是 nm;λ_1 是拉曼散射光的波长,也以 nm 为单位;末尾的常数 10^7 来自于 nm 与 cm 之间的转换。拉曼位移取决于散射物质的分子特性(例如分子的振动或者转动能量),不同物质的分子导致的光子频率位移是不一样的,因而拉曼光谱又称为分子指纹,可用于精确地判定被测物质的成分。

激光拉曼光谱仪是在拉曼散射的基础上建立起来的,用激光照射物体,然后测量散射光的光谱,可用于对固体、液体、气体分子进行非接触式、非破坏性、高灵敏度的辨别。激光拉曼光谱仪可以对多种物质同时进行辨别,不需要试剂,所以非常适用于水下的原位、长期测量。利用拉曼光谱可以把处于红外区的分子能谱转移到可见光区来观测。

拉曼散射的强度非常弱,每 10^8 个光子中只有一个光子发生了拉曼散射,对激光光源和探测器都有很高的要求。拉曼散射的强度与入射光波长的 4 次方成反比,在相同的入射光强度下,一束波长为 532 nm(绿色)的入射光引起的拉曼散射光的强度约是波长为 785 nm(红色)的入射光引起的散射强度的 4.7 倍(即 $785^4/532^4 \approx 4.7$)。但是蓝绿激光容易使有机分子受激产生荧光,影响拉曼散射光的测量,因而以 532 nm 和 785 nm 为激发光波长的拉曼光谱仪都被用于研究。

2. 物质成分分析实例

下面绍蒙特雷海湾研究所(MBARI)研发的深海原位拉曼光谱仪(deep ocean Raman in situ spectrometer,DORISS)。DORISS 使用的是波长为 532 nm 的激光光源,经改装后可以在深度 4000 m 的水下工作,已被用于水下原位气体、固体、水合物以及生物颜料的测量。

DORISS 的聚焦系统在水中的焦深大约为 0.15 mm,激光斑的尺寸只有几微米。当分析透明物质时,激光被聚焦在物体内部,但是当分析不透明物体时,激光就要被准确地聚焦在物体的表面,因此要求精确的水下定位系统。图 10-4(a)为 DORISS、精确水下定位系统

（precision underwater positioning system，PUP），以及 ROV Ventana 的照片。图 10-4（b）为 DORISS 进行水下工作的照片，DORISS 的探头被 ROV 的定位装置放置于 3607 m 深的海底，对液态 CO_2 进行分析。图 10-5 则是 DORISS 在水下 1022 m 对大理石样品进行分析的结果。大理石的拉曼位移峰值在 302 cm^{-1}、725 cm^{-1}、1098 cm^{-1} 和 1441 cm^{-1}，金刚石的位移峰在 1332 cm^{-1}，在实验中用于拉曼位移的校准，从图中可以看到水分子引起的拉曼位移（波数较长的范围内），图片右侧的峰来源于蓝宝石压力窗口的杂质。

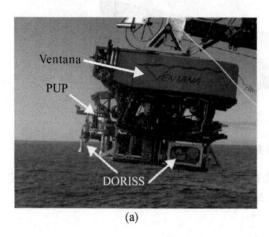
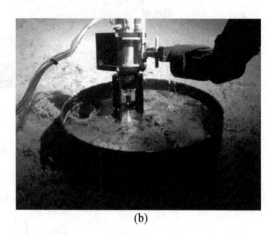

（a）　　　　　　　　　　　　　　　　（b）

图 10-4　DORISS 及其在进行水下物质分析

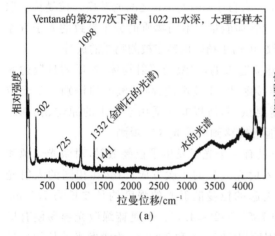
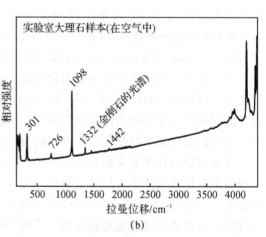

（a）　　　　　　　　　　　　　　　　（b）

图 10-5　DORISS 在水下 1022 m 对大理石样品进行分析得到的拉曼光谱

10.2.3　水下激光诱导击穿光谱探测技术

下面介绍水下激光诱导击穿光谱探测技术的基本原理和物质元素分析实例。

1. 水下激光诱导击穿光谱探测技术的基本原理

图 10-6 为激光诱导光谱仪的简易结构。激光诱导击穿光谱仪（laser induced breakdown spectroscopy，LIBS）是光谱分析领域一种比较新的分析工具，其基本原理如下：将一束高能激光聚焦到被分析材料的表面产生瞬态等离子体，等离子体温度很高，含有大量

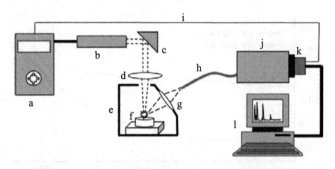

a—激光光源及冷却系统；b—脉冲激光头；c—反射镜；d—聚焦透镜；e—激发腔；f—样品；
g—聚光透镜；h—光纤；i—探测触发信号；j—波长选择器；k—探测阵列；l—计算机

图 10-6　激光诱导光谱仪的简易结构

激发态的原子、单重及多重电离的离子以及自由电子，通过研究等离子体中原子和离子的特征发射光谱可以判定样品中所含化学元素及其浓度。这种技术对材料中的绝大部分无机元素非常敏感，可用于对被测样品中微量的化学元素（ppm 量级）进行定性分析、定量测量。

使用激光诱导击穿的方法对元素进行分析的优点在于：①不需要对样品进行特殊准备；②样品可以是固、液、气、溶胶、等离子体、生物材料等；③分析具有很强的实时性；④对样品的消耗很小，样品的质量仅被消耗 ng 或者 pg 量级。因此该技术非常适合对化学元素进行原位分析，或者在极端环境下对化学元素进行分析，已应用于水体、土壤、气体中化学元素的探测。

2. 物质元素分析实例

Lawrence-Snyder 等人研究了将激光诱导击穿光谱仪用于海底火山岩浆成分原位探测的可行性。在其研究中，待测液体被置于高压舱内，然后使用激光诱导击穿光谱仪对液体中的化学元素进行分析。他们研究了不同压强条件下，光谱仪所测得的等离子体的发射光谱随压强变化的规律。

试验使用 Nd:YAG 脉冲激光，脉冲持续时间为 5 ns，功率为 60 mJ/脉冲，脉冲重复频率为 5 Hz，波长为 1064 nm。溶液中含有 5000 ppm 的 K、Ca、Mn，1000 ppm 的 Li，以及微量的 Na。图 10-7 为光谱仪测得的在 276 bar（$2.76×10^7$ Pa）及 3.4 bar（$3.4×10^5$ Pa）的光谱曲线。分析过程中，图像传感器与激光的激发时间延迟为 200 ns，传感器的曝光时间为 100 ns。图 10-8 为 Li（Ⅰ）发射峰的半峰全宽（full width at half-maximum，FWHM）随压强变化的曲线，从图上可以明显地看到发射峰半峰全宽随着压强的增加而增加。

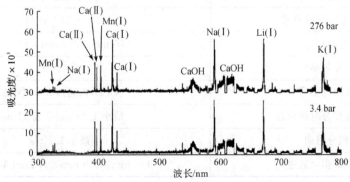

图 10-7　不同压强条件下所得到的光谱

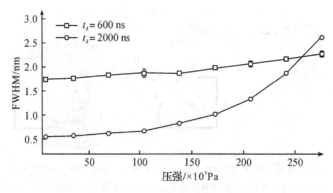

图 10-8　Li 峰的半峰全宽随压强的变化规律

目前世界上运用于水下的激光诱导击穿光谱商用系统较少，图 10-9 和表 10-2 是 Avantes 公司的 AVALIBS 激光诱导击穿光谱系统及其主要参数。

图 10-9　Avantes 公司的 AVALIBS 激光诱导击穿光谱系统

表 10-2　Avantes 公司的 AVALIBS 激光诱导击穿光谱系统主要参数

参数名称	内　容
激光器型号	Big Sky Ultra 调 Q Nd:YAG 激光器(Class 4)
波长	1064 nm
脉冲能量	50 mJ
重复频率	最高可达 20 Hz
外置水冷电源要求	100~220 V AC
电源尺寸	370 mm×200 mm×180 mm
分辨率	<0.1 nm
探测器型号	CCD,每通道 2048 像素
可编程积分时间延迟	最小 1.28 μs(步长 21 ns)
积分时间	最小 1.1 ms
尺寸(最多六通道)	175 mm×110 mm×44 mm(单通道)

10.3　水下声学探测技术

常用的水下声学探测技术主要有声呐、声学多普勒、多波束测深、浅地层剖面探测、地震波探测等。由于"水下声学技术"一章已对声呐进行了详细的介绍，本章不再赘述，仅对其余几种重要的水下声学探测技术进行介绍。

10.3.1　声学多普勒海流探测技术

声学多普勒海流剖面仪（acoustic Doppler current profiler，ADCP）是用于在水下测量流体在不同水层的流速和流向的设备。ADCP 的测量时间短、精度高，可以测量各层流体三维的流速和流向，具有很高的测量效率。ADCP 利用声脉冲在随流体流动的泥沙、浮游生物等物质中产生的多普勒频移对流体的流速进行测算，能够真实地反映流场的情况，并且不会对流场产生任何的扰动。

典型的 ADCP 外形如图 10-10 所示，这是一种较为经典的 ADCP 的 Janus 结构。这种结构有 2 对换能器，4 个换能器绕剖面仪轴线对称分布，2 对换能器的指向构成的平面互相垂直。

水下的换能器发射频率为 f_0 的声波脉冲，声波脉冲在遇到水中的悬浮物质后发生散射，回波经换能器转换处理之后测得其频率为 f_r。由于声源（或接收器）与散射体之间有相对运动，声波产生多普勒频移，$f_0 \neq f_r$，记其差值为 f_d，则有

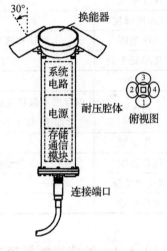

图 10-10　ADCP 的 Janus 结构
注：1～4 代表 4 个换能器。

$$f_d = f_r - f_0 = \frac{2v}{c}f_0 \tag{10-2}$$

其中，v 为声源（或接收器）与海水在单一波束方向上的相对速度；c 为海水中的声速，与海水的温度、盐度等因素有关，通常情况下约为 1500 m/s。已知 ADCP 的发射声波频率 f_0，测量出回波频率 f_d，则可根据式（10-2）计算出海水在此波束方向上的矢量速度。然后根据换能器的倾角，把多个方向上的矢量速度合成海水在三维方向的矢量速度。在实际工程应用中，这种结构的 ADCP 通常利用 3 个换能器进行海水流速的测量和合成，1 个换能器用于对测得数据进行校验。

ADCP 现在被广泛地应用于海洋、河口和河流的流体测量工作中。ADCP 可以定位对石油钻探活动有破坏作用的"海底龙卷风"，或者放置在冰山下监测冰山的融化。有些港口管理部门利用 ADCP 确定海流和潮汐的情况，以优化这些繁忙港口的航运。

图 10-11 和表 10-3 是某公司海流剖面仪的外形和主要参数。用户可以根据情况选择不同

图 10-11　某公司海流剖面仪的外形

的频率/量程配置,也可以方便快捷地将其升级为由电池供电或从测量船上进行走航测量。这款 ADCP 可选的频率配置有 1200 kHz、600 kHz、300 kHz 三种,表 10-3 中给出频率为 300 kHz 配置的参数。

表 10-3　某公司海流剖面计的主要参数

标准模式		大量程模式	
量程	138 m	量程	175 m
标准方差	18 mm/s	标准方差	38 mm/s
深度单元	8 m	深度单元	8 m
流速准确度	±0.5%　±5 mm/s	流速分辨率	1 mm/s
流速范围	±5 m/s(缺省值)　±20 m/s(最大值)	发射速率	2 Hz(典型)
深度单元个数	1~128	波束排列	4 个波束,凸型
波束角	20°	波特率	1200~115200 bit/s
内存	内存卡不包括在内,但有两个 PCMCIA 卡插槽(每个容量为 16~220 Mbit)	通信	串口,RS232/422 可转换 ASCII 或二进制输出
工作温度	−5~45 ℃	电源	20~60 V DC
储存温度	−30~75 ℃	功率	115 W(35 V)
空气中质量	7 kg	标准耐压深度	200 m,6000 m 可选
水中质量	3 kg		

10.3.2　多波束测深技术

多波束测深技术也叫作条带测深技术,它集成了计算机技术、水声技术、导航定位技术、数字化传感器技术等高新技术,是一种高精度全覆盖式的测深方法。多波束测深技术的概念于 1956 年夏季在美国伍兹霍尔海洋研究所召开的一次学术讨论会中被首次提出。并在 1964 年,由美国通用仪器公司(GIC)推出第一代多波束条带测深仪产品声呐阵测声系统(sonar array sounding system,SASS)。多波束测深技术在随后的 20 世纪 70 年代至 80 年代得到迅猛发展,并于 90 年代进入商业应用阶段。多波束测深技术现被广泛地运用于海洋开发、海洋研究、海洋工程和海洋划界等领域。

多波束测深系统的工作原理如图 10-12 所示。声音信号的发射和接收由两个方向互相垂直的发射阵和接收阵完成。换能器发射阵向母船的正下方发射扇形脉冲声波,该扇形沿母船航行方向角度为 θ,垂直于航向的角度为 $\alpha/2$。换能器接收阵以多个接收扇区接收来自水底的回波。

忽略波束射线弯曲等因素,测点的深度为水中声速、声波双行程时间和入射角的函数。通过对回波进行多波束行程、能量累积、幅度检测等处理,便可提取出回波中与地形起伏等有关的信息。

由于波束的入射角自中央到两侧逐渐增大,中央部分的回波信号主要为反射波,两侧的回波信号则主要为散射波。在多波束系统中,随着波束入射角不断增大,回波的波幅迅速减小,波形呈尖脉冲形态。检波一般使用振幅检波法,较弱的回波可以采用变振幅的方法检测。但当入射角很大时,回波非常微弱甚至完全被海洋的背景噪声淹没,此时使用相位检波的方法。相位检波的方法通过比较给定接收单元之间的相位差来检测波束的到达角,由于相位差随入射角的增大而增大,故相位检波法是检测大入射波束的有效手段。

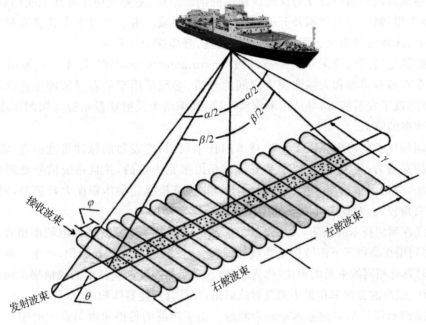

图 10-12　多波束测深系统的工作原理

多波束测深技术的扫海宽度可以很大,因此其扫海测量的效率很高。多波束测深技术极大地推动了海底地形的测量,已成为世界各国海洋测绘方面的一个重要研究领域,在海洋资源开发、海洋工程建设、发展海洋科学、维护海洋权益等方面都发挥着极其重要的作用。

表 10-4 是 LAUREL 公司多波束测深仪 SeaBeam 1050D 的主要技术参数。SeaBeam 1050D 是一台双频多波束测深仪,可以在浅水和中等深度水域采集水深和侧扫数据。

表 10-4　LAUREL 公司 SeaBeam 1050D 多波束测深仪的主要技术参数

参数名称	在频率一的指标	在频率二的指标
频率	50 kHz	180 kHz
波束个数	126 个	126 个
波束宽度	153°	153°
电源	115/230 V AC	115/230 V AC
最大脉冲功率	每个换能器阵 3.5 kW	每个换能器阵 500 W
最大声源级	234 dB(1 μPa/1 m)	220 dB(1 μPa/1 m)
脉冲长度	0.3 ms,1.3 ms,10 ms 可选	0.15 ms,0.3 ms,1.3 ms 可选
带宽	12 kHz,3.3 kHz,1 kHz 可选	12 kHz,3 kHz,1 kHz 可选
旁瓣抑制	36 dB(发射和接收)	36 dB(发射和接收)
作业速度	最大 16 节	最大 16 节
最大测深	3000 m	3000 m

10.3.3 浅地层剖面探测技术

浅地层剖面仪利用声波反射探测浅地层的剖面结构，主要应用于海洋地质勘查、沉积物分类、海洋工程、海矿开采勘探及开采、工程勘查等领域。由于其对于海底管线和电缆有良好的分辨率，浅地层剖面仪也用于海底管线调查、海缆探测等业务。

最早的浅地层剖面仪采用的是连续波（continuous wave，CW）技术。但使用 CW 技术的剖面仪存在高分辨率和大探测深度之间的矛盾：必须采用窄的发射脉冲才能获得高分辨率，但这样降低了发射能量，导致探测深度下降；如果增大发射能量来提高探测深度，又将导致探测分辨率的降低。

线性调频技术的出现克服了 CW 技术的技术局限，它发射的脉冲带宽很宽、能量很大，具有很强的穿透力；另一方面，由于其分辨率是由带宽决定的，并且系统信号处理采用匹配滤波的方法，分辨率也很高。但线性调频技术的缺陷是换能器体积庞大且沉重，安装困难，发射的波束角较大，对地层尤其是地层横向的分辨率较低。

针对线性调频技术的缺陷，人们设计了非线性调频技术。它使用两组频率稍有不同的高频声波，并利用在高声压下声波传播非线性的特点，使两组声波相互作用，产生一种频率很低且与高频时具有相同波束角的声波（称为次频）。采用非线性调频技术的浅地层剖面仪具有很强的穿透性、很高的分辨率和很小的发射波束角，并且其换能器体积小、质量轻。

浅地层剖面仪最基本的原理是回声测深。由于声波的传播速度与介质的密度和压强等因素有关，不同的介质具有不同的声速。海底有许多具有不同特性的层次，剖面仪向海底发射探测波束后，回波中会携带大量关于海底介质的信息。通过连续地拖曳、记录、分析，可以对海底地层、地质构造、沉积物的相关情况获得全面的了解。

浅地层剖面仪目前已经发展出许多种类，根据探测方法和成图的维数可以分为 2D 和3D 等；根据工作水深可以分为浅水型和深水型；根据功能可划分为单功能型和多功能型。各种不同的型号类别各有优点和缺点，可以适应各种地质探测和海底物探需求。

表 10-5 是 LAUREL 公司 3200XS 型浅地层剖面仪的主要技术参数。

表 10-5　LAUREL 公司 3200XS 型浅地层剖面仪的主要技术参数

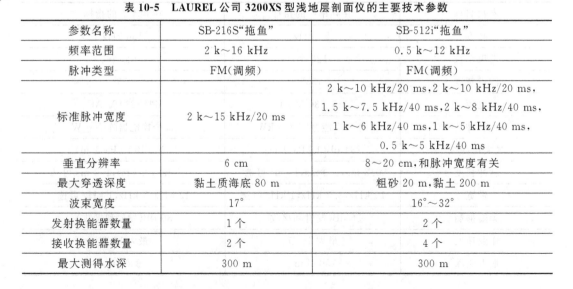

参数名称	SB-216S"拖鱼"	SB-512i"拖鱼"
频率范围	2 k～16 kHz	0.5 k～12 kHz
脉冲类型	FM（调频）	FM（调频）
标准脉冲宽度	2 k～15 kHz/20 ms	2 k～10 kHz/20 ms，2 k～10 kHz/20 ms，1.5 k～7.5 kHz/40 ms，2 k～8 kHz/40 ms，1 k～6 kHz/40 ms，1 k～5 kHz/40 ms，0.5 k～5 kHz/40 ms
垂直分辨率	6 cm	8～20 cm，和脉冲宽度有关
最大穿透深度	黏土质海底 80 m	粗砂 20 m，黏土 200 m
波束宽度	17°	16°～32°
发射换能器数量	1 个	2 个
接收换能器数量	2 个	4 个
最大测得水深	300 m	300 m

续表

参数名称	SB-216S"拖鱼"	SB-512i"拖鱼"
拖曳速度	3～5 节,最大 7 节	3～4 节
最大工作水深	300 m	300 m
尺寸	105 cm×67 cm×46 cm	160 cm×124 cm×47 cm
质量	76 kg	190 kg

10.3.4 地震波探测技术

地震波探测仪是用于探测地震波,监测地壳运动的仪器。通过分析地震波,可以绘制出地球内部的情况,确定地震的震级和震源位置。在海底探查过程中,地震探测法是应用最多、成效最高的地球物理技术。地震勘探有两个重要的部分,即震源和地震波探测仪。

如图 10-13 所示,地震波探测仪最基本的原理是当地震波作用于地震波探测仪时,悬挂的惯性体保持不动而记录地震波的振动。地震波探测仪主要分为两类:惯性地震波探测仪和应变地震波探测仪。惯性地震波探测仪测量地面相对于一个惯性参考的运动轨迹(如一个悬挂质量块),应变地震波探测仪则是测量一块地面相对于另一块地面的运动轨迹。由于地面相对于一个惯性参考的运动一般比在一个探测点地面的相对运动大,所以总体而言,惯性地震波探测仪的灵敏度较应变地震波探测仪高。但是,当地震波的频率很低时,保持好惯性参考就很难了,当观测地球的低阶自由振荡、潮汐运动、准静态形变时,应变地震波探测仪效果更好。应变地震波探测仪在概念上更加简单一些,但是在实现上却更难。

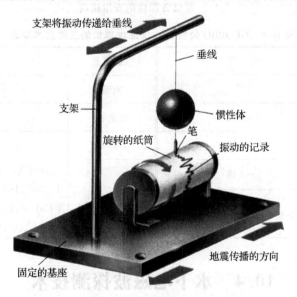

图 10-13 地震波探测仪的基本原理

地震波探测仪的输出与地面运动的振幅和作用时间都有关系。这是因为惯性参考必须通过机械或者电磁回复力使之保持在一个固定位置。当地面运动很慢时,质量块将会随整个观测仪移动,这时观测仪的输出信号就会偏小。因此整个系统就像一个高通滤波器。

地震波探测仪的发展经历了光点地震波探测仪、模拟磁带地震波探测仪以及数字地震波探测仪时代。地震波探测仪在抗干扰、抗多次波等方面都取得了巨大的进步。未来,地震波探测仪将与 GPS、GIS 进一步整合,并建立新型电源供给系统以保证能在野外长时间地高效工作,研究进一步的分布式结构和向更便于时延地震采集的方向发展。

图 10-14 是 GEOPRO 公司 OBS 海底地震仪各部件的安排情况。其主要的技术参数如表 10-6 所示。

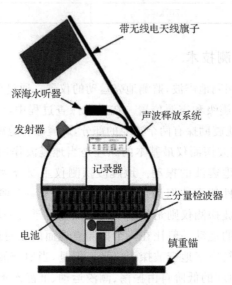

图 10-14　GEOPRO 公司 OBS 海底地震仪各部件的安排情况

表 10-6　GEOPRO 公司 OBS 海底地震仪的主要技术参数

参数名称	内　容	参数名称	内　容
玻璃罩尺寸	17″	质量	30 kg
水下工作深度	6000 m	镇重锚	47 kg
动态范围	120 dB	采样率	1～1000 ms,可变
道数	1～4 道	传感器频带	五种可选。SM6:>4.5 Hz;MTLF:1～300 Hz;CEM 4111:60 s,30 Hz;CEM 4011:60 s,50 Hz;Trillium:120 s,100 Hz
连续工作时间	单球 30 d,双球半年,三球一年		

10.4　水下电磁波探测技术

浅海水下地形是海洋环境的一个重要方面。浅海地形的探测对于海上交通运输、海洋渔业、浅海油气勘探与开发等都有重要的意义。与传统的船只探测相比,使用合成孔径雷达(synthetic aperture radar,SAR)对浅海地形探测具有全天时、全天候、大面积探测等优点,已受到科学家们的广泛关注。

微波在水下的传播距离非常短,一般只有厘米量级。SAR 并不是利用微波直接穿透海水探测到浅海水下地形,而是首先通过与 SAR 工作波段接近的海表面微尺度波共振成像,然后结合 SAR 成像模型,依据图像反演得到浅海水下地形信息。SAR 浅海水下地形成像主要由以下三个物理过程组成(见图 10-15):Ⅰ,潮流与浅海水下地形的相互作用改变海表层流场;Ⅱ,变化的海表层流场与风致海表面微尺度波相互作用,改变海表面微尺度波的空间分布;Ⅲ,通过雷达波与海表面微尺度波相互作用,得到表征海表面散射强度的雷达后向散射截面,即 SAR 图像。

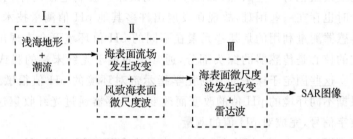

图 10-15　SAR 成像的三个物理过程

由 SAR 图像反推得到浅海地形的过程也就是反演过程。反演过程中需要对 SAR 成像过程进行逆变换,因此 SAR 成像模型的精确性对浅海地形探测的精确性起到至关重要的作用。国内外对于图像反演技术的具体步骤不一样,但是核心都是对 SAR 成像过程进行建模。篇幅所限,这里不对各具体模型展开阐述,有兴趣的读者可以参考章后的相关文献以及"海洋遥感技术"章节的内容。

SAR 图像反演也是获取海洋内波的波长、方向、振幅及混合层深度等参数的重要方法。内波在产生、传播和演变的过程中,会在海洋表面引起表层流场的变化,形成辐聚或辐散。被内波改变的表面流场再与海表面的风致微尺度波相互作用,进而改变海表微尺度波的分布。最后,在 SAR 图像上将会形成明暗相间的条纹。在中等风速(2~9 m/s)下,SAR 可以探测到海洋的内波。许多 SAR 图像已经用于研究我国南海的北部地区的内波,取得了大量的研究成果。

10.5　水下化学探测技术

10.5.1　pH 值测量技术

目前,pH 值测量有许多方法,常用的方法有两种:比色法和电位法。比色法应用很早,但其精度受限。电位法主要有氢电极法、氢醌电极法、玻璃电极法等。

氢电极法使用 Pt-Pt 黑电极,易受氧化还原物质的干扰,并不是非常适合海水 pH 值的测定,通常只作为校正方法使用。氢醌电极法的电极在海水中易被氧化,并且海水的盐度较大,会影响醌的活度系数,进而影响 pH 仪的性能,故氢醌电极法也不适宜海水 pH 值的测量。玻璃电极法不受水的浊度、颜色、氧化剂及海水中胶体物质的影响,海水较高的盐度对玻璃电极法的测量也不产生干扰,所以玻璃电极法被广泛地应用于海水 pH 值的测量。玻璃电极法将两个电极插入被测溶液中,其中一个电极是参比电极,其电位恒定;另外一个电极是指示电极,其输出电极随被测溶液氢离子活度的变化而改变。这样构成了一个原电池,原电池的电动势 E 与被测溶液的 pH 值的关系为

$$E=E^* -D\times \text{pH} \tag{10-3}$$

其中,E 为测量电池产生的电动势,E^* 为与温度有关的测量电池的电动势常数,D 为与温度有关的测量电极的响应极差,pH 则为溶液的 pH 值。只要准确地测量 E 和 D,便可通过式(10-3)计算出被测溶液的 pH 值。

　　传统的玻璃电极法也有一些缺点,如阻抗高,钠误差。玻璃电极的体积较大,在需要进行样品原位分析时也存在一些困难,故现在发展出许多其他 pH 值测量技术,比如光纤传感器测量。光纤传感器测量利用的是某些元素在不同的 pH 值环境下会表现出不同的光学特性这一规律。它的核心是传感器的探头部分,通常是固定于光纤末端的膜或者是固定于光纤上的分子探针。这些固定于探头部分的化学指示剂对环境的 pH 值很敏感,其发射和吸收光谱特性会根据不同环境的 pH 值的改变而改变。传感器通过光纤收集这些特性的改变并将其转变为数字信号,完成对 pH 值的测量。

　　下面是德国 SST(Sea & Sun Technology)公司的 CTD48M 温深 pH 快速溶解氧监测仪的外形(见图 10-16)和技术参数(见表 10-7)。

图 10-16　德国 SST 公司的 CTD48M 温深 pH 快速溶解氧监测仪

表 10-7　德国 SST 公司 CTD48M 温盐深快速溶解氧监测仪的技术参数

传感器	原理	测量范围	精度	分辨率	响应时间
压力	压敏电阻	$0\sim60$ MPa $-2\sim36$ ℃	$\pm0.1\%$ FS±0.005 ℃	0.002% FS 0.001 ℃	150 ms
温度(60 ℃)	Pt 1004 pol	$-2\sim60$ ℃	±0.010 ℃	0.0009 ℃	150 ms
快速响应 溶解氧	原电池	$0\sim20$ mg/L	$\pm2\%$	0.1%	200 ms
		$0\sim200\%$ sat.	$\pm2\%$	0.1%	200 ms
pH(60 ℃)	单电极	$1\sim10$	±0.05	0.002	1 s
声速	计算所得	$1400\sim1600$ m/s	±0.1 m/s	0.01 m/s	150 ms

10.5.2　盐度测量技术

　　海水盐度是指海水中全部溶解固体与海水质量之比,通常以每千克海水中所含的克数表示。海水的盐度一般为 $3.3\%\sim3.5\%$。

　　海水的盐度与海水的电导率密切相关,因此可以通过测量海水电导率的方法得到海水的盐度。电导率指一种物质的导电能力。当对溶液施加电压时,溶液中的阴、阳离子会向与之极性相反的电极移动,产生电流。测量液体的电导率时,将一个传感器(探头)放入电解质溶液中,传感器由两个具有一定尺寸、间隔一定距离的电极组成,电导率即为其电极间电压与电流的比率。两个电极间的距离缩小或加大均会改变电导率值。

图 10-17(a)为单电导法测量海水电导率的原理电路。E 表示交流激励源(如电压源),R_c 表示溶液的等效电阻值,R_1 是信号源的等效内阻,A 表示电流表,U_c 表示电极之间的电压。以 γ 表示溶液的电导率,可得

$$\gamma = \frac{I}{U_c} K \tag{10-4}$$

其中,I 表示回路中的电流,K 是电导池常数。因为电极之间的电场为非均匀电场,K 难以通过电极的几何尺寸精确算出,因此常采用双电导池测电导率比的方法确定海水盐度。

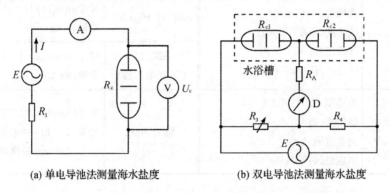

(a) 单电导池法测量海水盐度　　(b) 双电导池法测量海水盐度

图 10-17　测定电导池的电导率

图 10-17(b)为使用双电导池测电导率的原理电路。图中 R_{c1} 和 R_{c2} 分别表示标准海水和待测海水的等效电阻,两电导池用水浴保持温度相同。R_4 是已知电阻值的固定电阻,R_3 是精密电阻箱,E 是交流激励源,R_A 为检流计内阻,D 是平衡指示器。当调整 R_3 使电桥平衡时(D 指示电流为零),电导率比为

$$R_t = \frac{\gamma_{s,t,0}}{\gamma_{35,t,0}} = \frac{R_3}{R_4} \times \frac{K_2}{K_1} \tag{10-5}$$

其中,K_1,K_2 分别是两电导池常数。为了得到 K_2/K_1,实际中测量电导率比包含以下两个步骤。

(1)将两个电导池注入相同盐度的标准海水,调整 R_3 使桥路平衡,当 R_3 的值为 R_3' 时电路平衡,这时有

$$\frac{R_3'}{R_4} = \frac{K_1}{K_2} \times \frac{\gamma_{s,t,0}}{\gamma_{d,t,0}} = \frac{K_1}{K_2} \tag{10-6}$$

(2)待测电导池内的标准海水换成待测海水,设待测海水的电导率为。当电阻 R_3 的阻值为 R_3'' 时桥路达到平衡,这时有

$$\frac{R_3''}{R_4} = \frac{K_1}{K_2} \times \frac{\gamma_{s,t,0}}{\gamma_{d,t,0}} \tag{10-7}$$

将式(10-7)代入式(10-6)就可以除去 K_1、K_2 的影响,得到待测海水与标准海水的电导率比,查表或者根据海水盐度与电导率比的计算公式就可以得到待测海水的盐度。请注意,根据联合国教科文组织 1978 年制定的盐度新标准,海水盐度是被测海水电导率、温度 t 和压力 p 的函数,因此为了得到海水盐度的精确值,还需要根据温度和压力进行适当的修正。

表 10-8 是美国 Sea-Bird 公司生产的 SBE-911/917 Plus CTD 的主要技术参数。

表 10-8　SBE-911/917 Plus CTD 的主要参数

参数名称	内　　容	参数名称	内　　容
电导率/(S·m⁻¹)	准确度:0.0003 稳定度(每月):0.0003 测量范围:0~7 响应时间:0.065 s	SBE 9 Plus (含保护架)	尺寸(mm):952×330×305 质量:25 kg
温度/℃	准确度:0.001 稳定度(每月):0.0002 测量范围:—5~+35 响应时间:0.065 s	SBE 17 Plus V2	尺寸(mm):φ99×686 质量:9 kg
		SBE 32 (不含采水器)	尺寸(mm):φ991×1231 质量:68 kg
压力/psia (1 psia=6.89 kPa)	准确度:0.015% FS 稳定度(每月):0.0015% FS 测量范围:10000 响应时间:0.015 s	整套系统	尺寸(mm):φ991×1231 质量:132 kg(采水前) 168 kg(采满水后)

10.5.3　溶解氧浓度测量技术

溶解氧(dissolved oxygen,DO)是指溶解于水中分子态的氧,是水生生物生存不可缺少的条件。精确测定海水中溶解氧的浓度,对于工农业生产、水产养殖、环境保护等方面都有重要的意义。

测定溶解氧浓度的方法一般有:温克勒(Winkler)滴定法、电流测定法[克拉克(Clark)溶氧电极法]和荧光猝灭法等。Winkler 滴定法可以非常精确地测定溶解氧的浓度,但是操作复杂,耗时较长,一般用于实验室检测,不适于在线检测。电流测定法和荧光猝灭法的测量速度都比 Winkler 滴定法快,操作简单,且硬件体积小,便携,因此市场上用于测定水中溶解氧浓度的仪器一般都基于电流测定法和荧光猝灭法制成。本节主要介绍电流测定法,对荧光猝灭法有兴趣的读者可以进一步阅读相关参考文献。

电流测定法(Clark 溶氧电极法)利用检测电极上氧化还原反应产生的电流对溶解氧的浓度进行测定。传感器由金阴极和银阳极组成(见图 10-18),电极浸在传感器内的电解液

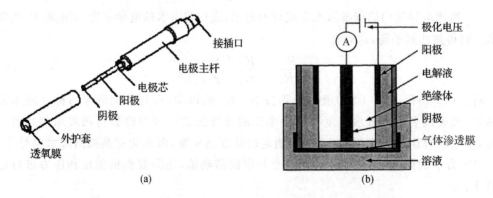

(a)　　　　　　　　　　　(b)

图 10-18　DO25 型溶解氧电极结构及溶解氧电极的工作原理

（一般是氯化钾或氢氧化钾电解液）中，由透气膜和电解液薄层将电极与所测介质分开，溶解氧通过膜扩散进入电解液与金电极和银电极构成测量回路。当对电极施加直流极化电压时，氧在阴极上发生氧化还原反应产生扩散电流，整个反应过程为

$$阳极：4Ag + 4Cl^- \rightarrow 4AgCl + 4e$$
$$阴极：O_2 + 2H_2O + 4e \rightarrow 4H^- \tag{10-8}$$

流过电极的电流和氧分压成正比，在温度不变的情况下电极的输出电流和氧浓度之间呈线性关系。这样就可以根据电极输出电流的大小计算出溶液中的氧浓度。

下面是德国 SST 公司 CTD60M 温盐深浊度硫化氢监测仪的外形（见图 10-19）及主要参数（见表 10-9）。

图 10-19　CTD60M 的外形

表 10-9　CTD60M 的主要技术参数

温盐深浊度硫化氢监测仪基本参数					
尺寸	深度	质量	电源	存储器	通信
620 mm（长） 60 mm（直径）	6000 m	3 kg	锂电池 10 Ah	8 Mb 存储卡	RS232

溶解氧测量性能指标					
传感器	原理	测量范围	精度/%	分辨率/%	响应时间
快速响应溶解氧	原电池	0～20 mg/L	±2	0.10	200 ms
		0～200% sat.	±2	0.10	200 ms
溶解氧	Clark 溶氧电极法	0～20 mg/L	±2	0.10	10 s(63%)
		0～150% sat.	±2	0.10	30 s(90%)

10.6　其他水下探测技术

10.6.1　重力梯度仪

潜水器一般需要长时间在水下航行，导航技术是潜水器正常航行的一项关键支撑技术。

重力辅助导航技术不依赖于外部发射源,也不向外部辐射能量,是一种无源、完全自主的导航方式,工作安全、隐蔽,可以为潜水器在水中长时间进行精确导航,是潜水器导航的重要手段。重力梯度仪(gravity gradiometer,有时也简称 gradiometer)则是水下重力辅助导航系统的一个重要组成部分。

重力梯度仪利用重力对近处质量变化敏感的特性,为重力导航系统提供潜水器(及其他水下设备)自身的位置信息及周围障碍物的信息。在潜航器上装备重力梯度仪,在载体运行过程中不间断地观测,当载体周围有障碍物出现时,重力梯度值将随距离的减小而急剧增加,从而通过梯度值的变化情况,可以判断载体周围是否可能出现障碍物,可以为水下避碰提供保障。

世界上第一台重力梯度仪是由物理学家 Loránd Eötvös 发明的,重力梯度的单位也因此被定为 Eötvös,以 E 或 EU 表示,$1\,E = 10^{-9}\,s^{-2} = 10^{-4}\,mGal/m$(Gal 是加速度的单位,$1\,Gal = 1\,cm/s^2$)。即如果在某方向上经过 10 km 的距离重力值变化为 1 mGal,那么这个方向上的重力梯度为 1 E。

图 10-20 为重力梯度仪的构成原理。重力梯度仪由对称地布置在三轴正交的 6 个重力仪组成,每一对重力仪之间的距离是精确测定的。轴上的一对重力仪可以敏感地测量重力在臂长方向上的微小变化,而该重力变化量与臂长的比值即为该方向上的重力梯度值。利用如图 10-20 所示的重力梯度仪可以观测到 xx,yy,zz,xy,yz,xz 六个方向的重力梯度。而根据重力梯度随物体间距离变化的规律,可以反推出潜水器与周围环境或障碍物的距离。

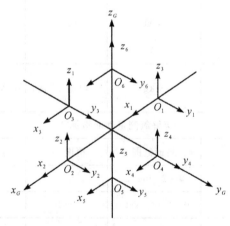

图 10-20　重力梯度仪的构成原理

由于重力梯度仪测量的是某方向(或几个方向上)的重力梯度,是重力场分布的导数,因此重力梯度仪对于重力场的微小变化非常敏感,尤其是当梯度仪与质量源距离较近的时候,重力梯度急剧上升。假设海底有一半球形山,半径为 550 m,地形密度为 $2.67\times10^3\,kg/m^3$,海水密度为 $1.03\times10^3\,kg/m^3$,则由此海山引起的海中某点的水平方向引力梯度随距离变化的关系可由图 10-21 计算得到。从图 10-21 可以看出,随着距离的减小,重力梯度急剧上升,因此可以由重力梯度仪对海中的地形或障碍物进行探测。

图 10-22 是 Gravitec 公司的重力梯度仪,表 10-10 是该重力梯度仪的主要参数。

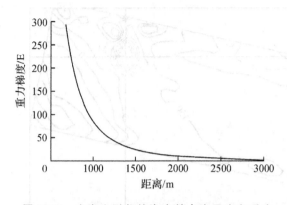

图 10-21　由海山引起的海中某点水平方向重力
梯度随距离变化的关系曲线

图 10-22　Gravitec 公司的重力梯度仪

表 10-10　Gravitec 公司的重力梯度仪的主要参数

参数名称	内　容	参数名称	内　容
尺寸	400 mm×30 mm×30 mm	梯度	Txy,Tyx,Txz,Tzx,Tyz,Tzy
质量	500 g	分辨率	24 位采样分辨率
带宽	0～1 Hz	调制频率	5～10 Hz
目标灵敏度	5 E/$\sqrt{\text{Hz}}$平坦响应	测量参数	三维重力及梯度

10.6.2　水下磁力仪

　　水下磁力仪（magnetometer）是一种高精度的磁异常探测器，一般用于对埋在泥下的铁磁性物体进行探测。

　　地磁场的分布是有规律的，而一旦铁磁性物体进入某个区域，将会改变该区域的磁场。铁磁性物体（场源）会在其周围空间产生一个磁场并叠加在地磁场上，于是产生磁异常现象。磁异常的分布和强度与场源所处的位置（磁化倾角）、磁性大小、自身的形状、观测点的距离等有关。当探测对象与周围介质间存在明显的磁性差异（如铁质物体与泥沙），探测对象具有一定的规模且埋藏深度不太大，以及干扰因素的影响可以被分辨或消除时，利用磁异常现象可以对目标进行快速定位。

　　海洋磁力测量主要有三种形式：在无磁性船上安装磁力仪进行测量，用普通船只拖曳磁力仪进行测量，把磁力仪沉入海底进行测量。目前进行的海洋磁力测量主要是用测量船拖曳磁力仪进行的。为消除船体感应磁场和固定磁场对传感器的影响，测量中要加长磁力仪拖曳电缆长度，一般拖曳电缆长度应大于船长的三倍，并对拖曳电缆以及入水设备的水密性、牢固性提出了更高的要求。

　　图 10-23 为在水下搜索某大型铁质物体时测得的磁场平面等值曲线。由曲线不难看出，M_1 位置的磁力线较密集，磁异常面积大，场强值也大，形状规则，铁质物体埋藏在该处的可能性非常大。后经实地打捞证实，被搜索的铁质物体就埋在该处。

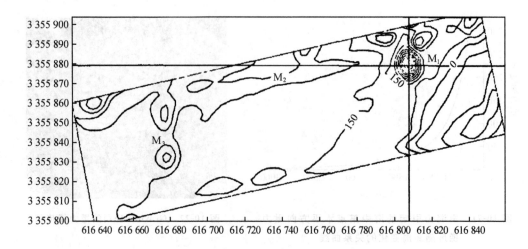

图 10-23　经极化处理后测区磁场平面等值线

注：横、纵坐标分别指大气坐标系中的纬度和经度；等值线数值单位为 nT；十字线结点为吸泥耙子的平面投影位置。

表 10-11 是 Marine Magnetics 公司 SeaSPY 磁力仪的主要性能指标。

表 10-11　Marine Magnetics 公司 SeaSPY 磁力仪的主要性能参数

参数名称	内　　容		
绝对精度	0.2 nT	"拖鱼"尺寸	
灵敏度	0.01 nT	长度	124 cm
计数灵敏度	0.001 nT	直径	12.7 cm
分辨率	0.001 nT	空气中质量	16 kg
死区	无	水中质量	2 kg
读数误差	0	拖缆尺寸	
温漂	0	导线	双芯双绞
功耗	待机 1 W，最大 3 W	破裂强度	2500 kg
时基稳定性	1 ppm，在 −45～60 ℃时	外径	1 cm
测程	18000～120000 nT	空气中质量	125 g/m
梯度容差	＞10000 nT/m	水中质量	44 g/m
采样率	0.1～4 Hz	外保护层	黄色聚氨酯
外部触发	用 RS232 接口	其他传感器	
通信	RS232，9600 bps	压力/深度传感器	
电源	15～35 V DC	水位计，200 kHz，100 m 范围内分辨率 0.1 m	
工作温度	−45～60 ℃	发射接收机，可提供"拖鱼"在海底的精确位置	

10.7　水下探测技术的发展趋势

目前水下光学主要用于水下照明、水下成像、水下气体成分分析、水下物质成分分析等，水下声学主要用于水下地形地貌、浅地层剖面探测、鱼群探测等，水下化学传感器主要用于海水盐度、叶绿素、溶解氧探测等。水下化学探测、水下声学探测、水下照明、近距离水下成像的技术较为成熟，商用产品也比较多，而浑浊水体远距离光学成像、使用光学方法进行原位水下气体成分分析和物质成分分析等仍是研究的难点和热点。

水下探测技术的发展趋势大致有以下几个方面。

(1)就单个器件而言,追求高精度、小体积、低功耗、低成本、易操作将是长久的发展目标。这不仅是水下探测技术的发展趋势,也是探测技术这一大领域的整体趋势。

(2)利用光学方法进行远距离成像和水下原位物质成分分析,利用声学方法进行海底海洋的探测、海冰厚度探测,以及利用化学的方法进行原位化学成分探测等仍将是今后的研究热点。将各种探测方法相结合,优势互补,可以进一步提高探测的精度、扩大应用场合。

(3)更注重于对海洋灾害的探测,如对于水母的探测、地震海啸的监测、核辐射的监测等。

(4)随着海底观测网络的发展,水下探测更趋于网络化、实时化、长期化,为岸基站提供丰富的探测数据。对于探测数据的存储和处理,比如从探测数据中提取出有用信息提供给远程用户,也将是今后研究的一个重要方向。

思考题

1.请简述水下探测的意义。

2.请简述如何对水下探测技术分类。

3.各种水下探测技术有哪些优点和缺点?

4.举出水下光学、水下声学、水下电磁波、水下化学探测技术各一例。

5.请简述水下拉曼光谱仪的工作原理。

6.请简述 ADCP 的工作原理。

7.有哪些方法可以对叶绿素的浓度进行测量?

8.有哪些方法可以对水母进行探测?

9.有哪些方法可以对水下气体进行探测?

10.请简述重力梯度仪的工作原理。

11.除了本章介绍的水下探测技术,还有哪些水下探测技术?试举例说明。

12.你对于水下探测技术的发展趋势有何见解?

参考文献

[1]BREWER P G,MALBY G,PASTERIS J D,et al. Development of a laser Raman spectrometer for deep-ocean science. Deep sea research part I:oceanographic research papers,2004,51(5):739-753.

[2]GAKOUMAKI A,MELESSANAKI K,ANGLOS D. Laser-induced breakdown spectroscopy (LIBS) in archaeological science—applications and prospects. Analytical and bioanalytical chemistry,2007,387(3):749-760.

[3]司马伟昌,张玉钧,王志刚,等.基于多波长 LED 阵列激发的三维荧光光谱系统的设计与实现.现代科学仪器,2007(6):75-77.

[4]王润田.海底声学探测与底质识别技术的新进展.声学技术,2002,21(1/2):96-98.

[5]金翔龙.海洋地球物理研究与海底探测声学技术的发展.地球物理学进展,2007,22(4):

1243-1249.

[6]崔桂华,李荣福,田作喜,等.激光遥感探测水下声信号的研究.舰船科学技术,2002,24(1):46-50.

[7]张军,张效慈,赵峰,等.源于水动力学的潜艇尾迹非声探测技术研究之进展.船舶力学,2003,7(2):121-128.

[8]范开国,黄韦艮,贺明霞,等.SAR浅海水下地形遥感研究进展.遥感技术与应用,2008,23(4):479-485.

[9]程思海,陈道华,张欣,等.海底天然气水合物地球化学探测技术.海洋地质动态,2003,19(10):30-34.

[10]王晓红,王毅民,张学华.中国海洋地球化学探测技术的现状与发展.地球学报,2002,23(1):7-10.

[11]王学求,谢学锦,张本仁,等.地壳全元素探测——构建"化学地球".地质学报,2010,84(6):854-864.

[12]周怀阳,彭晓彤.海洋原位化学探测核心技术的研究应用.海洋环境科学,2002,21(4):70-76.

[13]陈鹰,杨灿军,陶春辉,等.海底观测系统.北京:海洋出版社,2006.

[14]李粹中.海底热液成矿活动研究的进展、热点及展望.地球科学进展,1994,9(1):14-19.

[15]李江海,牛向龙,冯军.海底黑烟囱的识别研究及其科学意义.地球科学进展,2004,19(1):17-25.

[16]李日辉,侯贵卿.深海热液喷口生物群落的研究进展.海洋地质与第四纪地质,1999,19(4):103-108.

[17]王丽玲,林景星,胡建芳.深海热液喷口生物群落研究进展.地球科学进展,2008,23(6):604-612.

[18]吴世迎.海底热液矿产资源综述.黄渤海海洋,1992,10(1):67-73.

[19]周怀阳,李江涛,彭晓彤.海底热液活动与生命起源.自然杂志,2009,31(4):207-212.

[20]章志鸣,沈元华,陈惠芬.光学.3版.北京:高等教育出版社,2009.

[21]SHIMOMURA O,JOHNSON F H,SAIGA Y. Extraction, purification and properties of aequorin, a bioluminescent protein from the luminous hydromedusan, aequorea. Journal of cellular and comparative physiology,1962,59(3):223-239.

[22]吕永涛.海水叶绿素现场检测仪的研究.石家庄:河北科技大学,2010.

[23]BATTAGLIA T M,DUNN E E,LILLEY M D,et al. Development of an in situ fiber optic Raman system to monitor hydrothermal vents. Analyst,2004,129(7):602-606.

[24]PASTERIS J D,WOPENKA B,FREEMAN J J,et al. Raman spectroscopy in the deep ocean:successes and challenges. Applied spectroscopy,2004,58(7):195A-208A.

[25]WHITE S N,DUNK R M,PELTZER E T,et al. In situ Raman analyses of deep-sea hydrothermal and cold seep systems (Gorda Ridge and Hydrate Ridge). Geochemistry geophysics geosystems,2006,7(5):1-12.

[26]WHITE S N,BREWER P G,PELTZER E T. Determination of gas bubble fractionation rates in the deep ocean by laser Raman spectroscopy. Marine chemistry,2006,99(1/2/3/4):

12-23.

[27]WHITE S N,KIRKWOOD W,SHERMAN A,et al. Development and deployment of a precision underwater positioning system for in situ laser Raman spectroscopy in the deep ocean. Deep sea research part Ⅰ: oceanographic research papers,2005,52(12): 2376-2389.

[28]HESTER K C,DUNK R M,WHITE S N,et al. Gas hydrate measurements at Hydrate Ridge using Raman spectroscopy. Geochimica et Cosmochimica Acta,2007,71(12): 2947-2959.

[29]HESTER K C,WHITE S N,PELTZER E T,et al. Raman spectroscopic measurements of synthetic gas hydrates in the ocean. Marine chemistry,2006,98(2/3/4):304-314.

[30]PASQUINI C,CORTEZ J,SILVA L M C,et al. Laser induced breakdown spectroscopy. Journal of Brazilian chemical society,2007,18(3):463-512.

[31]LAWRENCE-SNYDER M,SCAFFIDI J,ANGEL S M,et al. Seqnentra-pulse laser-induced breakdown spectroscopy of high-pressure bulk aqueous solutions. Applied spectroscopy, 2006,60(7):786-790.

[32]董兆乾,蒋松年,贺志刚.南大洋船载走航式 ADCP 资料的技术处理和技术措施以及多学科应用.极地研究,2010,22(3):211-230.

[33]张志林,邓乾焕,朱巧云,等.基于 ADCP 反向散射强度估算悬沙浓度在洋山港的应用研究.水文,2011,31(2):62-68.

[34]郑琨.数字 ADCP 的优化设计及研究.天津:天津大学,2007.

[35]张伟.多波束测深系统在水下地形测量中的应用研究.北京:中国地质大学,2009.

[36]胡银丰,朱辉庆,夏铁坚.现代深水多波束测深系统简介.声学与电子工程,2008(1): 46-48.

[37]王艳.海缆路由探测中浅地层剖面仪的现状及应用.物探装备,2011,21(3):145-149.

[38]吴水根,周建平,顾春华,等.全海洋浅地层剖面仪及其应用.海洋学研究,2007,25(2): 91-96.

[39]王化仁,田春和,王鹏,等.浅地层剖面仪在管线铺设路由调查中的应用.水道港口, 2007,28(2):133-135.

[40]朱铉.数字地震仪的发展历史及展望.地球物理学进展,2002,17(2):301-304.

[41]王喜双,董世泰,王梅生.全数字地震勘探技术应用效果及展望.中国石油勘探,2007, 12(6):32-36.

[42]林学龙.高分辨率低功耗浅层地震勘探仪器的研究与实现.上海:上海大学,2008.

[43]金翔龙.海洋地球物理技术的发展.东华理工学院学报,2004,27(1):6-13.

[44]刘保华,丁继胜,裴彦良,等.海洋地球物理探测技术及其在近海工程中的应用.海洋科学进展,2005,23(3):374-384.

[45]ALPERS W. Theory of radar imaging of internal waves. Nature,1985,314(6008):245-247.

[46]THOMPSON D R,GASPAROVIC R F. Intensity modulation in SAR images of internal waves. Nature,1986,320(6060):345-348.

［47］HSU M K，LIU A K. Nonlinear internal waves in the South China Sea. Canadian journal of remote sensing，2000，26（2）：72-81.

［48］薛丽娜，王娟娟，费强，等.光纤 pH 传感器用荧光探针分子研究近况.分析仪器，2010（5）：11-17.

［49］张尧良.pH 值测量技术的新发展.分析仪器，1983（2）：12-18.

［50］汪新新.电极式实验室海水电导盐度计的研制.青岛：中国海洋大学，2008.

［51］刘庆.高精度溶解氧测量仪的研究与设计.南京：南京信息工程大学，2009.

［52］纪兵，刘敏，吕良，等.重力梯度仪在水下安全航行中的应用.海洋测绘，2010，30（4）：23-25.

［53］郭秋英，徐遵义.水下重力辅助导航重力仪观测数据实时处理.舰船科学技术，2011，33（3）：74-77.

［54］边少锋，纪兵.重力梯度仪的发展及其应用.地球物理学进展，2006，21（2）：660-664.

［55］张建春，王传雷.水下磁性物体探测定位方法研究.水运工程，2009（10）：75-77，90.

［56］董庆亮，刘雁春，程友杰，等.海洋磁力仪的维护与常见故障处理.海洋测绘，2008，28（1）：56-58.

［57］章雪挺，唐勇，刘敬彪，等.深海近底三分量磁力仪设计.热带海洋学报，2009，28（4）：49-53.

［58］北京北斗联星科技有限公司.SeaSPY 海洋磁力仪.（2018-01-15）［2018-03-5］.http：//www.afzhan.com/st14211/product_617492.html.

第 11 章

水下通信与导航技术

通信是指发送者通过某种媒体,以某种格式传递信息到接收者以达到某个目的。水下通信是指利用声波、电磁波、光波或电(光)缆完成水下-水下(或水面-水下)对象间的通信。

根据有无缆线,水下通信可分为水下有线通信和水下无线通信;根据信号载体,水下通信可分为水下光纤通信、水下电磁波通信、水下无线光通信和水声通信等。

这里需要说明的是,描述通信性能的参数主要有传输距离、传输速率、传输时延、可靠性、保密性、经济性和便利性等。

11.1 水下光纤通信

水下光纤通信是在水下利用光纤技术进行跨海通信,通常把包裹的光纤来铺设在海底,形成海底光缆。海底光缆通信基本没有时间延迟,具有价格低、保真度高、频带宽、通信速度快等优点。但是由于海缆埋在海底,受到的压强较大,且海水具有腐蚀性,所以铺设维修困难且成本高。

光纤按传输模式分为单模光纤和多模光纤。单模光纤纤芯直径只有几微米,加包层和涂敷层后也只有几十微米到 125 μm,纤芯直径接近光波的波长。多模光纤纤芯直径为 50~100 μm,纤芯直径远远大于波长。多模光纤传输性能较差,频带较窄,传输容量也比较小,距离比较短。光纤根据折射率沿径向分布函数不同,又进一步分为多模阶跃光纤、单模阶跃光纤和多模梯度光纤等。

光纤强度一般大于或等于 100 kpsi(0.7 GN/m²)。当传输距离过大时,需要用光纤连接器将各段光纤连接在一起,此时需要将发射光纤输出的光能量最大限度地耦合到接收光纤中。光纤连接器是光纤通信系统中各种装置连接必不可少的器件,也是目前使用量最大的光纤器件。

11.2 水下电磁波通信

电磁波在水中传播与在空气中不同。由于水的电导率 σ 和介电常数 ε 与空气中的电导率 σ_0 和介电常数 ε_0 不同,因此其传播特性也不一样。电磁波从空气进入海水时,衰减很快。波长越短,水的电导率越高,衰减越大。

由于上述这些特点,电磁波在水下的衰减非常严重,所以在陆地上应用广泛的电磁波在水下的有效通信距离非常短(约为厘米量级),只能用在一些特殊场合,如海底观测网络中观测器贴近插座模块与之通信。电磁波的衰减还与波长有关,一般来说,长波(波长范围为 $1\sim10$ km,频率为 30 k$\sim$300 kHz)可穿透几米水深,甚长波(波长范围为 $10\sim100$ km,频率为 3 k$\sim$30 kHz)可穿透 $10\sim20$ m 水深,超长波(波长范围为 $1000\sim10000$ km,频率为 $30\sim300$ Hz)可穿透 $100\sim200$ m 水深。

电磁波中的超长波和极长波通信系统是目前各国常用的主要通信手段,它们都是将大型或特大型天线安装在陆地上,故称为岸对潜通信系统。虽然电磁波在水中衰减率较高,但受海水环境影响很小,所以水下电磁波通信比较稳定。水下甚低频和超低频单向通信适用于军用岸对潜通信。

11.3 水下无线光通信

水下无线光通信主要包括水下无线激光通信和水下无线 LED 通信。水下无线光通信的突出优点是数据传输率高,但是无线光通信在浑水中受到限制。因为水对光信号的吸收很严重,所以即使在清澈的水体中,光的传播距离也比较短,约在百米以内,而且水中的浮游生物和悬浮粒子会对光产生散射,进一步缩短通信距离。

1963 年,Dimtley 等人发现海水在 $450\sim550$ nm 波段内蓝绿光的衰减比其他光波段的衰减要小,所以,使用蓝绿激光进行水下通信引起了人们的重视。

蓝绿激光通信的主要特点是:①相对其他波长,蓝绿激光在水下衰减率低,穿透能力强,如 498 nm 的蓝绿光,在 2000 m 深的海水中,其透光程度平均可达 $90\%\sim95\%$;②耗能少,蓝绿光波能量受大气层和海水损耗极小,可增加通信的准确性和可靠性;③不易被侦察,因为潜艇不用上浮,就能与地面通信,从而具有良好的灵活性和隐蔽性;④激光通信具有高抗干扰能力、高保密性和高数据传输率。

11.3.1 水下激光通信

本节主要介绍水下激光通信的组成以及优、缺点。

1.水下激光通信的组成

水下激光通信主要由三大部分组成:发射系统、水下信道和接收系统。水下无线光学通信的机理是将待传送的信息经过编码器编码后,加载到调制器上转变成随着信号变化的电流来驱动光源,即将电信号转变成光信号,然后将光束以平行光束的形式在信道中传输;接收端将传输过来的平行光束以点光源的形式聚集到光检测器上,由光检测器件将光信号转变成电信号,然后进行信号处理,最后由解码器解调出原来的信息。图 11-1 为水下激光通信系统的组成。

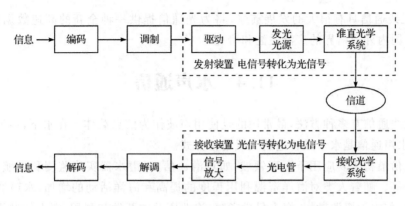

图 11-1 水下激光通信系统的组成

2．水下激光通信技术的优、缺点

水下激光通信具有以下优点：①传输速率高；②光波频率高，信息承载能力强；③抗电磁干扰能力强；④波束具有较好的方向性，需要用另一部接收机在视距内对准发射机才能拦截，但这样会造成通信链路中断，用户会及时发现，所以保密性高；⑤收发设备尺寸小，质量轻。

但是海水是一个复杂的物理、化学、生物组合系统，光波在水下传输过程中易受以下影响：①吸收，由于海水本身、水中颗粒物、水中溶解物、浮游动植物的吸收，光波在水下传输时能量衰减，传输距离受限；②散射，光在水下传播时，会遇到粒子(如水分子、悬浮颗粒物等)的散射而改变传播方向，导致光束发生横向扩展，单位面积上的光强减弱，降低信噪比。

正是因为海水的吸收和散射，以及激光光束具有极强的方向性，因此水下激光通信的主要缺点在于：①光束能量在海水中的衰减率高，通信距离一般限制在百米范围；②瞄准困难，激光束有极高的方向性，这给发射点和接收点之间的瞄准带来不少困难。为保证发射点和接收点之间瞄准，不仅对设备的稳定性和精度提出很高的要求，而且操作也复杂。如何弥补上述无线激光通信的缺点正是当今研究热点所在。

11.3.2 LED 水下无线通信

近年来，LED 水下无线通信技术发展迅猛。利用 LED 灯高速点灭的发光响应特性，将信号调制到 LED 可见光上，来传输信息和指令。

LED 无线通信系统分为发射部分和接收部分。发射部分包括：LED 可见光发射系统及其驱动电路、信号输入和处理电路。接收部分包括：接收光学系统、光电探测器、信号处理和输出电路。目前，LED 无线通信已经在实验室里实现高速的数据传输。

LED 无线通信有如下特点：①不受外界电磁波干扰；②具有一定的方向性，在其照射范围内才能通信，而照射不到的地方没有信号，因此具有保密性并且安全性高；③LED 灯发光效率高，能耗低，绿色环保，可靠性高；④调制性能好，响应灵敏度高；⑤无须无线电频谱认证；⑥体积小，受温度影响小，易于安装，价格低。

在水下短距离通信中，LED 可以代替激光作为光源以减少体积和成本；而且，LED 发射角大，易于瞄准。然而，LED 大发射角也使得其发射方向性变差，能量发散，缩短了传输距离。

LED无线通信具有很大的发展前景,将为光通信提供一种全新的高速数据接入方式,已经引起了国内外通信界的广泛关注和研究。

11.4 水声通信

水下无线通信有多种方法,最常用的是使用声波作为信息载体。在水下,声波的衰减率最低,所以水声通信是水下最普遍的无线通信方式。

水声通信最初主要应用于军事领域,如对潜通信、对潜水器实施监测和导航、对水雷的远程声遥控等。随着人类对海洋资源利用程度的提高和海洋活动的增加,水声通信也发展到民用领域,如水下资源勘探、海上科学考察、渔业资源的开发和利用、海上钻井平台的应急维护、水下机器人的控制等。水声通信的商用和军用价值,极大地推动了水声通信的迅速发展。水声通信的研究范围,也从简单的垂直信道进入更加复杂的水平信道。

水声通信具有通信距离远的优点,但也有一些缺点:①水声信道传输速率低,延时长。声波在水中的传播速度约为 1500 m/s,其数据传输率随着距离增大而降低。②水下声信号的传输质量易受海水的温度、压力、盐度等环境因素的影响。③误码率较高,可靠性低。④水下声信号容易被窃听。⑤可用带宽有限,功耗高、体积大。

11.4.1 水声通信的发展

水声通信的历史可以追溯到1914年,这一年研制成功的水声电报系统被英国海军部队安装在巡洋舰上,它可以看作水下无线通信的雏形。从那时开始,各国陆续研制出一些水下信息传输及通信设备,并广泛应用于军事领域。

世界上第一个具有实际意义的模拟水声通信系统是第二次世界大战后美国海军于1945年研制的水下电话,主要用于潜艇之间的通信。该系统载波频段为 8k～11kHz,工作距离可达数千米。早期的水声通信多使用模拟调制技术。

20世纪70年代以来,军事领域和民用领域都对水声通信技术产生大量需求,使得水声通信进入一个新的阶段。随着电子技术和信息科学突飞猛进的发展,水声通信系统开始采用数字调制技术,主流的有幅移键控(amplitude shift keying, ASK)、频移键控(frequency shift keying, FSK)和相移键控(phase shift keying, PSK)。数字调制技术不但可以利用纠错编码技术来提高数据传输的可靠性,还能够对在时域和频域上的信道畸变进行各种补偿。

作为一种能量检测(非相干)而不是相位检测(相干)算法,FSK系统对于时间和频率扩展的信道来说是相当稳健的。但非相干系统带宽利用率低,通信速率慢。

1991年IEEE海洋工程期刊(*IEEE Journal on Oceanic Engineering*)出版了关于海洋数据传输和通信的专刊。从20世纪90年代至今,随着信号处理技术的发展,相干通信技术也得到了应用,如相移键控技术。同时也展开了对水声通信新技术的研究,如空间分集技术、码分多址(code division multiple access, CDMA)扩谱技术、水下多载波调制技术、多进多出(multiple input multiple output, MIMO)技术、水下通信网络等。

目前水声通信已经不仅仅停留在物理层。它的目标是建立可以提供多个网络节点间交换数据功能的水下自治采样网络,例如用于水下机器人上的流速计、水听器、摄像头等。除了这些通信链路物理层的设计之外,还需要新的网络协议的设计,目前已经出现这方面的研究。

11.4.2　两种水声通信需求类型

非对称通信需求如图 11-2 所示。

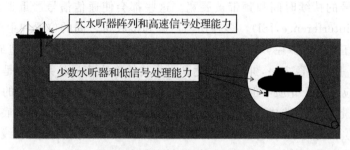

图 11-2　非对称通信需求

（1）上行：潜水器将探测数据、图像等传至水面船只。海上作业或作战要求通信最好是实时的，而图像传输的数据量又很大，因此要求通信必须有高数据率。这就需要接收端有大水听器阵列，具备高速信号处理能力。

（2）下行：水面船只将控制命令传给潜水器。这就需要高可靠性要求，接收端软、硬件都要简单。

水声通信的质量一般用数据率和误码率来衡量。通常所说的保证水声通信的质量是指在保持数据率需求的前提下，尽量降低传输的误码率。

11.4.3　水声信道的特性

从物理的角度来说，水声信号传播经过的路径就是水声信道，它包括水体、海面、海底。水声通信质量的好坏与其所处信道的物理特性直接相关，因此水声通信技术的研究归根结底是水声信道特性的研究。

水声信道是一个十分复杂的多径传输信道，特性参数随着时-空-频的变化而随机变化，且其环境噪声高、传输时延大、带宽窄，导致传输误码率高、数据率低。图 11-3 表示一个简单的浅海信道上的声传播模型。

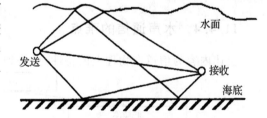

图 11-3　浅海声道上的声传播模型

水声信道的特性主要有以下几点。

（1）信道带宽小。水声信道带宽受限的主要机理是水声信号的吸收损失。声波的频率越高，在水下传播时海水吸收就越厉害，对于频率低的声波海水吸收少。水声信道带宽受限的另一个原因是受水声换能器带宽的限制。低频段通信仍是目前较有实用前途的通信。

（2）环境噪声。海洋中有许多噪声源，包括海面波浪、潮汐、湍流、生物噪声、行船及工业噪声等。噪声性质与噪声源密切相关。环境噪声会使信号的信噪比降低，影响水声通信的性能。不同声源有不同的带宽和噪声级，且随时间和空间变化，所以很难给出噪声的统计表达。

（3）多径效应。由于介质空间的非均匀性，当声波在不同的层、海底和海面间传播会造成多次反射和折射，在一定波束宽度内发出的声波可以沿几种不同的路径到达接收点。

造成多径传播的主要机理是声线弯曲,海底、海面的反射,海水中内部结构如内波、紊流、潮汐等的影响,以及声源和接收机平台的运动等。多径效应会引起信号振幅和相位的起伏,由于不同路径的长度不同,到达该点的声波时间也不相同,会引起信号的衰落,造成波形畸变,同时信号的持续时间和频带被展宽。这些都会使通信信号严重退化,产生码间干扰(intersymbol interference, ISI)。多径还与声源和接收机之间的位置和距离有关。以海底平面为参考,垂直信道的多径影响小,水平信道的多径影响大。多径效应造成的码间干扰是影响水声通信的主要因素之一,抑制多径达到可靠传输在水声通信系统中是非常重要的。

(4)起伏效应。由于介质不但在空间分布上不均匀,而且是随机时变的,声信号在传输过程中也是随机起伏的。造成起伏的主要原因是:①海面的随机运动和海底的随机不平整;②内波的扰动;③非均匀水团的温度微结构。这些水团具有不同的温度和线度,在空间随机分布,声波在此类介质中传播时产生随机的散射和折射。

(5)时变效应。由于海水中内波、水团、湍流等的影响,水声信道会产生时变效应,且与通信系统的相对位置有关。这种时变性严重地影响通信系统的性能。

(6)多普勒效应。这是由接收机与发射机之间的运动或水体流动(如浪的波动)引起的。其计算公式为

$$\Delta f = | f_r - f_s | = \left| f_s \cdot \frac{c - v_r}{c - v_s} - f_s \right| = f_s \cdot \left| \frac{v_s - v_r}{c - v_s} \right| \tag{11-1}$$

其中,f_r为接收机接收时的信号频率;f_s为发射机发射时的信号频率;c为水声传播速度;v_r为接收机的运动速度;v_s为发射机的运动速度。

多普勒频率扩散也是水声信道的重要特性,是海洋信道的时变、空变性。多普勒效应会导致信号的频率扩展、时间选择性衰落、频率偏移,但最直接的影响是信号的伸缩,这将恶化系统的信噪比,甚至导致正常通信的中断。海中多普勒效应和电磁波(包括光波在内)的多普勒效应的不同之处在于:介质的运动不会对电磁波多普勒频移产生影响,却会对声波多普勒频移产生影响。

11.4.4 水声通信的难点

上述内容为信道在物理上的特性,反映到通信上面会有如图 11-4 所示的影响。

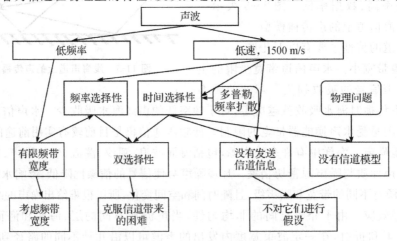

图 11-4 水声通信的难点

声波在水中传输需要低频率,所以频带宽度小,在实际应用中要考虑频带宽度。

海水中复杂的环境会带来多径效应,对信号产生频率选择性衰落,而多普勒效应会对信号产生时间选择性衰落。由于水下声传播的速率低,仅为 1500 m/s 左右,所以多普勒效应比空中无线通信严重得多。并且由于速率低,时延大,也会对信号产生频率选择性衰落。在水下这两种效应是同时存在的,所以信号受到时间-频率双选择性衰落的影响,引起严重的信号畸变,实际应用中要运用各种方法克服信道带来的这些困难。

通信时接收端可以将信道状态信息通过反馈机制提供给发送端,但由于信道是时变的,此时的信道状态信息是有偏差的,所以发送端难以获得准确的实时信道信息。并且由于各种物理问题的存在,没有准确的信道模型。

11.4.5　两种信道模型

在水声通信里,接收的信号为

$$y(n) = h(n, l) * x(n) + z(n) \tag{11-2}$$

其中,$h(n, l)$ 为信道信号($n = 0, 1, \cdots, N-1; l = 0, 1, \cdots, L-1$);$x(n)$ 为发送信号;$z(n)$ 为噪声;运算符号 $*$ 表示卷积。

(1)准静态信道模型(quasi-static)。当 n 在某区间内变化时,$h(n, l)$ 一直不变,则称该模型为准静态信道模型。假设信道时不变(time-invariant),只在信道的相干时间内假设有效。在实际操作中,需要不断对信道更新。

(2)时变信道模型。当 n 在某区间内变化时,$h(n, l)$ 是变化的,则称该模型为时变信道模型。假设信道时变(time-varying),就是说下一个符号对应的信道可能和当前符号对应的信道不同。对于一个有 N 个符号的数据块,则有 NL 个信道未知量,给信道估计和均衡都带来困难。

11.4.6　相干水声通信关键技术

相干水声通信关键技术主要有信道估计技术、均衡技术、单载波和多载波技术。

(1)信道估计技术。信道估计是描述物理信道对输入信号的影响而进行定性研究的过程,是信道对输入信号影响的一种数学表示。若信道是线性的,则信道估计就是对系统冲击响应的估计。为了能在接收端准确地恢复发射端的发送信号,需要在接收信息时,对信道的参数进行估计。而能否获得详细的信道信息,从而在接收端正确地解调出发射信号,是衡量一个通信系统性能的重要指标。因此,信道估计是实现通信系统的一项重要技术。

信道估计按实现准则可分为正交匹配追踪算法(orthogonal matching pursuit,OMP)、最小二乘估计、最小均方误差估计等。

(2)均衡技术。由于水声信道具有多样性和复杂性,在水声通信系统中采用均衡技术减弱或消除信道对信号传输的负面影响是提高系统可靠性和有效性的必要途径,因此对于水声通信系统中均衡器的应用及其实现的研究已成为水声通信的一大研究热点。均衡是指对信道特性的均衡,即接收端的均衡器产生与信道特性相反的特性,用来减小或消除因信道的传播特性引起的信号畸变。在通信系统的接收端插入一种可调滤波器,使之能适应信道的变化,减小信道的影响,这种起补偿作用的滤波器称为信道均衡器。

均衡技术按照发展情况可分为早期的固定式均衡、预置式均衡和现在常用的自适应均衡。自适应均衡器从传输的实际数字信号中根据某种算法不断调整增益,因而能适应信道的随机变化,使均衡器总是保持最佳状态,有更好的失真补偿性能。

（3）单载波和多载波技术。基本的传输技术可以分为单载波和多载波两类。

①在单载波技术中,需要在接收端采用均衡器去除码间干扰。若均衡采用时域滤波器,则该系统被称为单载波时域均衡系统（single carrier time-domain equalization,SCTDE）;若在频域进行均衡,则该系统被称为单载波频域均衡系统（single carrier frequency-domain equalization,SCFDE）。

②多载波一般指的是正交频分复用（orthogonal frequency-division multiple,OFDM）技术。OFDM 信号频谱如图 11-5 所示,它将整个可用频带分成多个正交子信道,将待传输的高速串行码流并行地调制到这些子信道载波上。在总的数据率不变的情况下,每个并行的子信道的符号周期都相对延长,可以有效地减轻多径时延产生的时间弥散性对系统造成的影响。由于数据是由多个子载波传输的,对于频率选择性衰落信道,一般只会影响少数几个子信道,这样就可以利用相关信息安全地知道信号内容。OFDM 系统由于采用相互正交的子载波,允许子信道间有 1/2 的重叠,提高了频谱利用率。因此它具有抗多径、频谱利用率高、数据传输率高的优点。但

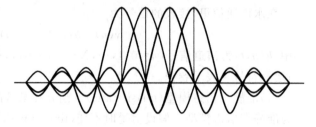

图 11-5　OFDM 信号频谱

是,OFDM 系统具有很高的峰均比（peak-to-average power ratio,PAPR）,并且对相位噪声和频率漂移非常敏感。

在水下声通信中,为减小甚至消除信号伸缩的影响,需要采用多普勒补偿技术,即重采样。在重采样之前,需要知道多普勒率,即信号伸缩的大小,这需进行多普勒估计。多普勒估计与补偿是非常重要的。

11.4.7　其他水声通信技术

（1）多进多出技术。多进多出（MIMO）技术已成为第四代移动通信的核心技术。MIMO 水声通信系统可以简单地定义为在发射端和接收端分别采用多个换能器和水听器的通信系统。MIMO 通信系统结构如图 11-6 所示。

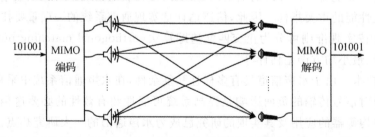

图 11-6　MIMO 通信系统结构

MIMO 通信系统引入了分集和复用增益,在不增加带宽的情况下提高系统的容量和传输质量。MIMO 技术的机理是信号通过多个换能器发送和多个水听器接收,从而改善每个

用户得到的服务质量(误比特率或数据速率)。

MIMO 技术的核心思想是空时信号处理,即利用在空间中分布的多个天线将时间域和空间域结合起来进行信号处理。该技术的显著特点是能够将多径影响因素变成对通信性能有利的增强因素,有效地利用随机衰落和可能存在的多径传播来提高业务传输速率。

(2)扩频通信。扩展频谱(spread spectrum)通信简称扩频通信,它将待传输的信息数据经频带扩展后再传输,具有抗干扰能力强,低截获率,能实现码分多址和任意选址等功能。

扩频通信系统包括四种:直接序列扩频(direct sequence spread spectrum,DSSS),跳频扩频(frequency-hopping spread spectrum,FHSS),跳时扩频(time hopping spread spectrum,THSS)和混合扩频(hybrid spread spectrum,HSS)。

11.4.8　水声通信展望

随着科学技术的进步、能源的消耗,海洋必将是人们关注的重点,而作为水下主要通信手段的水声通信必将得到快速发展。和现在的无线电通信网一样,未来也将在海洋建立水声通信网,既可以获取大范围的海洋信息,也可快速地传递各种信息。

目前,人们对水声通信的研究仍然集中在相位相干系统的研究上。纠错编码、自适应均衡等也是人们研究的热点,但是提高带宽利用效率将是水声通信的发展趋势。

11.4.9　主要水下通信方式的对比

主要水下通信方式的对比如表 11-1 所示。

表 11-1　主要水下通信方式的对比

水下通信方式	目前研究应用	传输距离	传输速率	传输时延	可靠性	经济性
光纤通信	主要用于海底光缆通信	长	高	很小	高	差
电磁波通信	超长波和极长波通信系统	较长	很低	较小	较高	差
无线可见光(蓝绿光)	随着光电技术的快速发展,可见光水下通信越来越得到人们的关注	较短	高	小	较低	好
声学通信	目前水下无线通信的主要方式	长	较低	大	较低	较好

11.5　水下导航技术

导航是引导运载体到达预定目的地的过程。导航问题的核心是载体的定位问题。由于经济、科学和军事方面的需求,水下导航技术广泛应用于各种潜水器中,如自治式潜水器和遥控潜水器。导航的性能指标主要有精度、数据更新率、定位时间和可靠性等。

11.5.1　导航系统的分类

导航分为基于传感器的自主式导航和基于外部信号的非自主式导航。如果装在运载体上的设备可以单独地产生导航信息,则称为自主式导航系统;如果除了要有装在运载体上的导航设备外,还需要有设置在其他地方的一套或多套设备与其配合工作,才能产生导航信息,则称为非自主式或它备式导航系统。

自主式导航主要有惯性导航和天文导航等,非自主式导航系统主要有无线电导航和卫星导航等。

11.5.2 水下声学导航

目前,潜水器采用的声学导航主要有三种形式:长基线(long base line,LBL)导航,短基线(short base line,SBL)导航和超短基线(ultra short base line,USBL)导航。这三种形式都需要外部的换能器或换能器阵才能实现声学导航。换能器声源发出的脉冲被一个或多个设置在母船上的声学传感器接收,收到的脉冲信号经过处理和按预定的数学模型进行计算就可以得到声源的位置。

1. 相关名词解释

在介绍这三种定位系统之前,首先介绍几个名词的含义。

(1)基线(base line):声学基元之间的距离。

(2)水听器(hydrophone):接收声信号的装置。

(3)应答器(transponder):一种发射/接收装置,它在接收到特定的声信号后,发射一个响应声脉冲。

(4)信标(beacon):置于海底或装在潜水器(载体)上的发射器,它以特定频率周期地发出声脉冲。

2. 三种定位系统的特点

如图 11-7 所示,下面介绍三种定位系统的特点。

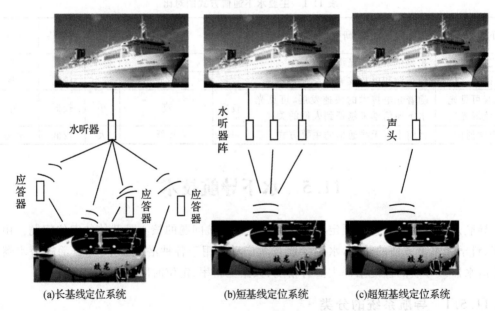

图 11-7 三种定位系统

(1)长基线定位系统。基线长度为 $100 \sim 6000$ m,也指基线长度可与海深相比拟的系统。应答器布置于海底,在一般情况下海底基阵由三个以上的应答器组成,应答器阵的相对阵形必须经过认真的反复测量,需要几小时甚至几天的时间。长基线定位系统利用海底应答器阵来确定载体的位置,定出的位置坐标是相对于海底应答器阵的相对坐标,因此必须知道海底应答器阵的绝对地理位置才能确定载体在大地坐标系的绝对位置。

(2)短基线定位系统。基线长度为 1～50 m,也指基线长度远小于海深的系统。短基线定位系统要求被定位的船只或潜水器上至少有三个水听器,水听器布置于母船底部,间距在 10～20 m 的量级。它们接收来自信标(或应答器)发出的信号,进而测出各水听器与信标(或应答器)的距离,最终获得信标(或应答器)相对于基阵的三维位置坐标。定位精度约为距离的 1%～3%。

(3)超短基线定位系统。超短基线定位系统的基线长度极小,小到几厘米,可以在较小的载体上使用。发射换能器和几个水听器可以组合成一个整体,称为声头。声头可以悬挂在小型水面船的一侧,也可安装在船体底部。由于基阵的尺寸非常小,因此必须利用相位差或相位比较法,通过测量相位差来确定信标(或应答器)在基阵坐标系中的方位。

3.三种定位系统的比较

声学定位系统的具体特点见表 11-2。

表 11-2　声学定位系统的具体特点

名称	优点	缺点
长基线 LBL	定位精度很高;多余观测值增加,测量精度提高;换能器小	系统复杂,操作烦琐;声基阵数量巨大,费用昂贵;需要长时间布设和收回海底声基阵;需要对声基阵严格校准
短基线 SBL	低成本、操作简便;基于船只的定位系统不需在海底布置应答器;距离测量精度高;有多余测量值,测量精度提高;换能器体积小	安装校准难;精度依赖外围设备
超短基线 USBL	低成本、操作简便;基于船只的定位系统不需要在海底布置应答器;只需一个换能器;测距精度高	安装校准难;精度依赖外围设备;最低限的多余测量值

(1)长基线系统基线最长,因而定位精度最好,其缺点是要获得这样的精度必须精确地知道布放在海底的应答器阵的相互距离,这就要花费很长的时间测量基阵间距离。在深水区使用时,位置数据更新率较低,达到分的量级。此外,布放和回收应答器也是一件很复杂的事情,对操作者的要求比较高。

(2)短基线系统不需要布置多个应答器并进行标校,因而定位导航比较方便。其缺点是部分水听器可能必须安装在高噪声区(如靠近螺旋桨或机械的部位),以致跟踪定位性能恶化。一般来说,短基线系统的定位精度处在超短基线系统和长基线系统之间。

(3)超短基线系统的定位精度往往比上两种系统差,因为它只有一个尺寸很小的声基阵安装在载体上。它的基阵作为一个整体单元,可以布置在流噪声和结构噪声都较弱的位置。此外,它也不需要布置和标校应答器阵。

这三种导航系统可以单独使用,也可以组合使用,构成组合系统。组合系统既可以提供可靠的位置冗余,也可以体现各个系统的优点。

11.5.3 惯性导航系统

在惯性导航系统(inertial navigation system,INS)中,通过将加速度对时间两次积分获得潜水器的位置,自主性和隐蔽性好。这种优点对军用的潜水器特别重要。

惯性导航系统中的陀螺仪用来形成一个导航坐标系,使加速度计的测量轴稳定在该坐标系中并给出航向和姿态角;加速度计用来测量运动体的加速度,经过对时间的一次积分得到速度,速度再经过对时间的一次积分即可得到距离。

图 11-8 和图 11-9 分别为加速度计和陀螺仪的结构。

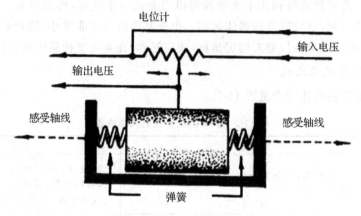

图 11-8　加速度计的结构

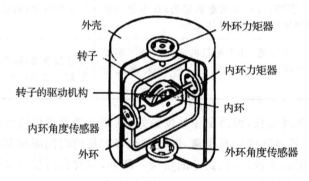

图 11-9　陀螺仪的结构

目前 INS 主要有两种形式:平台式和捷联式。它们的区别是:在平台式 INS 中,陀螺仪和加速度计置于由陀螺稳定的平台上,该平台跟踪导航坐标系,以实现速度和位置解算;而在捷联式 INS 中,陀螺仪和加速度计直接固连在载体上,所以体积小、结构简单、维护方便,容易实现导航与控制的一体化。基于体积、成本、能源等多方面的考虑,潜水器一般都采用捷联式。

惯性导航不受环境限制,使用场合包括海、陆、空;隐蔽性好,生存能力强;可产生多种信息,包括载体的三维位置、三维速度和航向姿态;数据更新率高、短期精度和稳定性好。但是其也有一些缺点,如初始对准比较困难,特别是由动态载体携带发射的潜水器更加困难,设备价格昂贵。

惯性导航方法最主要的问题是随着潜水器航行时间的延长,其误差也不断增大。若

AUV 周期性地浮出水面,并采用无线电导航系统或 GPS 对其位置修正,潜水器的导航精度将会得到很大的提高。

11.5.4 其他导航方法

其他导航方法主要有航位推算法、地球物理导航和组合导航技术。

1. 航位推算法

航位推算法是最常用且应用最早的导航方法,它将潜水器的速度对时间进行积分获得潜水器的位置。这种方法需要一个水速传感器测量潜水器的速度,再用一个罗经(compass)测量潜水器的方向。对于靠近海底航行的潜水器,可以采用多普勒速度声呐(Doppler velocity sonar,DVS)测量潜水器相对于大地的速度,从而消除海流对潜水器定位的影响。

航位推算导航有两个优点:一是可随时定位,不像无线电导航、卫星导航等系统,在水下因收不到信号而不能定位;二是能够给出载体现在和将来的位置。

它的缺点和惯性导航方法一样,即误差随着潜水器航行时间的增加而不断增大。

2. 地球物理导航

地球物理导航是将潜水器的传感器测量数据和已知的环境数据进行比较,得出潜水器的位置参数。地形辅助导航系统采用的地球物理参数包括磁场、重力等。

(1)基于地磁的导航。磁场强度会随着纬度以及周围人工的或自然的物体的变化而变化;而且,每天也会因时间的不同有微小的变化。由卫星或水面船只生成的磁场测绘图在考虑了每天的磁场变化和深度变化后,就可以被潜水器用来进行导航。

(2)基于重力场的导航。地球重力场不是均匀分布的,而是存在一个变化的拓扑。这些变化是由许多因素引起的,主要是当地拓扑和密度不均匀性造成的。进行重力场导航时,导航系统中存在重力分布图,再利用重力敏感仪器测量重力场特性来搜索期望的路线,从而到达目的地。

3. 组合导航技术

前面提到的各种导航技术,各有优、缺点,而且由于用途不同,在实际应用时,还无法替代,因此都处于不断发展的阶段。但是,如果潜水器上采用上面提到的单一的导航方法,其精度、可靠性无法满足未来潜水器发展的需要。因此成本低、组合式及具有多用途和能实现全球导航的组合导航将是潜水器未来导航技术的发展方向,如 LBL 与 INS 的组合、电罗经与 INS 的组合等。

将多种导航技术适当地组合起来,可以取长补短,大大提高导航精度,降低导航系统的成本和技术难度。此外,组合导航系统还能提高系统的可靠性和容错性能。

11.5.5 水下导航展望

在以后的研究中,需要在 INS 的研制方面加大力度,提高测量精度和可靠性,降低生产成本和功耗,减小初始对准时间及体积,才能使它们在各种潜水器上得到广泛的应用。

另外,组合导航集中了多种单一导航系统的优点,是未来的发展方向。如地磁导航与重力导航、惯性系统组成的水下复合导航系统,具有全自主、全天候等特点,可以消除或大大降低惯性系统的积累误差,具有重要的经济价值和军事意义。

水下导航系统的发展方向应该是成本低、精度高、定位速度快、可靠性强、数据输出率高、体积小、质量轻、携带和使用方便的定位导航系统。

思考题

1. 简述水下无线通信的发展现状。

2. 水下无线激光通信由哪几部分组成？

3. 水下通信主要有哪些方式？各有什么优点和缺点？

4. 简述水声通信的难度和海域深度的关系，并给出理由。

5. 水声信道有哪些特性？

6. 简述水声通信双选择性衰落信道的产生原因。

7. 简述水声通信的信道特点，以及由此带来的通信上的难点。

8. 结合水下声学部分，谈谈你对水声通信系统频段的选择。

9. 列举几种水声通信方案，并说出优点和缺点。

10. 试比较无线电波、水下光学和水下声学方法在水下通信技术中各自的特点。

11. 简述相干水声通信的关键技术。

12. 在水下无线激光通信技术中，激光发射器在水下发射平行激光束，激光束透过水体传播至远处的光电探测器，光电探测器将光信号转化为电信号。假设某水下通信系统使用波长为 532 nm 的激光进行通信，光电探测器的探测阈值为 1 μW，某海域的海水对波长为 532 nm 的光的衰减系数约为 0.06 m⁻¹，如果希望能够在 100 m 外进行水下通信，则发射的激光需要多大功率？（常数 e 可近似为 2.72）

13. 在一个水声通信系统中，水深为 500 m，发送端距水面 10 m，接收端距水面 400 m，发送端和接收端处于同一垂直线上。假定水中的声速为 1500 m/s（不考虑声速的不均匀性），并假定声波经过 5 次反射（包括水面和水底总共）后到达接收端的强度仍能用作解调，认为有信号到达，忽略 6 次及以上反射到达接收端的信号。请问信道时延，即接收端收到的首次信号到达和 5 次反射后到达的时间间隔是多少？如果通信系统发送符号间隔为 0.1 ms，则信道时延会影响多少个连续符号？

14. 列举水下导航方案，并说出优点和缺点。

15. 水下声学导航分为哪几种形式？并说出各自的特点。

参考文献

[1] 童志鹏. 国防科技名词大典：电子. 北京：原子能出版社，2002.

[2] 梁涓. 水下无线通信技术的现状与发展. 中国新通信，2009，11(23)：67-71.

[3] DUNTLEY S Q. Light in the sea. Journal of the optical society of America，1963，53(2)：214-233.

[4] 隋美红. 水下光学无线通信系统的关键技术研究. 青岛：中国海洋大学，2009.

[5] 周洋，刘耀进，赵玉虎. LED 可见光无线通信的现状和发展方向. 淮阴工学院学报，2006，15(3)：35-38.

[6] 蔡惠智，刘云涛，蔡慧，等. 第八讲 水声通信及其研究进展. 物理，2006，35(12)：1038-1043.

[7]AKYILDIZ I F, POMPILI D, MELODIA T. Challenges for efficient communication in underwater acoustic sensor networks. ACM SIGBED review,2004,1(2):3-8.

[8]POMPILI D, MELODIA T. An architecture for ocean bottom underwater acoustic sensor networks(UWASN). Poster Presentation of Med-Hoc-Net. Bodrum,2004.

[9]VIRR L E. Role of electricity in subsea intervention. IEE proceedings A—physical science,measurement and instrumentation,management and education—reviews,1987, 134(6):547-576.

[10]STOJANOVIC M S. Recent Advances in high-speed underwater acoustic communications. IEEE journal of oceanic engineering,1996,21(2):125-136.

[11]FEDER M,CATIPOVIC J A. Algorithm for joint channel estimation and data recovery application to equalization in underwater communications. IEEE journal of oceanic engineering,1991,16(1):42-55.

[12]戴荣涛,王青春.现代水声通信技术的发展及应用.科技广场,2008(8):241-242.

[13]CATIPOVIC J A. Special issue on ocean acoustic data telemetry-editorial. IEEE journal of oceanic engineering,1991,16(1):1-2.

[14]CAMPS A,SKOU N,TORRES F,et al. Considerations about antenna pattern measurements of 2-D aperture synthesis radiometers. IEEE geoscience and remote sensing letters,2006, 3(2):259-261.

[15]GREEN M D, RICE J A. Channel-tolerant FH-MFSK acoustic signaling for undersea communications and nerworks. IEEE journal of oceanic engineering, 2000, 25 (1): 28-39.

[16]TRUCCO A,CROCCO M,REPETTO S. A stochastic approach to the synthesis of a robust frequency-invariant filter-and-sum beamformer. IEEE transactions on instrumentation and measurement,2006,55(4):1407-1415.

[17]SOZER E M,STOJANOVIC M,PROAKIS J G. Underwater acoustic networks. IEEE journal of oceanic engineering,2000,25(1):72-83.

[18]李娜.OFDM 水声通信中信道估计与均衡技术研究.哈尔滨:哈尔滨工程大学,2008.

[19]林伟.远程水声通信技术的研究.西安:西北工业大学,2005.

[20]朱昌平,韩庆邦,李建,等.水声通信基本原理与应用.北京:电子工业出版社,2009.

[21]朱梦宇,杨裕亮.一种适用于水声通信的 Doppler 估计算法.海洋技术,2005,24(1): 124-126.

[22]LI W C, PREISIG J C. Estimation of rapidly time-varying sparse channels. IEEE journal of oceanic engineering,2007,32(4):927-939.

[23]QU F Z,YANG L Q. On the estimation of doubly-selective fading channels. IEEE transactions on wireless communications,2010,9(4):1261-1265.

[24]ZHENG Y R,XIAO C,YANG T C,et al. Frequency-domain channel estimation and equalization for shallow-water acoustic communications. Elsevier journal of physical communication,2010,3(1):48-63.

[25]吴江,吴伟陵.未来无线通信中的单载波频域均衡技术.数据通信,2004(5):4-7.

[26]CIMINI L J. Analysis and simulation of a digital mobile channel using orthogonal frequency division multiplexing. IEEE transactions on communications,1985,33(7): 665-675.

[27]HUANG J Z,ZHOU S,HUANG J,et al. Progressive inter-carrier interference equalization for OFDM transmission over time-varying underwater acoustic channels. IEEE journal of selected topics in signal processing,2011,5(8):1524-1536.

[28]QU F Z. Rate and reliability oriented underwater acoustic communications. Gainesville,FL: University of Florida,2009.

[29]ROY S,DUMAN T M,MCDONALD V,et al. High-rate communication for underwater acoustic channels using multiple transmitters and space-time coding:receiver structures and experimental results. IEEE journal of oceanic engineering,2007,32(3):663-688.

[30]靳丽平,韩慧莲.直接序列扩频通信系统研究及仿真.电子测试,2011(1):78-82.

[31]QU F Z,YANG L Q,YANG T C. High reliability direct-sequence spread spectrum for underwater acoustic communications. Proceedings of MTS/IEEE Oceans, Biloxi, MS, 2009:1-6.

[32]STOJANOVIC M,FREITAG L,JOHNSON M. Channel-estimation-based adaptive equalization of underwater acoustic signals. Proceedings of MTS/IEEE Oceans,Seattle,1999,2:590-595.

[33]田坦.水下定位与导航技术.北京:国防工业出版社,2007.

[34]张国良,曾静.组合导航原理与技术.西安:西安交通大学出版社,2008.

[35]HECKMAN D,ABBOTT R. An acoustic navigation technique. Proceedings of MTS/IEEE Oceans,Seattle,1973:591-595.

[36]MILINE P H. Underwater acoustic positioning system. London:E & FN SPON,1983.

[37]阳凡林,康志忠,独知行,等.海洋导航定位技术及其应用与展望.海洋测绘,2006, 26(1):70-74.

[38]李俊,徐德民,宋保维,等.自主式水下潜器导航技术发展现状与展望.中国造船,2004, 45(3):70-77.

[39]MILLER P A,FARRELL J A,ZHAO Y Y,et al. Autonomous underwater vehicle navigation. IEEE journal of oceanic engineering,2010,35(3):663-678.

[40]TUOHY S T. Geophysical map representation,abstraction and interrogation for underwater vehicle navigation,Cambridge:Massachusetts Institute of Technology,1993.

[41]KAHN W D. Accuracy of mapping the earth's gravity field fine structure with a space borne gravity gradiometer mission. Greenbelt,MD:NASA Goddard Geodynamic Branch,1984.

第 12 章

潜水器技术

广阔的海洋蕴含着丰富的海洋生物资源、海洋矿物资源和海洋能源,这些资源都是人类社会可持续发展的宝藏。然而,在人类历史文明中,有很长一段时间人类只能在浅海区域利用一些海洋生物资源。从 20 世纪六七十年代开始,人类逐步开发近海石油,开始开采海洋矿物资源。但浅海区的资源相对于整个海洋的资源来说只占很少一部分,很多丰富的资源存在于人类从来未探索过的深海区域。由于深海区域存在极端的高压、与海面通信困难等问题,当时在技术上还难以克服,人类迟迟未能很好地开发利用深海区域。

早在 1869 年,法国科幻小说家儒勒·凡尔纳的科幻小说《海底两万里》就提到先进的电动载人潜水器"鹦鹉螺号"。水下运载技术从 20 世纪五六十年代开始发展,刚开始发展时由于技术上的不成熟,电子设备故障率较高等因素,水下运载技术不被看好,也没有得到工业界的广泛接受,发展较为缓慢。但在 1966 年,这个状况得到了改变。美国的水下机器人 CURV 成功打捞上在西班牙沿海丢失的氢弹,自此,水下机器人受到广泛的重视。加上近海石油的开发需要以及电子技术和计算机技术的支持,水下运载技术有了迅速的发展。到 21 世纪,水下运载技术已经是一门较为成熟的技术,世界上生产水下机器人的公司有很多家,水下机器人的种类和数量已经非常多了。

12.1 潜水器的定义和分类

潜水器是一种在水中或海底具有运动能力的装置,具有观察能力或作业能力,也可以载人进行特定的任务。

潜水器根据实际的需要,具有各种各样的特定用途,因此潜水器的种类也十分繁多。这里对常见的潜水器进行分类,主要按载人与无人、有缆与无缆进行分类,具体如图 12-1 所示。本教程主要讨论科考和商业用途的水下运载技术,不涉及军事用途的潜艇。

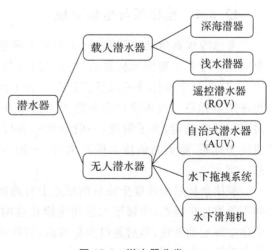

图 12-1 潜水器分类

12.2 潜水器的关键技术

与潜水器相关的技术有很多。首先,海水有较强的腐蚀性,故潜水器所用的材料需要耐腐蚀。深海存在极端的高压,潜水器的密封技术和耐压技术十分重要。其次,潜水器上安装的各个部件也十分关键,如电池、脐带缆、推进系统、作业工具(机械手和专用工具)、照明系统、摄像系统、传感器等。潜水器的控制部分是核心技术,包括运动控制和作业工具的控制。最后,潜水器的支撑技术也很重要,如配电系统、控制室、潜水器的吊放和回收系统,潜水器与母船间的通信和定位等。不同种类的潜水器上用到的技术各有不同,具体如图 12-2 所示。

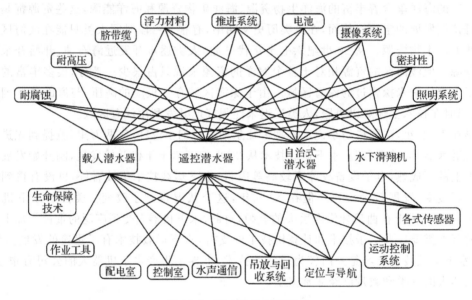

图 12-2 潜水器的关键技术

下面针对潜水器的一些关键技术分别进行简单的介绍。

12.2.1 坐标系与坐标变换

考虑潜水器运动学问题时,必须要先建立好一个惯性参考系,一般选择地面坐标系作为惯性参考系。地面坐标系的原点可以选择海面上的任意一点,规定其中有一个轴指向地心,其余两个坐标轴可以任意选取。为了问题阐述的方便,在这里还会用到载体坐标系和速度坐标系。载体坐标系与潜水器固联在一起,理论上载体坐标系原点和坐标轴的方向可以任意选定,为了简便,一般令坐标轴与潜水器的主对称轴和辅助对称轴重合。至于速度坐标系,原点与载体坐标系重合,一轴与潜水器的速度方向相同,其他两轴方向可任意选定。

载体坐标系和速度坐标系的原点上有速度、加速度、角速度、角加速度,但这两个坐标系并不是惯性坐标系,牛顿第二运动定律在这两个坐标系上不适用。因此要先在地面坐标系中建立好运动方程,然后通过坐标转换,转换到载体坐标系上去。一般分为基于欧拉角和欧拉参数的两种坐标变换方法。

基于欧拉角的运动学,先定义欧拉角符号,利用欧拉角实现潜水器在载体坐标系和地面坐标系之间的变换。通过一系列的推导,可以得到直线运动速度和角速度载体坐标系与地面坐标系之间的变换,在惯性系中就可以运用牛顿运动定律建立数学模型。

通过坐标变换可以把潜水器的线速度、角速度从载体坐标系转换到惯性参考系,就可以利用牛顿运动定律建立潜水器的运动数学模型。通过欧拉角和欧拉参数的运动学方法建立起的潜水器的运动学模型,能为潜水器的控制建立基础。

12.2.2 推进器

除了水下滑翔机和拖体不需要推进器外,一般潜水器的运动都依靠推进器来实现。常见的推进器主要有电机推进器、液压推进器、喷水推进器和磁流体推进器四类。其中用在潜水器中的多为电机和液压推进器,两者均使用螺旋桨来推动潜水器,只是动力源不同,一个是电力驱动电机,一个利用液压驱动液压马达。

中小型的水下机器人,如 AUV、ROV,多使用电机驱动。其中直流电机成本低,调速和控制系统都较为简单,特别是使用无刷直流电机时,由于没有转向器和电刷,且通常采用永磁体作为转子,没有激磁损耗,没有转向火花和无线电干扰,运行可靠,维护简单。

大中型的水下机器人多为 ROV,一般使用液压源推进马达来驱动螺旋桨。因为大中型的水下机器人一般是作业型的,带有较多的作业工具,一个液压源就可以带动全部的液压工具。同时,液压推进器与电机推进器相比也有几个优点:①液压推进系统受流量控制,有良好的调速性,容易对水下机器人的推进实现较大调速范围的无级调速;②液压系统通常带有压力补偿器,使得系统的密封性容易实现;③液压系统安全性好,可靠性高,安装位置灵活。

对于潜水器上推进器的布置,AUV 在水下的运动要控制纵向、艏向和纵倾。现在一般的 AUV 只靠尾部一个导管桨来控制和带动 AUV 的运动,螺旋桨随导管移动来调节航向。ROV 对运动的要求就比较高,要实现六自由度的运动控制,对推进器的布置可以分三种:第一种是推进器的数量大于等于广义坐标数,每对推进器按两个广义坐标移动 ROV;第二种是使用回转式的导管桨实现 ROV 全方位的运动;第三种是利用推进器的矢量布置实现 ROV 的六个自由度运动。现在的 ROV 多使用第三种方法来布置推进器。

12.2.3 浮力材料

在水下运载技术上,一般都需要把浮力块加工成合适的形状和大小,放置于潜水器上,为深海中的潜水器提供净浮力,配平系统质量,使得潜水器在水中具有微正浮力或零浮力。此外,由于潜水器工作在海洋恶劣环境中,固定在其外表面的这些固体浮力材料也能起到一定的保护作用。

目前在海洋探测与海洋开发中应用的浮力材料主要有三种:聚氨酯泡沫材料、共聚物泡沫材料和复合泡沫材料。其中聚氨酯泡沫材料成本较低,但这种泡沫具有吸水性,在使用中需要由其他材料完全包覆以保证与水完全隔离,其强度和可靠性不好,一般只用在水面或水下深度小于 100 m 的水中。共聚物泡沫能承受海水的静压力,能被加工成块状和片状,但长期应用在静水压力中,该材料会产生塑性蠕变,影响浮力材料的功能,该材料一般应用在深度小于 600 m 的水中。复合泡沫材料由填充材料和黏结剂组成,一般选用玻璃微珠和环氧树脂。该材料具有高压缩强度质量比、低蠕变和低吸水率的特性,很适合用于深海高压中。且这种材料容易成型,可以通过浇注和机械加工制成需要的形状。

为了减小 AUV 行进中受到的海水阻力,一般会把浮力材料加工成流线形后安装在载体上。ROV 或载人潜水器都会按照具体的设计把浮力块切割成多块,安装在框架的不同位置上,便于安装和配平。图 12-3 为加工好的 ROV 浮力材料块。

图 12-3　ROV 浮力材料块

12.2.4　潜水器的能源

AUV 是无缆绳的潜水器,运行时所需要的能源全部依靠自带的电池供应,因此 AUV 上的电池就十分重要。ROV 虽然是有缆绳的潜水器,动力可以通过脐带缆来传输,但也需要配备电池作为应急备用。现在潜水器上一般使用的电池有铅酸电池、银锌电池、锂电池和燃料电池等。

铅酸电池使用历史已经很长了,是一种十分可靠的电源,在潜水器中使用得比较普遍,但是缺点是其能量密度和比能量比较小,故在小型 AUV 上多不采用该种电池。银锌电池则容量高,放电电压高,缺点是循环工作中使用期短,多用于小型 AUV 上。锂电池自 20 世纪 90 年代以来在研究和生产都取得了重大的进展,由于其具有储存寿命长、无记忆效应、体积小、质量轻等优点,目前已逐渐取代铅酸等传统蓄电池,广泛应用于水下设备。燃料电池是一种新型的电池,主要利用外部反应物质的化学氧化作用,把化学反应能转换为电能。目前水下燃料电池动力装置还在研发当中,尚未得到广泛的使用。

12.2.5　脐带缆

缆绳一般用在遥控潜水器(ROV)上,是 ROV 能源和通信的介质。通过缆绳把母船上的电能输送到水下的 ROV 上,而 ROV 上采集到的各种数据也通过缆绳传输到母船上。因此缆绳是 ROV 的生命线,具有十分重要的作用。ROV 用的缆绳有不同的种类,其中包括有铠装缆、非铠装缆、光纤通信缆等。

一般来说,当 ROV 的工作水深在 1000 m 以内,可以直接使用非铠装缆连接 ROV 和母船控制系统。假如 ROV 工作水深超过 1000 m,就需要缆绳管理系统(tether management system,TMS)来辅助,母船和 TMS 之间用铠装缆连接,作为主缆;而 TMS 和 ROV 之间使用非铠装缆连接,作为副缆。TMS 的主要作用在于消除脐带缆带来的拖曳影响,减少ROV 运动阻力,在投放和回收过程中保护 ROV,加快 ROV 投放的速度,提高投放地点的精确度。

非铠装缆用在水深 1000 m 以内 ROV 上和深海中 TMS 和 ROV 之间,抗拉强度较小,一般不承受拉力或只承受较小的拉力,其表面并没有加强的碳钢,取而代之的是合成纤维外壳,如图 12-4 所示。它主要在通信上对信号有要求,信号上衰减要小,能隔断电磁和射频干扰,屏蔽信号线,隔离电源线。

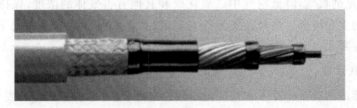

图 12-4　非铠装缆

有铠装缆用于母船和 TMS 之间,除了对信号传输有要求外,对强度也有要求,主要用来承受缆自重、ROV 质量、附加载荷(静态载荷)和动态载荷以及自身产生的阻力。在材料组成上,铠装缆外表面布有镀锌碳钢来加强其抗拉强度以及抗海水腐蚀,内部也会分布纤维层以达到绝缘作用,如图 12-5 所示。

图 12-5　有铠装缆

光纤通信缆是一种只有通信功能的缆绳,没有电能传输的功能。由于光纤通信缆采用大量的非金属材料,大大减小了光纤通信缆及收放装置的体积和质量,提高了水下设备的运动能力、反应速度和机动性等。光纤通信缆还具有外径小、质量轻、抗干扰性好、传输速率高、传输带宽大等优点,主要用于对带宽要求高的潜水器,例如可以用于传输高清的视频数据。

12.2.6　生命保障技术

生命保障技术是载人潜水器上一项必不可少的技术。由于载人潜水器内部要载人,要确保人的生理需要和安全保障。考虑人的生理需要,要充分考虑耐压、氧气供给和空气净化,维持合适的温度和湿度、食物和饮用水的供给。考虑安全保障,要充分考虑载人潜水器在作业时可能遇到的意外和突发事件,并据此设计应急方案。因此,载人潜水器的设计与无人潜水器有很大的区别。载人潜水器的生命保障技术主要包括耐高压技术,氧气供给及空气净化,应急抛载设计,照明、通信保障技术等。

1.耐高压技术

载人潜水器耐压体的要求比无人潜器的高很多,要保证耐压体内人的生命安全,耐压体的设计与加工十分重要。由于钛合金密度比钢小,钛合金强度高,且有极强的韧性,可以选择钛合金作为耐压体的材料。在耐压体的加工上也十分讲究,耐压壳体的圆度精度够高才能很好地抵抗住水下的高压。

2.氧气供给及空气净化

载人潜水器耐压舱内要安装可靠的氧气供给及空气净化系统,监测和控制空气中气体的含量,提供充足的氧气,降低空气中二氧化碳和其他有害气体的浓度,保持载人潜水器内的空气适合人的生存需要。另外还要配备72小时生命保障,以在突发情况下保障载人潜水器内人员的生存需要。

3.应急抛载设计

载人潜水器的抛载设计除了常规的抛压载铁之外,还考虑各种意外的发生,以应对紧急情况。例如当机械手在作业时不幸被水下的杂物缠绕住不能挣脱时,为了保障整个载人潜水器的安全,可以把机械手设计成可以脱开或切断的,以便在必要时放弃机械手来自救。若载人潜水器不幸陷入淤泥,这是最糟糕的情况,由于水压的作用,载人潜水器的推进系统的推力不足以把潜水器往上抬升。为此可以设计载人潜水器能通过抛弃蓄电池和采样篮等重物来减少质量,得到正浮力从而上浮。同时也可以设计潜水器能发射浮标到海面快速定位,以得到母船的及时救援。

4.照明、通信保障技术

载人潜水器的照明、通信保障,是为了保证载人潜水器在遇到意外后能最大可能地排除障碍,要配备一套应急照明系统和应急通信系统,保证载人潜水器在遇到意外后始终能看清楚控制舱内的环境,保持和母船的联系,按照指示来进行自救或等待救援。

12.3　潜水器运动控制

12.3.1　ROV 运动控制

ROV 的性能不仅取决于其硬件上的设计,控制器的设计也起到至关重要的作用。所以为了优化 ROV 的性能,除了硬件上要合理设计之外,还需要优化其控制部分。

1.ROV 航行控制的分类

ROV 最基本的控制是航行控制,也就是 ROV 的驾驶系统,以控制 ROV 的三维运动,主要包括航向控制、定深控制、定高浮游控制。下面简单介绍这几种控制的基本内容。

(1)航向控制:ROV 作业时处于海水中,不能利用 GPS 进行航向的定位,在航向控制时要利用航向角的检测元件,如陀螺仪、磁罗盘、电罗经等,对运行的角速度进行闭环反馈,从而实现航行角度的控制。

(2)定深控制:ROV 有时需要沿着给定的深度航行,通过控制垂直方向的螺旋桨来实现。由于 ROV 在水中会受到涌浪、潮汐等外界的干扰,深度传感器要选用高精度的压力传感器,同时要利用闭环二阶无静差系统,以增加系统的精度和增强抗干扰能力。

(3)定高浮游控制:有时候由于作业需要,如要观察海底地貌或进行声呐侧扫,要求ROV能够距离海底一定的高度航行。定高和定深控制相类似,但传感器要选用声呐高度计,监测 ROV 到海底面的距离。

2.设计 ROV 硬件及控制器需考虑的因素

为了便于 ROV 的航行控制,在设计 ROV 硬件及控制器的时候需要考虑以下内容。

(1)静力和压载:由于 ROV 在水下运行时是浮游运动,ROV 在水中的重力近似于浮力,一般根据具体的环境需要,通过浮力块的增减调整出零浮力状态。当 ROV 更换了设备之后,也要进行相应的调节。同样,ROV 上压载块的调节也可以对 ROV 进行配平,改变 ROV 上压载块的布置可以调整 ROV 载体的姿态。同理,ROV 载体的稳定性对于航行的控制也十分重要,ROV 的稳心高越大,即稳心和重心之间的距离越大,越能产生大扶正力矩,越有利于提高 ROV 的稳定性。故在对 ROV 进行设计时,应该使轻的部件,如浮力材料置于载体的上部,将质量大的部件置于载体的下部。

(2)阻力和推力:ROV 的推进系统是航行控制系统的主要组成部分。ROV 推进系统的选择和设计主要考虑 ROV 的阻力,最高航速与总动力和总阻力有关。ROV 的总阻力包括本体阻力和系缆阻力,本体阻力主要与 ROV 的截面大小、外形和航行速度有关,而系缆阻力主要与缆绳的直径、长度等因素有关。因此改善 ROV 推进系统的性能,要同时对载体和系缆阻力进行优化。

(3)ROV 载体的操纵性:ROV 的形状与传统的鱼雷、潜艇差别较大,已有的一些成熟的研究理论虽然可以借鉴,但并不能直接套用。ROV 在水下航行时具有以下特点:①航行速度低,一般的 ROV 在航行时只有 2～3 节(1 节=1.852 km/h)左右的航速。②ROV 的运动要求灵活,由于 ROV 多用于观察水下的目标或在水下的某处进行作业,要求 ROV 在水下能有灵活的六自由度运动,包括左右回转、垂直上浮下沉、左右平移等。③外形较为特殊,由于 ROV 上部件较多,一般都会采用框式结构,航行阻力也较大。④ROV 稳心较高。由于 ROV 需要在水下进行作业,ROV 载体上的部件,如机械手动作时,会产生干扰力和力矩,影响 ROV 的姿态,而高稳心有利于克服这些干扰。由于 ROV 具有以上运动特点,研究 ROV 的水下操纵性能解决 ROV 的稳定性和机动性的矛盾。

12.3.2　AUV 运动控制

AUV 的控制系统一般由中央控制系统、运动控制系统、测量系统和导航系统组成。这里主要介绍 AUV 的运动控制系统。AUV 运动控制的计算机用于产生垂直面和水平面的四个自由度,包括控制方式,例如速度控制、位置闭环控制等。

AUV 基本运动和控制方式主要由定向、定高、定深、定距、等速前进和后退、等角速度左转和右转、等速上浮和下潜、等倾(使 AUV 保持给定纵倾角航行)、定位(AUV 保持给定位置)、等速左转和右转等组成,而把这些基本的运动组合起来,就能得到 AUV 的基本航线。

AUV 的基本航线一般有:直驶航线、回纹行进航线、与目标平行航线、圆形或扇形航线、跟踪航线、人工操作航线、悬停、压载下潜和抛载上浮。①直驶航线指 AUV 从某点连续航行至另外一点,是 AUV 最基本的航线形式。直驶航行时,AUV 不能超出导航系统和通信系统的覆盖范围,同时还要考虑海流的影响。②回纹行进航线呈矩形波形状,可以看成由多段直驶航线组成,主要用于对海底区域进行全覆盖调查。例如对海底进行录像和照相,对海底矿产进行调查。③与目标平行航线是指 AUV 与目标外缘横向保持恒定距离的航线,这种航线适用于环绕目标的调查。要使用这种航线,AUV 必须在侧向安装测距声呐,利用测距信号构成闭环控制系统,保持 AUV 与目标的距离。④圆形或扇形航线指 AUV 实现按任意半径的圆周运动,主要需确定 AUV 的航向角速度为常数,且给定 AUV 的纵向前进速度。⑤跟踪航线指 AUV 对布防于海底的目标进行连续跟踪调查,如跟踪海底的一段电缆和石油管道,是一种十分重要的航线。⑥人工操作航线指 AUV 由操作人员发出指令来对其航线进行控制,相比 ROV 的控制,该控制并不能像 ROV 一样任意运动,一般只能实现简单的命令。⑦悬停是一种很特殊的航线,指 AUV 关闭所有的推进系统而进入漂浮状态,主要作用是用来调整 AUV 的浮力。⑧压载下潜和抛载上浮能把 AUV 推向海底或从海底浮上水面,是 AUV 进行作业时必须用到的航线。

12.4　潜水器实例

12.4.1　遥控潜水器

目前世界上有超过 1000 个水下机器人经常运行在海底,其中绝大部分都是遥控潜水器(ROV)。大多数商用的 ROV 都用于海底的调查、勘探、建造和修理等作业。作业范围一般在水深 1000 m 以内,主要用于近海石油支撑作业和海底管道、电缆的铺设。越来越发达的 ROV 产业在美国每年能带来超过 1 亿美元的国家收入,是一个十分庞大的产业。

世界上生产 ROV 的公司和研究所很多,例如英国 Seaeye 公司有一系列的 ROV 产品,如图 12-6 所示。该公司最大的特色是 ROV 的配件都做成模块化,易于装卸。

(a) Seaeye Falcon & Falcon DR　　(b) Seaeye Tiger　　(c) Seaeye Lynx　　(d) Seaeye Cougar-XT

(e) Seaeye Cougar-XTi　　(f) Seaeye Panther-XT　　(g) Seaeye Panther-XT Plus　　(h) Seaeye Jaguar

图 12-6　Seaeye 公司 ROV 系列产品

以 Seaeye Tiger 为例,这款 ROV 目前被广泛用于海洋石油天然气勘探和作业工程。最大工作下潜深度可达 1000 m,有效载荷 32 kg。Tiger ROV 采用开放性结构设计,使得机体的服务和保养非常方便;横向 4 个、纵向 1 个的推进器布置,使 Tiger 具有优异的操控性能和运动能力;机器可以搭载多功能机械手模块和不同的摄像头照相模块,并可搭载预制相配的 TMS,使 Tiger 在不同工况条件和作业需求下都能游刃有余,具备优异的工作弹性。Tiger ROV 的主要技术参数如表 12-1 所示。

表 12-1　Tiger ROV 的主要技术参数

参数名称	内　容
净重	150 kg
有效载荷	32 kg
最大潜深	1000 m
照明	可变数量和型号的 LED 阵列
作业套件	多功能机械手(可选)
传感器	磁力计,CTD(温盐深传感器)(可选)
推进器	水平 4 个,垂直 1 个

另外,美国 WHOI 的 ROV Jason Jr 和 Jason 都十分有名。

Jason Jr 是摄像型 ROV,如图 12-7 所示。至目前为止,Jason Jr 已经在太平洋、大西洋和印度洋水域海底的热液喷口处进行了数以百计的试验作业,为海底热液研究做出极大的贡献。同时,在它的副业水下考古领域,Jason Jr 也拥有辉煌的成果,1986 年,Jason Jr 被用于搜寻全球最著名的沉船——泰坦尼克号游轮的作业工作上,在作业中成功发现泰坦尼克号的位置,并拍摄大量图像信息,为世界找回了这一沉没的宝藏。

图 12-7　ROV Jason Jr

WHOI 现在使用的 ROV Jason 如图 12-8 所示。

图 12-8　ROV Jason

　　Jason 最大潜深可达到 6500 m,它配备有声呐探测器、水取样器、摄像机、照相机和照明装置等,同时有一具强大的机械手,可以在操作人员的操纵下轻松从水下收集岩石、沉积物、海洋生物样品,并放置在 ROV 的采样篮里随潜水器带回水面。Jason 的主要技术参数如表 12-2 所示。

表 12-2　Jason 主要技术参数

参数名称	内　容
净重	3675 kg
尺寸	长 3.4 m,宽 2.2 m,高 2.4 m
最大潜深	6500 m
最大航速	向前 1.5 节,后退 0.5 节,垂直 1 节
推进器	6 个无刷直流电机

　　我国也有自主研发的 ROV 产品,例如浙江大学自主研制的 ROV 已经取得不错的成果。

12.4.2　自治式潜水器

　　相比 ROV 而言,由于自治式潜水器(AUV)没有脐带,运动更加灵活,使用更加方便,可以深入复杂地形进行观察与作业,而不必担心由于脐带破损或者缠绕发生作业事故。但是相比 ROV 而言,AUV 由于必须自带动力源,航行距离和下潜深度一般都不如 ROV,有很大的局限。

　　美国 WHOI 研制的 Sentry AUV 拥有深达 4500 m 的下潜深度,并比之前的 AUV 提高了续航的能力,成为现今国际 AUV 领域的翘楚,如图 12-9 所示。

图 12-9　AUV Sentry

　　Sentry 具备多普勒声呐和惯性导航系统,同时搭载声学导航系统,使 Sentry 具备精确的导航和灵活的运动能力。它所搭载的各种传感器,能有效地探测洋中脊、海底通风口等复杂地形的地形结构和磁场形态。Sentry 在处理墨西哥湾漏油事件中扮演了重要的角色,其主要参数如表 12-3 所示。

表 12-3　AUV Sentry 的主要技术参数

参数名称	内　容
净重	1250 kg
尺寸	长 2.9 m,宽 2.2 m(包括鳍),高 1.8 m
最大潜深	4500 m
推进系统	4 个无刷直流推进器
续航能力	13kWh 电池组,续航 24 小时

　　另外,国内也有自主研发的 AUV,例如浙江大学自主研制的小型自治式水下航行器——“海豚一号”。

12.4.3　水下滑翔机

　　水下滑翔机是一种新型的潜水器,通过重心和浮心位置的变化来调整姿态,以获取推进力,消耗的能量很小,续航时间长,可以航行较远的距离。但由于它只使用浮力驱动方式,在水中的航行轨迹只能为锯齿或螺旋回转形式,航速慢,易受波浪的影响。水下滑翔机的导航通过磁罗盘、GPS 和深度计来完成。通信主要通过铱星短脉冲数据服务天线和连续的岸上电缆进行。

　　较为出名的有 SIO 研制的 Spray Glider、华盛顿大学的 Sea Glider、Webb Research Corp 研制的 Slocum Electric Glider 和 Slocum Thermal Glider 等。这几款水下滑翔机具体见图 12-10。

(a) Spray Glider

(b) Sea Glider

(c) Slocum Electric Glider

(d) Slocum Thermal Glider

图 12-10　较为出名的四款水下滑翔机

以 Spray Glider 为例,它是一个浮力推动水下机器人,主要技术参数如表 12-4 所示。

表 12-4　Spray Glider 的主要技术参数

参数名称	内　容
尺寸	长 213 cm,直径 20 cm
质量	52 kg
最大潜深	1500 m
航速	可变,19～35 cm/s
续航/航程	6 个月/4800 km
推进系统	水动力浮力泵
天线	Iridium SBD/GPS 综合天线
传感器	温盐深传感器,高度计,荧光计,溶解氧,浑浊度

Spray Glider 利用水力泵移动内部电池组的位置,以调整自身浮力和姿态,能向上向下呈锯齿形航线航行。Spray Glider 一次能够航行 6 个月,航程可以达到 4800 km,可以潜到 1500 m 水深,水下滑翔机上面可以布置各种传感器,很适合海洋应用开发。

12.4.4　水下拖曳系统

水下拖曳系统(underwater towed system,UTS)在海洋学研究、海底资源开发、海洋打捞救助以及水下目标探测等方面有广泛的应用,是人类探索海洋的一种重要工具。UTS 一般由拖体、拖缆和收放拖曳装置组成,拖体上可以安装各种仪器设备,例如温盐深仪(CTD)、声呐、水下摄像机等,可以进行复杂的水下勘探任务。水下拖曳系统安装在拖船上,拖船是水下拖曳系统的载体。目前世界上现有的拖曳系统主要有:美国的 ANGUS、Argo、DEEPTOW、Deep Tow Survey system、STSS、Q-Marine,日本的 Deep Challenger、Flying Fish、Dolphin 3K,德国的 OFOS、MANKA、SEP,乌克兰的 Towed Torpedo,等等。其中 JAMSTEC 公司的水下拖曳系统 DEEPTOW 根据搭载仪器的不同,最大工作深度可达 4000~6000 m,具体如图 12-11 所示。

图 12-11　水下拖曳系统 DEEPTOW

12.4.5　载人潜水器

目前世界上能研制深海载人潜水器的国家有美国、法国、俄罗斯、日本和中国。其中较为闻名的是美国 WHOI 的 Alvin 号载人潜水器。2012 年 6 月 24 日中国"蛟龙号"载人潜水器在西太平洋的马里亚纳海沟试验海区创造了中国载人深潜最新纪录,达到 7062 m,这是世界同类型载人潜水器的最大下潜深度。

1. Alvin 号载人潜水器

Alvin 号载人潜水器建造于 1964 年,是世界上较早的深海载人潜水器之一,最大下潜深度为 4500 m,可以到达全球接近 63% 的海底,如图 12-12 所示。Alvin 号可搭载两名科学家和一名潜航员,一次下潜可以持续 6~10 h。Alvin 号载人潜水器到现今已经下潜超过 4400次,参与的著名的历史事件有:1966 年在地中海成功寻找到一个丢失的氢弹,20 世纪 70 年代寻找到世界上第一个海底热液喷口,以及 1986 年对泰坦尼克号沉船进行考察。

Alvin 号载人潜水器功能强大,可以携带各种科研设备和作业工具到海底完成各种任务,它的主要技术参数如表 12-5 所示。

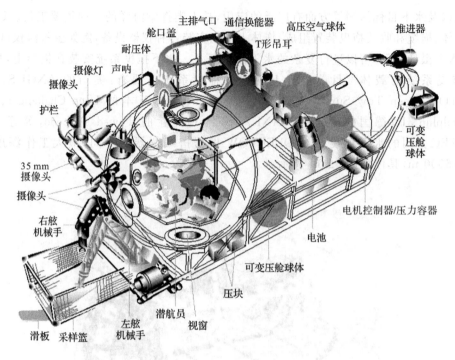

主排气口 通信换能器 高压空气球体 推进器
舱口盖 T形吊耳
耐压体
摄像灯 声呐
摄像头
护栏
可变压舱球体
35 mm 摄像头
摄像头
电机控制器/压力容器
右舷机械手
电池
可变压舱球体
压块
滑板 采样篮 左舷机械手 潜航员 视窗

图 12-12　Alvin 号载人潜水器

表 12-5　Alvin 号载人潜水器的主要技术参数

参数名称	内　容
尺寸	长 7.1 m,舷宽 2.6 m,高 3.7 m
总重	17 t
最大下潜深度	4500 m
航速	巡航 0.5 kn,极速 2 kn
有效载荷	680 kg
耐压壳体尺寸	外径 208 cm,壁厚 4.9 cm
续航时间	6~10 h

Alvin 号载人潜水器最重要的组成部分是钛合金耐压球体。新一代的耐压球体有 5 个视窗,视野更加开阔,并且耐压球体的厚度也会减少。水平和垂直的推进器为 Alvin 号提供动力,装有一套可靠的照明系统。Alvin 号上还安装有各种声呐、摄像头、机械手等,提供强大的作业功能。

Alvin 号载人潜水器成功下潜超过 4400 次,充分证明了其具有很高的可靠性。首先,潜水器最大的工作水深为 4500 m,耐压壳按照 5720 m 的压毁极限设计,在试验中,耐压壳能通过相当于 6850 m 水深压力的无故障测试。其次,为确保控制室不会进水,所有电线、可视口和舱口盖都经过特别的设计,使得其密封性能随着水压的增加而变好。Alvin 号对突发事件有充分的应对,尽管总质量达到 17 t,但其在海水中能近似于零浮力,提供很少的动力即可上升或下移。即使全部电源都中断,Alvin 号可以通过抛载自身的两个应急电池块得到正浮力,使潜水器能成功上浮到海面。Alvin 号上的两个机械手和科学篮子都可以抛载来获得正浮力,更重要的是当潜水器被外部环境缠绕住时,可以通过抛载来排除故障。万一抛载所有的装备后还不能浮上海面,潜水器可以释放出前部,甚至耐压壳,使潜水器整体上浮,这样潜水器内人员能脱险。另外,所有放置在 Alvin 号上的装置都需要预先进行高压舱试验和接地测试,确保不会对潜水器的安全构成威胁。

由于 Alvin 号载人潜水器服役时间较长,WHOI 对其进行了分两阶段的升级工作,准备制造 New Alvin 号载人潜水器。第一阶段的升级工作(于 2012 年完成)主要包括全新设计的更符合人体工程学的内部耐压舱,提供 5 个视窗、新的照明和高清晰度的成像系统、新型浮力材料、升级的指令和控制系统;第二阶段的升级工作主要是令 New Alvin 号的最大下潜深度达到 6500 m,采用新型轻质的电池使得续航时间提高到 8～12 h。

2."蛟龙号"载人潜水器

"蛟龙号"载人潜水器是一台由中国自行设计、自主集成研制的载人潜水器,如图 12-13 所示。设计下潜深度为 7000 m,于 2012 年 6 月 24 日顺利到达深度 7020 m。"蛟龙号"的成功使中国成为继美国、法国、俄罗斯、日本之后,第五个掌握 3500 m 以上大深度载人深潜技术的国家,其主要技术参数如表 12-6 所示。

图 12-13 "蛟龙号"载人潜水器

表 12-6 "蛟龙号"载人潜水器的主要技术参数

参数名称	内　容
尺寸	长 8.3 m,舷宽 3.0 m,高 3.4 m
总重	22 t
最大下潜深度	7000 m
有效载荷	220 kg

3."深海挑战者号"载人潜水器

美国好莱坞著名导演詹姆斯·卡梅隆于 2012 年 3 月 26 日驾驶"深海挑战者号"特制潜艇(见图 12-14),成功下潜至迄今为止地球上最深的地方——太平洋马里亚纳海沟底部,成为第一位只身潜入万米深海底的人，也是历史上第一个目击地球最深处景象的探险者。卡梅隆下潜至海沟底部所花费的时间约为 2.6 h，在海沟底部停留了约 3 h，上升过程则花费了 70 min。在海沟停留期间，卡梅隆进行了数据采集、样本收集和大量拍摄工作，得到许多珍贵的深海素材。

图 12-14　"深海挑战者号"载人潜水器

"深海挑战者号"是一艘高 7.3 m、重 12 t 的深潜器，承压钢板厚度有 6.4 cm，驾驶舱可容纳一人。该潜水器安装有多个摄像头，可以全程 3D 摄像，还配有专业设备收集小型海底生物，以供地面的科研人员研究，具体结构如图 12-15 所示。

12.4.6　潜水器应用

以上所介绍的多种潜水器具有各自不同的特点，其中水下滑翔机、水下拖曳系统和载人潜水器主要还是用在科研考察上面，比如海底采样、海底地形测量、海底摄像等任务，在商业上应用还比较少。

ROV 和 AUV 在市场上应用较为广泛，特别是 ROV，已经在很多

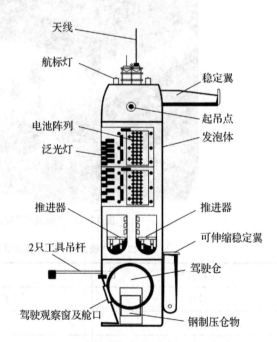

图 12-15　"深海挑战者号"载人潜水器的结构

国内外的石油企业派上用场，为石油平台进行设备维护检修、海底管道铺设等工作。此外，在海底观测网等庞大的海洋工程中，ROV 也担任重要的角色，进行水下接插件的插拔工作，更换水下仪器和参与海底采样等工作。ROV 在水坝的维护检修，以及船舶船体和螺旋桨的清理等工作上也有较大的用途。

12.5　水下运载技术的发展趋势

现在的水下运载技术已经允许人类到达海洋最深的海底,但只能进行短暂的访问。人类开发海洋的范围不断扩大,要求潜水器的工作范围更大,深度更深,工作时间更长;同时,由于作业的复杂性和综合性,也要求潜水器在功能上有更大的集成度。随着水下工程作业要求的提高和水下运载技术的迅猛发展,新型的潜水器和水下工程都有了新的发展方向。由于不同的潜水器具有各自的特点和制约性,很多时候一艘潜水器只能完成单一的任务。例如 AUV 一般只能进行摄像等海底观测,并不能进行水下作业;而 ROV 虽然能同时进行观测和作业,但由于缆绳的限制,工作范围受到较大约束。

现在水下运载技术的一个发展趋势就是混合(hybrid),即融合不同类型潜水器的功能做出新型的潜水器。在混合的发展趋势上有两个方向,分别是 AUV 和水下滑翔机的混合、AUV 和 ROV 的混合。AUV 和水下滑翔机的混合可以使 AUV 的续航时间大大增长,而AUV 和 ROV 的混合可以使新型的潜水器能在深海调查广阔的海底,同时能通过机械手收集样品和进行其他作业。水下运载技术还有一个发展趋势是发展深海空间站。在海底建设一个长期运行的工作站,能供人类和机器在海底长时间进行作业而不受海洋表面台风和波浪的影响。

12.5.1　混合潜水器

AUV 没有缆绳的限制,活动范围广阔,但作业能力有限。ROV 在水下的作业受到缆绳的制约,活动范围较少。混合 ROV 与 AUV 功能的混合潜水器(HROV)同时具有 AUV 的广阔活动范围和 ROV 的强大作业能力,有利于完成现在海洋工程的作业任务。

WHOI 的无人潜水器 Nereus 有别于以往的任何一款潜水器,是拥有两种工作模式的 HROV,是 ROV 和 AUV 的混合。它能跟以往的 AUV 一样自由地在海底航行,对海底进行扫描,也可以通过加装装备使自身具有 ROV 的功能,从而能在水下进行作业,具体见图 12-16。

图 12-16　HROV Nereus

Nereus 具有鲜明的特点。首先,当 Nereus 处于 ROV 模式时,通过一根很细的,大概只相当于头发丝直径 3 倍左右的光纤与母船相连。该光纤能为 ROV 和母船之间提供高连接速度,以传输高质量的图像视频到母船上;同时也能传输实时的操作命令到 ROV,以实现精确控制。Nereus 使用轻质陶瓷材料作为耐压舱保护电子元器件,以及提供浮力,来代替以前使用的较重的金属耐压舱和玻璃微珠浮力材料。在能源上,由于光纤细缆只传输数据不传输能量,Nereus 自身携带可充电的锂电池组,每个电池组里包含 2000 多块电池。HROV Nereus 的主要技术参数如表 12-7 所示。

表 12-7　HROV Nereus 的主要技术参数

参数名称	内　容
净重	2800 kg
有效载荷	25 kg
最高航速	3 kn
电池容量	15 kW·h
照明	可变数量的 LED 灯整列
推进器	ROV 模式:纵向 2 个,垂直 2 个,横向 1 个 AUV 模式:纵向 2 个,横向 1 个
机械手	七自由度机械手
声呐	前向和侧向扫描声呐,675 kHz
传感器	磁力计、温盐深传感器(CTD)

12.5.2　融合 AUV 与水下滑翔机元素的新型 AUV

AUV 虽然能够在海中自由地航行,但由于自身电力容量的约束,航行的范围十分有限。而水下滑翔机只利用浮力来驱动,航行速度慢,且航行轨迹只能是锯齿形,给海洋探测带来不便。融合 AUV 和水下滑翔机元素的新型 AUV 能同时拥有 AUV 和水下滑翔机的优点,结合螺旋桨驱动器和浮力驱动器的优点,增加漂流的模式,能最大限度地增大续航能力,并且能携带尽量多的传感器,进行长时间的作业。

美国 MBARI 的 Tethys 融合了 AUV 和水下滑翔机的元素,是一个小型 AUV,在空气中质量为 120 kg,具体见图 12-17。它满载并以 1 m/s 的速度航行时,设计的最大航行距离为 1000 km,若轻载并以 0.5 m/s 的航速航行,可以航行几千千米,比如可以从美国夏威夷

图 12-17　AUV Tethys

Waialua海湾慢速航行大概 12～24 d,一直航行到夏威夷 ALOHA 考察站(位于美国夏威夷瓦胡岛北面 100 km),然后折回 Waialua 海湾。它之所以可以一次性航行这么长的距离,是因为它与一般的 AUV 不同。

在功能设计上,Tethys 结合了 AUV 和水下滑翔机,在运动控制上采用了类似于水下滑翔机的重心控制功能,把 AUV 上的电池组装在 AUV 内部的一个架子上,通过电池组位置的调整来控制 AUV 的俯仰角度,控制幅度可达±30°。AUV 还装有浮力调节系统,能够调整自身浮力,使得平常的操纵有更高的效率,在水中航行时能处于低能耗状态。此外 Tethys 的螺旋桨由电机通过磁耦合直接驱动,其余传感器安装在 Tethys 的耐压壳体内。在通信上 Tethys 也效仿水下滑翔机的形式,通过铱卫星天线在岸站上控制 Tethys。

12.5.3 深海空间站

深海空间站的建立很有必要,它不仅可以供人类充分开发海底资源,改善人类生存环境,弥补陆地油、气、矿等资源的严重不足,而且相关技术的发展还可以服务于海洋科学考察和国防技术。

深海空间站的基本功能应该有:①提供水下作业人员和科学家工作和活动的空间;②提供作业生产和生活需要的能源;③水下的生产监测和维护中心;④提供水下供给支持、应急救护等的上部支撑设施。

整个深海空间站分为水面支撑部分和水下系统。水面支撑部分可以选择深水平台或浮式结构,主要功能是为水下系统提供支撑,实现物质和信息的传输。水下系统主要是水下人员的作业和生活区域,主要分为干式工作区、湿式工作区和工业生产区。深海空间站的详细架构如图 12-18 所示。

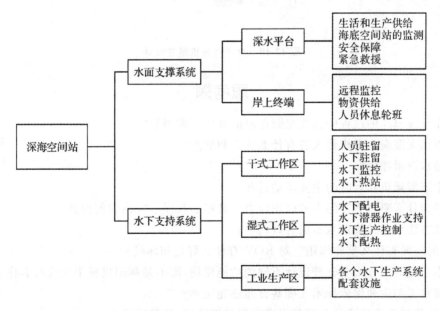

图 12-18 深海空间站架构

在现阶段,深海空间站还处于构思设计阶段,由于深海空间站要承受超高压的环境,同时受到海水、海流和海床运动的影响,实际设计和建造十分复杂困难,还存在很多待解决的技术问题,需要水下运载技术的进一步发展支持。

12.5.4 水下直升机

海底移动观测、海底资源勘探、敏感海底区域巡航与探测、海底管线监测与维护、海底救援与打捞、海底考古等工作,对潜水器的机动性能和工作模式提出了很高的要求,往往需要与陆上直升机特点类似的潜水器。围绕提高潜水器的机动性能和丰富潜水器的工作模式等关键科学问题,浙江大学在国家重点研发计划资助下正在研发一种机动性强的,具有海底工作模式的新型潜水器——水下直升机(autonomous underwater helicopter,AUH)。水下直升机是自治式潜水器 AUV 的一种。水下直升机需要解决的主要关键技术有:①矢量推进与浮力调节相结合的混合推进技术;②水下直升机逆超短基线快速动态定位导航技术;③基于学习的水下直升机超机动控制技术。水下直升机采用新型碟形结构,其概念设计如图 12-19 所示,系统分为载体、能源、推进、控制、定位导航以及光通信 6 个模块。

图 12-19　水下直升机概念设计

思考题

1.人类在开发海洋的过程中需要克服深海的哪些困难因素?

2.有缆绳和无缆绳水下机器人各有什么优点和缺点?

3.什么是水下滑翔机?

4.简述水下滑翔机作业时的主要运动特征。

5.潜水器为什么要具有零浮力或微正浮力? 其稳心和浮心应该如何设计?

6.有哪些方法可以计算潜水器的有效马力?

7.ROV 的缆绳有什么重要作用? 对 ROV 有什么好处和坏处?

8.水下作业工具为什么要分开设计不同的功能模块,而不是利用机械手完成所有作业任务?

9.载人潜水器的生命保障技术在哪些方面还能完善?

10.请列出你认为最重要的 5 项载人潜水器关键技术,并简述原因。

11.ROV 的运动控制有哪些难点?

12.简述 ROV 作业时的主要运动特征。

13.AUV 的运动控制有哪些难点?

14.请简述 ROV 和 AUV 的基本原理,并谈谈两者的区别。

15.水下运载技术的发展趋势是什么? 还需要在哪些关键技术上有所突破?

参考文献

[1]陈先,周媛,卢伟.固体浮力材料.北京:化学工业出版社,2011.

[2]安国亭,卢佩琼.海洋石油开发工艺与设备.天津:天津大学出版社,2001.

[3]CHAPELLE F H,O'NEILL K,BRADLEY P M,et al. A hydrogen-based subsurface microbial community dominated by methanogens. Nature,2002,415(6869):312-315.

[4]蒋新松,封锡盛,王棣棠.水下机器人.沈阳:辽宁科学技术出版社,2000.

[5]儒勒·凡尔纳.海底两万里.沈国华,钱培鑫,曹德明,译.南京:译林出版社,2002.

[6]FOSSEN T I. Guidance and control of ocean vehicles. New York:Wiley,1994.

[7]甘永.水下机器人运动控制系统体系结构的研究.哈尔滨:哈尔滨工程大学,2007.

[8]SHEN M X. LIU Z Y,CUI W C. Simulation of the descent/ascent motion of a deep manned submersible. Journal of ship mechanics,2008,12(6):886-892.

[9]徐亮,边宇枢,宗光华.水下机器人路径控制与仿真.北京航空航天大学学报,2005,31(2):162-166.

[10]蔡昊鹏,苏玉民.扭矩平衡式水下机器人推进器研究.船舶力学,2009,13(2):210-216.

[11]潘顺龙,张敬杰,宋广智.深潜用空心玻璃微珠和固体浮力材料的研制及其研究现状.热带海洋学报,2009,28(4):17-21.

[12]TRES P A. Hollow glass microspheres stronger spheres tackle injection molding. Plastics technology,2007,53(5):82-87.

[13]SCHMITT M L. SHELBY J E,HALL M M. Preparation of hollow glass microspheres from sol-gel derived glass for application in hydrogen gas storage. Journal of non-crystalline solids,2006,352(6/7):626-631.

[14]孙春宝,邢奕,王啟锋.空心玻璃微珠填充聚合物合成深海高强浮力材料.北京科技大学学报,2006,28(6):554-558.

[15]孙春宝,汪群慧,邢奕,等.深海高强安全浮力材料的研制及其表征.哈尔滨工业大学学报,2006,38(11):2000-2002.

[16]张德志.国内外高强度浮力材料的现状.声学与电子工程,2003(3):45-47.

[17]周媛,陈先,梁忠旭,等.固体浮力材料与深海开发技术.第一届特种化工材料技术交流会.北京,2009.

[18]郭自强.Hugin II号 UUV 用的碱性铝-过氧化氢动力源.船电技术,2001,21(2):44-49.

[19]郭自强.在舰船上应用的锌银电池.船电技术,2001,21(2):4-6,25.

[20]黄瑞霞,朱新功,王敏,等.UUV 用铝氧电池.电源技术,2009,33(5):430-433.

[21]武云,赵铭,王晓禹.深潜用小型脐带光缆的研制.光纤与电缆及其应用技术,2007(6):16-18.

[22]林贵平,王普秀.载人航天生命保障技术.北京:北京航空航天大学出版社,2006.

[23]李敏,刘和平,陈永刚,等.基于神经网络的滑模控制在水下机器人中的应用.河南科技大学学报:自然科学版,2010,31(3):18-21.

[24] 李岳明. 多功能水下机器人运动控制. 哈尔滨: 哈尔滨工程大学, 2008.

[25] 齐霄强. 潜器悬浮运动模型及控制方法研究. 哈尔滨: 哈尔滨工程大学, 2008.

[26] 邹海, 边信黔, 熊华胜. AUV 控制系统规划层使命与任务协调方法研究. 机器人, 2006, 28(6): 651-655.

[27] WHITCOMB L L. Underwater robotics: out of the research laboratory and into the field. IEEE International Conference on Robotics and Automation, San Francisco, 2000, 1: 709-716.

[28] KYO M, HIYAZAKI E, TSUKIOKA S, et al. The sea trial of "KAIKO", the full ocean depth research ROV. Proceedings of MTS/IEEE Oceans, San Diego, 1995, 3: 1991-1996.

[29] KOBAYASHI K. Principal characteristics of the up-to-date Japanese oceanographic research vessels. Proceedings of IEEE/MTS Oceans, San Diego, 1995, 1: 472-477.

[30] STAFF T S. Remotely operated vehicles of the world. Palm City, Florida: Ocean News and Technology Press, 1998.

[31] WHITCOMB L, YOERGER D, SINGH H, et al. Towards precision robotic maneuvering, survey and manipulation in unstructured undersea environments//SHIRAI Y, HIROSE S. Robotics research: the eighth international symposium, London: Springer, 1998: 45-54.

[32] YOERGER D R, MINDELL D A. Precise navigation and control of an ROV at 2200 meters depth. Proceedings of Intervention/ROV'92, San Diego, 1992.

[34] MBARI. Autonomous underwater vehicles. [2017-12-1]. http://www.mbari.org/auv/LRAUV.htm.

[35] 曾恒一, 李清平, 吴应湘. 开发深海资源的海底空间站技术. 2006 年度海洋工程学术会议. 北京, 2006: 1-8.

[36] 吉雨冠, 程荣涛. 深海空间站导航技术初探. 船舶, 2011, 22(1): 48-50, 53.

[37] 操安喜, 崔维成. 基于多学科设计优化的深海空间站总体设计方法研究. 舰船科学技术, 2007, 29(2): 32-40, 61.

第 13 章

海底观测网络

茫茫大海蕴藏着无穷的秘密和未知,需要人类不断去揭示。人类对海洋的探索与观测,自远古以来一直没有停止过。正是这些永不知倦的海洋探索工作人员,才使人类对所居住的地球上的最主要部分——海洋,慢慢地开始有了认识。

13.1 认知地球的观测平台与海底观测技术

随着科学技术的发展,海洋观测手段日益完善,观测范围也从海面延伸到海洋中,直至海底。这为人们对海洋的探索与研究,提供了新的契机。

13.1.1 认知地球的观测平台

一部人类科学史,其实也是人类的观察视野不断拓宽的历史。在这个漫长的历史长河中,人类使用过三个观测平台。第一个平台是地面和海面,在很长的一个时期中,人类一直只能在这个基本的活动平台上认知地球,然而人类的目光在这个平台上总是显得那么"短浅",既看不清整个地球的模样,也看不透"深不见底"的海洋。随着社会的不断进步,当到了20世纪时,地球观测科学与技术产生惊人的进展,出现了人造卫星技术,以及空中遥测遥感技术。从此,人类终于能够离开地面和海面,从空间获取地球包括海洋的信息。这不仅极大地丰富了信息量——可以获取全球性和动态性的图景,而且解放了观测者的视角,这就是第二个观测平台——空间。然而,遥测遥感技术对于平均深度达 3800 m 的海洋水层,还是束手无策。人类对于海洋仍然充满无穷的幻想和好奇心。如今已经进入 21 世纪,为了更加全面、深入地了解人类自身生存之所,前两个观测平台显然满足不了需要,浩瀚的海面下蕴藏的许多不为人类所认知的秘密与资源频频向人类招手,人类必须开发第三个观测平台,那就是直接对海洋水体及海底的观测。

为了认识海洋,从第一个平台发展到第三个平台的过程中,人类不知尝试过多少办法,但是自始至终,得到的总是零星的信息。最初,人类采取的是最原始的方法,即乘船从海面直接通过观测来感知海洋,这样得到的信息是感性的、粗糙的、零星的、非实时的、不全面的、有时是不正确的。后来,发展到从船上投放一些科学仪器来收集海洋信息。这些信息虽然有些定量的数据,但仍然是零碎的、不连续的。随着文明的进步和科技的快速发展,人类尝试利用第二个平台来认识海洋,即利用人造卫星来帮助提供有关海洋的连续数据,但这些连续的数据仍然只有海表面的。后来发展到进行大洋钻探,进行海底岩芯的钻取,或在海底埋放一些科学仪器,甚至利用载人潜水器深潜的方法,在海底直接进行观测。人类已经逐渐向海底观测平台进军了。然而,这些初步的海底观测技术存在一些缺陷,既受能量供应的限制,也存在信息传送的困难,无法实现对海底长期、实时的观测;还需要依赖深潜器之类的深海运载工具补充耗尽的能量,回收采集的信息。所以人类要真正开发海底观测平台,必须采用新的思路来设计全新的海底观测系统,该系统要能获得较为长期的数据,或能克服船时与舱位、天气和数据延迟等种种局限,科学家们可以在实验室里通过网络实时监测自己的系统运行,可以使用自己的试验设备在一定长的时间内,观测到海底特殊现象或海底生态系统,进行海底试验,或能监测风暴、内波、藻类勃发、地震、海底喷发、滑坡等各种突发事件。这种系统就是真正意义上的第三个观测平台——海底观测系统。

13.1.2　海底观测技术

对海洋的观测,归根结底主要是对三个方面进行观测:海面、海水和海底。对海面的观测,主要是开展海水与空气界面间关系的研究。这方面工作,除了对海洋本身进行研究之外,还涉及海洋对气候的影响。对海洋的观测内容十分丰富,如对海洋动力参数的观测(对涌、浪、潮的观测与数据采集);对海洋中的化学乃至生化量的观测(对二氧化碳、pH 值、溶解氧、叶绿素、营养盐、重金属、蛋白质含量的观测与分析);等等。但对海底进行观测,则是近年来随着科学技术的不断发展和完善涌现出来的"新生事物"。

海底是地球上人类极不熟知的区域之一。作为海洋组成的重要部分,海底观测历来是人类努力希望实现的一项工作。由于技术上的困难,这项工作远远不能满足科学研究发展的需求。对于海底,除了对它的海床构造、深度等内容的了解之外,更要了解海底的岩石与沉积物的物理、化学组成等内容。特别是随着海底矿藏、深海热液、天然气水合物等物质的发现,海底观测的内容更加丰富,也更加迫切。近年来,国内外的一些科学家们提出了"海底海洋"的概念,他们认为在海床的底下,还有大量的水域。在这些水域中,也发现了丰富的生命现象,故称为深部生物圈。事实上,深海天然气水合物也可以看作海底海洋的另一种形式。这样,海洋的观测又增加一项新的内容,那就是对海底海洋的观测。这方面的观测,同样需要对海底海洋的结构构造、岩石沉积物的物理、化学组成以及海底海洋水体中的物理、化学及生物化学量的观测。同时,还要发展先进的机电集成技术,实现将观测设备带入海底海洋区域,并且还要实现观测设备的回收与信号的采回。图 13-1 所示是海底热液地区的生态系统。

海底观测的方法有两种。一种称为间接观测,主要指采集海水、(微)生物和海底物质样品,并在实验室进行样品分析,从而实现观测的一种手段。这种手段通过样品的获得并对一些物理、化学量的测量数据分析,获得目标结果。具体实现方法如拖网、CTD、多管、箱式、抓斗、热流计、大洋钻探计划等。

图 13-1　海底热液地区的生态系统(引自与美国 WHOI 研究人员的学术交流资料)

图 13-2 是 2005 年浙江大学研制的第一代气密保压采样器搭载美国 Alvin 号载人潜水器在东太平洋海底热液地区(EPR)进行热液水体采样。

图 13-2　浙江大学 CGT 热液采样器在 EPR 热液口作业

有一些原位观测系统,把观测设备放在海底观测对象附近,对观测对象进行不间断的观测与记录,同时把数据存放在自容式存储器中,间隔一段时间后取回实验室进行数据分析。这种方式尽管实时性稍差一些,但非常实用。在海底放置海底观测设备,进行长期观测,并将数据采入随之带入海底的数据采集系统。系统回收后,在实验室中将数据导入计算机中再进行分析。这样的系统就是一种海底观测站,是间接观测技术的一种重要形式。图 13-3 所示是 2005 年浙江大学与中国科学院广州地球化学研究所一起研制的高温帽(vent cap)对东太平洋海底热液地区所实施的热液原位温度观测活动。高温帽在这次活动中,共在海底工作了近 10 d。

图 13-3　EPR 地区作业的热液温度观测站

另一种观测手段就是直接观测。直接观测就是把观测设备直接放到观测对象的附近,研究人员在线实时地获得观测数据。如潜水器把水下摄像机带到观测对象旁边,可实现人类对海底各种科学现象的直接观测;建设海底观测网络,实现科学家对海底某一关注地区的长期、在线、实时的直接观测。

本教程所讨论的海底观测网络，则是一种直接观测手段的体现。海底观测网络把各种观测设备放置在观测点上，以网络方式连接这些观测设备，在提供电能的同时，获得观测数据并实时传回到岸基的研究场所，供科学家进行现场分析。这种海底观测网络，电能由岸基提供，可以布置大量的观测设备，从而实现很长时间的、较宽区域的在线观测。

国内有识人士提出了海洋立体观测的概念，是指从天基、空基、岸基、海基和海床基对海洋进行全面观测，把海洋观测的范畴进行了极大的拓展。

13.2 海底观测网络的意义与定义

13.2.1 海底观测网络的意义

海底观测网络的意义重大，它可提供多元的、综合的、实时的海洋底部直接观测平台，方便我们深刻地认识和了解我国领海，同时可以满足海洋科学研究深入的需求，促进多学科的发展。它在国家安全方面的意义也不言而喻，并且可使深海技术得到进一步的发展。

2004年9月，美国提出整合全球地球监测系统战略计划草案——整合已有的全球地球观测系统，整合之后由参与国家和组织进行数据共享。如果我国不建设自己的海底观测系统，必将落后于其他国家，也难以融入全球地球监测系统战略计划。

在海底布设观测系统，可为人们观测海底提供一个新的观测平台。有了这样的平台，人们可以了解海底的科学现象，观测海底的物理、化学特性以及生态系统的变化。甚至，研究人员可以坐在办公室里对海底世界进行实时、连续的观测，为人们及时了解海底的瞬时动态提供第一手的信息，包括地震、海啸、海洋学、生物学、航海和军事等各方面信息，为人类应对海洋灾害等工作，提供最为及时的原始信息。同时，通过长期、连续的数据分析，科学工作者可以理解复杂的地球系统，比如探索海洋气候变化对不同水深、不同地点的海洋生物产生的不同影响，探索深海某一关注地区的生态系统动力学问题和生物多样性现象等。

海底观测系统可在海底实现能源供应和信息提取的网络化，使其在海底进行长期、连续、直接观测成为可能。深海海底观测系统的建成，将从根本上改变海洋研究观测的途径，为全人类了解海洋、征服海洋提供新的研究平台。

由于技术、经济和地理位置上的因素，在海底观测系统研究和实践方面，美国、日本、加拿大等国走在前沿，这些国家在热液现象、地震监测、海啸预报、全球气候等方面开展相关的研究工作，分别建立了实际的海底观测示范系统与实际应用系统，有些还投入正式使用，著名的像加拿大与美国合作的 NEPTUNE 计划等。美国海洋界经长时间的酝酿，形成两大海洋观测计划：一是由美国国家自然科学基金委员会牵头，形成的以海底联网为基础的"大洋观测计划"（OOI）；另外一个是由美国海洋与大气局（NOAA）牵头，形成的面向海面观测为主的业务性观测计划"集成海洋观测系统"（IOOS）。

我国在这方面的工作起步很晚，还处于初期研究阶段。"九五"期间，国家科学技术部、国家海洋局和上海市人民政府共同开展了国家"863"计划的一个重大项目——建设海洋环境立体监测和信息服务系统上海示范区。该示范区采用海洋监测技术的最新成果，将近海环境监测技术、高频地波雷达、海洋卫星遥感应用技术等集成为一个从天空、海面到水下的立体监测和信息服务网络，是我国第一个实现海洋立体监测的实验型示范系统。"十五"期间在"863"计划的支撑下,厦门大学等单位在台湾海峡建立了一个以环境监测为主的海洋观测示范网。浙江大学自 2005 年就开始了海底观测网络的研究工作,由 2 kV 直流电输送、光缆信息通道、主次接驳盒及若干观测设备组成的浙江大学海底观测网络实验室系统(ZJU Experimental Research Observatory,ZERO),于 2007 年 8 月在实验室联调成功。这标志着我国第一个海底观测网络实验室系统研制成功。"十一五"期间,国家"863"计划海洋领域立项开展了"海底长期观测网络试验节点关键技术"研究,并且由同济大学、浙江大学等单位研制的中国节点,于 2011 年 4 月下旬成功布放到美国蒙特雷湾海洋研究所(MBARI)的 MARS 网络,成功运行达半年之久,标志着我国海底观测网络技术进入一个新的高度。然而我国在海底观测网络领域的技术水平还不够成熟和完善,只限于关键技术的研究,目前还没有一个真正的海底观测网络建成。这难以适应国家对海洋技术的高要求,需要加快这方面的研究工作。

13.2.2　海底观测网络的定义

海底观测技术的实现方式可以根据不同需要分成三类:第一类是海底观测站,针对某一具体的目标,在一个非常小的区域里建立原位的观测系统,完成明确的观测任务。这样的观测站,可对某一特定区域的生态系统进行观测研究,也可开展某一特定的海洋观测或科学研究活动,如浙江大学等单位海底热液区高温帽的研究。第二类是海底观测链,它在观测站的基础上,将数据通过某种通信方式传回岸基实验室或者停泊在海面上的科学考察船只。通过观测链可以获得比较实时的科学数据。第三类便是海底观测网络,它的观测量多,有电能不断地从岸基直接供给,数据也能够实时传回岸基实验室。因此观测网络的功能最为强大,观测实时性最好,观测时间最长。三类海底观测系统的比较如表 13-1 所示。

表 13-1　海底观测站、海底观测链和海底观测网络比较

参数名称	海底观测站	海底观测链	海底观测网络
结构复杂度	简单	中等	复杂
通信方式	内部	声学＋卫星或无线通信	光缆直接连接
可实现的任务	单一,明确	适中	综合
工作时间	视电池容量与储存器的容量确定	视电池容量确定	长期
实时性	非实时	准实时	实时
观测设备数目	一般较少	中等	多
观测范畴	小	小	大
功能	单一	适中	强大
造价	低	中等	高
使用区域	深海、远海	深海、远海	一般适用于近海,深远海成本高

海底观测系统的想法最初是在冷战时期从美国海军的水声监视系统(SOSUS)中获得的,该系统由安置在大西洋和太平洋中的大量水下听音器组成,用来监听苏联海军潜艇的动向。20 世纪 80 年代之后,此系统经过改进和增加新的海底观测功能,逐渐形成海底观测系统设计思想,即把观测平台放到海底,将设在海底、埋在钻井中和浮在海水中的监测仪器建站甚至组网,从而在海底组成一个原位观测及数据采集系统。有时,数据存放在海底的存储

芯片中,待回收后在实验室将数据导入计算机再进行分析处理;有时,通过水声传到海面,再由卫星发回陆地上的实验室;还可以直接布网到海底,通过网络连接海底观测设备与岸基研究场所,直接将这些采集数据实时地送到岸上的基地进行分析处理。

所以,根据通信方式的不同,海底观测系统的构成也是不同的。当海底观测系统需要与陆地基地进行通信时,可采用无线通信方式和有线通信方式两种。其中无线通信方式有声学通信、卫星通信、数传电台和 CDMA 等,有线通信方式一般指传统的光纤通信。不需要与岸基实验室进行直接通信时,则只需海底观测系统内部的信号传输。有时,也需要一些近距离的无线通信方式,如电磁感应式的通信、激光通信等,用于潜水器对海底观测系统的巡检或者移动式观测设备与海底岸基站的通信。

海底观测网络是海底观测体系中功能齐全,观测时间长,技术含量高的一种海底观测手段。它不仅为揭示地球表面过程的机理提供新的途径,也为探索地球深部创造新的研究渠道。美国、加拿大、日本等国开展了相关的研究工作,对于海洋科学研究、海底资源、自然灾害监测与预报、热液作用与极端生态系统的研究尤其重要。同时海底观测网络也为军事海洋学研究创造了新的可能。一个较完整的基于光纤通信的海底观测网络如图 13-4 所示。

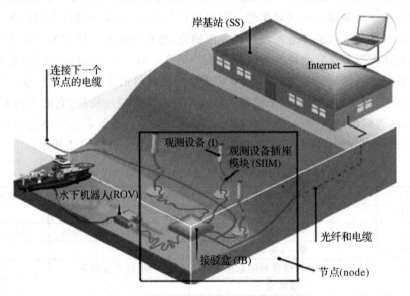

图 13-4　光纤通信的海底观测网络构成

由图 13-4 可看出,该海底观测网络构成是这样的:根据网络功能的需要,将一组不同功能的观测传感器(I)通过观测设备插座模块接在接驳盒上构成一个观测系统。接驳盒其实质相当于网络的一个中枢,其基本功能是中继和分配,它将光纤骨干网中传来的电能进行转换,然后通过观测设备插座模块分配给不同的测量仪器使用,同时将岸基站传来的信号发送给连接在其上的各测量仪器,并将各测量仪器采集的数据传给主干光纤送到岸基站。一个接驳盒加上若干个观测设备插座模块,再连接一批海底观测器(传感器),构成一个节点(node)。根据实际需要,各个节点连接起来形成扩展的观测系统,然后通过光纤将各节点的接驳盒与骨干网连接起来,从而构成整个海底观测系统。网络系统在陆地上设有岸基站(SS),其功能主要是实现实时监控、电能和信号的输送、测量信号的分析与处理等。在 ROV甚至载人潜水器的协助下,实现光纤布网,完成各种海底仪器的投放、安装和维护作业。

观测设备(或称传感器)是根据该网络所要求的功能来进行选择安装的,有的在海底直接放置,有的浮在海水中,有的埋在海底沉积物中。常用的仪器有测量地震的海底地震仪(ocean-bottom seismometer,OBS),观测海啸的海啸仪(tsunami pressure gauge,TPG),以及观测海底的各种化学、物理和生物量的传感器。潜水器 ROV 和 AUV 是海底的移动平台,是建设海底观测系统的水下运载装置,可以与海底观测系统相互通信,还可以辅助各种海底仪器的安装、维护和检修等。网络中所需的能量和信号传输载体是光缆,海底观测系统之所以能在海底实现长期、连续、直接的观测,就是因为利用了光缆不仅能输送电能,而且其通信具有容量大、衰减小、抗干扰性强等一系列优点。图 13-4 所示的海底观测系统通信包括骨干网中的通信和子网的通信,前者指从陆地岸基站到海底接驳盒之间的通信,后者指各观测设备通过观测设备插座模块与接驳盒之间的通信。

海底观测站是最基本的,观测链与观测网络都可以在海底观测站的基础上扩展建设。海底观测链是在观测站的基础上,加一个信号无线发射装置,使观测数据可以通过卫星等方式准实时地传回岸基。海底观测网络可视为多个观测站用网络连接起来的系统,当然设计方式有其自身特点,完成观测数据通过网络直接传回岸基实验室。

综上所述,海底观测网络是通过岸基进行高压供电,进行长距离电能和信息传输与转换,可实现海底各种观测设备的灵活对接与自动接驳的海底观测系统。也就是说,利用光电复合缆,将布置在海底广域范围内的各类设备连接成一个局域网,并通过主干缆与陆基的电网、互联网接驳,实现对水下局域网的电能供给和实时信息交互。海底观测网络可以在海底进行电能和信号传输,并对海底实现长期实时观测。

13.2.3　海底观测网络各部分的功能定义

海底观测网络通常由岸基站、接驳盒(分主、次接驳盒两种)、观测设备插座模块、观测设备、节点组成。海底观测网络的电能由岸基站提供,可以布置大量的观测设备,因而实现很长时间的、较宽区域的在线观测。海底观测网络的各组成部分可定义如下。

(1)岸基站(shore station,SS):为海底观测网络提供电能,并对海底观测网络进行监控、对观测信息进行实时汇总、处理的岸上研究场所。为了在海中远距离传输电能,一般采取单级负压直流输电的方式,因此从岸上引入海中的主干电缆的电压一般在千伏量级(如 2 kV、10 kV 等中压级别),甚至更高(>30 kV 的高压级别)。岸基与水下网络的通信依靠光缆进行。

(2)接驳盒(junction box,JB):对主干缆的供电电压进行降压,并汇集控制、观测信号的装置。为了在海中远距离传输电能,一般采取中、高压直流输电的方式。从岸上引入海中的主干电缆的电压一般在千伏量级甚至更高,而观测设备所需的工作电压一般在几十伏,因此需要对主干电缆的电压逐步降压。接驳盒有主接驳盒和次接驳盒两类。

①主接驳盒(primary junction box,PJB):直接与岸上通入水中的主干缆(电缆及光缆)相连。根据网络类型不同,输入电压为 2 kV、10 kV,或者更高,输出电压为 375 V。主接驳盒可以和下一层的若干个次接驳盒相连,或者直接与观测设备插座模块相连。主接驳盒与次接驳盒及观测设备插座模块以光纤或者电缆进行通信。主接驳盒的上行通信速率可达千兆字节,下行接口通信速率一般在 100 Mb/s 量级。

②次接驳盒(secondary junction box,SJB):介于主接驳盒与观测设备插座模块之间,为观测设备插座模块提供接口。输入电压为 375 V,输出电压有 375 V、48 V 两个规格。次接

驳盒及观测设备插座模块以光纤或者同轴电缆进行通信。次接驳盒的上行通信速率一般为100 Mb/s量级,下行接口通信速率为10/100 Mb/s量级。

(3)观测设备插座模块(SIIM):专门为观测设备或相关设备提供不同的低压直流电能(如9 V、12 V、15 V、24 V、48 V等),以及观测设备所需的不同通信接口(如RS232/422/485、Ethernet 100BaseTx等)的模块。观测设备插座模块的网络位于观测设备与接驳盒之间。每个插座模块只有一个输入端,但有多个输出端。插座模块的输入端与接驳盒的一个输出端相连,而观测设备则与插座模块的输出端相连。每个插座模块可以同时连接、支撑多个观测设备。使用时,将观测设备直接插入插座模块,不需要中间环节。观测设备插座模块可以有两种不同系列:系列Ⅰ的输入电压为375 V,直接与主接驳盒连接,输出电压为9 V、12 V、15 V、24 V、48 V;系列Ⅱ的输入电压为48 V,与次接驳盒相连,输出电压为9 V、12 V、15 V、24 V、48 V。

(4)观测设备:对海底的环境,以及物理、化学、生物量进行观测的终端仪器及设备的总称,通过观测设备插座模块连接到海底观测网络。常用的海底观测设备有:温盐深计、浊度计、声学多普勒海流计、水下相机、激光测距仪、水听器、各种化学传感器、溶解氧浓度计、地震仪等。由于海底观测网络的功能在不断扩展,常常超出了"观测"范畴。譬如,连接在海底观测网络上的海底原位工作站,以及为潜水器充电的"DOCK"系统等。为表述清楚简明,本教程把这些终端设备统称为观测设备。

(5)节点:指海底观测网络中某一个接驳点及其所接驳的观测设备群所组成的部分。根据接驳盒的级别,节点通常可分为主节点(主接驳盒及下属观测设备群)、次节点(次接驳盒及下属观测设备群)和微节点(观测设备插座模块及下属观测设备群)。有时也有特例,如在近岸网中,一个次节点就是一个观测节点。这三种节点的从属关系如图13-5所示。

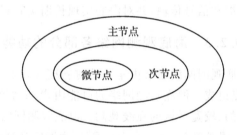

图13-5　主节点、次节点及微节点的从属关系

13.3　海底观测网络的分类与接口协议

13.3.1　海底观测网络的分类

根据覆盖海域范围和组织结构的不同,海底观测网络可分为近岸网、局域网、区域网和广域网四种,下面分别介绍这四种网络。

(1)近岸网:海底观测网络的最小配置,其覆盖范围的半径一般小于10 km。近岸网一般包含1个岸站、1个接驳盒、数个观测设备插座模块及多个观测设备。网络结构通常为树状结构,主干供电电压通常为375 V,最大供电功率为3 kW,如图13-6所示。

(2)局域网:海底观测网络的一种,其覆盖范围的半径一般小于50 km。局域网一般包含1个岸站、1个主接驳盒、1~3个次接驳盒、数个观测设备插座模块及数十个观测设备。

网络结构通常为树状结构,主干供电电压通常为 2 kV,最大供电功率为10 kW,如图 13-7 所示。

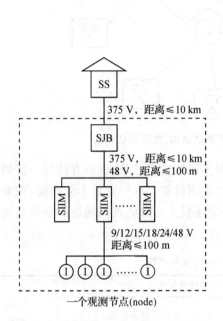

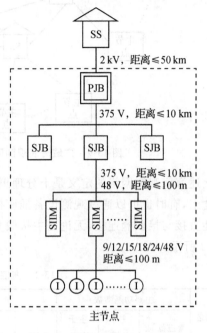

图 13-6　近岸海底观测网络:树状结构　　图 13-7　局域海底观测网络:树状结构

(3)区域网:其覆盖范围的半径一般为 50～500 km。区域网包含 1 个或 1 个以上的岸基站、数个主接驳盒、多个次接驳盒、数十个观测设备插座模块及数百个观测设备(或其他观测系统)。网络结构通常为主网环状结构、支网树状结构的混合方式。当然,主网也可以是其他结构。主干供电电压通常为 10 kV,最大供电功率100 kW。有 2 个岸基站的区域网的结构如图 13-8 所示。

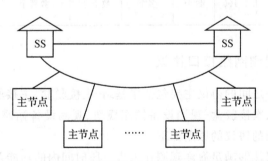

图 13-8　区域海底观测网络:主网环状结构,支网树状结构

(4)广域网:其覆盖范围的半径一般大于 500 km。广域网通常包含数个岸基站、多个主接驳盒、数十个次接驳盒、数百个观测设备插座模块及成千上万个观测设备(或其他扩展系统)。网络结构通常为主网网格状结构、支网树状结构的混合方式。主网有时也可以是环网结构或其他结构。主干供电电压大于 10 kV,供电功率上百甚至数百千瓦。主网为网状结构的广域海底观测网络如图 13-9 所示。

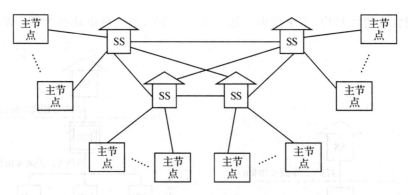

图 13-9　广域海底观测网络：主网网状结构，支网树状结构

上述海底观测网络的定义是十分理想的，根据不同的应用对象，也会有特例。譬如在主接驳盒上，有时也可以通过观测设备插座模块连接观测设备。有一点要十分明确，观测设备是不能直接与接驳盒连接，无论是主接驳盒，还是次接驳盒。海底观测网络的分类与结构如表 13-2 所示。

表 13-2　海底观测网络的分类与结构

观测网络类型	主要功能参数			主要设施设备数目					网络结构
	覆盖范围/km	主干电压/kV	主干功率/kW	岸基站	主接驳盒	次级接驳盒	观测设备插座模块	观测设备	
近岸网	<10	0.375	2~3	1	1	—	数个	多个	树状结构
局域网	<50	2	>10	1	数个	多个	数十个		树状结构
区域网	50~500	10	>100	≥1	数个	多个	数十个	数百个	主网环状结构、支网树状结构
广域网	>500	>10	>100	数个	多个	数十个	数百个	成千甚至上万个	主网网格状结构、支网树状结构

13.3.2　海底观测网络接口协议

海底观测网络部件之间的协议主要包括岸基站-主接驳盒、主接驳盒-次接驳盒、主接驳盒-观测设备插座模块、次接驳盒-观测设备插座模块、观测设备插座模块-观测设备之间协议。制定网络部件之间的协议的原则如下。

（1）需求原则：协议能够满足海洋观测在未来一段时间内的功能及技术性能需求。

（2）技术原则：尽量使用成熟可靠的电力、通信技术，以降低开发的风险和成本，缩短开发周期，提高网络的可靠性。

（3）经济原则：尽可能使用商业化的部件和设备，以及已经存在的基础设施，以降低布网成本。

可靠性是海底观测网络的设计和建设过程中一个非常重要的考虑因素。放置于海底的设备和线缆维护费用非常昂贵，一个海底电缆断点的维修费用高达数十万美元。维修将会耗费大量的时间，观测网络的故障将破坏海洋观测数据的连续性，对科学研究造成不利影响。

海底观测网络的主干线缆可以使用标准的通信光缆,光缆的光纤用于观测网信息的传输,光缆的铜包层则可以作为电能的传输介质。使用通信光缆可以降低观测网的建设成本,还可以获得成熟的商用技术和设备的支持,有利于提高观测网的可靠性。

海底观测网络输电采取的是单极负压直流输电的方式,以海水为输电回路。在区域网和广域网中主接驳盒以并联的方式连接在主干缆上。观测网其他的连接线缆类型视具体情况而定,单模光纤用于实现远距离信号传输,多模光纤的传输距离约为几百米,铜芯电缆为几十米。

海底观测网络岸基站的出口电压由观测网规模决定。观测网规模越大,负载功率一般越大,而同时电能需要传输的距离越远,在这种情况下,主干缆的电压也就越高。10 kV 的主干电压通过一般的通信光缆(单位长度电阻为 1 Ω/m)可以向数百千米之外的每个接驳盒提供最多十几千瓦的功率,可以满足区域网的需求。接驳盒在国内外都有较为成熟的技术,其出口电压为 375 V。观测设备插座模块的出口电压由观测设备决定,一般为 9 V、12 V、15 V、24 V 和 48 V 等。

网络的通信采用广泛运用的 TCP/IP 和 Ethernet 通信协议。一般的海底观测设备所需的带宽都很小,只有很少的设备会产生 100 kb/s 以上的数据流。1 Gb/s 的带宽可以满足数以百计的这类普通观测设备的需求。高清摄像机则可能产生 1 Gb/s 以上的数据流,即使经过压缩也需要几十甚至上百兆的带宽。因此拥有大量观测设备的区域网和广域网的主干网络带宽应该在 10 Gb/s 以上,较小型的局域网和近岸网的主干网络带宽则可以考虑使用 1 Gb/s 的带宽。主接驳盒与次级接驳盒之间带宽为 1 Gb/s 或 100 Mb/s,接驳盒(主接驳盒或者次级接驳盒)与观测设备插座模块之间带宽为 100 Mb/s 或 10 Mb/s,便可以满足需求。

主接驳盒以下的网络信号传输距离小于 10 km,可以使用 GigaE/Ethernet 100BaseTx/Ethernet 10BaseTx 协议。当岸基站与主接驳盒之间的距离达到数百千米之后,使用 Ethernet 协议将不能满足距离的要求,这时可以采用 SONET/SDH 技术。

海底观测网络部件之间的协议可归纳为表 13-3。

表 13-3　海底观测网络各部分之间的接口协议

部件		电压	通信协议	接口硬件
岸基站	入口	市电	接入 Internet	固连接口
	出口	10 kV/2 kV	SONET/SDH	固连接口
主接驳盒	入口	10 kV/2 kV	SONET/SDH	单芯铜导体接口,多芯单模光纤接口
	出口	375 V	GigaE/Ethernet 100BaseTx	12 芯接口
次级接驳盒	入口	375 V	GigaE/Ethernet 100BaseTx	12 芯接口
	出口	375 V 或 48 V	Ethernet 10/100BaseTx	12 芯接口
观测设备插座模块	入口	375 V 或 48 V	Ethernet 10/100BaseTx	12 芯接口
	出口	9 V、12 V、15 V、24 V、48 V 等多种	RS232/422/485、Ethernet 10/100BaseTx 等多种	RS232/422/485 接口、以太网接口等
观测设备	入口	9 V、12 V、15 V、24 V、48 V 等多种	RS232/422/485、Ethernet 10/100BaseTx 等多种	RS232/422/485 接口、以太网接口等

注:当传输距离较远时,通信信号在线缆的两端进行光/电和电/光转换,中间使用光纤传输信号。

13.4 海底接驳盒的设计

海底观测网络技术中,海底接驳技术是其重中之重。海底接驳技术解决海底电能与信息传输、分配与管理等任务,通常由接驳盒(包括主、次接驳盒)、观测设备插座模块等来实现。

对于海底观测网络来讲,电能可从陆地岸基站通过骨干网以直流高压电流形式输送到海底布置的观测系统。由于各个观测设备所需电能情况不同,不能直接统一使用光电缆传来的电能,还需要进行电能变压处理。因此,中间必须要有一个转换和分配的环节。同时,由于海底布置着许多观测设备,每时每刻都有大量的观测数据要输送到陆地上的岸基站,岸基站也会发送各种控制指令给各个观测设备,岸基站系统不可能与各个观测设备直接进行通信,中间也需要有一个过渡环节对信号的传输和通信进行处理和调度。总之,在主干光缆和各观测设备之间,需要一个对电能和数据信号进行集中处理和管理的中间环节。在海底观测网络中能够完成这个中间环节作用的技术,称为海底接驳技术。而应用海底接驳技术来完成这些电能和数据信号集中、转换和处理的装置,称为海底接驳盒(JB)。接驳盒通常分为主接驳盒与次接驳盒,其定义与功能分配,前文已经有所阐述。图13-10所示是一种海底接驳盒及其结构。

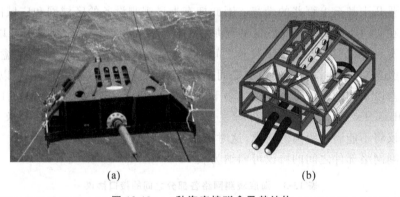

(a)   (b)

图13-10　一种海底接驳盒及其结构

在海底观测系统中采用海底接驳盒技术,为整个海底观测系统的设计、安装、运行和维护都提供了极大的便利。这主要表现在三个方面:一是在海底为信号的处理、控制和管理提供了一个集中的站点;二是为观测设备插座模块提供接口,可以借助于 ROV 在海底接驳盒上直接对观测设备插座模块进行热插拔;三是为海底观测网络的电能的低功耗输送、转换、分配与管理提供了可能。

本节主要介绍海底接驳盒的功能及关键技术,电能、通信模块的设计,观测设备插座模块设计。

13.4.1 海底接驳盒的功能及关键技术

下面介绍海底接驳盒的功能及关键技术。

1. 海底接驳盒的功能

海底接驳盒目前还不是一个标准化的产品,其功能有多有少,结构有繁有简,在很多情况下都要根据实际的使用环境和使用条件进行设计。

海底接驳盒实质上是海底观测系统中的一个重要环节,它是各个观测设备通过插座模块与骨干网之间的一个连接纽带,是岸基站与各观测设备之间的通信和能量输送的一个中继点,它将骨干网中传来的电能进行转换,然后通过观测设备插座模块分配给不同的观测设备使用。它同时将岸基站传来的控制信号发送给连接在其上的相关观测设备,并将各观测设备采集到的数据依照岸基站的命令传给主干光缆送到岸基站。

海底接驳盒的主要功能可归纳为如下几点:①中继功能;②数据通信功能;③控制指令传输功能;④电能转换、分配功能;⑤管理功能;⑥接口规范转换功能;⑦自维护功能;⑧信号自存储功能。

海底接驳盒最基本的功能是对电能的传输、转换和分配管理,以及通过观测设备插座模块对各观测设备的信号传输、控制与通信。随着海底观测网络技术的不断发展,通过接驳盒在观测设备插座模块上,还可以增加很多附加辅助功能,比如无线通信的功能,实现与水下设备的无线通信。这些扩展功能,可以通过接驳盒上的一些扩展接口来实现。在一些应用中,可在海底观测网络上连接海底原位工作站,甚至可以为自治式潜水器(AUV)等,通过无线电能传输方式进行电能补给。

2. 海底接驳盒的关键技术

设计海底观测系统中的接驳盒,需要综合考虑多方面因素。在深海海底,耐压、耐腐蚀、小型化设计和防水问题尤为突出;海底接驳盒要与观测设备插座模块在海底进行热插拔,所以实现能在水下配对的接驳盒接口是设计中的关键。电能转换器、数据通信装备是接驳盒的基本构造单元,能够可靠地工作于海底的电路系统,是接驳盒设计的核心内容之一。接驳盒本身的材料选择、结构设计和密封工作的芯片散热也是考虑的重点。

综上所述,海底接驳盒的关键技术可归纳为如下几个方面。

(1)电能的转换分配技术。电能需要转换与分配,这是海底观测系统使用海底接驳盒的重要原因之一。工业用电经过变压或整流之后,通过骨干光电缆送到海底后不能直接用于各种观测设备,中间必须要有一个转换装置。接驳盒中的电能转换装置,将骨干光缆或电缆传来的电能,通过变压或整流,需要的话甚至还要进行逆变,转换成观测设备适用的电能形式,这就是海底接驳盒所要承担的任务之一。

(2)岸基站、接驳盒及观测设备插座模块之间的通信技术。这是海底观测系统使用海底接驳盒的另一重要原因。海底布置着许多观测设备,每时每刻都有大量的观测数据需要输送到陆地上的岸基站。同时,岸基站也会发送各种控制信号给各种观测设备。对于这种情况,岸基站不可能与各测量仪器直接进行通信,中间必须设置一个过渡环节,对信号的传输和通信进行处理和调度,这一任务由海底接驳盒通过观测设备插座模块来承担。这里要说明一下,在许多场合,还存在接驳盒之间的通信,譬如主接驳盒与次接驳盒之间的通信。

(3)密封舱体中电子芯片散热技术。海底接驳盒承担的任务很多,导致其内部结构相当复杂。所以其芯片散热也是在设计时要考虑的问题之一,以保证电路系统能够正常运行。

（4）防水密封技术。防水密封是接驳盒能用于海底的首要前提条件。许多电子器件等部件是不能浸入水中的，因此必须设计耐压壳体，为这些部件提供保护。深海的恶劣环境，使得耐压壳体的设计必须满足高可靠性的要求。

（5）水下热插拔接口技术。接驳盒一旦投放到海底，其安装和维修工作就相当困难了。为了借助 ROV 对其进行安装和维护，标准的水下热插拔接口是非常重要的。热插拔技术是指 A 部件的连接插头，能够在海底直接与 B 部件的插座进行连接。同时又能够防止在连接过程中海水的浸入，避免对 A、B 部件电子器件引起任何损害。因此，水下接驳技术要考虑主、次接驳盒之间的热插拔，以及接驳盒与观测设备插座模块之间的热插拔问题。通常观测设备与观测设备插座模块之间的连接，是在下水前就完成的。

（6）小型化设计技术。深海海底装备的小型化设计技术是至关重要的。原因有两个：第一是由潜水器带入海底时，小型化的深海底装备可以减轻潜水器的水中载重量。一般来讲，无论是哪种运载器，它所能携带的质量总是有限的。第二是耐压壳体的用材与制造成本，是与其尺度成正比的。减小装备的体积，事实上就是节省制造成本。

当然，还要考虑接驳盒的功能扩展，以满足水下的不同需求。

13.4.2　海底接驳盒的电能、通信模块的设计

在海岸基站中，先把陆地供给的三相交流电转变为适合电缆高效输送的高压直流电（通常是 2 kV 和 10 kV），然后通过水下铠装电缆把电能输送到海底。在输送过程中，系统通过控制电缆分叉点的开关装置来确定电能的输送路径，把电能输送到所有需要电能的海底接驳盒上。

高压直流电能是不能直接给观测设备供电的。电能从电缆分叉点传输下来后，首先输入在海底安置的海底接驳盒中，通过海底接驳盒的能量转换和分配模块，把高压直流电压降压转换成海底观测设备能够使用的电能。在电压比较高的情况下，有时要通过接驳盒和观测设备插座模块几级降压后，再引出这些电能来驱动各个观测设备。

同时，接驳盒在电能转换与分配过程中，需要对电能的使用实施管理，起到节能的作用。由于传输到海底的电能毕竟有限，海底电能的合理使用对系统的正常运行至关重要。

接驳盒中的通信信号以及控制信号的处理、存储、传输与管理，是接驳盒的重要任务。海底观测网络的重要任务是通过观测设备获得观测数据。这些观测数据通过观测设备插座模块送到接驳盒，由接驳盒进行存储与处理后，发回岸基站。同时，控制信号通过主干海底光缆传输到海底接驳盒中，由海底接驳盒中的管理和控制主控电路模块、通信模块进行处理，然后可用的控制信号再通过观测网络插座模块，分别传输到各个海底观测设备中。这样，就实现了整个海底观测网络的控制信号与数据信息的上通下达。

13.4.3　观测设备插座模块设计

观测设备插座模块是海底观测网络中连接观测器件与接驳盒的一个关键核心组件。海洋观测过程中观测参数众多，观测条件各异，为了适应不同的需求，生产厂商设计制造了成千上万种不同的观测设备。如何将这些具有不同接口的海洋观测器连接到海底观测网络是一个十分棘手的问题。在观测设备插座模块出现之前，解决这一问题的方法是针对不同接口的海底观测设备，设置不同的设备接口和处理程序，如此，系统的扩展性和使用方便性就

受到很大的影响。而观测设备插座模块作为一个可以兼容不同接口仪器设备的连接模块，可以很方便地为不同的观测器提供接入海底观测网络的接口，它的出现比较完美地解决了观测仪器与海底网络之间的连接难题。观测设备插座模块结构如图 13-11 所示。

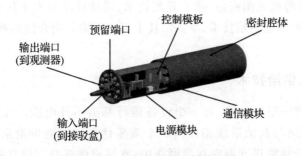

图 13-11　观测设备插座模块结构

　　观测设备插座模块内部系统结构如图 13-12 所示。右边的观测器部分以 CTD、摄像机及照明灯三个对象为例说明。观测设备插座模块为不同接口的观测器提供标准的电力和通信接口，符合规范的观测器可以直接通过观测设备插座模块连接到海底观测网络工作。大多数不符合规范的观测器可以通过廉价的硬件转接实现到海底观测网络的接入。从图 13-12 中可以看出，观测设备插座模块主要由电源模块和通信模块两部分组成。观测设备插座模块采用模块化的设计，使之能够广泛地适应各种观测器、各种环境条件、各种接入条件，并且能够方便地升级。

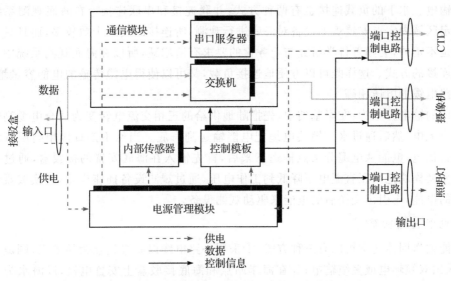

图 13-12　观测设备插座模块内部系统结构

　　目前，水下观测仪器插座模块的研究已经取得一定的成果，如加拿大 OceanWorks 公司已经开展了观测设备插座模块的标准化研究及产品研发。浙江大学已经开展了观测设备插座模块的标准化研究以及多轮的技术研发，目前浙江大学的 ZJU-SIIM 已经在舟山摘箬山科技示范岛海域建设的海底观测网络 Z_2ERO 系统中得到了应用，并不断在进行功能与性能的改进。这不仅填补了国内相关研究领域的空白，也对我国海底观测网络技术进行了完善。

13.5　海底观测网络的相关技术

建设一个完整的海底观测网络，除了观测技术、通信技术和水下接驳技术之外，还有其他构成技术，如海底的电能供给技术、岸基站技术等。下面分别介绍这些海底观测网络的相关技术。

13.5.1　电能供给技术

电能是海底观测网络的血液，每一个设备运行都离不开电能。在海底拥有充足的电能，也是海底观测网络与其他系统相比的一个重要优势。电能供给系统就是要把给定能源点的电能源源不断地输送到海底观测网络中，支撑海底观测网络自身运行，为水下观测设备供电，维持各个观测设备的正常运行。电能供给的好坏直接影响海底观测网络是否能正常运行。在整个海底观测网络建设中，电能供给系统的设计和建造占举足轻重的地位。

1. 电能输送网络

输电电缆采用海岸高压电缆输电方式在海底连接成一个网络。网络中有一根主电缆，主电缆连接接驳盒，通过观测设备插座模块连接到观测设备上，给观测设备供电。对于高压电缆输电，直流电和交流电都是可行的，但考虑到数千米水深长距离的输电，采用交流电则容抗损耗大，容抗补偿昂贵，还有高压水下变压器体积巨大等限制因素，所以偏向于采用直流高压输电。水下的负载连接也有两种方式：并联连接和串联连接。在海底观测系统中要求在一定区域内定点安置观测设备对海底进行观测，所连接的负载个数较多，而且具体的负载数量是不定的，会随着科学研究与业务化的要求有所增减，所以在海底观测系统中负载采用并联连接的方式。这样既可以方便地连接负载，又可以使得电缆传输的电能容量增大，且每条支路电缆的电压相等。

总体的输电方案为：在岸基站中，先把陆地供给的三相交流电转变为适合电缆高效输送的高压直流电，然后通过水下铠装电缆把电能输送到海底。当然不是直接用高压直流电给观测设备供电，电能从电缆分叉点输送下来后，首先输入在海底安置的接驳盒，通过接驳盒的能量变换模块把高压直流电压降低到工作电压，通过观测设备插座模块，转换成观测设备能使用的电能，再引出变换后的电能来驱动观测设备。

2. 电能传输回路

电能输送回路通常可以有三种方式：①采用一路电缆以海岸站点为始末点，围成一个回路；②采用双缆输电或多缆输电；③在海岸站点和海底接驳盒上安置电极，以海水为介质形成整个回路，称之为单极回路。

前两种方式的实现原理简单明了，下面着重介绍第三种方式。如图 13-13 所示，在岸基站点上安置阳极，在海底接驳盒上安置阴极。海岸站点给海底设备提供高的负压，通过海水形成整个回路。当然，在接驳盒与观测设备之间，一般有一个观测设备插座模块。

这种输电回路的优点是：节省电缆，省去末端电能转换模块，大大降低了成本，并且提高了系统的可靠性。同时，因为电缆减少了一半，减少了 50% 的电缆损耗。把阳极安置在海岸上,阳极的尺寸和质量都不受限制,而且易于替换和维修。根据消耗阳极的阴极保护法,可以使安置在海底的阴极损耗降到最低。

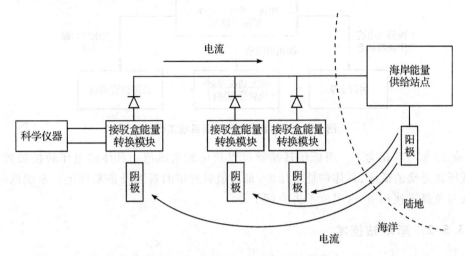

图 13-13　以海水为介质的单极输电回路

3.输电系统的组成

输电系统主要由四个部分组成:①岸基站能量转换点;②接驳盒中的能量控制与转换模块;③接驳盒中的能量管理和控制模块;④接驳盒中的末端低电压分配模块。

岸基站能量供给方式是这样实现的:在海岸的岸基站上,要建立海岸能量供给站点,把当地的三相交流电转化为高压(2 kV 或 10 kV)直流电输送到海底观测网络中,为水下的观测设备供电。即使在当地的三相电供给出现故障时,海岸供能点也要能源源不断地给海底提供电能。因此,海岸能量供给站点要实现的两大功能是电能转换和不间断能量供给。海岸站点提供的电能必须经过能量转换模块,把陆地上的电能转化为能用电缆高效地输送到海底的电能。当海底观测网络的能量需要源源不断地被提供的时候,海岸供能点必须是一个不中断电源点。在海岸上要建立两个或多个能量供给站点,构成冗余供电方式。这些供能点在正常情况下一同运行,一旦某一个出现故障,另一个就充当后备能源。每个能量供给站点都能单独给系统供电,维持整个系统的正常运行。此外,每个能量供给站点的内部也有能量后备,可以是后备蓄电池组、储能器或柴油发电机等。

能量管理和控制系统能够实现海底观测网络中的能量分配与管理。电能供给网络为水下观测设备提供平稳、安全的电能。海底观测系统的负载是不确定的,随着负载的变化,电缆中的电压和电流也会变化。能量管理和控制系统可确保电压和电流在一定的允许范围内变动。当系统因为负载过大,电压超出低极限值时,能量管理和控制系统必须马上反应,通过调节海岸能量供给点的输出电压或抛弃负载的方式,使电压值变化恢复到允许范围之内。所以,在海底观测网络的整个工作过程中,能量管理和控制系统必须一直关注电缆上输送的电压和电流值。能量管理和控制系统工作流程如图 13-14 所示。

接驳盒能量转换模块在网络的海底部分完成高电压电能的降压工作。通过电缆输送到接驳盒的电压,需要在接驳盒的内部转换为科学仪器或下一级低压转换器能使用的电压。每个接驳盒的内部转换器可以通过高频(50 k～100 kHz)脉宽调制(PWM)技术把高电压

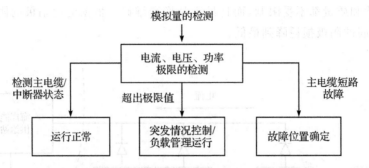

图 13-14　能量管理和控制系统工作流程

(2 kV或 10 kV)转化为下一级低压转换器可以使用的电压值。具体的电压转换级数、获得直流低压还是交流低压、具体的低电压值,都由最后选定的观测设备来设定。末端低电压分配模块与负载直接相关,这里就不再介绍了。

13.5.2　岸基站技术

岸基站(shore station)是海底观测网络必不可少的一个重要组成部分。对于海底观测网络,其岸基站系统一般位于海岸陆地上,是连接人类和海底各种观测设备的桥梁。它集海底观测网络的系统运行和监控中心、电能传输和管理中心以及数据管理与科研应用中心三大功能为一体,是整个海底观测网络系统的科研、管理和控制中枢。岸基站系统中的系统运行监控子系统时时刻刻监视海底观测网络的运行状况,当海底观测网络出现问题时,岸基站系统会及时发出警示,并自动诊断问题的所在,给出系统的恢复方案。

海底各种观测设备实时采集的原始数据,如盐度、温度、深度、海水流速、H_2S、溶解氧,以及声学、视频等数据,最后都要被输送到岸基站系统,通过科研子系统中不同的应用软件系统(如各种海底地震、海啸、海底生物、海洋化学、海洋洋流分析处理等软件系统)处理后显示在监控计算机屏幕或者大屏幕投影上,或通过 Internet 发送到用户所在地,并同时被存储在计算机的硬盘或者光盘上,供科学家进行相关的海洋科学研究和探索工作。这项功能是岸基站的重要功能,也是海底观测网络价值的主要体现。如果数据处理功能弱的话,那么数据很快就会"淹没"整个系统,或者海底观测网络没有发挥出应有的作用。

海底观测网络中大量接驳盒和观测设备所需要的电能,也由岸基站系统的电能子系统负责供给,岸基站电能子系统还同时负责对其供给的电能的管理和分配工作。这些电能管理和分配工作,由岸基站系统的电能子系统的多种应用管理软件来完成。

岸基站系统里配置的硬件主要有各种电能供给设备、信号传输设备、数据分析计算处理设备和数据存储设备等,岸基站的电能传输管理中心的功能是将陆地上的电能变成直流电后,输送到海底观测网络的各个接驳盒或水下观测站,再由接驳盒通过观测设备插座模块,把电能进一步分配给各个终端观测设备,并实现对整个系统的电能管理和控制功能。岸基站系统的运行监控中心,则通过各种信号传输设备、数据分析计算处理设备和数据存储设备来监控整个海底观测网络的数据采集、传输处理过程以及整个海底观测网络系统的运行状况。岸基站系统的科研应用中心则主要对各种观测设备传送到岸基站系统的原始采集数据进行分析计算和处理,再通过各种不同的应用软件在各个研究领域中进行更进一步的分析和研究。

　　为了使岸基站高效地运行,岸基站系统必须具备开放式的体系结构、分布式的应用软件系统、灵活的硬件系统配置和可靠的系统管理。岸基站还可以通过 Web 服务器,把各种各样的海底观测网络中终端观测设备采集到的原始数据以及分析处理后的最终结果,一起放到 Internet 上,让世界各地的人们通过 Internet,在办公室或家中也能了解海底千变万化的奇妙世界。

13.6　海底观测网络实现案例——浙江大学的 Z_2ERO 系统

　　浙江大学自 2009 年开始,一直在舟山市摘箬山岛建设"浙江大学摘箬山岛海底观测网络示范系统"(ZJU-ZRS Experimental Research Observatory, Z_2ERO),开展海底观测网络关键技术研究与工程示范,支撑我国海底观测网络的发展。Z_2ERO 是在 ZERO 的基础上,进一步开展研究建设的。Z_2ERO 中的"2",也有第二版之意。

　　浙江大学摘箬山科技示范岛面积 2.34 km^2,位于宁波与舟山之间,具有重要的战略意义。其南面的螺头水道是宁波港—北仑港的主要航道,也是连接杭州湾和东海的主要通道之一,最大水深超过 100 m,潮流变化显著(特别是强潮期间)。不远处的舟山渔场是世界四大渔场之一,同时也是我国最大的渔场。舟山海域外侧的第一岛链是最活跃的地震带。因此,在摘箬山岛侧建设海底观测网络示范系统,可开展海洋动力观测、海洋生态环境观测、航道内海底沉积物迁移监测、渔场内鱼类观测、灾害预警、航道保障等工作,具有很强的示范作用。

　　基于摘箬山岛建设小型的海底观测网络示范系统,能够实现对摘箬山岛周边海域的实时观测。同时,该系统建成后,可作为海底观测网络的一个试验验证系统,为中国海底观测网络的研发提供研究试验平台。Z_2ERO 系统如图 13-15 所示,该系统的实现有三个重要部分:一是海底观测网络的建设;二是围绕科学目标的观测;三是相关标准化研究。

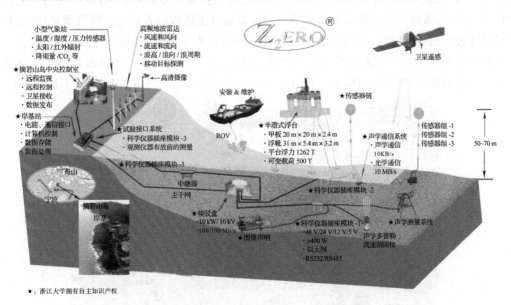

图 13-15　浙江大学摘箬山岛海底观测网络系统

13.6.1 海底观测网络的建设

Z_2ERO 系统由三部分组成:岸基控制管理系统、海面观测系统和海底观测网络。岸基控制管理系统由中央控制室和岸基站组成,实现对整个系统的控制和数据的管理;海面观测系统主要由高清摄像系统组成,实现对海面移动目标的监测;海底观测网络实现对水下情况和船只监控。海上和海下两部分在控制管理系统中进行集成,从而实现对海洋的立体观测。下面具体阐述各部分内容。

(1)岸基控制管理系统。岸基站中央控制室位于摘箬山岛上的综合楼中,通过专用网络实现对整个系统运行状态进行远程监控,对出现的紧急情况进行及时处理。在摘箬山岛建设的岸基站,能够提供双向冗余备份供电能力和信息传输通道。岸基站是整个观测网的输能供电、信息获取、状态监控中心,配备一个交流供电电源,为整个海底观测网络供电。除了供电,岸基站的另外一大功能是信息管理与控制,光电复合缆上的光缆通过光电交换机或者转换器变为电信号,然后接入观测网络岸基监控服务系统,所有水下接驳盒和仪器的数据都可以直接存储和处理,并通过网络服务器实现互联网上发布,所有具有权限的用户都可以通过网站或者客户端访问观测网,进而做相应的操作或者获取数据进行科学研究。

(2)海面观测系统。首先只考虑对摘箬山岛周边近海海域的观测,海面观测系统采用小型气象站和高清摄像系统相结合的方式。小型气象站能够提供岸基站附近空气的温度、湿度、压力、紫外辐射、红外辐射、CO_2 浓度等一系列参数,为观测数据的分析提供背景数据。高清摄像系统能够直观地对海面海况、移动目标等进行直接观测,既可为科学研究提供相关数据支撑,又可对海底观测网络区域实施保安监控。

(3)海底观测网络。这部分是 Z_2ERO 的核心内容,其架构如图 13-16 所示。在摘箬山岛穿过螺头水道构建海底观测网络系统,在岸基设立一个用于电能供给、控制、信息处理的站点。岸基站直接与陆地电网、互联网连接,通过一根光电复合缆连接到海底,海底布放一个主接驳盒作为主节点,布放三个科学仪器插座模块(SIIM)通过湿插拔的方式与主接驳盒相连,各种观测仪器通过干插拔(在船上或陆地上操作)或湿插拔(在水下操作)的方式连接到 SIIM 上。每个 SIIM 可以连接 3~5 个传感器和观测设备。这样,水下的观测设备通过有线缆直接从岸基获取电能和通信,再将观测数据汇总到海洋观测数据融合中心。以下是各部分的具体内容。

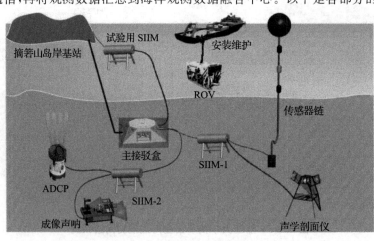

图 13-16　Z_2ERO 系统架构

①主接驳盒和观测设备插座模块。主接驳盒为光电复合缆终端的设备,是整个观测网最关键的基础设备,由于光电复合缆的光信号和电信号需要进入不同的腔体中,光电复合缆需要实现光电分离。光电复合缆进入一个光电分离器,依靠高强度的机械密封实现光电复合缆和腔体间的水密封。在腔体内部,传输高压电的铜导体和传输光信息的光纤被分离,分别接到水下光缆接头和柔性水下高压电缆接头上。观测设备插座模块是连接主接驳盒和水下观测设备,专门为观测设备或相关设备提供不同的低压直流电压(如 9 V、12 V、15 V、24 V、48 V 等),以及观测设备所需的不同通信接口(如 RS232/422/485、Ethernet 100BaseTx 等)的模块,也是水下传感器和海底观测网络主干系统的直接连接点。观测设备插座模块还负责对水下传感器和观测设备的直接控制。

②海洋生态和海洋动力传感器。在海底观测网络上通过观测设备插座模块,布设 ADCP、潮位仪、浊度仪、温盐传感器等海洋动力和水质参数测量仪器,获取不同位置的流场动力学参数和水质参数,流速和潮位的观测主要考虑在海底地貌及潮流变化显著的海域布设站位。

③声学剖面仪。针对摘箬山岛附近海域(以及舟山海域)泥沙含量等参数未知的问题,开发的一套声学剖面仪,与购买的多普勒水流剖面测量系统(ADCP)一起布放到该网络中,测量水体特性声学剖面。以监测垂直剖面水体泥沙含量、声衰减系数等声学参数,为后续布放的监测设备、采用的监测手段提供参考。

④组网设备的布放与维护。海底组网工作包括浅海光电复合缆敷设、接驳盒布放、观测设备投放,以及观测设备与接驳盒的连接。光电复合缆为双层甚至三层铠装的浅海光电复合缆,质量极大,而布放区域为浅水岸边区域,为了防止发生船锚勾拽的事故,还需要深埋于海底 3～4 m 深,故需要特殊的布防船只。主接驳盒与光电复合缆是硬连接,需要和光电复合缆一起布放,通过先投放主接驳盒到预定位置,然后按照规划的线路敷设光电复合缆。观测设备插座模块和观测仪器为扩展性质的连接方式,实施时,只需要将观测设备插座模块或者仪器投放在预定的位置,然后通过潜水员或者 ROV 进行水下组网连接。而回收维护则同样通过潜水员或者 ROV 先进行水下网络解网,然后回收。

13.6.2 围绕科学目标的观测

海底观测网络最大的优点就是能够提供足够的电能供给和实时数据传输通道,这就意味着它解决了抑制传统海洋观测仪器设备发展的两个主要技术瓶颈,因此基于海底观测网络这个平台可以应用围绕着各种科学目标的海洋观测仪器设备,进行相应的科学研究。下面以海洋灾害预警以及渔场保护两项内容来举例说明。

(1)海洋灾害预警系统。浙江沿海是我国赤潮发生次数最多的海域,而且发生频率和规模呈逐年增长的趋势。每年都有多个台风在浙闽地区登陆,形成的台风风暴潮给沿海的海水养殖业和人民生命财产造成重大损失。

海水的叶绿素、浊度、温度、盐度、pH 值等多项指标,直接反映海洋生态环境对海水的污染程度、渔业情况和灾害预警,并对赤潮的发生也有直接的相关性。比如 pH 值和浊度指标反映污染程度,利用叶绿素、温度、pH 值等指标可以推测赤潮发生等。对多项指标综合探测的设计需要考虑多个物理和化学传感器在同一探测平台上的整合、携带多个传感器的探测平台的持续工作能力、对不同海域位置如近岸和离岸情况的传感器平台的不同设计,以及探测平台的抗风浪工作能力。

系统通过研制并集成原位物理、化学传感器,接入海底观测网络,建设示范性全断面自动监测平台,对近海生态环境、海洋动力环境、灾害特征等实施长时间的实时在线监测,并借助该平台进行灾害预警预报技术的研究。

(2)渔场保护。自20世纪70年代以来,东海渔场出现严重的资源衰退。经济鱼类的捕获量逐年减少,渔场正向更远的外海洋面迁移,一些特有的鱼虾类物种濒临灭绝。东海鱼类资源枯竭的重要原因有海洋环境污染、过度捕捞等。长江口沿岸地区经济发达、人口密集,快速发展的工农业生产给海洋生态环境带来巨大的压力。目前,近海环境已经受到不同程度的污染,尤其是港口、河口、半封闭海湾以及大中城市毗邻海域污染较严重。沿海地区排放的工业污水和生活污水是主要污染源,近海和滩涂养殖业加重了近岸海域的海水富营养化趋势。对主要污染源及其扩散进行实时监测,是制定和执行海洋环境保护措施的前提。

系统通过综合集成技术,将多种类型的传感器组合,并连接海底观测网络,构成海洋环境自动监测平台,对目标海域自海面至海底的海洋物理、海洋化学、海洋环境和海洋生物参数进行连续观测。通过网络技术,将探测数据实时发回监测控制中心,实现东海渔场海洋环境自动监测,进而得到东海海洋环境信息。将监测的信息进行全面分析,研究同一监测量和不同监测内容在空间和时间上的相关性,建立东海海洋环境信息库。这个信息库能够根据以往的数据建立测量参数和灾害关联的统计模型,对东海的生态、海洋动力、渔业等做出预测,为渔场保护和修复提供技术手段和科学依据。

13.6.3 标准化研究

标准化研究是海底观测网络系统的重要组成部分,它直接影响系统研发、布放、运行和维护整个过程,并对我国将来大范围建设海底观测网络,以及网络的性能优化、规范化管理、市场化运行等都具有重要的意义。海底观测网络的标准化研究,主要包括组网技术标准化、物理接口标准化、通信协议标准化和观测数据管理标准化。

(1)组网技术标准化。针对网络覆盖范围的不同,可以将海底观测网络分为近岸网、局域网、区域网和广域网四种类型。该标准化研究主要涉及每一种类型的海底观测网络中应包含的节点个数、节点连接方式、电能供给参数、数据传输参数、仪器与网络的连接方式等内容。

(2)物理接口标准化。物理接口标准化主要是对接驳盒和观测设备插座模块所能提供的物理接口进行研究,如电压接口能够提供的电压分为375 V、48 V、24 V、15 V、12 V、9 V等,可提供的通信接口有RS232/422/485、Ethernet 100BaseTx等。从而方便各种海洋观测仪器设备与海底观测网络的连接。

(3)通信协议标准化。通信协议标准化主要包括岸基站—主接驳盒、主接驳盒—次接驳盒、主接驳盒—观测设备插座模块或次接驳盒—观测设备插座模块、观测设备插座模块—观测设备之间的各种通信协议的研究。

(4)观测数据管理标准化。观测数据管理标准化对来自不同数据源、格式不一的各种数据的管理方式进行标准化研究,以实现其兼容性、互访问性,从而提高数据的管理和利用效率。

建成后的浙江大学摘箬山岛海底观测网络示范系统,将基本具备三方面的功能——获取海洋观测数据、海底观测网络试验场和开展海底观测网络技术培训。从而实现海洋观测的数据融合、处理和分析,以及对摘箬山岛及周边近岸海域的实时观测;可开展海底观测网络关键技术和设备的检测和试验;并可开展海底观测网络技术和运行人员的培训工作。

13.7 海底观测网络的技术发展

随着海底观测网络技术的深入,以及海底供电输送信号的巨大优势,海底观测网络与其他相关技术相结合,衍生出一批新技术,大大地推动了海底观测网络技术的发展。这里主要介绍以下几个方面。

(1)海洋立体观测网络:基于海底观测网络,通过增加垂直的观测链,把观测范畴延伸到水体的立体网络。有时,结合海面的地波雷达系统或卫星遥感系统,构成范畴更广的立体观测网络。

(2)海底移动观测网络:通过连接在海底观测网络上的 DOCK 系统,支撑多个水下自治式运载器,为之供电、进行充电并及时传输数据。海底观测网络以及搭载在潜水器上的各类观测设备(可称为移动观测平台),构成一个更大范围的海底移动观测网络。图13-17是一个连接海底观测网络的 DOCK 系统,它那喇叭口式的结构可以让移动观测平台(可以是AUV、水下滑翔机等)自动进入后进行充电,观测数据,获取工作。

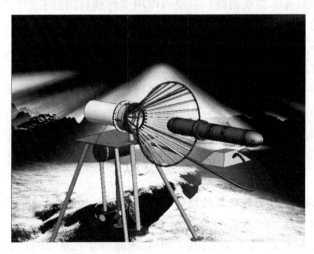

图 13-17 海底观测网络的 DOCK 系统

(3)基于海底通信网络的海底观测网络技术:在茫茫大海之中,布设着无数的海底通信网络。这些通信网络,因信号的中继要求,有一大批中继器(repeater)。科学家们提出将海底观测设备直接连接到中继器上,把信号通过海底通信网络传输回来,建立一个全海域的海底观测网络。然而,由于中继器能够提供的电能十分有限,因此只能开展一些有限的工作。譬如,有科学家提出通过建设基于海底通信网络的海底观测网络,开展全球碳循环方面的研究,以应对全球气候变化。另外,针对通信网络中继器供电不够这一问题,有科学家提出在建设新一代的海底通信网络时,重新设计新一代的中继器,使之在提供信号驳入功能的同时,提供足够的电能。这项技术的发展,相信会对海底观测网络技术的发展产生深远的影响。

（4）海底观测网络与其他系统的综合发展：海底观测网络与其他各种计划，如水下滑翔机组成的移动式观测网络、Argo系统、将来的海底海洋观测系统以及水面上的其他各种观测系统（如卫星和高频地波雷达等），进行数据的综合，形成功能更为完善的观测系统，从而使人类对地球的观测更为全面、完整。

思考题

1. 什么是海底观测网络？

2. 发展海底观测网络的意义主要有哪些？

3. 简述海底观测网络中近岸网、局域网、区域网和广域网的异同点。

4. 海底观测网络主要由哪几个部分组成？

5. 为什么区域网的主干电压需要10 kV？

6. 海底接驳盒的主要功能有哪些？

7. 观测设备插座模块在海底观测网络的作用是什么？

8. 某研究所计划架设一个海底观测网络系统，开展东海鱼群的监测。你认为采用何种类型的网络比较合适？并对该网络系统进行简单设计。

9. 简述以海水为介质的单极输电回路的原理。

10. 海底观测网络主要有哪些观测器？主要可以用于何种目的？

11. 美国与加拿大的NEPTUNE计划有什么特点？

12. 请简述浙江大学Z_2ERO系统的核心内容。

13. 为什么要开展海底观测网络的标准化研究？

14. 海底观测网络的物理接口标准化有哪些具体内容？

15. 什么是海洋立体观测网络技术？

16. 什么是移动观测平台？

参考文献

[1] 汪品先. 走向深海大洋：揭开地球的隐秘档案. 科技潮, 2005(1): 24-27.

[2] 陈鹰, 杨灿军, 陶春辉, 等. 海底观测系统. 北京: 海洋出版社, 2006.

[3] 李建如, 许惠平. 加拿大"海王星"海底观测网. 地球科学进展, 2011, 26(6): 656-661.

[4] WATERWORTH G, NETWORKS A S, SHAHEEN N, et al. Connecting long-term seafloor observatories to the shore. Sea technology, 2004, 45(9): 10-13.

[5] KASAHARA J, SHIRASAKI Y, MOMMA H. Multidisciplinary geophysical measurements on the ocean floor using decommissioned submarine cables: VENUS project. IEEE journal of oceanic engineering, 2000, 25(1): 111-120.

[6] DUENNEBIER F K, HARRIS D W, JOLLY J, et al. The Hawaii-2 observatory seismic system. IEEE journal of oceanic engineering, 2002, 27(2): 212-217.

[7] PETITT R A, HARRIS D W, WOODING B, et al. The Hawaii-2 observatory. IEEE journal of oceanic engineering, 2002, 27(2): 245-253.

[8]SCHOFIELD O,CHANT R,KOHUT J,et al. Evolution of a nearshore coastal observatory——the steps toward the establishment of the New Jersey shelf observing system. Sea technology,2003,44(11):52-58.

[9]University of Hawaii. School of Ocean and Earth Science and Technology,Woods Hole Oceanographic Inxtitution. Incorporated research institutions for seismology. Hawaii 2 Observatory. (2003-12-31)[2017-12-1]. http://www. soest. hawaii. edu/h2o/.

[10]MBARI. Monterey accelerated research system(MARS) cable observatory. [2017-12-1]. http://www. mbari. org/mars/.

[11]同济大学海洋科技中心海底观测组. 美国的两大海洋观测系统：OOI 与 IOOS. 地球科学进展,2011,26(6):650-655.

[12]YOU Y. Harnessing telecoms cables for science. Nature,2010,466(7307):690-691.

[13]CHEN Y H,YANG C J,JIN B,et al. Experimental study of a mechatronic system applied for subsea science instruments. IEEE/ASME International Conference on Advanced Intelligent Mechatronics,Montreal,Canada,2010:1257-1262.

[14]DIEKMANN P. Contact free high-pressure bulk head connector for power and data transmission via magnetic field for deep-sea instrument launchers. Proceedings of MTS/IEEE Oceans,Providence,RI,2000,2:745-748.

[15]卢汉良,李德骏,杨灿军,等. 深海海底观测网络水下接驳盒原型系统的设计与实现. 浙江大学学报(工学版),2010,44(1):8-13.

[16]MCEWEN R S,HOBSON B W,MCBRIDE L,et al. Docking control system for a 54-cm-diameter (21-in) AUV. IEEE journal of oceanic engineering,2008,33(4):550-562.

[17]YOU Y Z. Using submarine communication networks to monitor the climate. ITU-T Technology Watch Report,2010.

第14章

海洋遥感技术

海洋是生命的摇篮、自然资源的宝库、风雨的孵化器、贸易的通道以及国防的屏障。由于人类科学技术发展水平的限制,人们对海洋的认识依然十分有限,主要依靠在海上作业的船只和人力物力,在有限的海洋区域和深度范围内展开有限的观测。对于面积广阔的海洋来说,一个观测点或者观测断面的数据并不能代表海洋的整体特性;对于瞬息万变的海洋来说,一个观测时间点观测出的数据并不能反映出海洋的周期特性。总之,传统的观测方法观测出的数据并不能反映出整体的情况。遥感技术具有快速、客观、动态、大范围等特点,在观测海洋过程中正在发挥着无可比拟的优势。

14.1 海洋遥感观测基础

14.1.1 海洋遥感的定义

陈述彭先生在《遥感大辞典》中将海洋遥感定义为:海洋遥感是指以海洋及海岸带作为检测、研究对象的遥感;或者从狭义上讲,是指用遥感技术动态监测海洋中的各种现象和过程的方法。

海洋自然条件恶劣,并且面积广阔,许多地区难以方便到达。海上作业费用高等原因给实地测量作业带来了许多挑战和困难,遥感技术具有无可比拟的优势,可以方便快捷、客观准确地对海洋进行大面积监测,新一代海洋遥感技术可以实现对一个区域的短周期高频率的观测。海洋水体受风、波等因素影响具有高动态特点,海洋遥感的短周期高频观测可对快速变化的海洋水体实现动态监测。海洋遥感具有观测周期短、时间频率高的优势,可以实现大面积、实时、同步、连续及密集的海洋探测,较好地适应了海洋现象本身的特点。

14.1.2 海洋遥感观测原理

自然界中的物体,只要温度在绝对零度(接近-273.15 ℃)以上,都向外发射电磁波。海水一方面反射、散射、吸收太阳光或者传感器射来的电磁波,另一方面又向外发出电磁辐射。因此可以设计一些专门接收这种海洋传来的电磁波辐射的传感器,把这些传感器装载在卫星、火箭、航天飞机、宇宙飞船、热气球等仪器平台上,接收并记录这些辐射能量,然后经过传输、加工和处理得到能反映海洋状况的图像或资料数据。

海洋遥感按照探测波段和应用目的来分,主要可分为可见光遥感、红外遥感和微波遥感三大类。可见光遥感主要用于探测海洋水色环境,红外遥感主要用于探测海面水温环境,这两者统称为光学遥感;微波遥感主要用于探测海洋动力环境。由于它们的探测波段和探测对象有所不同,反演的机理和模式以及应用技术也大不相同。

1.海洋可见光遥感原理

海洋可见光遥感记录的是海洋表面对太阳辐射的反射辐射能,其关键变量包括大气纯洁度、海洋水体波谱特性、太阳辐射强度、太阳高度角及其他变量。

从辐射源到遥感器之间的辐射传输过程要经历吸收、反射、散射、再辐射、波谱重置和偏振等过程。电磁波在辐射传输过程中的变化取决于电磁波在辐射传输过程中与特定介质相互作用的结果。电磁波与地物的相互作用主要是电磁波与地表或者浅层地表间的表面效应,与大气的作用可看作体效应。海洋水体是地球表面的主要组成部分,电磁波与水体之间的辐射传输过程同样经历了反射、吸收和散射的过程,如图 14-1 所示。来自大气层外的太阳光经过大气层时,与大气层中的空气分子发生瑞利散射,部分阳光与大气层中的气溶胶分子、水蒸气分子发生散射;之后部分电磁辐射信息返回至传感器,部分通过漫反射或者直射到达海面。到达海面的一部分太阳辐射由于海面的耀斑或者镜面反射直接通过大气层返回到传感器中(如图 14-1 中的虚线所示),另一部分则通过折射进入水中并与水中的各个组分发生作用,然后有部分包含水体各组分信息的后向散射经过水面折射,再通过大气层被传感器接收(如图 14-1 中的黑色粗线所示)。

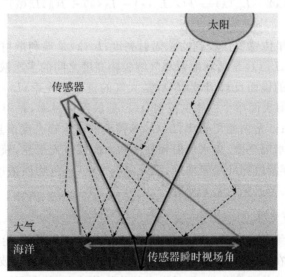

图 14-1 太阳光、海洋、传感器间的相互作用

注:虚线为太阳光;黑色粗线为太阳光进入水体,经过海洋水体的吸收散射后的离水辐射。

海洋遥感主要利用可见光传感器(也有红外、紫外、微波)在空间平台(实测仪器、航空器、卫星)接收从太阳辐照到海水然后从海面向上的光谱辐射,并通过大气校正来获取水体中的浮游植物色素浓度、悬浮物浓度和可溶性有机物浓度等水色要素信息,如图 14-1 中的黑色粗线所示。太阳电磁波辐射经过折射进入水体后,受到水体中的无机悬浮物、可溶性有机物、叶绿素浓度等水色因子颗粒物的影响,发生散射作用,其中后向散射部分通过水面折射进入大气,经过大气辐射传输过程后进入水色传感器中。其中,进入水体次表层部分的太阳辐射中有部分继续向下到达真光层深度,或者是到达海底后由海底反射经过折射和辐射传输过程返回至遥感器中。

海洋卫星传感器接收到的信息比较多且复杂,为了从海洋卫星水色传感器接收到的总的信号中提取出包含水色要素、能反映海水水色要素特性的信号,就需要对太阳光—大气—海洋—大气—传感器整个辐射传输过程有一定的了解。

传感器接收到的总辐射量包括:海表面的离水辐亮度、经过大气程辐射后衰减的离水辐亮度、离水辐亮度在大气中散射出瞬时视场 IFOV、太阳光直射在海面造成的镜面反射、天空光在海表面的镜面反射、反射辐亮度散射出 IFOV、衰减了的反射辐亮度、散射的太阳光、大气对太阳光的散射、离水辐亮度信号散射出沿传感器接收的方向传播的信号、散射出传感器的太阳直射光的镜面反射、传感器接收到的总的离水辐亮度、传感器瞬时视场内水体表面总的光谱反射、大气散射光的程辐射。仅有海表面上行光(大约占传感器接收到总辐射信号的10%)携带了能反映水体水色因子要素等有用的水体信息。大气的影响和海表面的光谱反射构成了主要的干扰因素。因此,水色遥感的应用必须要从总的信号中提取包含水体信号的有用信息。

根据标准海洋-大气辐射传输模型,水色传感器接收到的辐亮度信号由三部分组成:水体表层的离水辐亮度、水体表层的镜面反射辐亮度和大气的散射辐亮度。大气校正方程可以描述为

$$L_t(\lambda) = L_r(\lambda) + L_a(\lambda) + L_{ra}(\lambda) + T(\lambda)L_g(\lambda) + L_b(\lambda) + t(\lambda)L_f(\lambda) + t(\lambda)(1-w)L_w(\lambda)$$

$$(14\text{-}1)$$

其中,$L_t(\lambda)$ 是水色卫星传感器接收到的总辐射亮度;$L_r(\lambda)$ 是瑞利散射辐亮度;$L_a(\lambda)$ 是气溶胶散射贡献的辐亮度;$L_{ra}(\lambda)$ 是瑞利散射和气溶胶辐亮度之间的多次散射;$L_g(\lambda)$ 是晴天时来自海表面直射太阳光的镜面反射信号;$T(\lambda)$ 是大气的直接透光率;$L_b(\lambda)$ 是来自水体底部反射的辐亮度;$L_f(\lambda)$ 是海表面单个白帽的反射;$t(\lambda)$ 是散射透过率,是卫星和水体表面之间的大气透射的衰减系数;w 是白帽覆盖率;$L_w(\lambda)$ 是需要的离水辐亮度信息。

可以通过探测离水辐亮度、离水反射辐亮度和水面反射光信息,获得水色、水温、水面形态等信号,推测有关浮游植物叶绿素浓度、悬浮泥沙浓度、黄色物质浓度以及水面风、浪等有关信息,这便是海洋水色遥感的基本原理。

2.海洋红外遥感原理

所有物质只要其绝对温度超过绝对零度,就会不断地发射红外能量。常温的地物发射的红外能量主要集中在大于 3 μm 的中远红外区,称为热辐射或者长波辐射。海洋热红外遥感就是利用星载或机载传感器收集、记录海洋的热红外信息,并利用这种热红外信息来识别海洋,反演海表参数、温度、湿度和热惯量等。

大气的长波辐射是大气的热辐射效应,与大气的吸收率密切相关,而吸收率又是波长函数。在热红外波段大气分子对悬浮颗粒物的吸收作用是明显的,其中对大气吸收作用影响最大的是大气中的水汽、二氧化碳和气溶胶,它们既要吸收能量,又要自身发射热辐射。但是在大气窗口波段的热红外长波辐射,除非有云(即使有云,由于云对长波的吸收作用很大,较薄的云层也可以视为黑体)或者尘埃等大颗粒物较多,否则大气的长波辐射的散射作用极小,一般可以忽略不计。所以在热红外波段一般只考虑大气吸收以及大气自身的热辐射,而忽略大气的散射作用。

　　所以,在热红外遥感中,大气层对海洋传感器的系统所记录的辐射能量的光谱组成和强度均有明显的影响:一方面,大气中的悬浮颗粒物吸收海洋表面的发射辐射而致使地面辐射到达遥感器的辐射能量减少,使地面信号减弱;另一方面,大气层中的气体、悬浮微粒自身发射的辐射能叠加在海洋表面热辐射信号上,使信号增强。大气的吸收作用导致海面热辐射信号减弱,表现出比海面实际的温度低;大气的辐射作用又使海面热辐射信号增强,表现出比海面实际的温度高一些,甚至发射辐射超过吸收部分(观测表明,地球接收到的短波能量和地球发射的长波能量大致相当,这是一种理想的稳定状况)。这正、反两方面的大气影响的效果,与成像时的大气条件及感应辐射的大气路径长短有关。

　　太阳辐射能以短波辐射为主,在热红外区域辐射能较少。太阳能是地球万物能量的来源,地表或者海面接收太阳的短波辐射开始升温,将部分太阳能转换为热能,然后向外辐射较长波段,辐射过程中多次穿过大气层,被大气吸收与发射,整个辐射传输过程及影响因素如图 14-2 所示,所以研究海洋热红外遥感要对大气的干扰进行校正。图 14-2 简要说明了热红外辐射的传播方向,以及海面和大气的相互作用。

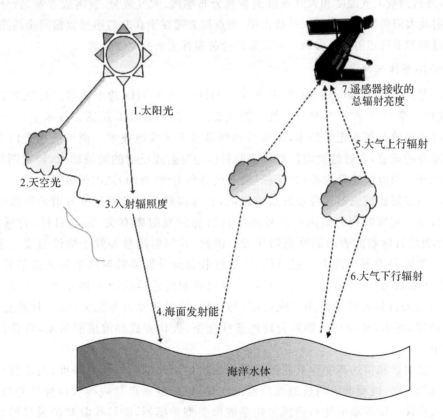

图 14-2　海洋和大气间的热辐射传输

　　假设地表和大气对热辐射具有朗伯体性质,大气下行辐射强度在半球空间内为常数,则热辐射传输方程可用公式表示为

$$L_\lambda = B_\lambda(T_S)\varepsilon_\lambda\tau_{0\lambda} + L_{0\lambda}^{\uparrow} + (1-\varepsilon_\lambda)L_{0\lambda}^{\downarrow}\tau_{0\lambda} \tag{14-2}$$

其中,L_λ 为遥感器所接收的波长为 λ 的热红外辐射亮度;$B_\lambda(T_S)$ 为地表物理温度 T_S(单位为 K)时的普朗克黑体辐射亮度;ε_λ 为波长为 λ 的海面比辐射率;$\tau_{0\lambda}$ 为从地面到遥感器的大

气透过率；$L_{0\lambda}^{\uparrow}$ 和 $L_{0\lambda}^{\downarrow}$ 为波长为 λ 的大气上行辐射、大气下行辐射。$B_{\lambda}(T_{S})\varepsilon_{\lambda}\tau_{0\lambda}$ 为海面热辐射经过大气衰减后被遥感器接收的热辐射亮度，即被测物体本身的辐射；$L_{0\lambda}^{\uparrow}$ 为大气的上行辐射亮度，又叫大气直接热辐射；$(1-\varepsilon_{\lambda})L_{0\lambda}^{\downarrow}\tau_{0\lambda}$ 为大气向海面的热辐射经过海面又被大气衰减后最终进入遥感器的辐射亮度。考虑到热辐射的方向性，式(14-2)可以表示为

$$L_{\lambda} = B_{\lambda}(T_{S})\varepsilon_{\lambda}\tau_{0\lambda} + L_{0\lambda}^{\uparrow} + \tau_{0\lambda}\int_{2\pi}\rho(\Omega' \to \Omega)L_{0\lambda}^{\downarrow}(\theta)\cos\theta d\Omega' \tag{14-3}$$

其中，$L_{0\lambda}^{\downarrow}(\theta)$ 为观测天顶角为 θ 时波长为 λ 的大气下行辐射；$\rho(\Omega' \to \Omega)$ 为地表二向性反射分布函数；积分符号 $\int_{2\pi}$ 代表半球积分；$d\Omega'$ 代表微分立体角。

海面和大气对热辐射具有非朗伯体性质，大气下行辐射强度在半球空间内也非常数。因此要精确获取海面温度，必须进行热红外遥感数据的大气校正，精确地计算出大气透过率和大气上行、下行辐射。热红外波段的大气校正主要应考虑的是大气吸收所引起的地表热辐射的衰减、大气自身的热辐射(包括地表对大气的上行与下行辐射)，需要考虑大气传递函数、路径辐射率，需要测量大气温度和大气湿度的垂直分布廓线、大气成分、气溶胶含量、云分布、大气下行辐射及太阳参数。热红外大气校正中，难点和关键在于获取与遥感数据同步的路径辐射、大气透过率和下行辐射通量参数。可以采用分裂窗算法来避免该问题。

3.海洋微波遥感原理

微波是波长在 1 mm～1 m，频率在 300 MHz～300 GHz 的电磁波。按照波长长短来分，微波包括毫米波、厘米波和分米波。微波遥感与可见光红外遥感在技术上有较大差别，可见光红外遥感是基于光学技术，而微波遥感是基于无线电技术。微波遥感是以微波为信息传播媒介的遥感，它通过微波传感器获取目标物发射或反射的微波辐射，经过图像分析解译识别地物。微波遥感分为被动(无源)微波遥感和主动(有源)微波遥感两大类。

被动微波遥感传感器本身不发射电磁波，只靠接收目标和背景所发射的微波能量来探测目标特性。它所收到的电磁波信号强度与目标的发射率有关，也与目标、背景的温度、性质，特别是目标物的表面温度密切相关。因此，其辐射测量等效于估计温度。主动微波遥感传感器本身发射微波去照射目标，然后接收目标反射或散射回来的微波信号，通过检测、分析回来的信号，确定目标的各种特性及目标对传感器的距离和方位。主动微波传感器记录的有关目标和背景的图像或数据，与目标、背景的发射率无关，也与日照变化无关，图像较稳定、清晰，易识别。如果合理地选择频率、极化方式和波束照射角，可获得较好的遥感效果。

微波散射计和雷达高度计只能测量目标物散射回来的微波信号强度，测定目标物与传感器之间的距离，进而准确测量地面高度的变化，记录的是点状或线状目标物的数据，但是不能形成影像。微波辐射计和侧视雷达是成像类型传感器，能够接收和记录目标物反射或发射的微波辐射信号，形成可视的区域遥感影像或者数字图像。

(1)被动海洋微波遥感系统原理。

当物体辐射亮度和黑体辐射亮度相等时，该黑体的物理温度就是该物体的亮度温度，简称亮温。因此，亮温与温度量纲相同，但物理意义有区别，亮温是一个比自己真实温度低的等效黑体温度(因为自然界中只存在近似黑体，不存在完全黑体)。微波辐射计测量的物理量就是接收的天线辐射功率。可以用辐射强度表示辐射功率，辐射强度是在某一固定频率

和方向上、单位频率间隔、单位立体角、单位面积内的辐射功率。在微波遥感中,辐射波段和辐射强度通常以亮温 Tb_ν 表示。在微波遥感中,辐射测量亮温一般有两个定义。瑞利-金斯近似是第一种定义,在微波波段普朗克定律可近似用公式表示为

$$B_\nu(T) \approx \frac{2\nu^2 kT}{c^2} = \frac{2kT}{\lambda^2} \tag{14-4}$$

因此,等效亮度温度可表示为

$$Tb_\nu^{(RJE)} = \frac{c^2}{2\nu^2 k} I_\nu \tag{14-5}$$

其中,ν,c,k 分别表示频率、光速和波尔兹曼常数。这是一般意义上的微波亮温。热力学意义上的亮温是第二种亮温,用公式表示为

$$Tb_\nu^{(TRM)} = B_\nu^{-1}(I_\nu) \tag{14-6}$$

其中,B_ν^{-1} 是温度 Tb_ν 的普朗克函数对 $B_\nu(Tb_\nu)$ 的反演运算结果。这里的函数 $B_\nu(T)$ 表示频率为 ν 时温度为 T 的黑体的辐射强度,即

$$B_\nu(T) \approx \frac{2\nu^2 kT}{c^2} \frac{1}{\exp\left(\frac{h\nu}{kT}\right) - 1} \tag{14-7}$$

$Tb_\nu^{(TRM)}$ 是当黑体辐射强度为 I_ν 时的等效温度。在正常应用的小于 300 GHz 波段,若将瑞利-金斯近似进行一阶校正加上 $\frac{h\nu}{2k}$,则两者相差很小,精度可满足要求。

微波频率低于 300 GHz,满足瑞利-金斯定律的条件,因此在微波辐射计对应的辐射传输方程中,我们可以用亮温来代替辐亮度。辐射传输方程的微分形式可表示为

$$\frac{\mathrm{d}L(z)}{\mathrm{d}z} + L(z)k_{ab} = L_B(z)k_{ab} \tag{14-8}$$

其中,$L(z)$ 是在位置 z 处的辐亮度;k_{ab} 是在辐射传输路径上介质的吸收系数;$L(z)k_{ab}$ 是因为大气中气体的吸收而衰减的辐亮度;$L_B(z)$ 是与吸收气体温度相同的黑体发射的辐亮度,由于微波波长远大于大气层中各种粒子的尺度,散射衰减对于微波的影响一般可以忽略,而仅仅需要考虑吸收引起的衰减。辐射传输微分方程的解为

$$L(\theta) = L_s e^{-\tau \sec\theta} + \int_0^h L_B(z)k_{ab}(z)e^{-\tau(z,h)\sec\theta}\sec\theta \mathrm{d}z \tag{14-9}$$

将瑞利-金斯定律代入,可以得到

$$T(\theta,h) = etT_s + T_u(\theta,h) = etT_s + \int_0^h T(z)k_{ab}(z)e^{-\tau(z,h)\sec\theta}\sec\theta \mathrm{d}z \tag{14-10}$$

其中,$T(\theta,h)$ 是微波辐射计观测到的视在温度或称为亮温;$T_u(\theta,h)$ 是大气向上辐射的亮温;h 是辐射计所在的高度;θ 是观测角或称为观测的天顶角;e 为海表面的发射率;T_s 为海温;eT_s 为海面的亮温;$T(z)$ 是在高度 z 处大气的温度;k_{ab} 是大气的吸收系数,在微波波段大气的吸收系数与 $\mathrm{d}z$ 之积 $k_{ab}\mathrm{d}z$ 等于在 $\mathrm{d}z$ 路径内大气的吸收率。t 代表从海面 0 到高空 h 之间大气层的透射率,其计算公式为

$$t(0,h) = \exp[-\tau(0,h)\sec\theta] \tag{14-11}$$

其中,$\tau(0,h)$ 是从海面 0 到高空 h 之间大气层的光学厚度。

图 14-3 是考虑了更多辐射源的微波辐射传输,适合于微波辐射计的辐射传输方程可表示为

$$T(\theta,h) = etT_\mathrm{s} + T_\mathrm{u}(\theta,h) + \rho tT_\mathrm{d} + \rho t^2(T_\mathrm{gal} + T_\mathrm{cos} + T_\mathrm{sun}) \tag{14-12}$$

其中，$T(\theta,h)$ 是微波辐射计观测的视在温度或亮温；T_u 是大气向上辐射的亮温；ρ 是海面的菲涅尔反射率；T_gal 和 T_cos 分别是银河系噪声等效温度（对于 $f>3$ GHz，$T_\mathrm{gal}<1$ K）和宇宙黑体辐射等效温度（$T_\mathrm{cos}\approx3$ K）；T_sun 是太阳表面温度，$\rho t^2 T_\mathrm{sun}$ 代表反射的太阳辐射，辐射计应避免接收到它的信号。对于频率大于 3 GHz 的电磁波，电离层噪声的等效温度小到可以忽略不计。否则，大气向上辐射的亮温为 T_u，大气向下辐射产生的亮温为 $\rho t T_\mathrm{d}$，T_u 和 T_d 为

$$T_\mathrm{u} = \int_0^h T(z) k_\mathrm{ab} \exp\left[-\tau(z,h)\sec\theta\right]\sec\theta \mathrm{d}z \tag{14-13}$$

$$T_\mathrm{d} = \int_0^h T(z) k_\mathrm{ab} \exp\left[-\tau(0,z)\sec\theta\right]\sec\theta \mathrm{d}z \tag{14-14}$$

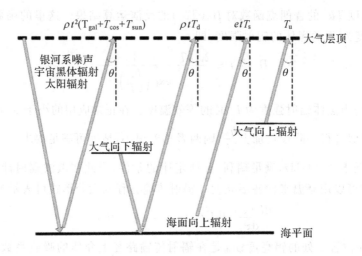

图 14-3　微波辐射传输

（2）主动海洋微波遥感系统原理。

雷达是一种主动微波遥感系统，根据微波传播、接收的时差和多普勒变化以及回波的振幅、相位和极化方式来探测目标的距离及物理性质。雷达成像需要有一个基本条件，即雷达发射出来的波束照在目标的不同部位时，要有时间先后差异，这样从目标反射的回波也会同步出现时间差，才有可能区分目标的不同部位。这需要具备二维方向上的扫描，即雷达天线在飞行器上，与飞行器同方向前进，发出的波束依次向前扫描，即航向扫描；天线发出的能量脉冲指向飞行器的一侧，地面物体同航线垂直方向的各部分反射的回波便可产生时间差，即距离向扫描。因为电磁波以光速近直线传播，雷达与目标的距离（斜距）可以通过发射脉冲到接收回波的时间与电磁波传播速度的乘积获得。

雷达方程式是描述由雷达天线接收到的回波功率与雷达系统参数及目标散射特征关系的数学表达式。雷达天线发射的是以天线为中心的球面波，地物目标反射的回波也是以地物目标为中心的球面波。若忽略大气等因素的影响，则雷达天线接收到的回波功率 W_r 可用公式表示为

$$W_\mathrm{r} = \frac{W_\mathrm{t}G}{4\pi R^2}\sigma\frac{1}{4\pi R^2}A_\mathrm{r} \tag{14-15}$$

其中,W_r 为接收的回波功率;W_t 为发射功率;G 为天线增益(反映实际天线的衰减率,表示天线的方向特性);R 为目标和天线的距离;σ 为目标的雷达散射截面;A_r 为接收天线孔径的有效面积,$A_r = G\lambda^2/(4\pi)$。式(14-15)的 $\dfrac{W_t G}{4\pi R^2}$ 部分为地物目标在单位面积上所接收的功率,乘以 σ 后为地物目标散射的全部功率,即雷达接收机返回的总功率;在除以 $4\pi R^2$ 后得到地物目标单位面积上的后向散射功率,即接收天线单位面积上的后向回波功率。将 $A_r = G\lambda^2/(4\pi)$ 代入式(14-15),则可得

$$W_r = \frac{W_t G^2 \lambda^2 \sigma}{(4\pi)^3 R^4} \tag{14-16}$$

式(14-16)是针对点目标而言的。对于面目标来说,有

$$\sigma = \sigma^\circ A \tag{14-17}$$

式中,σ° 为后向散射系数;A 为雷达波束照射面积,即地面一个可分辨的单元的面积。面目标的回波功率可表示为

$$W_r = \int_A \frac{W_t G^2 \lambda^2}{(4\pi)^3 R^4} \sigma^\circ \mathrm{d}A \tag{14-18}$$

如果目标为散射体,则 σ° 为单位面积的散射截面,A 则为对应辐照体内的体积分。从雷达方程可知,当雷达系统参数 W_t、G、λ 及雷达与目标距离 R 确定后,雷达天线接收的回波功率 W_r 与后向散射系数 σ° 直接相关。

雷达散射截面(RCS)是表征目标在雷达波照射下所产生回波强度的一种物理量。任一目标的 RCS 可用一个各向均匀辐射的等效反射器的投影面积(横截面积)来定义,这个等效反射器与被定义的目标在接收方向单位立体角内具有相同的回波功率。RCS 用符号 σ 表示,其数学表达式为

$$\sigma = 4\pi R^2 \frac{I_r}{I_i} \tag{14-19}$$

其中,I_r 为目标处入射波的功率流密度,I_i 为在接收机处散射波的功率流密度,R 表示目标到接收天线的距离。根据电磁场理论,功率流密度正比于电场强度 E 的平方(或磁场强度 H 的平方)。对于分布目标,一般采用单位表面积的雷达散射截面,即归一化雷达散射截面 σ^0(NRCS,又称归一化后向散射系数)。σ^0 是一个无量纲散射系数,其公式为

$$\sigma^0 = \frac{<\sigma>}{A_0} \tag{14-20}$$

其中,尖括号 $<\ >$ 表示统计平均,A_0 为照射面积。

雷达发射的电磁波脉冲一般属于平面极化。由于平面极化具有垂直(V)和水平(H)两种方式且电磁波的发射和接收相互独立,所以地球遥感的雷达有四种极化方式,即 HH,HV,VV,VH。但 VH 和 HV 极化的雷达回波信号的功率要比其他两种方式小得多,所以雷达通常使用 HH 和 VV 极化。对于特定的入射角和频率,四种极化方式能够完全确定表面的反射特性,并且能确定反射能量的斯托克斯参数。

多普勒效应是指由微波发射源与海面辐射源的相对运动,或者目标与遥感器的相对运动所引起的电磁发射频率和回波频率的变化。当一个频率为 r 的电磁辐射源和观察者之间的距离 l 变化时,观察者接收的信号频率 r' 不等于 r,其差 $\Delta r = r' - r$ 即为多普勒频移。若 $l < 0$,两者距离缩小,则 $\Delta r > 0$;若 $l > 0$,则 $\Delta r < 0$,多普勒频移为负。其关系可用公式表示为

$$\Delta r = r\frac{u}{c}\cos\theta \tag{14-21}$$

其中，u 为辐射源和观察者之间的相对速度；c 为光速，即电磁辐射的速度；θ 为辐射源和传感器间连线的夹角。对于海洋微波遥感而言，飞行器与海面相对运动，雷达的发射频率为 r，由于多普勒效应，到达海面的频率已改变为 r'，而最终遥感器所接受的回波频率又经过一次多普勒频移变为 r''。尽管对于飞机或者飞行器运动速度来说，此频率的改变是很小的，但对海洋微波遥感是有用的。

在微波遥感系统中，区分来自一块面积上不同部位的信号的空间分辨率是靠下述方法达到的：从不同的角度、不同的距离和相对于传感器位置有不同速度的区域来区分回波。这种空间分辨的能力，我们用"分辨率"这个术语来表达。严格地说，分辨率是区分被观测目标单元是一个还是多个的度量。如果客观上确实存在两个目标，系统或观察者能分辨出是两个而不是一个，则该目标被认为是可分辨的。

在微波遥感中，采用两个半功率点之间的间隔来表示分辨率。这个间隔可以在角度域、距离域，也可以在速度域。微波系统的分辨率是靠测量（一个或几个）角度、距离和速度量而获得的。角度分辨率在微波系统中是通过对天线波束宽度测量而获得的，其分辨率由天线方向图对目标投影的半功率断面积决定。如果天线波束较窄，则角度分辨率较好，对应的分辨率距离越小，则我们说分辨率越好。距离分辨率是由测量时间延迟得到的，它与距离测量等效，因为电磁波在空气中的传播速度为光速 c。雷达体制中有不同的时延测量方法，其中最常用的是脉冲体制，这时，时间分辨率就近似等于脉冲宽度。此外，调频体制也是常用的，通过频率调制，将时间延迟转化为频率的改变量，这样通过测量频率的改变量，就可获得相应的时间延迟。正如脉冲雷达的脉宽决定距离分辨率一样，调频雷达的滤波器带宽决定了对地面目标的分辨能力。如果调频雷达接收到的各信号频率相互很接近，以致于都落在滤波器的同一带宽内，那么这些目标就不能分辨，正如脉冲雷达同时接收两个点目标信号一样，同时被脉冲照射的目标是不能分辨的。其他还有诸如二进制序的相位、频率和幅度编码等都可用来进行距离测量。速度测量则决定于多普勒频率，接收信号载频的多普勒频移量正比于被测量目标与雷达之间的相对速度。因此，一个滤波器对接收回波不同频率的辨别能力也就相当于对不同速度的分辨能力。一个传感器雷达运载器在地球上空飞行，其几何关系使得地面上每个点相对于运载器具有不同的速度，这些能辨别相对速度的滤波器组就可用来分辨来自地面不同位置的信号。

14.1.3　海洋遥感要素反演方法

1. 水色要素反演

除了固有光学量外，海水的光学性质主要受到三个组分的影响：浮游植物色素浓度、悬浮泥沙浓度和黄色物质（CDOM）含量。海水中的主要有机质由浮游植物和其他微生物组成，对海洋水体光学性质有很大的影响。浮游植物组分是单细胞植物水生食物链底层，在全球的碳循环中扮演了重要的角色。叶绿素主要存在于浮游植物和其他微生物中。叶绿素 a 浓度是主要的浮游植物色素，经常用来估计海洋的初级生产力。海洋水色遥感的目的之一就是利用遥感手段来测量海水中的叶绿素浓度，常用的手段主要有解析算法和经验算法两种。

解析算法主要是利用各种辐射传输模型来模拟光在水体和大气中的传播过程，并利用生物光学模型来确定水体的离水辐亮度、反射率或者遥感反射率光谱与特定水体组分浓度间的关系。下面以半分析型生物光学算法为例来说明。海水的遥感反射率与海水的固有光学量之间的关系为

$$R_{rs} = L_w(\lambda)/E_d(\lambda,0^+) \approx \sum_{i=1}^{2} g_i (b_b/a + b_b)^i \tag{14-22}$$

其中，R_{rs} 为遥感反射率；$g_1 \approx 0.0949i$，$g_2 \approx 0.0794i$，i 为辐散因子，被定义为海-气透射比与海水折射比；a 是总吸收系数；b_b 是后向散射系数；$a+b_b$ 是衰减系数，两者都代表了海水的固有光学量，则我们要关注的叶绿素浓度在 a 和 b_b 中。总吸收系数 a 和总后向散射系数 b_b 之间的表达式为

$$a = a_w + a_g + a_d + a_{ph} \tag{14-23}$$

$$b_b = b_{bw} + b_{bp} \tag{14-24}$$

其中，a_w 和 b_{bw} 分别为海水分子本身的吸收系数和后向散射系数；a_g 为黄色物质或可溶性有色有机物的吸收系数，a_d 为浮游植物碎屑的吸收系数，两者可合并为 $a_{dg} = a_d + a_g$；a_{ph} 是浮游植物叶绿素的吸收系数；b_{bp} 为悬浮粒子后向散射系数。这些吸收系数便对应于各物质的浓度，把衰减系数和浮游植物色素浓度联系起来，即

$$a_\lambda = a_w(\lambda) + f_1(\lambda)C\exp[f_2(\lambda)] \tag{14-25}$$

其中，f_1 和 f_2 是经验系数，式(14-25)把衰减系数与浮游植物的色素浓度 C 联系在一起。后向散射系数与色素浓度的关系可表示为

$$b_{(\lambda=550\ nm)} = 0.3C^{-0.62} \tag{14-26}$$

因为吸收衰减是一定的，所以衰减系数和色素浓度的关系较精确；而色素浓度和散射系数的关系不太准确，因为散射具有可变性，包括浮游植物粒径大小、种群结构和形态演化等变化都可能引起散射系数的变化。经验算法是利用现场实地测量的色素浓度与同时段获取的归一化离水辐亮度和遥感反射率间的关系建立模型。通过比对卫星反演的归一化离水辐亮度和卫星过境时实际测量的叶绿素数据建立关系来建立海洋水色浓度反演算法，比较典型的就是线性对数回归分析，即蓝绿波段比值法。对于海洋遥感来说，Ⅰ类水体的吸收、散射系数 a、b_b 可以扩展为

$$a_\lambda = a_w(\lambda) + a_p, b_b(\lambda) = b_{bw}(\lambda) + b_{bp}(\lambda)C \tag{14-27}$$

其中，下标 w 表示海水分子的吸收和散射，下标 p 表示浮游植物物质，C 为叶绿素浓度。对于海洋中的浮游植物，已测到的 $a(\lambda)$ 和 $b(\lambda)$ 是叶绿素浓度和波长的函数，据此可算出辐射反射率 $R(\lambda)$。利用两个不同的反射率来计算叶绿素浓度，可以得出叶绿素浓度与光谱辐射度间的检验关系为

$$\lg C = \lg A + B\lg[L_w(\lambda_i)/L_w(\lambda_j)] \tag{14-28}$$

$$C = A[L_w(\lambda_i)/L_w(\lambda_j)]^B \tag{14-29}$$

悬浮泥沙是水色遥感关注的另一个水色要素，通常指的是悬浮微观固体颗粒物，不属于浮游植物组分，粒径通常小于 $2\ \mu m$。悬浮颗粒物的组成取决于海岸侵蚀、流域径流、河流泥沙含量和长期及短期大气颗粒物的沉降等因素。悬浮颗粒物的浓度可以强烈地改变海洋水色，在水体光学性质的确定中扮演了重要的角色。从水色遥感资料中提取悬浮泥沙含量，需要考虑不同浓度含沙水体的反射率之间的关系。实际研究表明，水体中的悬浮泥沙含量与卫星接收到的水体后向散射辐射强度之间有良好的相关关系。卫星传感器接收到的辐射亮

度与反射比值的关系式为

$$L = L_p + \frac{E_d(\lambda, 0^+)}{\pi} \cdot \rho t \tag{14-30}$$

其中,L_p 为大气层辐射度,t 为大气透过率,E_d 为水面向下辐照度,只要求得反射比 ρ 与泥沙浓度 $\varphi_{s,w}$ 之间的定量关系,则可以求得辐射亮度 L 与 $\varphi_{s,w}$ 之间的定量关系。

CDOM 是自然水体中溶解的复杂的化学有机物的统称,主要由腐殖酸和黄腐酸组成。CDOM 通常有两个来源:生物有机体的降解和陆地物质的直接输入。CDOM 不仅吸收蓝绿可见光波段,还吸收 UV-A 和 UV-B 的光。CDOM 的这种吸收特性对水体光学参数有重要的影响,随之影响了整个海洋系统。

对于沿岸的Ⅱ类水体来说,离水辐射度是由叶绿素、悬浮泥沙和黄色物质等多水色因子要素构成的,要提取沿岸水体的各个水色因子比较困难。将获取的海洋卫星资料经过预处理工作,处理至离水辐射亮度 L_w,即每个像素的离水辐射亮度,通过计算总结目标海区历史时期的调查资料或现场实际测量数据资料确定各个点可能的叶绿素浓度、悬浮泥沙和 CDOM 浓度的阈值,预设的各水色因子配方为 C_c, C_s, C_g,离水辐射度的计算公式为

$$L_w(\lambda, 0) = t_i(1 - \overline{\rho})/[5n_w^2(1 - rR)R(\lambda, 0^-)E_0(\lambda)\cos\theta_s t(\lambda, \theta_s)] \tag{14-31}$$

其中,$L_w(\lambda, 0)$ 为离水辐亮度;$E_0(\lambda)$ 为大气层顶的太阳辐照度;θ_s 是太阳天顶角;$t(\lambda, \theta_s)$ 是太阳辐照度的大气传输比;R 为次表层漫反射率;r 为光在海-气表面的反照率;$\overline{\rho}$ 为水表面的反照率;t_i 为海气界面透过率;n 为海气界面复折射率的实部,取值约为 1.33。

理论离水辐亮度 L_w^1 和 L_w 间的相对差值为

$$\Delta L_w = \sqrt{\sum_{\lambda=1}^{n}\left(\frac{L_w^1(\lambda) - L_w(\lambda)}{L_w^1}\right)} \tag{14-32}$$

式(14-32)中的 n 为选用的波段数目。

判断 ΔL_w 是否在所设置的阈值内,阈值为 ε;若超过阈值则进行下一步;利用最佳多元逼近法重新改变叶绿素、悬浮泥沙和黄色物质浓度值配方,循环至 $\Delta L_w \leqslant \varepsilon$,则输出该点的叶绿素、悬浮泥沙和 CDOM 浓度值。实验结果表明,该方法对沿岸Ⅱ类水体的水色反演精度值较高。

2. 基于分裂窗算法的海面温度反演

基于红外遥感的海面温度(sea surface temperature,SST)反演算法主要有基于辐射传输方程法、单通道法、多通道法、分裂窗算法。其中,分裂窗算法在 SST 反演中较为成功,反演误差可小于 0.7 ℃。分裂窗算法又叫劈窗算法,利用 $10\sim13$ μm 大气窗口内两个相邻通道对大气吸收作用的不同,尤其对大气中水汽吸收作用的差异,通过两个通道亮温的各种线性组合来剔除大气的影响,来反演地面温度。它是由 McMillin 在 1975 年针对 AVHRR 数据提出的,首先应用于 SST 反演。分裂窗算法的前提条件或假设是:首先,将海水视为比辐射率约为 1 的近似黑体辐射源;其次,大气窗口内水汽的吸收很弱,并可将其吸收视为常数;最后,海气界面大气的温度与界面处海水的温度应相差不大。

分裂窗算法是目前发展最为成熟的算法,针对 AVHRR 数据,McClain 提出估算 SST 的第一代算法,被称为 MCSST 算法。该算法假定窗区通道测值和实际 SST 的衰减量与两个分裂窗区通道测值的温度差线性相关。Walton 对该方法进行线性推导改进,提出 SST 算

法；NESDIS 于 1991 年对 Walton 的 CPSST 算法进一步的简化，变为非线性算法，并投入业务化运用中。算法形式为

$$T_{NLSST} = A_1 T_{11} + A_2 T_{Guess}(T_{11} - T_{12}) + A_3(T_{11} - T_{12})(\sec\theta - 1) + A_4 \quad (14\text{-}33)$$

其中，T_{NLSST} 为 NLSST 算法卫星反演海面温度，T_{Guess} 为海面温度的初始估测值，T_{11} 和 T_{12} 分别为 AVHRR 第 4、5 通道（11 μm 和 12 μm 通道谱段）的亮度温度，θ 是卫星观测天顶角。

不同学者也基于 MODIS 传感器数据发展了基于红外遥感的 SST 反演算法，其算法用公式表示为

$$SST = a + bT_{31} + c(T_{31} - T_{32})T_{env} + d(T_{31} - T_{32})[\sec(z) - 1] \quad (14\text{-}34)$$

该算法模拟 NOAA 气象卫星 AVHRR 的 MCSST 算法，运用分裂窗通道亮温差进行大气校正，剔除大气衰减的影响。其中，T_{31} 为 MODIS 第 31 波段亮度温度，T_{32} 为 MODIS 第 32 波段亮度温度，T_{env} 为环境温度，z 为卫星的天顶角，a、b、c、d 为算法系数。

3. 海面物理参数的微波遥感反演算法

微波遥感可以通过测量目标在不同频率、不同极化条件下的后向散射特性、多普勒效应等来反演目标的物理特性（如介电常数、湿度、温度、盐度），以及几何特性（如目标大小、形状、结构、粗糙度等信息）。微波遥感已经成为对地观测中十分重要的前沿研究领域。以下以不同微波传感器为例介绍部分海洋物理参数的反演算法。

在多频率扫描微波辐射计（SMMR）的反演海面温度（SST）的众多算法中，极成功的算法之一属于统计的逆算法，通常被称为 D-矩阵方法。这个方法假定 SST 与各个通道探测的亮温之间有简单的线性关系。美国国防部 DMSP 系列卫星装载有专用传感器微波成像仪 SSM/I。使用 D-矩阵方法反演 SST 的 SSM/I 算法是

$$SST\_SSM/I = [D_0\ D_1\ D_2\ D_3\ D_4\ D_5] \begin{bmatrix} 1 \\ T_B(19.4V) \\ T_B(19.4H) \\ T_B(22.2V) \\ T_B(37V) \\ T_B(37H) \end{bmatrix} \quad (14\text{-}35)$$

通过 SSM/I 测量与浮标数据匹配模拟，获得对系数的估计如下：$D_0 = -1.2003 \times 10^2$，$D_1(19.4V) = 3.2346$，$D_2(19.4H) = -1.7780$，$D_3(22.2V) = 3.2509 \times 10^{-1}$，$D_4(37V) = -2.1854$，$D_5(37H) = 8.5434 \times 10^{-1}$。

日本 ADEOS-Ⅱ 卫星装载有高级微波扫描辐射计（advanced microwave scanning radiometer，AMSR）。美国 EOS-PM（Aqua）卫星装载有日本的微波辐射计 AMSR-E。使用 D-矩阵方法反演 SST 的 AMSR 和 AMSR-E 算法是

$$
\text{SST\_AMSR} = [D_0 D_1 D_2 D_3 D_4 D_5 D_6 D_7 D_8 D_9 D_{10}] = \begin{bmatrix} 1 \\ T_B(6.9V) \\ T_B(6.9H) \\ T_B(10.6V) \\ T_B(10.6H) \\ T_B(18.7V) \\ T_B(18.7H) \\ T_B(23.8V) \\ T_B(23.8H) \\ T_B(37V) \\ T_B(37H) \end{bmatrix} \tag{14-36}
$$

其中，T_B 是对应频率和极化状态下 AMSR 测量的亮温，D_i 是对应亮温的系数。例如 $T_B(23.8V)$ 是 AMSR 的 23.8 GHz 通道在垂直极化状态下测量的亮温，$D_7(23.8V)$ 是对应亮温的系数。通过 AMSR 测量与浮标数据匹配模拟，获得对系数的估计如下：$D_0 = -2.178 \times 10^2$，$D_1(6.9V) = 1.639$，$D_2(6.98H) = -7.777 \times 10^{-3}$，$D_3(10.6V) = 1.657 \times 10^{-1}$，$D_4(10.6H) = -9.669 \times 10^{-2}$，$D_5(18.7V) = 1.590 \times 10^{-2}$，$D_6(18.7H) = -4.331 \times 10^{-2}$，$D_7(23.8V) = 1.720 \times 10^{-1}$，$D_8(23.8H) = -9.645 \times 10^{-2}$，$D_9(37.0V) = -1.734 \times 10^{-1}$，$D_{10}(37.0H) = -3.419 \times 10^{-1}$。

微波散射计通过测量风引起的粗糙海面对微波的后向散射特性来推算风场。在海面上，毛细波叠加在重力波上，风的变化引起海面粗糙度的变化，使接收到的后向散射随之变化。根据回向散射与风矢量之间的相关模式，经过地球物理定标后就能计算出海面风场。

微波海面散射的物理机制重要而复杂，当入射角接近天底角时，回向散射为镜面反射，当入射角大于 20° 时，回向散射主要是布拉格散射。海水表面波波长与入射波长可以比拟，散射波主要来源于那些满足布拉格共振条件的表面波，回向散射截面决定于这些小尺度波的功率谱密度，用公式表示为

$$
\sigma_0^{(1)}(\theta) = 4\pi k^4 \cos^4\theta \, |g_y^{(1)}(\theta)| \, \psi(2k\sin\theta, 0) \tag{14-37}
$$

其中，$g_y^{(1)}(\theta)$ 为一阶散射系数，θ 为入射角，ψ 为海面小尺度波功率谱密度，k 为表面波波数。根据风速与小尺度波的功率谱关系，有

$$
\psi(k) = \beta \, |\cos\varphi|^{1/2} V^* \, g^{-1/2} k^{-7/2} \tag{14-38}
$$

可导出单位面积回向散射系数的布拉格表达式为

$$
\sigma^0 = \frac{\pi\beta}{2\sqrt{2}} \, |\cos\varphi|^{1/2} \sin^{1/2}\theta \cos^4\theta \, |g_0^{(1)}(\theta)|^2 (u^{*2} g^{-1} k)^{1/2} \tag{14-39}
$$

其中，$\beta = 10^2$ 为常数，V^* 为摩擦风速，g 为重力加速度，海面风场的信息就隐含在其中的二维波密度中，海面回向散射 σ^0 随摩擦风速 V^* 线性增长。

许多学者已经对海面雷达回向散射与风场的关系进行了大量的研究，并提出了很多经验模式函数进行风矢量的反演，例如 Seasat A 散射计的风场的反演。SASS 的工作频率为 Ku 波段（14.6 GHz），Ku 波段的经验模型由 Moore 和 Fung 于 1979 年提出，称为 Moore 模型，用公式表示为

$$
\sigma_0 = a_1 V^{\gamma_1} + a_2 V^{\gamma_2} \cos\varphi + a_3 V^{\gamma_3} \cos(2\varphi) \tag{14-40}
$$

其中，σ_0 是海面的雷达回向散射系数，V 是海面上 19.5 m 参考高度的中性稳定风速，φ 是雷达波束相对于风向的方位角，θ 是雷达波束的入射角，系数 a 和 γ 定义为 θ 的展开式。在 Moore 模型之后又有许多风矢量反演算法，其中较好的为

$$\sigma_0 = 10[G(\theta,\varphi) + H(\theta,\varphi)\lg 10V] \tag{14-41}$$

G,H 模式函数表（G-H 查找表）是通过与独立的现场海面风场测量相比较获得。

卫星高度计最初的设计目标就是测量地球形状及大地水准面，进而计算全球重力场。ERS-1 曾采用 3 d、35 d 和 168 d 的重复周期三种运行方式，ERS-2 只采用了 35 d 重复周期一种运行方式。ERS-1 卫星的 168 d 重复周期的运行就是为大地水准面测量而设计的，它提供了前所未有的空间采样分辨率。

假设 $h(x,y)$ 是一个球表面的实函数，其中 y 是纬度，x 是经度，则 $h(x,y)$ 可以展开成一系列的球调和函数之和，即

$$h(x,y) = \sum_{n=0}^{\infty} \sum_{m=-n}^{n} C_n^m Y_n^m(x,y) \tag{14-42}$$

其中，$Y_n^m(x,y)$ 是度数为 n 和阶数为 m 的球调和函数；C_n^m 是球调和函数的系数，它的计算公式是

$$C_n^m = \frac{1}{4\pi} \int_0^{2\pi} \mathrm{d}x \int_0^{\pi} h(x,y) [Y_n^m(x,y)]^* \sin y \mathrm{d}y \tag{14-43}$$

其中，$[Y_n^m(x,y)]^*$ 是 $Y_n^m(x,y)$ 的复共轭。高阶的球调和函数展开式可以用来精确地模拟大地水准面，低阶的球调和函数展开式可以用来近似地模拟大地水准面。

14.1.4　海洋遥感的特点

遥感技术获取信息的范围大；获取的资料新颖，能反映动态变化；获取的信息内容丰富；成图迅速，可同时取得不同的目标特征；获取信息方便，不受地形和其他条件的限制，一般方法不容易获得资料的区域，遥感都可方便地获得资料；同时卫星遥感还可以不受政治条件的限制，覆盖地球的任何一个角落。海洋遥感除了拥有遥感的以上特性之外，还有其他特点。

1. 海洋反射信号弱，现象间波谱差异小

海洋遥感传感器接收到的总信号中，只有不到 10% 为有用的包含水色要素的信息。水陆物理性质存在差异，陆地能够对信号有较强的反射，即使不做大气校正也可较好地反映陆地表面状况；但水体对信号的反射作用较弱，在海洋遥感中，传感器接收到的信号有 90% 以上都是大气辐射传输过程中的干扰信号。因此，在海洋遥感中，大气校正是一切定量化遥感参数反演的前提。

在海洋遥感中，根据水体中叶绿素、悬浮泥沙和可溶性有机物的含量把水体分为Ⅰ类水体和Ⅱ类水体。Ⅰ类水体为大洋开阔水体，三种水色要素含量少；Ⅱ类水体为河口海岸带近岸水体，受三种要素影响大。Ⅰ类水体和Ⅱ类水体之间的波谱特性有一定差别。根据水体中的固体颗粒物含量的多少可以有不同的典型的水体光谱曲线，固体颗粒物含量低的反射率波形偏向典型的Ⅰ类水体。其反射峰为蓝光波段附近，所以该海域的海水呈现蓝色。固体颗粒物含量越高，其反射率越高，水体中有丰富的叶绿素、悬浮泥沙、可溶性有机物等固体物质，为典型的Ⅱ类水体。当清澈的大洋Ⅰ类水体向近岸浑浊的Ⅱ类水体变化时，衰减系数极小值波长会向长波方向移动，波谱的反射率波峰向红光波段推移，出现红移现象。在人眼

可见光部分,该水体呈现黄偏红的颜色。

尽管Ⅰ类水体和Ⅱ类水体波谱之间有不小的差距,但是在同一个区域中的Ⅰ类水体与Ⅰ类水体之间和Ⅱ类水体与Ⅱ水体之间的波谱特征类似,因为水中物质含量类似,如杭州湾遥感反射率波谱不同站点之间的水色要素含量略有差别,但是在波谱形状上的差别较小。

2.影响海洋遥感要素信息的因素多

海洋是一个有机的整体,各海洋要素处于动态的联系中,因此反演海洋要素必然受到多种因素的影响。悬浮泥沙作为海洋遥感三要素之一,就受多种因素的影响。泥沙含量受许多海况要素的影响:海面的风会阻止悬浮泥沙下沉;波浪会掀起海底沉积物;潮流能使海水挟沙混合运动增强;温差则会造成海水上下涡动;沉积物和底质会影响悬浮泥沙的浓度。这些因素影响海水泥沙含量,最终影响所获取的泥沙遥感信息。

对于海洋遥感的另一个关注的要素——叶绿素浓度的影响因素也是多方面的。在冬季,风驱动的湍流(常常是由冬季的暴风雪衍生出的)和下降的水温打乱了夏季形成的水体固定的垂直分层。上层海水和底层海水被混合在一起,底层的营养物质被底层海水上涌至海洋表层透光层,藻类利用这些营养物质进行光合作用而大量繁殖,表现在海洋遥感上就是叶绿素浓度的增加。

在冬季,光照强度与日照持续时间的长短限制了藻类的生长。在春季,有更多的光照可用,伴随着持续升高的温度,表层海水也被加热。结果,上层海水温度高,密度低,下层海水温度低,密度高,形成了海水的水体分层。这样就使在冬季时被上涌流上翻的营养物质滞留在表层海水中。藻类和营养物质的耦合促进了浮游植物指数级增长,这也是海洋中叶绿素浓度增加的一个原因。

除了热力分层外,河川径流和降水等淡水注入导致的海水盐度分层也能引起海洋中叶绿素含量的增加。但这种分层往往局限于近岸区域或者河口海岸带区域。淡水注入通过两种途径影响海洋初级生产力:一种是淡水密度较小,注入海洋后往往停留在海水表层形成密度较低的一层水体;另外一种是淡水常常携带了藻类光合作用和生命活动所必需的大量的营养物质。

海洋中叶绿素浓度增加的影响因素还有浮游植物在适宜的环境条件(如营养物质丰富、光照状况理想、温度适宜、较小的损耗——浮游动物和鱼虾等消耗者的消耗和垂直分层的损耗)下可以快速地增长。就繁殖速度而言,许多种浮游植物每天可以成倍的速度快速增长。例如有些浮游植物可以在10 d内增长到原来的1000倍。此外,吃浮游植物的浮游动物对叶绿素浓度增加的响应有些滞后。正是这种滞后导致或促使了浮游植物的大量快速繁殖。此外,浮游动物的繁殖是需要几周的时间而不是像浮游植物那样只需要几小时或者几天,这也是造成海洋中叶绿素浓度增加的因素之一。总之,因为海洋处于一个开放系统中,影响海洋遥感的因素较多。

3.海洋遥感的特性描述方法不同于陆地遥感

在陆地遥感中,不同的地物有不同的典型光谱特征,可方便地通过不同的典型光谱特征区分不同地物。但是在海洋遥感中,海洋表面的性质比较均匀,都是水体,难以根据像陆地那样较大的区分度光谱来区分不同的水体要素的特征光谱。海洋遥感是通过反演其他参数来反映海洋要素特征的,其中海水吸收系数、体散射函数、散射系数、衰减系数、相函数和单次散射反射比是几个重要的海洋参量,可用来描述海水本身特征的,我们称之为海洋要素的"地物谱"。比如,海水吸收系数是描述电磁波在传播过程中海水的吸收引起强度衰减的一个物理量,其随海水成分如盐度、叶绿素及悬浮物等的变化而变化。不同的海水吸收系数反映了海水组成的变化。

考虑到水色遥感数据是基于水体中的叶绿素、悬浮泥沙和黄色物质等信息的综合,从分析它们的吸收、散射模式入手,寻找差异,并对遥感数据采用主成分分析方法,根据不同因素的贡献大小,确定合适的波段组合对叶绿素浓度、泥沙含量、黄色物质浓度进行遥感反演。

4. 海洋遥感要求传感器要有较高的时间分辨率

海洋是动态的,海洋的水体是流动着的,海洋的水体受到河川径流和其他因素的影响,具有较高的复杂度。因此,高动态度、高复杂度的水体要求海洋水色传感器要有较高的时间分辨率。海洋动力环境要素中的海面风场、浪场、流场、潮汐及涡旋等,都是瞬息万变的要素,只有保持海洋观测很好的动态性,才能及时准确地反映海洋要素的变化过程。陆地遥感中,往往地物变化周期要长得多,动态性要差得多。世界上第一颗地球静止轨道海洋水色卫星——韩国的 GOCI 卫星的幅宽为 2500 km×2500 km,可以一天成像 8 次,用于动态地监测覆盖区域的风、浪、流和突发水环境灾害。

5. 海洋遥感要求传感器要有较高的光谱分辨率

海洋水色传感器主要利用可见光、近红外波段来探测海洋表层的叶绿素浓度、悬浮泥沙浓度、黄色物质、海洋初级生产力、漫射衰减系数以及其他海洋生化参数。由于观测的信息包含水色三要素、多次散射、海面白帽等要素,各要素之间的差异较小。

必须通过增加传感器的光谱分辨率,收窄传感器的波段宽度,来减少干扰因素的影响和增加区分度与对比度。表 14-1 为 GOCI 卫星各波段参数详情,从表 14-1 可以看出,GOCI 的光谱分辨率比较高,从蓝光波段到近红外波段,GOCI 分为 8 个波段,而与之相对应的是,一般的陆地卫星如中国的环境减灾卫星——HJ 星、法国的 SPOT 卫星、日本的 ALOS 对地观测卫星、美国的 World View 卫星都是 4 个波段。此外,从表 14-1 中的波段宽度可以看到,GOCI 卫星的波段宽度比较窄,这保证了 GOCI 传感器受水蒸气、臭氧、气溶胶等因素的影响进一步降低,具有较高的信噪比和较优越的水色要素海洋观测性能。同样,欧盟的新一代水色传感器哨兵 3 号——OLCI 传感器有 21 个波段用于水色观测。

表 14-1 GOCI 卫星各波段参数特征及用途

波段	中心波长/nm	波段宽度/nm	信噪比	主要用途
B1	412	20	1077	黄色物质和浑浊度
B2	443	20	1119	叶绿素的吸收峰
B3	490	20	1316	叶绿素和其他色素
B4	555	20	1223	浑浊度,悬浮物
B5	660	20	1192	荧光信号基线波段,叶绿素,悬浮物
B6	680	10	1093	大气校正和荧光信号
B7	745	20	1107	大气校正和荧光信号的基线波段
B8	865	40	1009	气溶胶光学厚度,植被,洋面上水汽参照

6.海洋遥感要求传感器要有较高的信噪比

不管是清洁水体还是浑浊水体,其反射率都远低于其他地物(如土壤和植被)的光谱。海洋中的水体要比河流中的水体更清澈,信号更弱,加上海洋传感器接收到的信号中有90%以上都是大气程辐射信号,有用的离水辐亮度信号不到10%,因此就需要水色传感器比较灵敏、信噪比较高才能满足海洋水色遥感的需要。水色波段都具有信噪比较高的特点。

7.海洋遥感的应用广泛

在海洋遥感中,云的影响是可见光、近红外遥感无法克服的,尤其是全球每天约有60%的范围被云覆盖,这严重限制了可见光、近红外光学遥感的发展和数据的利用。海洋微波遥感不依赖于阳光,可全天时工作;此外,微波因其波段较长可以穿透云层,因而不受恶劣天气的影响。海洋微波遥感的全天候、全天时和高分辨率特性的海洋观测优势是可见光和近红外传感器所没有的,因此微波遥感在海洋中取得了广泛的应用。

海洋科学研究也对海洋遥感提出了一些新的命题,海洋光学遥感对海表形态和海况、海面粗糙度等的研究已经无法满足实际应用的需求。海洋微波遥感能提供大量的海温、海冰、海浪、海面高度、海水盐度、风速、流场、湿度、海表面粗糙度等信息,满足了一定海洋科学的要求。

海洋光学遥感是利用电磁波技术对海洋表面的某些特征如表层水温、波高、悬浮物扩散范围等进行有效遥感测量;海洋声学遥感是根据水下声波传播原理发展起来的,即利用各种类型的声呐装置,以声波为传递信息媒介,对海洋中和海洋底部的目标进行大范围的同步观测的研究。

可见光近红外波段可以穿透一定深度的水体,但在水体中有较大、较快的衰减。在海洋遥感中取得广泛应用的微波遥感也仅仅能够穿透海水几厘米的深度。可见光、近红外和微波遥感仅仅能够反映海洋表面光的温度、盐度、湿度、透明度、叶绿素、悬浮泥沙、黄色物质等特性,这对海洋遥感研究尤其是深海研究来说是远远不够的,必须开拓新的海洋遥感探测途径。激光的使用使遥感测水深有了发展,但声波作为一种机械波在水中的传播速度可达到1500 m/s的速度,可以克服光学遥感在深度上的局限。利用声学遥感技术可以探测海底地形,进行海洋动力现象观测,进行海底地层剖面探测,以及为潜水器提供导航、避碰、海底轮廓跟踪等信息服务。

海洋遥感需要海洋调查船、海洋浮标、海洋潜水器、地物光谱仪、剖面光谱仪、吸收衰减仪等仪器和实测资料的支持,以作为海洋遥感探测器数据质量、反演精度等产品的标定的依据。任何一种算法、一种结果和思路都依赖于实地测量的数据提供支持和检验,以提供较有说服力的产品;同时,实地测量的资料可以用于验证遥感传感器的性能,标定传感器等。

14.1.5 海洋遥感按照不同标准的分类

1.按照电磁辐射波段来分类

海洋遥感按照电磁辐射波谱的不同波段可大致分为:可见光遥感,波长为 $0.38\sim0.76~\mu m$;红外遥感,波长为 $0.76~\mu m\sim1~mm$;微波遥感,波长为 $1~mm\sim1~m$。可见光遥感传感器包括海洋水色传感器、激光雷达等,红外遥感传感器包括红外扫描仪,微波遥感传感器包括合成孔径雷达、微波高度计、微波辐射计和微波散射计等。

2. 按照传感器平台来分类

海洋遥感可以分为航空遥感、航天遥感和地面遥感。航空遥感距离地面的海拔为 100～10000 m，搭载在低、中、高空飞机上的传感器；航天遥感距离地面的海拔为 150 km 以上，例如，地球轨道静止卫星的海拔高度在赤道上空 36000 km，极地轨道卫星或地球观测卫星如 Landsat 和 SPOT 等卫星的海拔高度为 700 km 以上，航天飞机的海拔高度在 300 km 以上；地面遥感距离地面的海拔为 0～50 m，搭载在车、船、塔上的观测仪器。

3. 按照海洋遥感传感器的工作方式来分类

海洋遥感可以分为被动式遥感和主动式遥感两种。被动式遥感中，传感器不发射电磁波，只接收海面热辐射能量或散射太阳光和天空光能量，从这些能量中提取海洋信息。被动式传感器有各种照相机、可见光和红外扫描仪、微波辐射计等。主动式遥感是指传感器向海面发射电磁波，然后接收由海面散射回来的电磁波，从散射回波中提取海洋信息。主动式传感器包括侧视雷达、微波散射计、雷达高度计、激光雷达和激光荧光计等。

4. 按照所获取的信息分类

海洋遥感可以分为海洋水色遥感、海面温度遥感、海面高度遥感、海面风场遥感、声学遥感等。

14.2　海洋遥感数据的处理技术

由于海洋遥感传感器在空间、波谱、时间以及辐射分辨率上的限制，很难精确地记录复杂地表的信息，因而误差不可避免地存在于数据获取的过程中。这些误差降低了遥感数据的质量，从而影响图像分析的精度，因此必须在实际的图像分析和处理之前对原始图像进行图像纠正和重建，以修正原始图像中的几何与辐射变形，即通过对图像获取过程中产生的变形、扭曲、模糊和噪声的纠正，得到一个尽可能在几何上和辐射上比较真实的图像。

14.2.1　海洋遥感数据的辐射校正

消除在图像数据获取过程中由传感器本身的光电系统特征、太阳高度、地形及大气条件等引起的各种失真的过程即为辐射校正。完整的辐射校正包括遥感器的辐射定标、大气校正、地形校正和太阳高度校正。下面介绍前两种。

1. 遥感器的辐射定标

(1) 海洋水色传感器定标。

卫星在轨运行时所获取的遥感信息受到诸多因素的影响，如遥感器系统的畸变、传感器老化、大气传播的干扰、地形影响及同一地物辐射亮度在不同时间内随太阳高度角的变化等，都会使传感器采集到的辐射能量和地物实际的辐射能量之间存在较大的偏差。如遥感器未经严格定标实验，对遥感器性能进行的任何判断都只是主观的、不准确的。辐射定标就是指建立遥感器数字量化输出值 S 与入射绝对辐射通量 F 间的定量关系，用公式表示为

$$F(\lambda) = R_\lambda \left[S(\lambda) - S_0(\lambda) \right] \tag{14-44}$$

其中，S_0 为暗电流测量值。

辐射定标又分为绝对辐射定标与相对辐射定标。卫星发射升空前的绝对辐射定标是在

地面试验场或者是实验室,用传感器观测辐射亮度值已知的辐射源以获得定标系数。在卫星发射后,由于种种因素影响,传感器会老化或者性能衰减,因此发射后的卫星在运行中要定期地进行定标。其方法是将传感器内部设置的光源参数测量后下传至地面,包含在卫星下传辅助数据中,卫星每年的定标系数都是不一样的。

绝对辐射定标的方法主要有三种。①传感器实验室定标:将空中遥感器接收到的电磁波能量信号直接与地物光谱仪接收到的信号机地物的物理特征联系起来加以分析研究,需要对地面遥感器和空中遥感器进行实验室定标。②传感器星上定标:主要利用太阳、月亮和星上携带的恒定光源作为不变目标来对传感器进行定标。③传感器场外地标:选择遥感器飞越的地面均匀、大气透过率较高、反射率不变的定标场区域,测量遥感器对应的各波段的地物光谱反射和大气光谱参量,利用大气辐射传输模型给出遥感器入瞳辐亮度,确定入瞳辐亮度与遥感器对应输出的数字量化关系,计算出定标系数,并进行误差分析。

相对辐射定标又称为探测元件归一化,是为了校正传感器中各个探测元件响应度差异而对卫星传感器测量到的原始亮度值进行归一化的一种处理过程。

绝对辐射定标和相对辐射定标各有特点,应用中两者结合可以提高定标精度,以适应不同的遥感应用需求。在实际应用中,一般是通过定期地面测定,建立地面辐亮度、反射率等测量值与遥感器输出值(灰度值)之间的线性关系。利用绝对定标系数将卫星图像 DN 值转换为辐亮度图像的公式为

$$L_e(\lambda_e) = \text{Gain} \cdot \text{DN} + \text{Offset} \qquad (14\text{-}45)$$

其中,$L_e(\lambda_e)$ 为转换后辐亮度,单位为 $W \cdot m^{-2} \cdot sr^{-1} \cdot \mu m^{-1}$;DN 为卫星载荷观测值;Gain 为定标斜率,单位为 $W \cdot m^{-2} \cdot sr^{-1} \cdot \mu m^{-1}$;Offset 为绝对定标系数偏移量,单位为 $W \cdot m^{-2} \cdot sr^{-1} \cdot \mu m^{-1}$。利用公式(14-45)可以实现海洋卫星的辐射定标。

以我国的海洋卫星传感器为例。赵崴等人的研究以我国"HY-1B"卫星水色遥感器为研究对象,开展了基于大洋水体上空的瑞利散射定标方法研究,通过对 SeaWiFS 数据叶绿素、离水辐亮度和气溶胶产品进行分析,选择了符合条件的 7 个海区实施大气瑞利散射定标,根据 2010 年 12 月选定的 4 个区域定标结果得到不同海区/不同时间获得的定标系数一致性较好,CH1 至 CH6 的定标系数标准差分布在 $0.9\%\sim2.1\%$ 的范围内,因此瑞利散射定标是有效的非现场定标方法,具有较高的定标精度,其总误差在 4.09%。

海洋水色传感器接收到的总信号包括大气分子散射、气溶胶散射、分子气溶胶多次散射、臭氧吸收、离水辐亮度等信息。在一般情况下,在大洋开阔的 I 类水体蓝光波段,离水辐亮度约占总信号强度的 10%;在波长为 550 nm 的绿光波段,信号为 5%;而在大于 750 nm 的近红外波段,离水辐亮度为零。根据大洋 I 类水体的这一特征,可以在该区域建立定标场,对卫星进行定标工作。

为消除水色遥感器带宽较宽而带来的误差,需对待定标波段进行反射率波段平均和归一化,归一化函数为

$$\rho^\kappa = \frac{\int_{\lambda_1}^{\lambda_2} S^\kappa(\lambda)\rho^\kappa(\lambda)\,\mathrm{d}\lambda}{\int_{\lambda_1}^{\lambda_2} S^\kappa(\lambda)\,\mathrm{d}\lambda} \qquad (14\text{-}46)$$

其中,λ 为波长;λ_1 和 λ_2 分别为 κ 波段的起始值和结束值;$S^\kappa(\lambda)$ 为 κ 波段的卫星入瞳处表观反射率。所以,传感器测量的 DN 值与地物物理量之间的对应关系式为

$$DN^{\kappa} = A^{\kappa} \rho^{\kappa} \tag{14-47}$$

其中，κ 为光谱波段标识，其值分别为 412 nm、443 nm、490 nm、520 nm、565 nm、670 nm；DN^{κ} 为归一化的遥感器测量的数码值；ρ^{κ} 为卫星传感器观测值的归一化表观反射率；A^{κ} 为归一化的表观反射率与数码值之间的转换系数，该系数即为绝对辐射定标系数。

式(14-46)为简单辐射定标公式，假设已经对遥感数据进行了黑体信号、基本探测器敏感性差异、非线性、杂散光、日地距离变化等校正，这些校正的残差误差可看作噪声。遥感器在轨定标前系数与在轨定标后系数的变化情况可以用公式表示为

$$\Delta A^{\kappa} = \frac{A_{\mathrm{met}}^{\kappa}}{A_{L_1}^{\kappa}} = \frac{\rho_{\mathrm{mea}}^{\kappa}(L_1)}{\rho_{\mathrm{pre}}^{\kappa}(\mathrm{Method})} = \frac{M\rho_{\mathrm{t}}^{\kappa}}{\rho^{\kappa}(V_{\mathrm{w}}) + T^{\kappa,865}\left[M\rho_{\mathrm{t}}^{865} - \rho^{865}(V_{\mathrm{w}})\right]} \tag{14-48}$$

其中，$M\rho_{\mathrm{t}}^{\kappa}$ 为 κ 波段测得的表观反射率，是原始定标系数处理后得到的结果；$\rho^{\kappa}(V_{\mathrm{w}})$ 为传感器 κ 波段纯分子大气情况下利用辐射传输软件模拟的表观反射率，是由大气瑞利散射和海表反射率两个部分组成；另外，叶绿素含量、风速 V_{w} 和观测几何角度等能被精确计算的一些因素，也是一些决定性的影响因素；$T^{\kappa,865}$ 是在模拟纯气溶胶情况下利用辐射传输方程得出的 κ 波段气溶胶反射率与 865 nm 波段气溶胶反射率的比值。

（2）热红外传感器的辐射定标。

以 MODIS 传感器热红外通道辐射定标为例，说明星上黑体定标的原理与方法。美国 TERRA 和 AQUA 卫星上的中分辨率成像仪(MODIS)具有 16 个中长波红外通道。中长波红外波段的辐射定标是基于对 V 字形凹槽的星上定标黑体逐行扫描完成的。传感器每生成一条扫描线，都要分别观测星上定标黑体和冷空间。星上定标黑体为每个探元提供了已知的辐亮度，仪器的背景热辐射根据其观测冷空间的响应确定。当传感器通过扫描镜获取地面信号时，其全光路的辐亮度包括地表辐亮度 EV、扫描镜热发射 SM 和仪器自身的背景热辐射 BKG 三部分，即

$$L_{\mathrm{EV\_path}} = \mathrm{RVS_{EV}} \cdot L_{\mathrm{EV}} + (1 - \mathrm{RVS_{EV}}) \cdot L_{\mathrm{SM}} + L_{\mathrm{BKG}} \tag{14-49}$$

其中，L 是波段的平均辐亮度；$\mathrm{RVS_{EV}}$ 是扫描镜相对于扫描角的响应度；$1 - \mathrm{RVS_{EV}}$ 相当于扫描镜的等效发射率，其随着扫描角度的变化而变化。

同样，当传感器观测冷空间时，其全光路的辐亮度可以表示为

$$L_{\mathrm{SV\_path}} = (1 - \mathrm{RVS_{EV}}) \cdot L_{\mathrm{SM}} + L_{\mathrm{BKG}} \tag{14-50}$$

式(14-50)中只包含了扫描镜的热辐射和背景辐射。式(14-49)和式(14-50)的差别是与传感器对地面观测信号和冷空间观测信号的响应之间的差别相关的。路径辐射的差别可以表示为

$$\mathrm{RVS_{EV}} \cdot L_{\mathrm{EV1}} + (\mathrm{RVS_{SV}} - \mathrm{RVS_{EV}}) \cdot L_{\mathrm{SM}} = a_0 + b_1 \cdot dn_{\mathrm{EV}} + a_2 \cdot dn_{\mathrm{EV}}^2 \tag{14-51}$$

其中，偏移量 a_0 和非线性项系数 a_2 可以从由发射前实验室生成的或者在轨星上黑体温度循环变化中产生的查找表中获得；L_{SM} 是利用普朗克方程在整个波段的光谱响应区间内取平均求得的，即

$$L_{\mathrm{SM}}(\lambda, T_{\mathrm{SM}}) = \frac{\sum \mathrm{RSR}(\lambda) \cdot \mathrm{PLANK}(\lambda, T_{\mathrm{SM}})}{\sum \mathrm{RSR}(\lambda)} \tag{14-52}$$

dn_{EV} 是传感器观测地表的输出计数值 DN_{EV} 与观测冷空间的输出计数值均值 $\langle DN_{\mathrm{SV}} \rangle$ 的差值，即

$$dn_{\mathrm{EV}} = DN_{\mathrm{EV}} - \langle DN_{\mathrm{SV}} \rangle \tag{14-53}$$

各探测单元的线性项系数 b_1 可通过观测星上定标黑体的方程得到

$$\text{RVS}_{\text{BB}} \cdot \varepsilon_{\text{BB}} + (\text{RVS}_{\text{SV}} - \text{RVS}_{\text{BB}}) \cdot L_{\text{SM}} + \text{RVS}_{\text{BB}} \cdot (1 - \varepsilon_{\text{BB}}) \cdot \varepsilon_{\text{CAV}} \cdot L_{\text{CAV}} =$$
$$a_0 + b_1 \cdot \text{dn}_{\text{BB}} + a_2 \cdot \text{dn}_{\text{BB}}^2 \qquad (14\text{-}54)$$

式(14-54)的左边第一项是定标黑体辐亮度,第二项是扫描镜的热发射,第三项是来自仪器扫描腔的背景辐射的贡献。定标黑体的发射率和仪器扫描腔的等效发射率分别用 ε_{BB} 和 ε_{CAV} 表示。在式(14-51)和式(14-54)中,用 b_1 代替 a_1,目的是为了表明在这些方程中线性定标系数是逐次扫描计算获得的。其中 dn_{BB} 的计算公式为

$$\text{dn}_{\text{BB}} = \langle \text{DN}_{\text{BB}} - \langle \text{DN}_{\text{SV}} \rangle \qquad (14\text{-}55)$$

dn_{BB} 根据已知的每一条扫描带的定标黑体温度、扫描镜温度和定标腔温度,以及传感器对黑体观测和冷空间观测的仪器输出值求得的,其他参数包括发射率、RVS 等根据发射前实验定标确定,完成对 MODIS 传感器热红外通道的在轨星上绝对辐射定标。

(3)散射计的辐射定标。

微波散射计是有源微波遥感器的一种,可测量海洋、陆地、极地、大气、云雨等不同背景目标的散射特性。任何经过幅度标定、可用于定量测量的雷达都可视为微波散射计。星载微波散射计是能够同时测量海面风速和风向的重要微波遥感载荷,其向海面发射电磁波束,波束照射到海面被散射,散射的强度与海面的张力波和重力波的振幅成正比,而这些波与相应海面附近的风速有关。散射计从不同方位角测量散射回波强度,就可根据雷达方程,计算出同一照射区域的一组后向散射系数,再通过风场反演模型函数即可推导出海面风的速度和风向。

微波散射计的精确测量是通过对散射计采用内、外定标技术而实现的,定标方法和定标精度直接制约着散射计的测量性能。研究微波散射计的定标技术对微波散射计广泛应用有着重要的意义和实用价值。微波散射计的测量原理是基于雷达方程的。微波散射计定标也就是对雷达方程中影响测量精度的因子进行校准,以减小各种误差,获得最大测量精度。

雷达系统、雷达目标和接收信号三者之间的基本关系可以由雷达方程来描述。雷达方程中各种损耗以及功率可通过内定标来标定,积分因子误差可利用外定标来消除,定标方法中采用的公式也是由雷达方程变形而来的。

内定标有两种不同的方法:一种是对系统的各部分分别定标;另一种是比例定标。分别定标法需要对雷达的许多参数进行测量,如发射机功率、工作频率、波长、脉冲重复频率、接收机最小可检测信号、信号处理器等都需要测量。

外定标法是利用已知雷达散射截面的目标回波功率给散射计定标,以获得真实的目标散射系统。根据不同的已知散射截面的目标,外定标分为点目标定标和均匀目标定标两种。点目标利用金属球或角反射器等提供定标电平,通常在地面定标中采用。

国产首颗海洋环境动力卫星 HY-2A 已于 2011 年 8 月 16 日成功发射升空,其搭载的微波散射计是国内首颗星载微波散射计。可以利用海洋目标定标法对 HY-2A 微波散射计进行辐射定标。

可基于星载微波散射计的海面观测数据,建立散射计观测后向散射系数的测量模型,其公式为

$$\sigma_{0\text{gmf}}(V, \psi, \theta) \equiv R(\theta) \sigma_{0\text{meas}}(U, \psi, \theta) + e(\sigma_0, \theta) \qquad (14\text{-}56)$$

其中,V 为风速;ψ 表示风向与散射计观测波束指向之间的相对方位角;θ 代表散射计观测波

束的入射角；$\sigma_{0\mathrm{gmf}}(V,\psi,\theta)$表示散射计观测面元后向散射系数的真值，在海洋目标定标法中指的是利用模式函数计算的模拟值；$\sigma_{0\mathrm{meas}}(V,\psi,\theta)$表示散射计测量的后向散射系数；$R(\theta)$表示不随时间变化的测量误差校正量散射计的定标系数；$e(\sigma_0,\theta)$表示正态分布、零均值的随机误差。

　　相对方位角范围内的后向散射加权平均值可以有效降低风速、风向随测量随机误差引起的定标误差，因此，需要对散射计在确定波束、确定入射角的匹配数据，按照风速和相对方位角的顺序逐级划分数据的分类区间，不同分类区间数据之间再加权平均。以公式(14-56)左边的加权积分平均计算为例，加权平均的计算公式为

$$\langle\sigma_{0\mathrm{gmf}}(\theta)\rangle=\sum_{i=1}^{N_u}w(V_i\,|\,\theta)*\sum_{j=1}^{N_\psi}\sigma_{0\mathrm{gmf}}(V,\psi,\theta)w(\psi_j\,|\,V_j,\theta) \tag{14-57}$$

其中，N_u为划分风速的分类区间数；$w(V_i\,|\,\theta)$是在给定入射角θ的条件下，具体第i个风速分类区间的加权系数；N_ψ是划分相对方位角的分类区间系数；$w(\psi_j\,|\,V_j,\theta)$是在给定入射角θ及给定风速分类区间V_j条件下，第j个相对方位角分类区间的加权系数。对式(14-56)和式(14-57)进行加权平均计算，由于误差项$e(\sigma_0,\theta)$是均值为零、正态分布的随机误差，值较小，对其加权平均后可忽略不计，所以对式(14-56)加权平均后，散射计某一天线波束在给定入射角条件下定标系数$R(\theta)$的计算公式为

$$R(\theta)=\frac{\langle\sigma_{0\mathrm{gmf}}(\theta)\rangle}{\langle\sigma_{0\mathrm{meas}}(\theta)\rangle} \tag{14-58}$$

　　定标系数$R(\theta)$是无量纲的，由于散射计测量后向散射系数通常采用 dB 的单位表示，因此，采用 dB 单位表示定标系数$R_{\mathrm{dB}}(\theta)$的计算公式为

$$R_{\mathrm{dB}}(\theta)=10\lg(\langle\sigma_{0\mathrm{gmf}}\rangle(\theta))-10\lg(\langle\sigma_{0\mathrm{meas}}(\theta)\rangle) \tag{14-59}$$

即可根据式(14-59)求出定标系数，实现 HY-2A 微波散射计的辐射定标。

　　(4)合成孔径雷达的辐射定标。

　　合成孔径雷达(SAR)全天候、全天时的工作方式，以及能够提供远距离、高分辨率的微波反射率数据等特点，推动了它在地球远距离考察中的应用。SAR 系统的应用已取得了一定的成功，尤其在军事侦察和目标探测方面特别突出。这些应用主要是利用图像数据来获取不同散射目标的位置、形状、相对反射特性分布等一系列信息，都需要具备对雷达截面进行绝对测量的能力。在设计目标截获雷达时，对于大多数检测算法，地面杂波和战术目标的雷达截面特性都是基本输入。目标及地形的复杂性和多变性，以及自然的和人为活动造成的目标并存，为建立有效的理论模型来预测微波反射性能造成了极大的困难。因此，实验测量在很大程度上依赖于已标定的 SAR。

　　SAR 定标的根本目标就是确定 SAR 图像中的灰度值与地物后向散射系数的精确关系。随着 SAR 技术的发展，定标技术已成为新一代 SAR 系统必不可少的组成部分，广泛应用于机载 SAR 和星载 SAR 以生产 SAR 的精密定量产品。SAR 定标技术是实现 SAR 对地定量观测的关键技术，它涉及遥感技术的信息获取、信息处理和信息应用的"定量"，是多学科、多种技术有机组成的高技术集成。

　　SAR 系统的定标分为相对定标和绝对定标两种情况。相对定标系统允许测量数值进行精确比较。如果只对消除系统影响的高分辨率雷达图像感兴趣，那么相对定标就足够了。绝对定标要求明确知道 SAR 的系统函数，这样才能对从不同轨道或不同时间获取的数据加

以比较。绝对辐射定标能力为数据提供了一个辅助的尺度。当定标完成之后，不同目标的雷达截面信息、不同地形的散射系数就可得以分类与解译。

辐射定标又称辐射校准，是对端口到端口的 SAR 系统性能的处理，同时建立图像与地物后向散射系数的精确关系。定标分为两大类：内部定标和外部定标。内部定标是利用机内设备（如校准单音、调频信号）将定标信号加入雷达数据流来确定系统性能的过程。内部定标可以用来估计发射功率和接收机增益因温度变化或元件老化而引起的相对变化。目前国际上，SAR 系统的内部定标精度能够达到 0.2 dB。外部定标是用来自地面目标或由地面目标散射的定标信号来确定雷达系统性能的过程。外部定标技术一般涉及两类目标：①点目标或已知雷达截面积的定向散射器，如二面体、三面体和有源定标器；②相对稳定的、散射特性完全确知的大片均匀区域的分布目标，如亚马孙热带雨林、大片均匀沙漠等。外部定标方法相对内部定标方法的优点在于，端口至端口的系统性能可以被直接测量。因此，难以测量的系统参数，如天线方向图、轴向增益与指向，以及信号传输影响都可以用外部定标技术测定。SAR 辐射定标可以直接得到反映地物后向散射系数的雷达图像，但它不可能绝对准确地代表地物后向散射系数。定标精度用来表示经过定标之后的后向散射系数的不确定性范围。随着定标工作的开展和完善，定标精度也不断提高。从美国 SIR-C 的 3 dB 的绝对定标精度到德国 Terra SAR-X 优于 0.9 dB 的绝对定标精度。高的定标精度促进了 SAR 数据处理由定性研究向定量研究发展。定性研究主要依据雷达图像提供的位置、形状和目标回波相对变化的信息；而定量研究主要做诸如地杂波统计特性研究、土壤湿度测量、作物精确分类、海面实况调查、目标识别等工作。不同的 SAR 图像应用领域对辐射定标精度提出不同的要求，大部分的应用要求辐射定标精度小于 1 dB。

SAR 辐射定标时，目标像素功率 W_s 与其雷达截面积之间的关系由系统的总传递函数 H 确定，即

$$W_s = H\sigma \tag{14-60}$$

因此，只要精确已知 SAR 系统的总传递函数，就可由图像像素功率测量出目标的雷达截面积，该雷达截面积除以分辨单元面积即为散射系数。若系统总传递函数是稳定的，即 H 为常量 $K(R)$，H 是由距离决定的标量因子。对一分布目标而言，接收机输出的信号功率为

$$W_s = \frac{W_t G_r G^2(\theta,\varphi)\lambda^2\sigma}{(4\pi)^3 R^4} \tag{14-61}$$

其中，W_t 是发射功率；G_r 是总的接收增益；$G(\theta,\varphi)$ 是在距离向和方位向的增益；λ 是波长；R 是斜距；σ 是目标的雷达截面积。对于分布目标，$\sigma = \sigma^0\Delta x\Delta R$，$\Delta x$ 和 ΔR 分别是方位向和距离向分辨单元的大小。距离标量因子为

$$K(R) = \frac{W_t G_r G^2(\theta,\varphi)\lambda^2}{(4\pi)^3 R^4} \tag{14-62}$$

定标问题是对发射功率 W_t、总的接收增益 G_r，天线方向图、在距离向和方位向的增益 $G(\theta,\varphi)$ 以及入射角的估计。内定标是使用内置设备的数据测量发射机功率输出和接收机增益。外定标是使用已知散射特性的点目标和分布目标测量系统定标常数、系统传递函数等。

最常用的 SAR 定标技术是标准反射率参考法、合成传输函数技术、利用适当景物定标。所有的定标方法都要对 SAR 系统的天线响应进行测量。此外，在 SAR 定标的数据采集期

间,所有工作参数和系统参数都应仔细记录,因为计算定标常数时将用到它们。

在 SAR 系统中,从发射信号到生成图像都存在许多不确定因素,会造成信号失真。主要的不确定因素有:①雷达波在大气层(包括电离层)中传播,其电磁参数会发生变化,如信号衰减、传播延迟、极化方向改变等;②由于发射机和接收机系统老化或环境温度变化,性能参数发生改变,如发射功率变化、接收增益变化等;③平台横滚运动、馈源退化等都会造成实际天线方向图变化;④成像中对回波信号的多普勒中心频率和调频率估计的误差及数字处理中的量化误差导致成像处理器增益的误差。为了对 SAR 系统进行定标,必须确定系统中每个部分的不确定性,建立一个总的误差模型。SAR 辐射定标主要是监视系统参数的相对变化,测量系统性能,提供具有一定精度的图像产品。

2. 海洋遥感传感器的大气校正

为求得离水辐亮度 $L_w(\lambda)$,消除大气对太阳光和来自目标的辐射产生的吸收、散射的作用,即消除包含水色信息的离水辐亮度信号在辐射传输过程中大气影响的过程叫大气校正。大气校正与辐射传输路径、天气状况、大气的吸收和透射率等因素有关。

(1)海洋水色遥感传感器的大气校正。

从典型的海-气辐射传输过程可以看出,海洋水色传感器接收到的辐射 L_t 由三个部分构成:大气散射辐射 L_p、海面反射辐射 L_{sr}、海面离水辐射 L_{wb},用公式表示为

$$L_t = L_p + L_{sr} + L_{wb} \tag{14-63}$$

其中,L_p 主要是由大气分子和气溶胶共同影响引起的;L_{sr} 主要是由水面镜面反射和白帽影响所致;L_{wb} 主要是由水体成分和底质后向散射组成。为了表述方便,将与气溶胶辐射相关的项写成

$$L_{ma}(\lambda) = L_a(\lambda) + L_{ra}(\lambda) \tag{14-64}$$

根据大气校正基本方程,要获得水体各组分浓度信息,关键是要确定离水辐亮度 $L_w(\lambda)$,并建立其与各种成分之间的关系。根据式(14-63),消除式(14-64)中的气溶胶和瑞利散射等干扰因素,求得离水辐亮度 $L_w(\lambda)$,则实现了海洋卫星传感器的大气校正。

由于大气中的气溶胶组分和光学性质的易变性,精确测量气溶胶散射的影响是不可能的,而大气分子的瑞利散射是可以精确计算的;并且对于清洁的 I 类水体来说,水体在近红外波段的 $L_w(\lambda)$ 为零。因此从接收到的近红外波段的总辐射信号中首先消除太阳耀斑和海面白帽的影响,再减去瑞利散射的贡献,则可得到近红外波段上气溶胶散射的贡献值,并将其外推至可见光波段,从而可以得到可见光波段上的离水辐亮度。通过大量的研究和与实测数据的对比发现,这种方法在 I 类水体取得了较好的效果。

近红外波段离水辐亮度为零的 I 类水体的大气校正算法在 II 类水体中存在过饱和的现象。因为 II 类水体中的叶绿素、悬浮泥沙和 CDOM 导致近红外波段的离水辐亮度值较大,仍用 I 类水体的大气校正算法,令近红外波段离水辐亮度为零会导致大气校正的过校正现象,导致校正值为负值。因此国际上又提出了比较实用的 II 类水体的大气校正算法,主要有:直接借用临近 I 类水体的气溶胶类型和光学厚度;根据生物-光学模型,建立红、近红外 2 个波段辐射值与水色要素间的关系进行迭代;给定近红外 2 个波段的离水辐射反射率比值及气溶胶模型进行计算;根据水体光学特性进行迭代。

（2）热红外遥感的大气校正。

热红外波段大气校正的关键是估计以下 3 个参量：路径辐射、大气透过率和下行辐射通量。大气校正最困难的部分就是由影像来估计大气参数，现在常用的方法是分裂窗算法。

在热红外波段，假设大气处于局地热平衡状态，忽略掉散射作用，大气辐射传输方程可以表示为

$$L(\lambda) = L_s(\lambda)\tau(\lambda) + L_{up}(\lambda) \tag{14-65}$$

其中

$$L_s(\lambda) = \varepsilon(\lambda)B(T_s,\lambda) + [1 - \varepsilon(\lambda)]L_{down}(\lambda) \tag{14-66}$$

其中，$L(\lambda)$ 为传感器观测辐亮度，λ 为波数，$L_s(\lambda)$ 为传感器位于地表观测辐亮度，T_s 为地表温度，$\varepsilon(\lambda)$ 为地表比辐射率，B 为普朗克函数，$\tau(\lambda)$、$L_{up}(\lambda)$ 和 $L_{down}(\lambda)$ 分别为大气透过率、上行辐射和下行辐射。

利用 Gu 等人提出的自治式大气补偿（autonomous atmospheric compensation，AAC）算法来对热红外波段进行大气校正为例来说明热红外波段的大气校正。AAC 算法是基于遥感数据自身空间以及光谱信息的大气校正方法，是从观测数据中求解大气透过率和大气上行辐射，从而获得传感器位于地表观测的辐亮度 $L_s(\lambda)$，为准确分离地面温度和比辐射率奠定基础。

任意两通道传感器接收的辐亮度的关系为

$$L(\lambda_1) = L_s(\lambda_1)\tau(\lambda_1)/[L_s(\lambda_2)\tau(\lambda_2) \cdot L(\lambda_2)] + L_{up}(\lambda_1) - L_s(\lambda_1)\tau(\lambda_1)/[L_s(\lambda_2)\tau(\lambda_2) \cdot L_{up}(\lambda_2)] \tag{14-67}$$

假设两通道相邻且地表比辐射率在两通道都约等于 1，由于两个通道地表观测辐射之间的差异极其微小，$L_s(\lambda_1)/L_s(\lambda_2)$ 约为 1，则式（14-67）可以简化为

$$L(\lambda_1) = \frac{\tau(\lambda_1)}{\tau(\lambda_2)}L(\lambda_2) + L_{up}(\lambda_1) - \frac{\tau(\lambda_1)}{\tau(\lambda_2)}L_{up}(\lambda_2) \tag{14-68}$$

由式（14-67）可知相邻两通道星上观测辐亮度差异主要由大气参数在两通道的差异引起，定义为

$$T_r = \frac{\tau(\lambda_1)}{\tau(\lambda_2)} \tag{14-69}$$

$$P_d = L_{up}(\lambda_1) - \frac{\tau(\lambda_1)}{\tau(\lambda_2)}L_{up}(\lambda_2) \tag{14-70}$$

其中，T_r 为两通道透过率之比，P_d 为上行辐射加权差，两通道的辐射亮度为线性关系，斜率为 T_r，截距为 P_d。假定一定区域范围内大气均一不变，而地面温度变化较大，则可以利用该区域内所有像元的观测值拟合出斜率 T_r 和截距 P_d。AAC 热红外大气校正方法首先估计出某一通道的斜率 T_r 和截距 P_d，再利用式（14-71）求出所有通道的透过率和上行辐射，即

$$y(\lambda) = \sum_{i=1}^{3}\sum_{j=1}^{3}C_{ij}(\lambda) \cdot T_r^{i-1}P_d^{j-1} \tag{14-71}$$

其中，$y(\lambda)$ 为透过率或大气上行辐射，$C_{ij}(\lambda)$ 为与通道有关的拟合系数，该系数可由模拟数据事先拟合得到。

（3）微波遥感的大气校正。

由瑞利散射原理可知，散射波的强度与波长的 4 次方成反比。由于微波的波长比紫外、可见光和红外波段的波长长得多，则其散射作用比可见光-红外波段小得多。由水粒组成的

云粒子直径一般不超过 100 μm(比微波波长要小一两个量级),满足瑞利散射条件,其散射作用很小,一般可以忽略。但降水云层主要由雨滴、冰粒、雪花、冰雹等粒子组成,其直径超过 100 μm(雨滴可达几毫米,冰雹可达几厘米),满足米氏散射条件,此时大气对微波的散射作用一般不能忽略。

大气中的氧分子和水汽对微波有一定的吸收作用,氧分子的吸收在 60 GHz 附近,水汽的吸收中心位于 20 GHz 附近,以对地观测为目标的微波遥感的主要工作范围在 0.8～30 cm,工作频率在 1 G～40 GHz。在此范围内,除了 20 GHz 附近水汽的吸收带外,大气透过率大多在 95％以上,微波对大气具有较好的透射性,如图 14-4 所示。

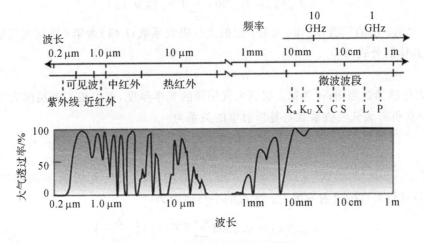

图 14-4　不同波段范围的大气透过率

虽然微波在大气中的透过率在 95％以上,但大气对微波的衰减作用还是存在的,主要指大气中微粒和雨滴对微波的吸收和散射作用,且随着波长的减小,由瑞利散射原理——散射波的强度与波长的 4 次方成反比——可知,波长变短,散射作用变强,大气对微波能量传输的衰减作用在加大。所以,为了反映地表地物的真实信息,要对环境噪声和大气影响进行去除,需要对微波遥感进行一定程度的大气校正。

微波辐射计是一种被动式微波遥感设备,通过测量地球表面向外辐射的微波信号,可以获得多类型的地球物理参量的时空分布信息参数,其中 L 波段微波辐射计在海水盐度、土壤水分、海面风场等参量的定量反演中有着广泛的应用;L 波段微波虽然波长较长,大气对 L 波段微波信号的影响较小,但随着微波遥感定量反演精度的提高,大气对微波信号的影响已经不能被简单地忽略,针对微波遥感的大气校正方法显得越来越重要。

根据微波辐射传输方程,微波辐射计的观测亮温可表示为

$$T(\theta,h) = te_s T_s + T_{up}(\theta,h) + \rho t T_{down} + \rho t^2 (T_{gal} + T_{cos} + T_{sun}) \qquad (14\text{-}72)$$

其中,$T(\theta,h)$ 为微波辐射计测得的亮温;e_s 为海表面发射率;T_s 为海表的实际温度;T_{up} 和 T_{down} 分别为大气上行、下行辐射亮度;ρ 为海面菲涅尔反射率;t 为大气透过率;T_{gal}、T_{cos}、T_{sun} 分别为银河系噪声、宇宙黑体辐射、太阳辐射等宇宙背景辐射的等效亮温。

由式(14-72)可以看出大气对微波辐射传输的影响主要包括三个部分:大气对地表辐射能量的吸收衰减,大气自身上行辐射能量中进入传感器以及大气自身下行辐射能量被地表反射后穿过大气层进入传感器的部分。

通过求解辐射传输方程可知大气自身上行辐射亮温的计算公式为

$$T_{up}(\lambda) = \int_z^{zH} T_z k_{az}(\lambda) t_z(\lambda) dz \tag{14-73}$$

其中，$T_{up}(\lambda)$ 为高度 z 到大气顶 zH 的大气上行辐射亮温；T_z 为高度 z 的气温；$k_{az}(\lambda)$ 为高度 z 的大气吸收系数；$t_z(\lambda)$ 为高度 z 到大气顶 zH 的大气透射率。

由式(14-73)可知，要计算大气上行辐射亮温，需要在大气垂直剖面内进行积分，并获得不同位势高度的相关大气物理参数。利用 NCEP 模式输出分层的大气廓线数据，结合 Liebe 等给出的大气辐射传输模型，对于分层的大气廓线数据，大气上行辐射的计算公式为

$$T_{up}(\lambda) = 0.2303 \sum_i T_i k_{ai}(\lambda) t_i(\lambda) \tag{14-74}$$

其中，T_i 为第 i 层的气温；$k_{ai}(\lambda)$ 为第 i 层的大气吸收系数；$t_i(\lambda)$ 为第 i 层到大气层顶的大气透射率，具体的公式为

$$t_i = 10^{-0.1\tau_i \sec\alpha} \tag{14-75}$$

其中，α 为传感器观测角；τ_i 为第 i 层到大气层顶的光学厚度，可由相邻两层间大气吸收系数均值积分获得。大气吸收系数与复折射率的关系为

$$\tau_i = \sum_z^{zH} k_{ai} = 0.1820 f \sum_z^{zH} N''_{i-mid} \tag{14-76}$$

其中，$N''_{i-mid} = (N''_i + N''_{i+1})/2$ 为第 i 和 $i+1$ 层间的大气复折射率的虚部均值。由式(14-76)可得大气的透射率为 t_1。大气的下行辐射为

$$T_{down}(\lambda) = 0.2303 \sum_i T_i k_{ai}(\lambda) \left(\frac{t_1}{t_i(\lambda)}\right) \tag{14-77}$$

无云情况下大气对 L 波段微波辐射传输影响的主要成分是水汽，根据 Liebe 给出的水汽与大气辐射参数的关系，利用插值的 NCEP 温度湿度廓线数据计算每一层大气水汽含量。大气的相对湿度为

$$q = E/E_s \tag{14-78}$$

其中，E 为水汽压；E_s 为饱和水汽压，计算公式为

$$E_s = 2.408 \times 10^{11} \theta^5 \exp(-22.644\theta) \tag{14-79}$$

其中，θ 为倒数温度，表示为

$$\theta = 300/(T + 273.15) \tag{14-80}$$

其中，T 为实际的大气物理温度，单位为℃，由公式 $q = E/E_s$ 可以得到水汽压 E 为

$$E = (q/100) E_s \tag{14-81}$$

最终，水汽密度可表示为

$$\rho_v = 0.7223 E \theta \tag{14-82}$$

14.2.2　海洋遥感数据的几何校正

在遥感图像的获取过程中，原始图像上各地物的几何位置、形状、尺寸、方位等特征会与参照系统中的表达要求不一致，产生几何变形。遥感图像的误差又可以分为静态误差和动态误差。静态误差是指在成像过程中，传感器相对于地球表面呈静止状态时所具有的各种变形误差；动态误差是在成像过程中地球的旋转等因素造成的图像变形误差。

几何校正处理可以纠正几何形变和系统误差，并能保证不同数据源之间的几何一致性，

从而实现标准图像的几何整合。几何校正一般包含两个层次:第一个层次是遥感图像的粗校正处理。粗确校正处理之后仍然有不小的残余误差;第二个层次是遥感图像的精确校正处理,精校正需要借助一组地面控制点数据,一般是在地图上选取,地面控制点应该在地图上均匀分布,选取地面控制点之后进行多项式纠正,具体步骤为:选取地面控制点,像元坐标变换,像元亮度值的重采样。

14.2.3　海洋遥感数据的图像增强及变换

图像增强及变换的目的是为了突出分析者感兴趣的特定专题信息,提高视图效果,使分析者能够更容易地识别图像内容,从而可以方便地从图像中提取出感兴趣的定量化信息。图像增强及变换的目的是通过图像的增强,突出和提取专题信息,其往往是在图像辐射校正和几何校正重建后进行的。

图像增强及变换按照其作用和空间,一般分为光谱增强及变换、空间增强及变换两种。光谱增强及变换:对应于每个像元,与像元的空间排列和结构无关,它是对目标物的光谱特征——像元的对比度、波段间的亮度比进行增强和转换,主要包括对比度增强、各种指标提取、光谱转换等。空间增强及变换:主要集中于图像的空间特征,即考虑每个像元及其周围像元亮度之间的关系,从而使图像的空间几何特征如边缘、目标物的形状、大小、线性特征等突出或者降低,包括各种空间滤波、傅里叶变换、小波变换等。

14.3　海洋遥感观测的应用技术

14.3.1　海洋水色遥感观测技术及其应用

海洋水色遥感是一种可以穿透海水一定深度的卫星海洋遥感技术,它利用可见光红外扫描辐射计接收海面向上光谱辐射,经过大气校正,根据生物光学特性,获取海中叶绿素浓度及悬浮物含量等海洋环境要素,又叫生物光学算法。

1.海洋遥感观测参数反演

海洋水色遥感大气校正可求出离水辐亮度 L_w,由海面向上的光谱辐亮度 L_w 反演海中叶绿素浓度、悬浮物浓度、CDOM 浓度,用公式表示为

$$L_w(\lambda) = (1-\rho)E_d(0^-)R/(n_w^2 Q) \tag{14-83}$$

其中,$L_w(\lambda)$ 是海面后向散射光谱辐射,又叫离水辐亮度;ρ 为海气界面的菲涅尔反射系数,n_w 为水的折射率;Q 为光谱辐照度和光谱辐亮度之比,与太阳角有关,完全漫辐射时 Q 为 π;$R = E_u(0^-)/E_d(0^-)$,是海面上的向上辐照度 $E_u(0^-)$ 与海面上的向下辐照度 $E_d(0^-)$ 的比,R 与水体的固有光学特性有关,有

$$R \approx 0.33 b_b/a \tag{14-84}$$

其中,b_b 是水体的总的后向散射系数,a 是水体的总的吸收系数。辐照度的衰减系数定义为

$$K(\lambda) = - d(\ln E)/dz \tag{14-85}$$

辐照度的衰减系数是表征海中辐照度随深度而衰减的因子,$K(490)$ 是由遥感数据得到光学性质的一个典型例子,它的反演算法为

$$K(490) = 0.022 + 0.1\left[\frac{L_w(443)}{K_w(550)}\right]^{-1.2996} \tag{14-86}$$

$K(490)$表示的是 490 nm 波段的衰减系数。

由公式 $L_w(\lambda) = (1-\rho)E_d(0^-)R/(n_w^2 Q)$ 和公式 $R \approx 0.33b_b/a$ 计算可以得出,海表层叶绿素浓度与海洋光学参数之间的关系为

$$L_w = \frac{t_w \cdot E_d(0^-)}{3n_w^2 \cdot Q}\left[\frac{b_w + \sum\limits_i b_i}{a_w + \sum\limits_i a_i}\right] \tag{14-87}$$

其中,$a_i = f_i^a(c_i)$,$b_i = f_i^b(c_i)$,c_i 是水中 i 组分的浓度,f_i 一般是非线性函数,a_w、a_i 分别是海水及第 i 组分的吸收系数,b_w 和 b_i 分别为海水及第 i 组分的后向散射系数。通过现场实测数据已证实公式(14-87)的合理性。

鉴于海水组分浓度及其引起的后向散射特性与吸收特性之间关系的复杂性,由上述解析公式很难求解,必须利用经验算法——利用两个或者两个以上的不同波段的辐亮度比值与叶绿素浓度的经验关系——的方法求出。以 CZCS 传感器为例来说明,主要有两种方法。

(1)适合于 Ⅰ 类水体的双通道算法:由 Gordon 等人提出,利用 CZCS 的绿光波段(520 nm/550 nm)和蓝光波段(443 nm)的比值来确定叶绿素浓度,这一比值反映了随叶绿素浓度增加由蓝到绿的变化趋势,有

$$C_1 = 1.13[L_w(443)/L_w(550)]^{-1.71}$$
$$C_2 = 3.33[L_w(520)/L_w(550)]^{-2.44} \tag{14-88}$$

当 C_2、C_1 大于 1.5 mg/m³ 时,$C = C_2$;其他情况 $C = C_1$。

(2)三通道算法:由 Clark 等人提出的,其基本的算法公式为

$$C = 5.56[L_{w1} + L_{w2}/L_{w3}]^{-2.252} \tag{14-89}$$

SeaWiFS 传感器的生物光学算法在 CZCS 基础上改进为

$$C = \exp\{0.464 - 1.989\ln[nL_w(490)]/[nL_w(555)]\} \tag{14-90}$$

2. 海洋遥感水色参数的应用

(1)海洋渔业活动与初级生产力。

海洋的浮游植物是海洋鱼类和浮游动物的饵料,是海洋食物链的起点,海洋浮游植物的含量可用叶绿素浓度来表征,其关系可表示为

$$PP = \int(P_n - R_d)dt \tag{14-91}$$

其中,PP 为初级生产力,$P_n = P_g - R_1$,P_n 为净光合作用,P_g 为总光合作用,R_1 是有机体在光合作用过程中,由于呼吸过程而损耗的所有固碳。日均初级生产力的公式为

$$d_{pc} = 10^{3.0 + 0.5\lg c_k} \tag{14-92}$$

其中,c_k 为平均叶绿素浓度,叶绿素浓度初级生产力的时空变化对于生物海洋学、全球变化和全球生态环境的研究具有重要的意义。

(2)海洋生态环境的研究与监测。

赤潮是由海域中水体呈现富营养化状况导致浮游生物的大量繁殖所引起的一种现象。当特定海域发生赤潮时,在蓝绿波段具有强烈的吸收而在红外和近红外波段具有强烈的散射,因此可以通过卫星观测海水的光谱特性和海水中的叶绿素、色素浓度来动态地监测该海

域是否发生赤潮现象。卫星海洋遥感可以观测到赤潮的发生,结合风场、海流和热力学模型则可以做出对赤潮的预测。

(3)河口海岸带悬浮泥沙浓度及其运动。

河口海岸的悬浮泥沙运移是非常重要的问题,关系到海岸带的侵蚀、航道的设计、港口的淤积等问题。含泥沙的水体随着泥沙含量的增多,光谱反射率也在增加,与此同时,光谱反射率的峰值由蓝波段向红波段位移,即水体本身的散射特性被泥沙的散射特性所掩盖。利用多光谱信息和反射比可从水色遥感资料中提取出悬浮泥沙浓度和其运动方向,悬浮泥沙的遥感定量模式有以下形式

$$R = A + B\lg S \tag{14-93}$$
$$R = C + S/(A + BS) \tag{14-94}$$

其中,A,B,C 为系数,S 为悬浮泥沙含量,R 为反射比。

(4)应用于海洋碳循环和气候变化中的作用。

浮游植物能通过光合作用消耗大气中的二氧化碳,全球尺度的浮游植物在每年的初级生产力过程中能消耗 500×10^8 t碳。海洋遥感的目的之一就是要获得大范围的浮游植物生物量数据,因为浮游植物对气候变化有较敏感的响应。量化碳通量,认识碳通量如何受控制,为何碳通量每年都会变化是气候变化研究的重要目的,海洋水色遥感在该研究中能发挥不可替代的作用。它能作为海洋初级生产力计算方法的依据,可以提供叶绿素场,能探测海洋生态系统的结构和功能,还可作为海洋生态系统耦合数值模拟的初始化值并对结果进行验证。

14.3.2　海洋热红外遥感/海面温度遥感技术及其应用

1.海面温度热红外遥感反演算法

海面温度的反演是指从传感器的原始数据获得定量海面温度的数学物理方法,即从电磁场到物质性质的逆运算。它包括从卫星平台观测海洋、海洋信息经过复杂的海气系统而被星载传感器吸收、从卫星传输至地面接收站的过程。海面温度的热红外遥感反演算法主要是要消除信息传递过程中的海洋-大气的影响。

热红外遥感海面温度反演的基本原理和大气校正算法前面已有介绍,接下来简单介绍温度反演的基本步骤和常用的业务化算法。海面温度的反演依据 Plank 黑体辐射定律计算,由于海面的反射率非常小,也就是说海面对于大气红外窗区波段可以认为是黑体,则 $e_\lambda \approx 1$,因此海水的灰度在热红外波段由经验确定可设为接近于 1 的一个常数。卫星测量的辐射量都是在一定的波长内测得的,所以必须进行积分,积分的表达式为

$$L_{\Delta\lambda} = \int_{\lambda_1}^{\lambda_2} L(\lambda) R(\lambda) d\lambda$$
$$= \int_{\lambda_1}^{\lambda_2} B(\lambda, T_s) t(\lambda) R(\lambda) d\lambda + \int_{\lambda_1}^{\lambda_2} R(\lambda) d\lambda \int_{t_\lambda}^{1} B(\lambda, T_P) dt(\lambda) \tag{14-95}$$

其中,$R(\lambda)$ 是星上仪器的归一化光谱响应函数,由式(14-95)可以更进一步地计算得到辐射的亮度温度,再与真实的海面温度进行比较,就可以得到某一地理位置和某一时段上的大气订正量。

利用热红外遥感技术反演海温的研究已有了很大的进展,大气订正是海温反演的关键问题。主要的海温遥感反演方法有单通道直接反演法、单通道统计方法、多通道海温遥感反

演法、多角度海温遥感反演、多通道统计模型法、多角度与多通道相结合的反演方法。下面以常用的三种海温反演算法为例来说明海面温度反演算法。

（1）单通道大气统计方法。

单通道大气统计方法就是从大气辐射传输方程出发，考虑大气含水量和传感器视角天顶角的影响，建立海面温度与遥感亮温之间的经验公式，并通过同步实测资料回归经验系数。Smith 等提出了一种用 3.8 μm 的中红外波段计算海温的经验公式，即

$$T_s = T_B + \left[a_0 + a_1 \left(\frac{\theta}{60°}\right)\right] \ln \frac{100 \text{ K}}{310 \text{ K} - T_B} \quad (210 \text{ K} \leqslant T_B \leqslant 300 \text{ K}, \theta \leqslant 60°) \quad (14\text{-}96)$$

其中，a_0 为 1.13，a_1 为 0.82，a_2 为 2.48，θ 为传感器视角天顶角，T_B 为亮度温度。

（2）多通道海温遥感反演。

大气对不同波长、不同时间的红外遥感有不同的影响效应，根据大气对不同波段的电磁辐射的不同影响，可以用不同波段测量的线性组合来消除大气的影响，从而得到海面温度，这种方法被称为多通道技术。多通道法的假设：海水为近似黑体，比辐射率等于 1；大气窗口的水汽吸收很弱，大气的水汽吸收系数可以看作常数；大气温度与海面温度相差不大，黑体辐射公式可以采用线性近似。海面温度可以表示为两个通道亮度温度的线性组合，用公式表示为

$$T_s = A_0 + A_1 T_4 + A_2 T_5 \quad (14\text{-}97)$$

美国 NOAA 的业务运行系统中采用的是 McClain 等人给出的数据，其算法的精度为均方根误差 0.65 K 左右。假设

$$dt_\lambda \approx k_\lambda \rho_w(z) dz, B_\lambda(T_s) - B_\lambda(T_z) \approx (T_s - T_z) \left(\frac{\partial B_\lambda}{\partial T}\right)_{T_s} \quad (14\text{-}98)$$

可得

$$T_s - T_B = k_\lambda \int_0^z \rho_w(z)(T_s - T_z) dz = k_\lambda f(a) \quad (14\text{-}99)$$

其中，$\rho_w(z)$ 为水汽密度的高度函数，k_λ 为水汽的吸收系数，T_B 为 L_λ 所对应的亮度温度，$f(a) = \int_0^z \rho_w(z)(T_s - T_z) dz$ 是一个与大气状况有关而与波长无关的变量。对于 NOAA 的 AVHRR 卫星来说，以 AVHRR 数据反演海表温度为例，其第四和第五通道为热红外波段，则有

$$\begin{cases} T_s - T_4 = k_4 f(a) \\ T_s - T_5 = k_5 f(a) \end{cases} \quad (14\text{-}100)$$

其中，T_4 和 T_5 为第四和第五通道的亮温，k_4 和 k_5 分别为第四和第五通道的水汽吸收系数。由以上可得

$$\frac{T_s - T_4}{T_s - T_5} = \frac{k_4}{k_5} \quad (14\text{-}101)$$

其中，k_4/k_5 可近似认为与大气无关的常数，因此通过两个热红外通道的亮度温度即可计算得到海面温度。

（3）多通道统计模型估算海面温度法。

由于很难确定当时当地海洋的大气状况，特别是水汽分布状况，因此经常用非线性回归方法反演海面温度。非线性回归方法反演海面温度的公式为

$$T_s = aT_4 + bT_{env}(T_4 - T_5) + c(\sec\theta - 1) + d \tag{14-102}$$

其中，T_s 为海面温度，单位为℃；a,b,c,d 是模型系数，可由回归分析得到；θ 为卫星天顶角；T_4 和 T_5 是 NOAA 卫星第四、五通道亮度温度；T_{env} 为海面温度的预先估值，可通过实测或估计得到。通过多通道法 MCSST 进行估值的计算公式为

$$T_s = aT_4 + b(T_4 - T_5) + c(\sec\theta - 1) + d \tag{14-103}$$

卫星天顶角 θ 的计算公式为

$$\theta = \arcsin\left(\frac{R+h}{R}\sin\varphi_i\right) \tag{14-104}$$

其中，R 为地球半径，是一个固定值 6378.388 km；h 为卫星高度，φ_i 为卫星扫描角。MODIS 反演海面温度的计算公式为

$$MODIS\_{SST} = k_0 + k_1 T_{31} + k_2(T_{31} - T_{32}) + k_3(\sec\theta - 1)(T_{31} - T_{32}) \tag{14-105}$$

其中，T_{31} 和 T_{32} 是第 31 和第 32 通道的亮温，θ 是卫星的天顶角，SST 为要求的海面温度，k_0、k_1、k_2、k_3 是回归系数。

2. 海面温度热红外遥感的应用

卫星海面温度将广泛地应用于海洋动力学、海气相互作用、渔业经济研究和污染监测等方面。

(1) 厄尔尼诺—南方涛动现象。

厄尔尼诺—南方涛动（El Niño southern oscillation，ENSO，以下简称厄尔尼诺）现象是迄今为止发现的引起全球气候年际变化的最强烈的海-气相互作用现象，气象和海洋学家把赤道太平洋东部和中部海面温度大范围持续异常增暖的现象称为厄尔尼诺，反之，称为拉尼娜（La Niña）。

在正常情况下，赤道太平洋温度西高东低，且温差维持在一定的范围内，当发生厄尔尼诺事件时，西太平洋暖池的西部会出现降温，但暖池范围会增大，暖池中心及暖池东部边界东移，使得赤道东太平洋温度升高；厄尔尼诺事件结束后的半年内，暖池有较小升温，暖池范围逐渐缩小，但仍较常年偏大，暖池中心西移。利用卫星海洋遥感反演海面温度，可以给出西太平洋暖池的位置和温度，这是卫星遥感可以做而其他常规实测方法难以实现的。

(2) 海气相互作用。

利用卫星海面温度和其他数据可以研究全球气候变化，计算海表热量收支、二氧化碳气体交换系数等。卫星海面温度已经广泛应用于气候变化、数值模拟、天气预测、海洋数值预报等领域。

(3) 海洋渔业。

某一种经济鱼类都有其特定的适宜生存的温度，利用卫星海洋遥感的海面温度数据，可以分析鱼类的洄游路线和渔场的大致分布范围，为渔业部门提供数据支持。

(4) 污染物监测。

核电技术在给人类能源需求带来很大便利性的同时，其温排水造成局部水域水体温度急剧升高，增加其化学反应速率，降低水生生物的繁殖率，降低溶解氧，改变水质，对底栖动物、鱼类、藻类、岸滩动物等造成危害。利用热红外遥感数据反演的海面温度可以直观地揭示滨海核电站对附近海域的温升强度的影响。

14.3.3　微波高度计观测技术及其应用

微波高度计是一种主动式微波测量仪器,具有全天时、长时序、观测面积大、观测精度高、时间准同步、信息量大等特点,被广泛地应用于海面风、海浪、海流、潮汐等动力参数和大地水准面研究。

1.微波高度计测高方法

微波高度计由一台脉冲发射器、一台灵敏接收器和一台精确计时钟构成。脉冲发射器从海面上空向海面发射一系列非常狭窄的雷达脉冲,灵敏接收器检测经海面反射的电磁波信号,再由高精确度的计时钟精确计算测定发射和接收的时间间隔 Δt,便可算出由高度计质心到星下点瞬时的海面距离 H_{means},计算公式为

$$H_{means} = c \cdot \frac{\Delta t}{2} \tag{14-106}$$

其中,c 为电磁波在真空中的传播速度,值为 3×10^8 m/s。海平面高度可表示为

$$H_{inst} = (H_{sat} + \varepsilon_{sat}) - (H_{means} + \Delta H_{means} + \varepsilon_{means}) \tag{14-107}$$

而

$$\Delta H_{means} = H_{com} + H_{wet} + H_{dry} + H_{iono} \tag{14-108}$$

其中,H_{inst} 为星下点瞬时海平面相对于参考椭球面的高度;H_{sat} 为卫星质心相对于参考椭球面的计算高度;ε_{sat} 为 H_{sat} 的计算误差;H_{means} 为高度计质心到星下点瞬时海平面的测量距离;ΔH_{means} 为对 H_{means} 的各种修正的总和,包括质心修正 H_{com}、湿对流层修正 H_{wet}、干对流层修正 H_{dry}、电离层修正 H_{iono}、H_{means} 的测量误差值 ε_{means}。

星下点的瞬时海面高度是由卫星高度与测量高度之差经过一系列修正后得到的,而卫星高度是根据轨道动力学方程结合地面遥测定位数据经理论计算得到的,测量高度是根据测高原理实测到的,修正量是从其他独立渠道获得。从海面高度的构成来看,瞬时的海面可表示为

$$H_{inst} = H_g + H_{dt} + H_{ot} + H_{st} + H_{swh} \tag{14-109}$$

其中,H_g 为大地水准面高度,H_{dt} 为海面动力高度,H_{ot} 是海洋潮高,H_{st} 为固体潮高,H_{swh} 为海面有效波高。

2.微波高度计的应用

(1)海洋研究。

微波高度计主要用于海洋探测,它通过分析返回的脉冲波形与强度来获取海平面地形信息,如有效波高和海面风速信息等,海面高度、有效波高和海面风速是卫星高度计的三个基本参数,这些参数的获取有助于对海上天气和海平面状态的预报。

海面由于存在波浪起伏不平,高度计发出的脉冲回波信号强弱不同而且有一定展宽,波高越大,回波信号的展宽越大,因此可以建立海洋和微波高度计回波信号之间的关系,利用高度计识别海洋表面的特征,从而监测在各种天气情况下的海表特征。

海面在风的作用下能够产生波浪,会引起海面粗糙度的变化,高度计对于大于或者等于其工作波长的海面粗糙度变化有敏感的响应,雷达后向散射截面与海面均方斜率存在一定关系,且实验观测表明,海面均方斜率与海面风速近似满足线性关系。微波高度计数据还广泛应用于大洋环流、潮汐、中尺度海洋现象、有效波高等方面。

（2）冰川研究。

微波高度计可以用于南北极的冰川和海冰变化研究，动态监测其变化，通过对长时间序列的高度数据的分析来研究降雪和融冰所引起的海冰、冰盖的季节、年际变化，根据这种变化来分析引起变化的原因。目前已经收集了1978年以来的长时间序列的数据，这些数据对冰面高程的精确测量能够用于估算冰盖的总物质平衡量，微波高度计的精度是其他方法无法达到的。

（3）海洋的大地水准面与重力异常。

大地测量的基本任务是确定大地水准面与重力异常，卫星测高提供了海域的大地水准面起伏。海洋大地水准面是接近于平均海平面的重力势面和旋转势的等位面，它反映了地球内部质量密度分布的不均匀特性。大地水准面与参考椭球面上对应点的重力之差称为该点的重力异常，方向之差称为垂线偏差。

14.3.4　微波散射计和微波辐射计观测技术及其应用

海面风场通过调节海气相互作用从而影响全球气候，是研究海洋环境动力的一个重要参数，因此研究海洋环境的全球变化需要全球尺度准确的海面风场信息。微波散射计是一种微波雷达传感器，它是利用对有起伏的物体表面发射电磁波，并测量从其表面反射或者散射回来的接收功率的仪器，常用于海面风的二维风速矢量测量。微波辐射计是被动微波遥感器，通过接收观测目标的微波辐射来研究目标的特性，也就是通过微波辐射计接收海水辐射的能量反演海面风速。

1. 微波散射计风场反演

微波散射计的设计原理与常规雷达基本相同，一般仪器的组成部分包括微波反射计、天线、微波接收机、检波器和数据积分器。在两个均匀介质分界面上，当电磁波从一个介质射入另一个介质时，会在分界面上产生表面散射，在地面及海面上产生的微波散射就是表面散射，其强度随介质面的复介电常数的增加而增大，其散射角特性由表面的粗糙度决定。它向海面发射微波脉冲功率，又接收并测量海面散射回来的微波功率。海洋上的风产生浪，改变了海面性质，由此决定了海面的雷达散射截面，散射计测量后向散射可以估计出海面的归一化雷达散射截面 σ^0，如果从不同的方位得到同一地点的 σ^0 的测量结果，便可以计算出海面的风速风向。

以 ERS-1 星载微波散射计风场反演为例来说明微波散射计风场反演的一般模型方法。ERS-1 卫星散射计工作频率为 C 波段（5.3 GHz），A. E. Long 于 1985 年提出了 C 波段的雷达回向散射系数与风矢量关系的经验模型 CMODI，即

$$\left.\begin{aligned} \sigma^0 &= u(1 + b_1\cos\varphi + b_2\cos2\varphi)/(1 + b_1 + b_2) \\ \lg u &= c_1 + c_2\theta + c_3\theta^2 + \gamma\lg V \end{aligned}\right\} \tag{14-110}$$

其中，θ 为入射角，V 为海面以上 10 m 参考高度中稳定条件下的风速，φ 是波数和风向之间的观测角，各系数 c_i 和 γ 定义为 θ 和 V 的展开式。

2. 微波辐射计风场反演

构成地表的物质温度大于绝对零度，通过热辐射会辐射出电磁波，测量这种电磁波中地表热辐射的绝对量并观测地表或大气的遥感器是辐射计，它是一种被动遥感装置，常被用于

测量海面温度、土壤湿度、海洋风、海洋盐度、大气中水汽、云、液态水含量等信息。微波辐射计主要是基于海面微波辐射率与海面粗糙度之间的高度相关特性来工作的，而海面粗糙度又与风速高度相关。海面粗糙度增加，海面辐射率增加，极化特性变弱。

SSM/I(special sensor microwave/imager)是一种微波辐射成像仪，它由 7 个不同的微波功率辐射计组成，主要用于获取全球海面风速分布、降雨、云中水量、积分水汽以及海冰等海洋环境参数。以基于双极化通道亮温海面风速反演算法的 SSM/I 海面风速反演为例说明微波辐射计风速反演的流程。双极化通道亮温海面风速反演算法是利用微波辐射计 SSM/I 单一频率——19 GHz 或 37 GHz——的水平极化和垂直极化两个通道的亮温来反演海面风速，解两个未知数——海面风速 V 和微波大气透过率 τ 的两个方程为

$$T_{Bv} = F_v(V, \tau) \tag{14-111}$$
$$T_{Bh} = F_h(V, \tau) \tag{14-112}$$

其中，T_{Bv} 和 T_{Bh} 为 19 GHz/37 GHz 垂直极化和水平极化通道所测量得到的亮温值，而 $F_v(V, \tau)$ 和 $F_h(V, \tau)$ 为模拟得到的亮温值。由于 $F_v(V, \tau)$ 和 $F_h(V, \tau)$ 是海面风速 V 和微波大气透过率 τ 的非线性函数，可用牛顿迭代法解方程，近似的替代方程为

$$F(V, \tau) = F(V_0, \tau_0) + (\partial F / \partial V) / (V - V_0) + (\partial F / \partial \tau) / (\tau - \tau_0) \tag{14-113}$$

其中，V_0、τ_0 为海面风速和大气透过率的第一猜测值，大小分别为 8 m/s 和 0.8；$\partial F / \partial V$ 和 $\partial F / \partial \tau$ 分别是 $F(V, \tau)$ 对海面风速 V 和微波大气透过率 τ 求偏导，然后将 V_0 和 τ_0 代入。这样，式(14-111)和式(14-112)就变成含有两个未知数的线性方程，解方程求出未知数 V 和 τ，将求解出的 V 和 τ 代替 V_0 和 τ_0，然后进行第二次迭代，直到海面风速 V 收敛，收敛条件为

$$|V_n - V_{n-1}| < 0.05 \text{ m/s} \tag{14-114}$$

其中，V_n 和 V_{n-1} 分别表示第 n 次和第 $n-1$ 次迭代后的海面风速。在一般情况下迭代 3～5 次后风速就收敛，如果迭代超过 10 次不收敛，则说明对应亮温不可用。

3. 微波散射计和微波辐射计的应用

(1)台风与热带气旋预报。

根据散射计数据可以从风场资料中看到台风特有的涡旋型结构、台风中心的位置及移动路径。对卫星散射计数据与静止气象卫星云图、SSM/I 水汽数据进行综合分析，可以看出气旋水汽的变化、不对称性的增长、前锋结构及风场结构。

(2)二氧化碳气体交换。

观测表明，大气中的二氧化碳浓度正在以年均 6.696×10^{-8} mol/dm³ 的速度增加，由于海洋中的碳储藏量 50 倍于空气中碳的含量，因此研究大气-海洋中的二氧化碳气体交换对探索海洋的碳储藏能力和研究全球碳循环和气候变化至关重要。但是直接测量二氧化碳通量十分复杂，通常海气间的二氧化碳通量由海气间的二氧化碳分压和气体交换系数计算获取。气体交换系数决定气体交换的快慢，主要由海面风速分布决定。

(3)海洋环境数值预报。

高质量、高时间分辨率、高空间分辨率的卫星海面风场通过数据同化输入海洋环境数值预报模式中，对海洋动态变化研究、灾害性海况预报至关重要。由于现场风场资料的缺乏，对气旋、台风以及风生流的研究进展缓慢，但是利用卫星获得的风场资料同化到相应的数值模拟模式中有助于对上述现象的理解和模式的修正。

14.3.5 星载合成孔径雷达观测技术及其应用

合成孔径雷达(SAR)是一种脉冲多普勒主动成像雷达,它以发射无线电短脉冲获取距离向分辨率,利用散射信号的多普勒频移获取方位向分辨率,它以 10~40 m 的分辨率精确地绘制飞行器一侧一定区域内的海洋的雷达反射率。SAR 一般由一个发射器、一个接收机、天线、处理和记录数据的电子设备组成。发射器以固定的间隔时间产生连续的短的微波脉冲,天线把这些微波脉冲聚焦成波束向地面发射,这些波束以一定的倾角照亮地面某一区域;天线接收来自被照亮区不同物体反射的一部分发射能,通过测量发射脉冲与接收机接收到的不同目标的后向散射的脉冲之间的时间延迟,可以求出它们和天线的距离,因而可以确定它们的位置;随着飞行器不断向前运动,根据所记录和处理的后向散射信号可产生一幅二维地表图像。总之,SAR 图像主要记录的是雷达回波强度,雷达回波强度主要取决于物体表面的粗糙度和复介电常数,同时也受到雨、传播效应、遮挡、油污和水流的影响。

1.从 SAR 图像反演海浪方向谱

海浪研究中,谱估计是一个重要的方法,SAR 通过雷达波与海面小重力波的布拉格共振对海浪进行成像,并获取海浪方向谱。但并非所有的海浪都能成像,一般认为在高海况和平滑海浪的情况下,SAR 难以对海浪成像。因此,SAR 对海浪的成像能力与 SAR 系统和海况直接相关,一方面要有好的空间分辨率,另一方面有效波高和海面风速不能太小。

SAR 对随机海浪的成像基于三种调制机制:短波和长波的流体力学相互作用对布拉格散射波的能量和波束的调制,称为流体力学调制;在长波波面引起雷达入射角的变化,称为倾斜调制;长波沿卫星轨道方向的运动速度使后向散射源产生平移,相当于返回信号的多普勒频移,最终导致后向散射源在 SAR 图像上的位移和模糊,此项调制属于速度聚束调制。下面以两种卫星 SAR 海浪图像反演海浪方向谱的方法为例来说明从 SAR 图像反演海浪方向谱的一般方法。

(1)线性调制传递函数方法。

在线性近似情况下,SAR 对海浪成像的图像可表示为

$$P_k^s = \frac{1}{2}\left[\,|\,T_k^s\,|^2 F_k + |\,T_{-k}^s\,|^2 F_{-k}\,\right] \tag{14-115}$$

其中,T_k^s,T_{-k}^s 分别表示两种传播方向的系统成像传递函数,由前述三种成像机制调制传递函数组成,F_k 和 F_{-k} 分别代表两种不同的传播方向$(k,-k)$的波浪方向谱。在风浪情况下,海浪传播多以某个传播方向为主,亦即 $|\,F_k\,| \gg |\,F_{-k}\,|$ 或者是 $|\,F_k\,| \ll |\,F_{-k}\,|$,因此海浪方向谱 F_k 或者 F_{-k} 的计算公式为

$$P_k^s = \frac{1}{2}\,|\,T_k^s\,|^2 F_k \tag{14-116}$$

$$P_{-k}^s = \frac{1}{2}\,|\,T_{-k}^s\,|^2 F_{-k} \tag{14-117}$$

可以看出,在 MTF 方法中,虽然海浪方向谱在波数谱能量分布上基本得以保持,但无法分辨海浪传播方向$(k,-k)$,亦即海浪方向谱反演中的180°方向模糊。

(2)非线性细制传递函数方法。

Hasselmann 提出 SAR 海浪方向谱反演非线性映射关系,即

$$p^s(k) = \exp\left(-k_x^2 \xi'^2\right) \sum_{n=1}^{\infty} \sum_{m=2n-2}^{2n} (k_x \beta)^m p_{nm}^s(k) \tag{14-118}$$

其中，$p^s(k)$ 为 SAR 图像谱，n 和 m 为非线性阶数，β 为速度聚束参数，ξ' 代表后向散射单元方位位移引起的方位模糊。

2.SAR 在海洋研究中的作用

(1)海浪的遥感及其应用

海浪的遥感研究是 SAR 的主要应用之一。海表面波从 $5 \times 5 \ km^2$ 雷达图像上导出其主波长和波向，因此要求：对海区频繁采样；$5 \times 5 \ km^2$ 雷达图像在合成孔径雷达成像的幅宽内；把合成孔径雷达图像转换成功率谱，由功率谱经图像处理后提取所需的海浪信息。海浪的遥感研究对国民经济和军事应用都具有重要意义。

(2)海洋内波的遥感及其应用。

海洋内波是 SAR 图像上经常出现的一种海洋现象，其遥感内波的主要特征可概括为：内波呈波群，每群 4~10 个波峰；波峰与波谷常与海底地形平行；内波各亮暗带之间的典型波长从百米到几百千米，而且通常一束波从先导波到后缘波逐渐减小；波峰长度通常为几百千米，且波峰的长度越往波束的后部越小；分离波群之间的典型距离为数十至 1000 千米；这些波要么在亮背景下呈暗色，要么在暗背景下呈亮色，或者在介于这两者之间的海况条件下呈亮暗条带。

"速度聚束"可能是内波的成像机制，内波的波长相对于"速度聚束"较长，内波不仅在距离向而且在方位向都被观测到，产生内波的环境因子是由风应力、大陆架边缘与岛屿区海底粗糙或深度不连续性引起的潮汛性散射，总之，SAR 很容易观测到内波。

(3)海洋波浪谱的遥感及其应用。

海洋波浪谱是根据合成孔径雷达图像经数学和光学傅里叶分析方法得到的，雷达波谱反映了实际波浪场的主要特征。根据雷达数据计算可以得到不同方向传播的波长的能量相对分布，卫星测量波浪谱将十分有利于理论研究、海洋工程和海运活动。

(4)反演海底地形。

SAR 图像反演浅海海底地形与声学方法相比具有数据量大、速度快、费用小等优点。SAR 图像上亮暗分布与海底地形地貌的斜度之间有一种直接的相关性。实验表明，SAR 对浅海地形成像与流场直接相关，一般流速需大于 $0.5 \ m/s$。当然，风速需要在 $3 \sim 12 \ m/s$，以保证 SAR 对海面成像。其主要物理机制是潮流与浅海地形的相互作用影响表面流速分布，进而影响海表面的粗糙度和 SAR 成像。但 SAR 成像并不总是可以反映海底地形，因此需要进行潮流在海底地形作用下的引起海面粗糙度变化的机理研究。

(5)海洋污染监测。

SAR 高分辨率图像在海洋污染检测中有广泛的应用前景，当海面上覆盖一层油膜或者其他化学污染物时，海面张力波和短重力波会受到阻尼作用，海面变得更为平滑，使海面后向散射降低，图像变暗，从而实现对海洋污染的监测。

(6)海冰成像及应用。

SAR 遥感海冰可以清楚地把水道和冰穴与冰区分开，把薄冰与水道和冰穴内的无冰水面区分开，把冰脊和水道区分开，还可以清楚地观测到浮冰的形状和大小，清楚地把陆地与沿岸固定冰、水和水群区分开，也能区分水、薄冰、较厚的一年冰和多年冰及冰的粗糙程度等。

由于 SAR 工作在微波波段,即使在黑夜也能正常工作,它发射的微波还能穿透云层,所以不受恶劣天气的影响。这种全天候、全天时和高分辨率观测海洋的优势是可见光和红外传感器及其他微波传感器所没有的,因而 SAR 图像具有巨大的应用潜力。

思考题

1. 计算 3000 K 黑体在 $10.5\sim11.5\ \mu m$,$11.5\sim12.5\ \mu m$ 两个波段光谱辐亮度(假设波段内传感器的光谱响应一致),并转换为波数单位和频率单位。

2. 如果观测到水下 11 m 处的下行辐照度能量是 1 m 处的 1/2,并假设此段水柱内光学特性一致,请计算该段水柱的辐照度漫衰减系数。

3. 已知后向散射截面 $\sigma^0[dB]=10\ lg(\sigma^0)$,说明后向散射截面 $\sigma^0[dB]$ 和 σ^0 的单位。如果 σ^0 增加到原来的 100 倍,$\sigma^0[dB]$ 增加多少?

4. 给出接收机接收到的雷达信号功率,并解释各参数的物理含义。

5. 写出六种与水色遥感有关的卫星与传感器的名称(中英文),并指出水色遥感涉及海洋水体要素的三种主要产品名称。

6. 写出目前海洋微波传感器的种类,描述各种类传感器的重要功能和产品。

7. 哪种卫星传感器可以帮助人类获得人迹罕至的南印度洋的海底地形?简述其原理。

8. 简述散射计与辐射计的工作原理上的主要差异,比较两者风速反演机理的区别。

9. 简述 SAR 对随机海浪的成像的三种调制机制。

10. 从物理机理上解释 SAR 是否可以直接观测到海底地形,简述 SAR 反演海底地形的遥感机制。

参考文献

[1] SON Y B,CHOI B J,KIM Y H,et al. Tracing floating green algae blooms in the Yellow Sea and the East China Sea using GOCI satellite data and Lagrangian transport simulations. Remote sensing of environment,2015,156:21-33.

[2] SHIHYAN L,MCINTIRE J,OUDRARI H,et al. A new method for Suomi-NPP VIIRS day-night band on-orbit radiometric calibration. IEEE transactions on geoscience and remote sensing,2014,53(1):324-334.

[3] LI J,CHEN X L,TIAN L Q,et al. On the consistency of HJ-1A CCD1 and Terra/MODIS measurements for improved spatio-temporal monitoring of inland water:a case in Poyang Lake. Remote sensing letters,2015,6(5):351-359.

[4] RAUSCH K,HOUCHIN S,CARDEMA J,et al. Automated calibration of the suomi national polar-orbiting partnership(S-NPP) visible infrared imaging radiometer suite (VIIRS) reflective solar bands. Journal of geophysical research:atmospheres,2013,118 (24):13,413-434,442.

[5] CHEN J,QUAN W T,WEN Z H,et al. A simple 'clear water' atmospheric correction algorithm for Landsat-5 sensors. I :a spectral slope-based method. International journal of remote sensing,2013,34(11):3787-3802.

［6］EPLEE R E，TURPIE K R，FIREMAN G F，et al. VIIRS on-orbit calibration for ocean color data processing. Proceedings of SPIE. San Diego，2012.

［7］WINDER M，CLOERN J E. The annual cycles of phytoplankton biomass. Philosophical transactions of the royal society B：biological sciences，2010，365（1555）：3215-3226.

［8］HUNT C D，BORKMAN D G，LIBBY P S，et al. Phytoplankton patterns in massachusetts bay—1992-2007. Estuaries and coasts，2010，33（2）：448-470.

［9］BEHRENFELD M J. Abandoning sverdrup's critical depth hypothesis on phytoplankton blooms. Ecology，2010，91（4）：977-989.

［10］RICHARDSON A J. In hot water：zooplankton and climate change. Ices journal of marine science，2008，65（3）：279-295.

［11］MCMINN A，RYAN K G，RALPH P J，et al. Spring sea ice photosynthesis，primary productivity and biomass distribution in eastern Antarctica，2002-2004. Marine biology，2007，151（3）：985-995.

［12］WILTSHIRE K H，MANLY B F J. The warming trend at Helgoland Roads，North Sea：phytoplankton response. Helgoland marine research，2004，58（4）：269-273.

［13］CHEN X H，LI Y S，LIU Z G，et al. Integration of multi-source data for water quality classification in the Pearl River estuary and its adjacent coastal waters of Hong Kong. Continental shelf research，2004，24（16）：1827-1843.

［14］GU D，GILLESPIE A R，KAHLE A B，et al. Autonomous atmospheric compensation （AAC）of high resolution hyperspectral thermal infrared remote-sensing imagery. IEEE transactions on geoscience and remote sensing，2000，38（6）：2557-2570.

［15］FREILICH M H，QI H B，DUNBAR R S. Scatterometer beam balancing using open-ocean backscatter measurements. Journal of atmospheric and oceanic technology，1999，16（2）：283.

［16］SMAYDA T J. Patterns of variability characterizing marine phytoplankton，with examples from Narragansett Bay. Ices journal of marine science，1998，55（4）：562-573.

［17］HARDING L W，PERRY E S. Long-term increase of phytoplankton biomass in Chesapeake Bay，1950-1994. Marine ecology progress，1997，157（8）：39-52.

［18］GORDON H R，WANG M. Retrieval of water-leaving radiance and aerosol optical thickness over the oceans with SeaWiFS：a preliminary algorithm. Applied optics，1994，33（3）：443-452.

［19］FREEMAN A. SAR calibration：an overview. IEEE transactions on geoscience and remote sensing，1992，30（6）：1107-1121.

［20］SALOMONSON V V，BARNES W L，MAYMON P W，et al. MODIS：advanced facility instrument for studies of the earth as a system. IEEE transactions on geoscience and remote sensing，1989，27（2）：145-153.

［21］MCCLAIN E P，PICHEL W G，WALTON C C. Comparative performance of AVHRR-based multichannel sea surface temperatures. Journal of geophysical research，1985，90（C6）：11587-11601.

[22]MCMILLIN L M. Estimation of sea surface temperatures from two infrared window measurements with different absorption. Journal of geophysical research，1975，80 (36)：5113-5117.

[23]杜延磊，马文韬，杨晓峰，等.无云情况下 L 波段微波辐射计快速大气校正方法.物理学报，2015，64(7)：422-429.

[24]包云轩，蒋蓉，谢晓金，等.近 30 年气候异常对江苏省褐飞虱灾变性迁入的影响.生态学报，2014，34(23)：7078-7092.

[25]穆博，宋清涛.海洋目标的 HY-2A 卫星微波散射计在轨辐射定标研究.遥感学报，2014，18(5)：1072-1086.

[26]章琨.淡水湖泊遥感水深测量.科技信息，2014(5)：72.

[27]田小娟，曾群，王正，等.渤海浑浊水体 GOCI 影像神经网络大气校正研究.湖北大学学报(自然科学版)，2014，36(4)：370-374.

[28]潘德炉.海洋微波遥感与应用.海洋出版社，2013.

[29]高彩霞，姜小光，马灵玲，等.传感器交叉辐射定标综述.干旱区地理，2013，36(1)：139-146.

[30]谷松岩，王振占，李靖，等.FY-3A/MWHS 在轨辐射定标及结果分析.中国工程科学，2013(7)：92-100.

[31]黄文骞，吴迪，杨杨，等.浅海多光谱遥感水深反演技术.海洋技术，2013(2)：43-46.

[32]孙家抦.遥感原理与应用.3 版.武汉：武汉大学出版社，2013.

[33]王祥.基于国产自主卫星的海表温度红外遥感机理与算法研究.大连：大连海事大学，2013.

[34]王正.渤海近岸浑浊水体 GOCI 影像神经网络大气校正研究.武汉：华中师范大学，2013.

[35]赵英时.遥感应用分析原理与方法.北京：科学出版社，2003.

[36]赵崴，陈光明，牛生丽.中国海洋水色遥感器瑞利散射定标研究.海洋学报，2013，35(2)：52-58.

[37]陈鹰，瞿逢重，宋宏，等.海洋技术教程.杭州：浙江大学出版社，2012.

[38]李铜基.中国近海海洋：海洋光学特性与遥感.北京：海洋出版社，2012.

[39]周孝明，王宁，吴骅.两种高光谱热红外数据大气校正方法的分析与比较.遥感学报，2012，16(4)：796-808.

[40]潘德炉，龚芳.我国卫星海洋遥感应用技术的新进展.杭州师范大学学报(自然科学版)，2011，10(1)：1-10.

[41]扈培信.FY-3B 微波成像仪数据质量评价与参数反演.青岛：中国海洋大学，2011.

[42]栗小东.基于遥感的滨海核电厂温排水污染监测研究.上海：华东师范大学，2011.

[43]蒋兴伟，宋清涛.海洋卫星微波遥感技术发展现状与展望.科技导报，2010，28(3)：105-111.

[44]孙涛，庞治国，潘世兵，等.基于 ETM 遥感影像的二滩库区水深反演研究.地理与地理信息科学，2010，26(4)：64-66.

[45]黄可，熊显名.基于 TM 遥感影像的水深遥感研究.仪器仪表学报，2008，29(85)：

180-183.

[46]韩晶,赵朝方.海洋遥感技术在探测潜艇中的应用.装备环境工程,2008,5(3):67-70.

[47]罗凯.水深测量研究进展及研究意义.科技创新导报,2008(13):180.

[48]杨斌利,陈文新,王小宁.星载微波散射计的定标技术.空间电子技术,2008,5(2):35-40.

[49]毛志华,陈建裕,林明森,等.东沙群岛卫星遥感.北京:海洋出版社,2007.

[50]田庆久,王晶晶,杜心栋.江苏近海岸水深遥感研究.遥感学报,2007,11(3):373-379.

[51]王艳姣,董文杰,张培群,等.水深可见光遥感方法研究进展.海洋通报,2007,26(5):92-101.

[52]蔡玉林,程晓,孙国清.星载雷达高度计的发展及应用现状.遥感信息,2006(4):74-78.

[53]刘良明.卫星海洋遥感导论.武汉:武汉大学出版社,2005.

[54]周甦芳.厄尔尼诺-南方涛动现象对中西太平洋鲣鱼围网渔场的影响.中国水产科学,2005,12(6):739-744.

[55]潘德炉,李炎.海洋光学遥感技术的发展和前沿.中国工程科学,2003,5(3):39-43.

[56]刘英.千岛湖水体水质参数遥感及其估测模型研究.杭州:浙江大学,2003.

[57]彭江萍,丁赤飚.星载SAR辐射定标误差分析及成像处理器增益计算.电子科学学刊,2000,22(3):379-384.

[58]吴培中.世界卫星海洋遥感三十年.国土资源遥感,2000(1):2-10.

[59]朱君艳,沈琼华,王珂.海洋遥感的研究进展.浙江海洋学院学报(自然科学版),2000,19(1):77-81.

[60]冯士筰,李凤岐,李少菁.海洋科学导论.北京:高等教育出版社,1999.

[61]王国兴,李士鸿.SPOT卫星资料在水深信息中的应用研究.河海大学学报,1998,26(6):77-81.

[62]李四海,刘百桥.海洋遥感特征及其发展趋势.遥感技术与应用,1996,11(2):65-69.

[63]周长宝,陈夏法.合成孔径雷达在海洋遥感中的应用.遥感技术与应用,1992,7(3):49-55.

[64]孙瀛.应用海洋声学遥感技术的领域.台湾海峡,1988(3):93-98.

[65]李桂香,于宝华.国外海洋声学遥感研究.海洋通报,1985,4(3):51-54.